선박안전법해설

박영선 저

재단법인
한국해사문제연구소
KMRI KOREA MARITIME RESEARCH INSTITUTE

박영선(朴玲先)

1. 학력

한국해양대학교 항해학과(31기)
한국외국어대학교 무역대학원 해운경영학과(경영학석사)
State University of New York, Maritime College
(MS in Transportation Management)
University of Rhode Island,
Marine Affairs Department 박사과정(IMF사태 관련 미수료)
경희대학교 국제법무대학원 보험해상법무학과(법학석사)
한국해양대학교 해사법학과(법학박사)

2. 주요 경력

2007 ~ 2008 한국해양대학교 해사수송과학부 초빙교수
2005 ~ 2007 Tokyo MOU Committee Chairman
2004 ~ 2007 해양수산부 해사기술담당관
1998 ~ 2000 Woods Hole 해양연구소 파견
1997 ~ 1998 중앙해양안전심판원 조사관
1988 ~ 1990 울산지방항만청 해무과장
1979 ~ 1984 현대상선 항해사

머 리 말

2007년 1월 3일 「선박안전법」이 전부 개정되어 공포되었다. 전부 개정되었다는 것은 종전의 법이 전면적으로 개정된 것을 말한다. 저자는 이 법의 전부개정을 기획할 때부터 개정이 완료될 때까지 3년 여 동안 담당과장으로서 이 업무를 다뤘다. 공무원은 '순환보직제도'에 의하여 수시로 보직을 돌아가면서 맡기 때문에 한 자리에서 이렇게 오래 일하는 경우는 매우 드물다.[1] 아무튼 저자가 이렇게 한 자리에 오래 근무하면서 법률개정작업을 시작부터 끝까지 다루게 된 것은 공무원으로서 상당한 행운이라고 할 수 있을 것이다. 선박으로 볼 때 저자는 「선박안전법」의 설계, 건조는 물론 마침내 준공까지 도달하게 된 것이다. 이 과정에서 체득한 지식을 혼자 간직하기에는 너무 아까워 이번에 책을 내게 되었다. 특히 2007년 4월 한국해양대학교에 초빙교수로 파견되면서 가지게 된 시간적 여유는 이 책을 쓰는데 큰 도움이 되었다.

최초로 선박에 대한 체계적인 검사가 실시된 것은 선박의 보험가입을 위하여 1835년 영국의 로이드선급에서 목선규칙을 제정하면서부터이다. 하지만 이러한 선급의 검사는 선박 자체에 대한 검사였기 때문에 현재의 선박안전과는 비교적 거리가 멀었다. 따라서 당시의 선박소유자는 여객·선원의 안전보다 여객·화물을 최대한 많이 실어 이익을 극대화하고 싶은 유혹을 뿌리치기 어려웠다. 또 지출이 수반되어야 하는 선원의 거주·위생설비에는 인색하였다. 「선박안전법」은 이러한 선박소유자의 자율적인 활동에 국가가 개입하여 선박의 구조·설비가 최소한도의 기준에 적합하도록 강제하는 법이다. 또 선박운항은 국제성을 갖기 때문에 선박의 구조·설비에 관하여는 각종 국제협약이 체결되어 통일적인 기준이 적용되고 있다. 선박의 항해등(navigational lights)을 선주마다 제각각 설치하면 많

---

1) 중앙행정기관 본부 실·국장의 평균재직기간은 1년 20일이고, 과장의 경우 1년 1월 21일이었다. 「인사행정」, 2002년 봄호, 90쪽. 이후에도 이러한 관행은 개선될 기미가 보이지 않고 있다.

은 충돌사고가 발생할 수 있으며, 국가마다 요구하는 설비가 다를 경우 선박의 무역활동은 현저히 제약될 수 있기 때문이다.

「선박안전법」이 우리나라의 독창적인 산물은 물론 아니다. 선박의 안전기준을 정하고 국가의 검사를 받도록 하는 법은 19세기에 해운선진국에서 시작되어 일본에 전수되었다. 우리나라는 한일합방 직전인 1910년 3월 일본의 법을 모방하여 「선박검사법」을 공포하였으며 4월 1일부터 시행하였다. 이후 일본의 통치를 받은 기간 동안은 일본의 「선박안전법」의 하위규정인 「조선선박안전령」을 사용해 왔다. 해방이 된 이후에도 사회적 혼란으로 오랜 동안 제대로 된 우리의 법을 가지지 못하다가 1961년 12월 30일에 「선박안전법」이 제정되었다. 이후 10여 차례의 개정을 하였지만 일본 「선박안전법」의 기본 형태를 벗어나지 못하였다. 따라서 종래의 법은 용어의 정의가 없어 법에서 사용되는 용어의 정확한 의미를 알기 어려웠으며, 필요에 따라 땜질식 개정이 반복됨에 따라 전체적인 체제를 파악하기 어려웠다. 또 법률 하나에 시행규칙이 여러 개이고, 시행규칙은 법률과 조화를 이루지 못하여 법률·시행령·시행규칙을 한 눈에 볼 수 있는 3단 대비표를 만들기도 어려울 정도였다.

이에 따라 2004년 4월부터 저자는 각계각층의 의견을 들어 「선박안전법」을 전면적으로 개정하기로 정하고, 개정작업의 몇 가지 원칙을 정하였는바, 그 내용은 다음과 같다.

첫째는 법 체제를 국제협약의 체제로 바꾸는 것이다. 종래의 법은 특별한 체제 없이 각종 규정을 나열하였다. 그러나 이번의 개정 시에는 국제협약의 체제에 따라 법의 맨 앞에 총칙 편을 두고 그 후에 선박검사, 형식승인제도, 선박의 시설기준 등을 두었다.

둘째는 선박검사의 사각지대를 없애는 것이다. 종래는 2톤 미만의 선박이나 선외기를 장치한 선박은 관리상의 어려움 등으로 이 법의 적용을 받지 않았다. 그러나 이러한 선박들은 그 척수도 많고 더 많은 위험에 노출된 것이 사실이었다. 따라서 이 법을 개정하면서 일단 모든 선박은 이 법의 적용대상으로 편입시켰다.

셋째는 국민에게 의무를 부과하는 규정은 모두 법률에 근거를 두기로 하였다. 사실 종래의 법에서는 뚜렷한 근거도 없이 시행규칙, 고시 등에서 각종의 의무를 규정하고 있었다. 그러나 이러한 관행은 국민의 권리의식 향상에 따라 더 이상 용인되기 어려운 형편에 있었다. 그러다 보니 종래 시행규칙 등에서 규정하던 많은 규정들을 법률에서 직접 규정하게 됨으로써 조항이 대폭 늘어나게 되었다.

넷째는 시행규칙의 통합이다. 통상 법률 1개에 시행령 1개, 시행규칙 1개가 원칙이나 종래의 「선박안전법」에서는 총 10개의 시행규칙을 가지고 있어 일반인들은 법률의 하위규정이 어느 시행규칙에 규정되어 있는지조차 알기가 매우 어려웠다. 이번에는 「선박검사관의 자격에 관한 규칙」 등 총 6개의 시행규칙을 폐지하고 그 내용을 「선박안전법시행규칙」에 직접 규정하였다. 물론 이번에 시간적 제약 등으로 미처 통합하지 못한 「선박의 검사등에 관한 수수료규칙」, 「위험물 선박운송 및 저장규칙」 및 「특수화물 선박운송 규칙」의 3개 시행규칙은 적절한 시기에 통합하는 것이 바람직하다고 생각한다.

이와 같은 원칙에 따라 「선박안전법」의 시안이 만들어지고, 이는 관계부처의 협의, 법제처의 심사, 국무회의를 거치는 동안 계속 다듬어졌다. 이 과정에서 일부 소형어선 선주들은 선박검사의 확대에 따른 경제적 부담을 이유로 개정에 반대하기도 하였다. 그러나 2톤 미만의 소형선박에 대한 정기검사수수료는 1만5천원 정도에 불과할 뿐만 아니라, 이러한 선박에 대하여는 중간검사를 면제함으로써 실질적인 부담이 거의 없다는 점을 설득시켜 지지를 끌어낼 수 있었다. 또 법제처의 심사를 통하여 법리에 맞지 않는 부분은 대폭 수정되거나 삭제되고, 용어도 다른 법률에 나오는 용어와 통일성을 갖도록 정비되었다. 국회에서는 선박검사기술협회의 명칭을 선박안전기술공단으로 변경하는 것에 대하여 정부조직 확대 논란이 있었으나 조직에 아무런 변화 없이 단지 명칭만을 변경한다는 점을 설득하여 큰 논란 없이 통과될 수 있었다.

이 책의 구성은 먼저 「선박안전법」의 개요에 대하여 살펴본 후 그간의 연혁을 살펴보게 된다. 이후 이 법의 제1조부터 부칙까지 그 의미와 법적 성격에 대하여 상세히 살펴보게 된다. 많은 규정들이 국제협약을 국내법에 수용하는 내용을 담고 있기 때문에 필요시 국제협약의 구체적인 내용까지 살펴볼 것이다. 또 법률의 규정에 따라 이를 구체적으로 시행하기 위한 하위법령과 다른 법률에서는 어떻게 규정되어 있는지도 살펴보게 된다. 독자의 이해를 돕기 위하여 필요시 표, 도표 및 사진을 추가하기도 하였으나 저자가 컴퓨터에 조예가 부족하다 보니 몇몇 그림은 깔끔하게 그려지지 않아 다소 안타깝다.

그러다 보니 양이 당초 생각했던 것보다 상당히 많아지게 되었다. 저자는 이 책의 쪽 수를 줄이기 위하여 이러한 종류의 책에 통상 부록으로 포함되던 현행의 법률은 싣지 않기로 하였다. 행정법의 특성상 법은 얼마 지나지 않아 개정되고, 이럴 경우 부록의 의미가 퇴색해 버리기 때문이다. 그럼에도 불구하고 400쪽을 넘게 되었다. 독자들의 이해를 바란다.

이제 책이 완성되어 저자의 손을 떠나려 하니 완성의 기쁨보다는 독자 여러분의 질책에 대한 두려움이 앞선다. 저자가 워낙 천학비재하다 보니 법의 내용을 제대로 이해하지 못한 부분도 많고, 맥을 잘못 짚은 부분도 많으리라고 생각한다. 누구의 탓을 할 것도 없이 이러한 질책은 다 저자의 몫이다. 무식한 자가 용감하다는 속설에 따라 무식한 자의 만용으로 생각하고 널리 양해를 바란다. 저자로서는 마치 황무지와 같은 이 분야에서 이 책이 나름대로 연구의 발판이 되길 기대하며 용기를 내게 되었다. 아무쪼록 독자들은 이 책을 통하여 「선박안전법」이 단순히 기술적인 문제만을 다루는 것이 아니라 각종의 다른 법들과 유기적인 관계를 유지하며 해양법 분야의 중요한 한 축을 이루고 있다는 점을 이해하였으면 한다. 또 어려운 근무환경에서 국가발전을 위하여 열심히 근무하고 있는 수많은 선원 및 관련 종사자의 생활을 다시 한 번 생각하는 계기가 되었으면 한다. 아울러 이 책에 대한 독자들의 조언과 비판은 sammypark@naver.com으로 보내 주시길 바란다. 다음판에서 훨씬 개선된 내용으로 출판할 것을 약속드린다.

이 책은 여러 사람들의 도움이 없었으면 세상에 빛을 보기가 불가능했을 것이다. 우선 당시 우리 과에서 이 법의 실무를 담당하며 여러 기관·단체에 대한 의견수렴 및 설득을 해주신 김삼렬(현재 목포지방해양항만청장)님께 감사드린다. 김청장님은 저자가 해사기술담당관을 물러난 후 후임자로서 시행령 및 시행규칙을 깔끔하게 마무리하는데 큰 역할을 담당하였다. 또 이은 전 해양수산부 차관님은 저자가 한국해양대학에 초빙교수로 파견되도록 도와주셨다. 대학에서의 강의는 새로운 경험으로서 강의를 통하여 스스로 배우는 좋은 기회가 되었으며, 방학이라는 시간적 여유는 이 책이 보다 충실해지는데 큰 도움이 되었다. 또한「선박안전법」의 개정작업 중 실무를 담당한 박성태님을 비롯한 당시 해양수산부 해사기술담당관실 내의 모든 직원에게 감사를 드린다.「선박안전법」은 그 양이 워낙 방대하다 보니 각자의 분장업무에서 최선의 노력을 하지 않으면 작업이 제대로 이루어지지 아니하기 때문이다. 이밖에도 이 법의 편집 등 각종 지원 작업을 훌륭하게 수행해 주신 선박안전기술공단의 오석환님을 비롯한 여러분들에게도 이 자리를 빌려 감사드린다.

마지막으로 이 책이 나오는데 가족의 도움을 언급하지 않을 수 없다. 허구한 날 방안에 틀어박혀 컴퓨터 자판만 두드리는 남편을 정성껏 챙겨준 평생의 반려자 남순희님께도 이 자리를 빌려 고마움을 전한다. 딸 시현이는 컴퓨터로 그린 그림을 스냅 샷으로 잡는 방법을 가르쳐 줬으며, 아들 병훈이는 항상 대화를 통하여 아빠의 마음을 든든하게 해주었다. 이러한 가족의 지원은 여러 가지로 힘든 작업을 해나가는 원동력이었다. 계속하여 우리 가족에게 건강과 행운이 함께 하기를 기원한다.

2008년 봄
청계산과 관악산을 함께 돌아보며
저자 씀

추 천 사

해양수산부 차관을 마치고 잠시 머리를 식히고 있는데 국토해양부의 박영선부이사관으로부터 자신이 「선박안전법」에 관한 책을 썼다며 초고를 보내왔고 아울러 추천사를 부탁해 왔다. 해양수산부 시절부터 박부이사관은 학구적인 노력파로서 널리 알려져 있으며, 아끼는 후배 공무원이기도 하다. 또 본인이 차관 재직 시 한국해양대학교에 초빙교수로 파견을 보낸 특별한 인연도 있었다. 그러던 그가 파견을 나가서 학생들을 지도하면서도 방학을 이용하여 400여 쪽에 달하는 전문서적을 발간하게 되었다니 축하할만한 일이어서 선뜻 추천사를 쓰기로 약속하였다.

인류가 선박을 이용하여 어로나 수송을 한 역사는 인류의 역사만큼이나 오래되었다고 할 수 있다. 그러나 과학지식의 부족으로 그 과정에서 인류는 수많은 희생을 치루기도 하였다. 특히 거대한 자연력 앞에서 인간이 만든 선박이 성공적으로 항해를 마친다는 것은 확률이 매우 낮았다. 그러나 자연과 맞서기 어려운 만큼 항해를 성취하면 그 보상이 컸기 때문에 과거 해양을 제패할 수 있는 민족은 세계를 제패할 수 있었다. 인간지식이 비약적으로 발전한 현대에 들어와서도 바다개척의 중요성은 감소되지 않았으며, 오히려 바다는 미래자원의 보고로서 무한한 가능성을 보여주고 있다. 바다를 개척하기 위한 수단으로서 선박과 선박안전의 중요성은 아무리 강조해도 지나치지 않을 것이다.

「선박안전법」은 선박안전의 핵심인 선박자체의 감항성을 확보하기 위한 법이다. 우리나라의 「선박안전법」은 일찍부터 바다에 진출한 국가의 법제를 20세기 초 일본을 통하여 수입한 것이다. 따라서 종래의 「선박안전법」은 근 100년간 그 기본적인 틀이 일본의 법체제를 따르고 있었다. 그러던 차에 「선박안전법」의 체제를 국제적인 해상안전의 바이블이라고 할 수 있는 해상인명안전협약(SOLAS 협약)의 체제로 바꾸는 「선박안전법」이 2007년 1월 전부 개정되었다. 이 법에서는 선박의 크기에 관계없이 모든 선박을 검사대상으로 하여 더 이상 안전의 사각지대가 생기지 않도록 하였다. 따라서 우리나라의 「선박안전법」은 국제적 수준에 도달한 것으로 평가되고 있으며, 우리에게 이 법을 전수해 준 일본의 법보다도 낫다는 평을 듣고 있기도 하다.

박 부이사관은 담당 과장으로서 이 법의 초안마련으로부터 국회심의의 종결까지 전 과정에 깊이 관여해오면서 이 법에 관련된 많은 지식을 축적해 온 것으로 알고 있다. 더욱이 박 부이사관은 5년 이상 실제 선박에 승선한 경험을 가지고 있으며, 지난 20여년간 공직에서 선박안전업무에 종사해 온 전문가이다. 또 아태지역의 항만국통제위원회(Tokyo MOU)의 의장으로서 3년간 활동해 오면서 국제전문가로서 우리나라의 위상을 높이기도 하였다. 이러한 전문지식과 실무지식을 바탕으로 저술된 이 책은 선박안전업무에 종사하는 실무자들에게 대단히 유용한 자료가 될 것으로 판단된다. 또한 이 책은 실무적인 저서이기는 하나 법 이론적인 부분도 소홀히 하고 있지 않아 독자들의 법적 소양을 높이는 데에도 좋은 학문적인 지침서가 될 수 있을 것으로 보인다. 아무쪼록 관련자 여러분의 일독을 권한다.

마지막으로 이번에 훌륭한 책을 펴낸 박부이사관의 노고를 치하하며, 앞으로도 꾸준한 노력을 통하여 우리나라의 바다개척에 기여하기를 기대한다.

2008년 4월

전 해양수산부 차관 이 은

추 천 사

본서의 저자인 박영선 부이사관은 필자의 대학 3년 선배 되시는 분으로서 필자가 항상 존경하여 오는 분이다. 필자가 존경하는 이유 중의 하나는 격무인 공무원 생활을 하시면서도 항상 학구적이신 면모를 보여주시기 때문이다.

필자도 대학 교수의 직에 있으면서 학문을 하지만 학문은 상아탑에 머무를 것이 아니라 실무와 연결되어야 한다는 점을 강조하는 사람이다. 따라서 필자는 다산 정약용의 독행(篤行)이라는 단어를 좋아한다. 이 점에서 박영선 박사님은 필자와 같은 철학을 가지고 있다고 생각된다. 공무원의 생활을 하면서도 두 번에 걸친 미국에서의 학위과정의 이수, 한국에서의 법학박사학위의 취득, 그리고 TOKYO MOU의 의장직 수행 등이 그러한 것이다. 이번 저서의 출간도 업무 중 습득하고 공부한 것을 사회에 환원시키는 篤行의 일환으로 필자는 이해한다. 본서를 통하여 저자는 해사행정업무를 수행하는 담당자는 물론이고 안전에 대한 의무를 부담하는 선박소유자, 선장 및 선원들에게 지식과 편리를 제공하고자 의도하였음에 틀림없다.

해법에는 해사공법과 해사사법이 있다. 해상법이 해상기업간의 상행위를 규율하는 대표적인 해사사법이라면, 선박안전법은 선박의 안전을 도모하기 위하여 국가가 선박소유자에게 의무를 부과하는 대표적인 해사공법이다. 해법의 공부에는 해사사법과 해사공법이 서로 교차하므로 모두를 잘 하기란 여간 어려운 일이 아니니다. 예컨대, 선장이 손해배상을 부담하는 경우에 그 기초가 되는 주의의무 중 일부는 해상교통안전법, 선원법등의 법규에 규정된 명령규범에서부터 나온다. 또한 정부대행기관으로서 선급협회를 논하게 되면 선급협회의 손해배상책임을 논하지 않을 수없다. 손해배상책임은 민법, 상법 등 사법에서 다룬다. 따라서, 공법과 사법이 엄격히 구별된 우리나라의 학문적 풍토에서 해사공법 혹은 해사사법을 제대로 이해하기는 쉬운 일이 아니다. 더군다나, 1회성의 강의도 아니고 어떤 법을 축조해설하는 해설서를 작성함은 더욱이 어려운 일이다.

필자는 이러한 관점에서 본서의 내용을 살펴보았다. 선박안전법이 공법의 일종이지만 사법적인 내용도 포함되어있다. 저자는 선급협회의 손해배상책임, 국가배상책임, 중재, 법인에 대한 이론까지 깔끔하고 간략하게 처리하고 있음을 확인하였다. 이것은 저자가 공무원 생활을 하면서도 지식에 대한 욕구와 탐구정신으로 광범위한 법학의 공부를 하였기 때문에 가능한 것이다. 그간의 각고의 노력이 저서에 활자로서 인쇄되어 저서 곳곳에 묻어나 이것이 본서의 품격(品格)을 높일 것으로 필자는 확신한다. 기본 법리에 대한 설명이 곁들여짐으로써 단순한 밋밋한 법조문의 나열로 이루어진 책이 아니라 법적 의미를 함축한 볼륨감있는 전문서적이 되었다.

본서는 2007년 개정된 선박안전법을 축조 해설한 책이다. 제1부 총론, 제2부 축조해설로 이루어져있고, 본문에 해당하는 제2부에서는 13개장에 대한 조문해설을 달았다. 저자는 본 법안을 직접 개정한 주무과장으로서 누구보다도 상세하게 입법취지를 설명할 수 있다. 그러나 본서가 가지는 장점은 조문의 내용이나 입법취지에 그치는 것이 아니라 다른 해사관련 책에서는 찾기 어려운 용어의 설명, 그림, 도표, 서식 등을 추가하고 있는 점이다. 항만국통제에 대한 설명, 구한말의 선박안전법, 평수구역도, 선급의 대행협정서 같은 것이 그 예이다. 선박이나 법률에 그다지 많은 지식 배경을 가지지 않은 분들이 이 책을 볼 것이라는 예상 하에 본서 한권으로 선박안전에 대한 궁금증을 풀 수 있도록 저자는 치밀한 준비를 하였다.

본서는 행정부의 관리는 물론 선박종사자들 뿐만 아니라 대학의 교재로서도 널리 이용될 것으로 전망된다. 저자의 그간의 노력을 축하드리면서 본서가 널리 꾸준하게 사랑받는 전문서적이 되길 기원한다.

2008년 4월

부산대학교 법과대학 교수 김인현

(선장/법학박사)

일 러 두 기

1. 이 책에서 설명되는 「선박안전법」은 종래의 법을 전면적으로 개정한 법률 제8221호(2007년 1월 3일, 전부개정)를 기준으로 한다. 다만, 정부조직법의 개정으로 해양수산부의 해운 부문 등이 건설교통부와 통합되어 국토해양부로 발족됨에 따라 해양수산부장관 대신 국토해양부장관이란 명칭을 사용한다.

2. 각 조문에 대한 설명을 위한 「선박안전법」은 가장 최신판인 법률 제8852호(2007년 2월 29일, 부분개정)를 활용하였다. 따라서 경우에 따라 하위법령은 아직 개정되지 않았어도 필요시 해양수산부령을 국토해양부령으로 사용한다.

3. 이 책에서 인용하는 법령이나 국제협약의 명칭은 최근의 용례인 「 」에 넣어 표기하였다. 따라서 「헌법」, 「선박안전법」, 「SOLAS 협약」 등으로 표기된다.

4. 특별한 경우를 제외하고 「선박안전법시행령」 및 「선박안전법시행규칙」의 규정을 언급할 때에는 그냥 '시행령' 및 '시행규칙'을 사용하였다.

5. 인터넷 지료를 인용한 경우 해당 사이트의 주소를 적고 그 다음에 확인한 날짜를 [ ]에 넣어 표기하였다.

6. 이 책에 실린 견해는 저자 개인의 견해이며, 국토해양부나 정부대행검사기관의 공식 의견이 아니다.

차 례

제1부

총 론

제1장
「선박안전법」의 개요

제1절 「선박안전법」의 목적

「선박안전법」은 선박이 항해중 감항성(seaworthiness)을 유지하도록 하기 위한 각종의 시설을 갖추도록 하는 목적을 가지고 제정된 법이다. 따라서 이 법에서는 법의 목적으로서 "선박의 감항성 유지 및 안전운항에 필요한 사항을 규정함으로써 국민의 생명과 재산을 보호함"을 들고 있다.(제1조) 여기에서의 감항성은 원칙적으로 우리 「상법」 제794조의 감항능력과 같은 개념으로 해석될 수 있을 것이다.[2] 한편, 「상법」 787조에서는 감항능력의 요건으로서 각호의 구분에 따라 선체능력, 운항능력 및 감화능력으로 구분하고 있다.[3] 그러나 「선박안전법」은 법의 목적에 따라 주로 감항성 유지에 필요한 시설에 관하여 규정하고 있는 점을 감안할 때 이 법에서의 감항성은 운항능력 및 감화능력은 포함하지 않는 것으로 해석될 수 있을 것이다.

선박이 운항 중 국민의 생명과 재산을 보호할 수 있으려면 선박이 설계단계에서부터 완성될 때까지 그 구조와 설비가 충분한 감항성을 갖출

---

2) 「상법」 제794조(감항능력 주의의무) 운송인은 자기 또는 선원 기타의 선박사용인이 발항당시 다음의 사항에 관하여 주의를 해태하였음을 증명하지 아니하면 운송물의 멸실, 훼손 또는 연착으로 인한 손해를 배상할 책임이 있다.
 1. 선박이 안전하게 항해를 할 수 있게 할 것.
 2. 필요한 선원의 승선, 선박의장과 필요품의 보급
 3. 선창, 냉장실 기타 운송물을 적재할 선박의 부분을 운송물의 수령, 운송과 보존을 위하여 적합한 상태에 둘 것.

3) 김인현, 「해상법」, (서울: 법문사, 2003), 135-6쪽.

수 있도록 건조되어야 한다. 따라서 이 법의 목적달성을 위하여 선박은 건조 전 도면에 대한 승인을 받아야 하며, 선박건조는 승인된 도면에 따라 이루어져야 한다. 또 이 과정에서 계속적으로 검사를 받게 된다. 선박이 완공되면 다시 한번 선박의 모든 부분에 이상이 없는 지 확인하는 정기검사를 받게 된다. 이후 선박은 시간의 경과에 따라 부식·마모 등에 의하여 자연스럽게 감항성은 점차 악화되므로 5년 마다 주기적으로 정기검사를 받게 되며, 폐선 할 때까지 계속된다. 이러한 선박검사에는 고도의 전문성이 요구되므로 선박검사를 담당하는 사람의 자격은 법으로 정하고 있다.(제76조 및 제77조)[4)]

제2절 「선박안전법」의 의의

「선박안전법」의 내용은 다른 행정법들과 마찬가지로 규제자(regulator)와 피규제자(regulated)간의 협상의 결과라고 할 수 있다. 너무 강력한 법은 국민에게 너무 과도한 경제적 부담을 주게 되고, 너무 약한 법은 선박의 감항성 확보에 소홀하여 결과적으로 많은 인명과 재산의 손실을 가져올 수 있다. 따라서 모든 법은 국회의 입법과정을 통하여 적절한 수준에서 규제의 정도가 결정되게 된다. 선진국에서는 전반적으로 안전과 환경을 중요시하다 보니 비교적 강력한 규제를 하게 되고, 후진국에서는 규제의 강도도 약하고 실제 집행과정상의 관리도 제대로 유지되지 못하는 경향이 있다.

「선박안전법」은 국민의 생명과 재산을 보호하기 위하여 선박소유자, 선원 등 이해관련자에게 많은 규제를 하고 있다. 특히 해상 고유의 위험으로부터 안전을 확보하려면 여러 가지 상황을 고려하는 한편, 이러한 안전상태가 계속적으로 유지될 수 있는 제도적 장치가 필수적이라고 할 수 있다.

이러한 「선박안전법」의 의의는 다음과 같이 요약할 수 있다.

---

4) 국토해양부에서 선박검사를 담당하는 사람은 선박검사관이라고 하고, 선박안전기술공단이나 선급에서 검사업무를 담당하는 사람은 선박검사원이라고 하며, 각각의 자격은 국토해양부령으로 정하고 있다.

1. 행정법이다.

「선박안전법」은 선박의 안전 확보를 위하여 선박소유자에게 선박검사를 의무화하고, 선박검사의 결과 합격 또는 불합격처분을 하는 행정상의 법률관계에 관한 법이다. 이와 같이 국가행정을 대상으로 하고 국가의 행정조직, 행정조직을 바탕으로 하는 구체적인 행정작용 등을 규율하는 법을 행정법이라고 한다.[5] 이러한 행정법은 「헌법」으로부터 자유로울 수 없는 바, 「선박안전법」의 근거는 "국가는 재해를 예방하고 그 위험으로부터 국민을 보호하기 위하여 노력하여야 한다"에서 찾을 수 있을 것이다.(「헌법」 제34조 제6항)

2. 경제정책법이다.

경제정책의 수단으로는 여러 가지가 있지만 그 수단의 성질에 따라 크게 당근과 채찍으로 구분할 수 있다. 당근에 해당하는 유인책으로는 보조금, 조세감면 등을 들 수 있고, 채찍에 해당하는 규제방안으로는 규제강화, 중과세 등을 들 수 있다. 경제적 유인책을 쓰게 되면 해당 분야의 원가가 낮아져 공급이 증가하게 되며, 규제가 강화되면 원가의 증가로 공급이 축소된다. 선박안전분야의 경우 안전기준이 강화되면 이에 따른 추가의 안전조치가 필요하게 되어 선박소유자의 경제적 부담이 증가(원가의 상승)하게 되며, 완화되면 부담은 감소(원가의 하락)하게 된다. 이러한 정부개입의 효과는 선박소유자에게 중과세하거나 보조금을 주는 것과 그 효과에 있어 매우 유사하다. 다만, 생명의 가치는 화폐단위로 환산하기 어렵기 때문에 경제원칙에 따라 최적의 경제효과를 가져오는 안전기준의 선택에는 상당한 어려움이 따른다. 일반적으로 안전기준의 선택에 가장 많은 영향을 주는 것은 해양사고로 인한 피해이다. 따라서 대형 해양사고를 통하여 사고의 심각성이 국민에게 널리 알려지면 그에 따라 보다 높은 수준의 안전기준이 채택되는 것이 보통이다.[6] 이러한 경제적인 효과

5) 김성수, 「일반행정법」, 제2판, (서울: 법문사, 2004), 3쪽.

6) 1912년의 타이태닉(Titanic)호의 침몰사고 이후 선박안전기준의 국제적 통일을 가져오는 1914년의 해상인명안전협약(SOLAS)이 채택되었고, 1988년의 액슨 발데즈(Exxon Valdez)호의 오염사고 이후 「기름오염법(Oil Pollution Act

를 감안할 때 「선박안전법」은 규제라는 수단을 통하여 사회전체의 후생(social welfare)을 극대화하는 경제정책법의 일종으로 볼 수 있다.

3. 선박안전관련 국제협약을 수용하는 법이다.

대륙법적인 전통을 가지고 있는 우리나라 법제에서는 국제협약을 바로 국내법으로 사용하는 것이 아니고 적절한 수용절차를 통하여 국제협약을 국내법으로 제정하여 사용하고 있다. 그러나 국제협약의 국내법수용은 쉽지 않다. 국제협약은 대부분 외국어로 되어 있고, 내용상 영미법적인 요소를 많이 포함하고 있으므로 수용할 경우 국제협약 규정의 해석 및 대륙법적인 구조로의 재편성이라는 두 가지 작업을 동시에 해야 하기 때문이다. 한편, 영미법국가는 국제협약을 기존의 법 체제에 붙이면서 처벌규정만 추가하기 때문에 수용작업은 비교적 간단하다.

선박이 국제항해를 하려면 국제협약의 기준에 적합하여야 한다. 그러나 우리나라의 법 체제상 국제협약기준이 선박에 바로 적용되는 것이 아니고, 국제협약을 수용한 국내법이 적용된다. 선박안전 관련 국제기준을 수용한 법이 「선박안전법」이다. 「선박안전법」에 수용된 국제협약으로는 국제해사기구(IMO)에서 제정한 「해상인명안전협약」, 「국제만재흘수선협약」, 「안전한 컨테이너에 관한 협약」 등이 있다. 이러한 협약의 규정을 모두 「선박안전법」에 수용하면 조문 수가 너무 많아지고 법의 내용이 너무 번거로워지게 된다. 따라서 실무적으로 국제협약의 중요한 내용만 법에 직접 규정하고 기술적이고 세부적인 사항은 시행령, 시행규칙 등의 하부규정에 포함시키고 있다.

IMO 본부는 런던의 테임즈 강변에 위치하고 있으며, 그 건물전경은 다음의 그림1과 같다.

<그림 1> IMO 본부 건물 전경

of 1989)」이 제정되어 유조선의 이중선체(Double Hull)구조가 의무화되었다.

국제해사기구(International Maritime Organization: IMO)

해양에서의 안전 문제 등을 다루기 위하여 1958년에 설립된 국제연합(UN) 경제사회이사회 산하의 전문기구(Specialized Agency)이다. IMO는 정부 간 기구로서 각국의 정부 대표가 참석한다. 회원국은 2008년 3월 1일 현재 정회원 167개, 준회원 3개로 되어 있다. 우리나라는 1962년 4월 10일 49번째로 가입하였으며, 북한은 1986년 4월 16일 가입하였다. 사무국이 있는 IMO 본부는 영국의 런던에 있다.

IMO의 기구로는 2년에 한번 열리는 총회가 있으며, IMO의 운영을 위한 이사회는 1년에 2회 정도 개최된다. 기술문제의 검토를 위하여 해사안전위원회(Maritime Safety Committee), 해양환경보호위원회(Marine Environmental Protection Committee) 등 5개의 위원회를 두고 있다. MSC와 MEPC 하부에는 다시 9개의 전문위원회(Sub-Committee)를 두고 있다. 위원회와 전문위원회는 통상 1년에 각각 1회 개최된다.

IMO의 가장 중요한 역할로는 해사관련 국제협약의 제정을 들 수 있다. IMO는 해상인명안전협약(SOLAS), 해양오염방지협약(MARPOL 73/78) 등 50여 개에 달하는 국제협약을 제정하였으며, 해양문제에 관련된 다른 국제기구(UN, ILO 등)의 국제협약 제정 작업에도 깊숙이 관여하고 있다. 국제협약은 전문위원회와 위원회의 심의를 차례로 거친 후 국제회의(Conference)에서 최종 채택되고, 각국의 대표가 서명을 하게 된다.

사무총장의 임기는 4년이며 현재의 사무총장은 그리스 출신의 E. E. Mitropoulos씨이다. 그는 2003년에 선출되었으며 2011년 말에 임기가 만료될 예정이다. IMO 사무국에 정규직원으로 근무하고 있는 한국인은 2명이다.

4. 선박안전기준의 기본법이다.

「선박안전법」은 선박의 안전기준에 관한 일반법으로서 안전에 관한 최소한의 요건(minimum requirement)을 규정하고 있다. 따라서 선박이 이

기준보다 높을 경우에는 별 문제가 되지 않으나 이보다 낮을 경우는 운항을 계속할 수 없다. 한편, 「수상레저안전법」에서는 수상레저에 이용되는 선박, 「유선 및 도선업법」에서는 유선 및 도선, 「낚시어선업법」에서는 낚시어선의 안전검사를 각각 규정하고 있다. 그러나 이러한 법들은 각각의 특수한 목적에 사용되는 선박에 대한 안전검사만을 규정하고 있을 뿐 모든 선박을 아우르는 안전검사를 규정하고 있지는 아니하다. 따라서 모든 선박은 「선박안전법」에 의한 최저기준을 만족시켜야 하고, 특수한 목적의 선박에는 개별법에서 정한 추가적인 안전설비를 설치하도록 하는 체제를 취하고 있다.[7)]

「선박안전법」에 의한 안전검사체제는 역사적으로 가장 오래되었으며, 잘 정비되어 있다. 따라서 선박의 구조·설비 및 운영에 관한 검사체제를 구축할 경우는 「선박안전법」의 체제를 활용하고 있다. 예컨대 「해양환경관리법」에서는 오염방지설비에 대한 검사의 종류 및 주기, 형식승인제도 등을, 「해상교통안전법」에서는 안전관리체제의 인증제도 도입시 이 법의 체제를 적절히 활용한 바 있다.

제3절 「선박안전법」의 시대별 변천[8)]

통일신라시대에 장보고라는 해상 왕을 배출하였던 우리나라는 조선시대에 해금(海禁)정책을 취함에 따라 해상운송이 현저히 쇠퇴하게 되었다. 따라서 한반도 연안에서의 해상활동은 조운을 통하여 명맥을 유지하였다.[9)] 그러나 조운시대의 선박은 주로 목선이었으며, 추진방법도 돛이나

---

7) 현행 규정상 수상레저용 선박은 「선박안전법」의 적용대상이 아니므로 「수상레저안전법」에 의한 안전검사는 「선박안전법」에 부가한 추가적인 안전요건이라고는 보기 어렵다.

8) 자세한 사항은 선박검사기술협회·사단법인 한국선급, 「선박행정의 변천사」, 2003, 194쪽 이하 참조.

9) 고려와 조선시대에는 대부분 토지에 부과하는 과세를 현물로 수납하였으며, 특히 각 지방에서 수납하는 세곡은 국가재정의 원천이었다. 이러한 세곡은 우마차를 이용하여 육로로 운송하는 경우도 있었지만 당시 육로가 제대로 정비되지 않아 대부분의 세곡은 하천과 바다를 이용하여 선박으로 운송되었다. 세곡을 운송하는 선박을 조운선이라 하고, 조운선에 의한 운송을 조운이라 한다. 상게서, 55쪽.

노도를 사용하는 원시적인 형태였다. 따라서 당시에는 체계적인 선박의 건조나 검사 등의 안전관리가 이루어지지 못하였다. 그러므로 이하에서는 근대적 의미의 선박검사제도가 시행된 대한제국 시대부터의 「선박안전법」을 시대별로 살펴보기로 한다. 시대구분은 법령을 제정한 주체별로 구분하여 보았다.

5. 대한제국시대

1910년 3월 12일 대한제국은 법률 제2호로 「선박검사법」을 공포하였고,[10] 같은 해 4월 1일부터 시행하였다. 「선박검사법」은 21개의 조문과 부칙으로 구성되었으며, 이법 시행일로부터 6개월 이내에 선박검사를 받도록 하였다. 다만, 항해를 하지 않는 선박, 총톤수 20톤 미만 또는 200석 미만의 화물을 선적하는 범선, 노도로서 운전하는 배 및 평수구역에서만 항행하는 범선은 검사대상에서 제외하였다. 선박의 검사는 세관의 선박검사관리가 행하도록 하였으며, 검사의 집행 장소는 인천, 부산, 원산 및 진남포 등의 세관 소재지와 특히 지정하는 장소로 한정되었다. 선박검사를 종료하면 선박검사수첩을 봉함하여 선장에게 교부하였는데 검사관리 이외에는 아무도 개봉할 수 없도록 하였다.[11] 검사를 시행하는 관리는 선박이 선박검사 유효기간 내에 있더라도 항행에 적합하지 않다고 인정할 때에는 선박검사증서를 반환하도록 하거나 그 기재사항을 변경하는 등 그 권한이 막강하였다. 그러나 이 법은 1910년 8월 29일의 한일합방으로 제대로 시행되지 못하였다.

6. 일제시대

1910년 3월 12일 일본 「선박안전법」의 하위법령으로서 통감부령 제4호로 「선박검사규칙」이 제정되었으며, 같은 해 4월 1일부터 우리나라에

10) 법률 제1호는 「선박법」이며, 제3호는 선박의 톤수측정에 관한 「선박적량측도법」이다. 박경현, 「선박법규해설」, (서울: 한국해사문제연구소, 1985), 17쪽. 「선박검사법」의 전문은 부록I에서 확인할 수 있다.

11) 이러한 선박검사수첩을 봉함하여 선박소유자에게 교부하던 관행은 이후 선박검사보고서를 넣은 봉투를 봉함하여 교부하다가 1997. 12. 17. 정부가 수행하던 선박검사가 선박검사기술협회에 이관되면서 완전히 폐지되었다.

서 시행되었다. 선박검사규칙은 총 23조의 본문과 부칙으로 구성되었다. 이「선박검사규칙」은 대한제국의「선박검사법」과 동시에 제정되어 시행된 것으로, 그 내용은「선박검사법」과 유사하다. 이는 당시 일본의 통감부가 대한제국의 외교권을 장악하고 있었기 때문에 대한제국은 허수아비에 불과한 1국 2정부 체제였기 때문이다. 이러한 과도기적인 체제는 같은 해 10월 1일 조선총독부를 설치한 이후에도 지속되다가 1914년 6월 이들 법령이 일본의「선박검사법」체제로 통일·정비되었다.

7. 미군정시대(의용법시대)

1945년 우리나라는 일제로부터 해방되었어도 바로 우리의 법을 가질 수는 없었다. 일제하에서 조선인의 자유와 권리를 유린하였던 일제시대의 악법은 미군에 의한 군정기간 중 폐지되었으나 선박안전법령은 기술적인 사항을 규정하였으므로 그 효력이 존속되었다. 1948년에 대한민국 정부가 수립되었어도 당시의 국회는 입법경험과 예산의 부족 등으로 긴급을 요하는 사항 외에는 제대로 법령정비작업을 할 수 없었다. 특히 해사관련 법규는 내용상 기술적인 사항이 많으나 당시 이를 정비할 수 있는 전문적인 기술관료는 거의 없는 것이 현실이었다. 따라서 당시의「헌법」제100조에서 "현행 법령은 이 헌법에 저촉되지 아니하는 한 효력을 가진다"고 규정하여 종래의 일제법령과 군정 법령의 효력을 그대로 유지시켰다. 1954년에는 일본법의 내용을 한국어로 번역하고 제정일을 단기연호로 바꾸어 시행하였다. 이러한 의용법은 1961년 정식으로「선박안전법」이 제정될 때까지 사용하게 된다.

8. 대한민국시대

1961년 군사혁명정부는 1961년 12월 31일까지 대체입법을 하지 아니하는 의용법령은 모두 폐지시킨다는 강력한 방침을 세우고 구법 정리 작업을 벌였다. 이러한 노력에 힘입어 1961년 12월 30일「선박안전법」은 법률 제 919호로 제정되어 공포와 동시에 시행되었다. 이 법은 종래의 의용법령과 내용은 거의 유사하지만 우리 정부가 처음으로 제정하였다는데 그 의의가 있다고 하겠다. 이후 이 법은 1999년 4월 15일 법률 제

5971호로 일부개정이 이루어질 때까지 총 14차례의 부분개정이 이루어졌으며, 2007년 1월 4일 전부 개정되었다. 이후 2008년 2월 말까지 「해운법」과 「정부조직법」의 개정에 따라 부칙으로 2차례 더 개정되었으나 내용상의 큰 변화는 없다.

제2장 「선박안전법」의 연혁

제1절 제정(1961.12.30. 법률 제919호)

위에서 살펴본 바와 같이 우리나라는 1961년이 되어 마침내 우리 국회를 통과한 「선박안전법」을 가지게 되었다. 그 내용은 일본의 「선박안전법」과 유사하였으며, 대략적인 내용은 다음과 같다.

- 총톤수 5톤 미만의 선박으로서 기관을 설치하지 아니한 선박 및 인력으로 운항하는 선박은 이 법의 적용대상에서 제외하였다.(제2조 제2항 제1호)
- 근해구역 이상을 항해하는 총톤수 150톤 이상의 선박은 만재흘수선의 표시를 하도록 하였다.(제3조)
- 선박의 검사는 선박의 소재지를 관할하는 해운관청이 행하도록 하였다.(제7조 제1항)
- 선급에 등록하고 선급검사를 받은 선박(여객선 제외)은 해당 검사부분이 해운관청의 검사를 받고 합격한 것으로 보아(제8조) 중복검사를 배제할 수 있도록 하였다.
- 해운관청은 정기검사에 합격한 선박에 대하여 행행구역, 최대탑재인원(최대승선인원)등 항행상의 조건을 정하여 선박검사증서를 교부하며(제9조 제1항), 이 증서의 유효기간은 4년으로 하였다.(제10조 제1항)

제2절 제1차 개정(1962.8.13. 법률 제1126호, 일부개정)

1. 개정 이유

- 종래의 규정에서는 선박소유자가 선박검사증서에 기재된 항행상의 조건을 위반하여 항행하거나 위험물운송에 관한 안전기준을 위반하여도 이를 처벌할 근거규정이 없었다. 따라서 이러한 문제점을 해결하기 위하여 관련 벌칙규정을 신설하였다.

2. 주요 골자

- 각령[12]으로 정하는 항행상의 조건이나 위험물의 운송금지 등에 관한 규정에 위반하는 자에 대하여 5,000원 이하의 벌금, 구류 또는 과료에 처하도록 하였다.(제22조의2)

제3절 제2차 개정(1966.12.9. 법률 제1845호, 일부개정)

1. 개정 이유

- 5톤 미만의 선박으로서 여객운송에 사용되는 선박에 대하여 수시로 선체·기관 등의 시설에 대한 검사를 할 수 있도록 하는 한편, 국제협약의 기준에 따라 무선전신시설을 설치해야 하는 선박의 기준을 정비하였다. 또한 선박검사의 충실을 기하기 위하여 선박검사를 행할 수 있는 선박검사관의 자격기준을 신설하였다.

2. 주요 골자

- 국제항해에 취항하는 선박에 한하여 만재흘수선을 표시하도록 하였다.(제3조)
- 국제항해에 취항하는 선박으로서 무선전신시설을 하여야할 선박의 범위를 500톤 이상에서 300톤 이상으로 확대하였다.(제4조 제1항 제4호)
- 여객선이 아닌 선박으로서 총톤수 1600톤 이상인 선박은 무선전화로 무선전신을 대체할 수 없도록 하였다.(제4조 제2항)
- 5톤 미만의 소형선박에 대하여 교통부장관은 수시 검사 제도를 신설하

---

12) 의원내각제에서 법률 밑의 명령 중 가장 상위의 명령을 말한다.

였다.(제5조의2)

- 교통부장관은 소속 공무원 중 교통부령으로 정하는 자격을 갖춘 자를 선박검사관으로 임명하여 검사에 관한 업무를 행하도록 하였다.(제7조의2)
- 선급에서 검사에 관한 업무를 하는 직원이 뇌물수수 등의 행위를 한 경우는 공무원과 동일한 형사상의 책임을 지도록 하였다.(제24조의2)

제4절 제3차 개정(1970.1.1. 법률 제2195호, 일부개정)

1. 개정 이유

- 1968년 7월 21일 발효한 「1966년 국제만재흘수선협약」의 비준에 따라 만재흘수선의 지정을 받아야 할 선박의 범위를 다시 조정하고, 연안을 취항하는 선박 중 용도 · 항로 등에 따라 무선설비를 하도록 하였다. 또 조선기술의 발달 · 조선용 자재의 개발에 따른 검사관계 세부사항을 교통부령에 위임하도록 하였다.

2. 주요 골자

- 선박의 시설기준에 관한 사항을 대통령령에서 정하던 것을 교통부령으로 정하도록 하향 조정하였다.(제2조)
- 만재흘수선을 표시할 선박으로서 종래는 연해구역 이상을 항해하는 총톤수 150톤 이상이었으나 국제협약의 기준에 따라 길이 24미터 이상으로 기준을 변경하였다.(제3조 제1항)
- 종래 주로 원양 및 근해구역 취항선박에 무선전신시설을 설치하도록 하였으나 이를 국제항해에 취항하는 선박으로 변경함으로써 일본과 같이 연해구역을 취항하는 선박도 무선전신시설을 설치하도록 하였다.(제4조 제1항)
- 제조검사를 받을 수 있는 선박을 길이 30미터에서 24미터로 줄여 대상을 확대하였다.(제6조 제1항 및 제2항)
- 벌금으로서 종래의 통화인 환을 원으로 변경하면서 금액도 상향 조정하였다.(제17조 및 제18조)

제5절 제4차 개정(1973. 02. 05. 법률 제2463호, 일부개정)

1. 개정 이유

- 종래에는 외국에서 선박의 수리·제조에 관한 규정이 불분명했던 바, 교통부장관의 승인을 얻어 시행할 수 있도록 하였다.

2. 주요 골자

- 외국에서 수리·제조할 경우 교통부장관의 승인을 받도록 하고, 선박기관은 물론 모든 선박시설에 대하여 선박이 특정되기 전이라도 제조검사를 받을 수 있도록 하였다.(제6조 제3항 및 제4항)
- 선박의 인양 및 해체(해철), 해상충돌예방에 관한 사항을 교통부령으로 정할 수 있도록 관련규정을 신설하였다.(제25조 제2항 및 제3항)

제6절 제5차 개정(1974. 12. 31. 법률 제2744호, 일부개정)

1. 개정 이유

- 선박검사는 원칙적으로 해운관청이 시행하도록 되어 있고, 선급협회에 입급된 선박에 한하여 선급협회가 시행(안전 및 거주설비 제외)하도록 되어 있었다. 그러나 안전 및 거주설비도 선급협회에 검사업무를 대행시킬 수 있도록 하여 선박검사의 적정화와 능률화를 기하려고 하였다.[13)]

2. 주요 골자

- 선급협회에 등록된 선박은 안전설비를 포함한 모든 설비에 대하여 선급협회의 검사를 받도록 검사를 일원화하였다.(제7조의3)
- 종래 항행상의 위험방지에 관한 사항은 벌칙(제17조 내지 제24조의2) 다음인 제25조에 규정되어 있었으나 이를 분리하여 위험물의 운송에

---

13) 선급에 대한 검사대행의 이유 중의 하나로서 "공무원인 선박검사요원의 확보가 현행 공무원보수 체제하에서는 불가능하고 따라서 검사업무에 지장을 초래하고 있"다는 것을 들고 있는 바, 당시 해운경기 호황으로 해기경험이 있는 사람들은 모두 승선을 선호하여 선박검사관 확보가 불가능할 정도였다는 것을 알 수 있다.

관한 사항 및 해상충돌예방에 관한 사항은 제16조의2에, 선박의 인양 및 해철에 관한 사항은 제16조의3에 각각 나누어 규정하였다.(제16조의2 및 제16조의3)

제7절 제6차 개정(1975. 12. 31. 법률 제2886호, 일부개정)

1. 개정 이유

- 교통부장관 소속 하에 항만청을 신설하는 「정부조직법」의 개정에 따라 종전에 교통부에서 관장하던 선박검사업무를 항만청장의 소관업무로 변경하였다.

2. 주요 골자

- 이 법의 규정 중 "교통부장관"을 모두 "항만청장"으로 변경하였다.

제8절 제7차 개정(1977. 12. 16. 법률 제3011호, 일부개정)

1. 개정 이유

- 항만청의 명칭을 해운항만청으로 변경하는 「정부조직법」의 개정에 따라 「선박안전법」의 규정도 이에 따라 관련규정을 개정하였다.

2. 주요 골자

- 이 법의 규정 중 "항만청장"을 모두 "해운항만청장"으로 변경하였다.

제9절 제8차 개정(1982. 04. 01. 법률 제3547호, 일부개정)

1. 개정 이유

- 선박검사의 시행상의 미비사항을 보완하고, 벌칙규정을 현실에 맞도록 조정하였다.

2. 주요 골자

- 어선에 대하여는 「어선법」이 적용되는 점을 감안하여 어선은 이 법에 의한 검사대상에서 제외하였다.(제2조 제2항 제2호)

- 특수선검사를 임시검사에 흡수시키고 선박검사증서를 가지지 아니한 선박에 대하여 행하는 임시항행검사제도를 신설하는 한편, 선박시설의 결함 등으로 해양사고를 빈번히 일으키는 선박에 대하여 특별검사를 행할 수 있도록 하였다.(제5조 제1항)
- 해운항만청장이 선박 및 선박시설에 대한 정비의 능력을 인정한 정비사업장에서 정비를 한 것에 대하여는 개별검사를 생략하도록 하였다.(제6조의2)
- 선박 또는 선박용 물건 중 교통부령으로 정한 물건에 대한 형식승인제도를 신설하고, 형식승인에 의하여 제조 또는 수입된 선박 또는 물건에 대하여는 지정검정기관의 검정에 합격한 경우 선박검사를 생략하도록 하였다.(제6조의3)
- 제조검사의 미수검자에 대한 벌칙규정을 신설하고, 다른 벌칙규정도 대폭 강화하는 한편, 양벌규정도 신설하였다.(제17조 내지 제22조의2)[14)]

제10절 제9차 개정(1986. 12. 31. 법률 제3907호, 일부개정)

1. 개정 이유

- 선박의 안전과 관련된 국제협약의 내용을 신속히 수용하도록 하기 위하여 법체계를 정비하였다.
- 선박 또는 선박용 물건 등의 우수제조사업장 인정제도를 도입함으로써 선박 또는 선박용 물건 등의 검사능률의 향상을 기하고자 하였다.

2. 주요 골자

- 종래 교통부령으로 정하고 있었던 선박설비의 기준은 국제협약의 신속한 수용을 위하여 해운항만청장이 정하여 고시하도록 하였다.(제2조 제1항)[15)]
- 선박 또는 선박용 물건 등의 우수제조사업장 인정제도를 도입하여 동사

14) 제18조 위반의 경우 종래는 20만 원 이하의 벌금이었으나, 개정을 통하여 1년 이하의 징역 또는 500만 원 이하의 벌금으로 대폭 강화되었다.
15) 해운항만청장의 고시로 정할 경우 법제처의 심사가 생략될 수 있다.

업장에서 제조된 선박용 물건 등에 대하여는 그 제조검사 등을 생략할 수 있도록 하였다.(제6조의2)

• 한국선급협회의 명칭을 한국선급으로 변경함에 따라 이 법에 규정된 "선급협회"를 모두 "선급법인"으로 변경하였다.(제7조의3 및 제8조)
• 관련 국제협약의 기준과 맞추기 위하여 선박검사증서 유효기간의 연장기간을 현재의 5월에서 12월로 조정하였다.(제10조 제2항)
• 선박검사나 형식승인검정에 불복이 있는 자가 재검사 또는 재검정을 신청할 수 있는 기간을 행정심판법과 균형을 맞추기 위하여 통지를 받은 날로부터 30일 이내에서 60일 이내로 조정하였다.(제11조 제1항)

제11절 제10차 개정(1991. 03. 08. 법률 제4360호, 일부개정)

1. 개정 이유

• 「해상에서의 인명안전을 위한 국제협약(SOLAS)」의 개정에 따라 세계해상조난 및 안전제도(GMDSS)의 시행을 위한 사항을 이 법에 수용하였다.
• 선박의 불법개조를 방지하여 선박의 안전성을 도모하고자 하였으며, 벌칙을 상향조정하여 법 집행의 실효성을 높이고자 하였다.

2. 주요 골자

• 총톤수 5톤 이상 20톤 미만의 범선을 이 법의 적용대상으로 추가하였다.(제2조 제2항 제1호의2)
• 「SOLAS 협약」에 의한 GMDSS제도를 이 법에 수용하기 위하여 무선설비 설치대상선박의 범위를 정하고, 동 선박에는 전파관리법령에 의한 무선설비를 갖추도록 하였다.(제4조 제1항)
• 불법개조에 의한 선박의 안전성 저해를 방지하기 위하여 선박소유자는 선박검사 후에도 선박의 시설을 항상 안전하게 유지하여야 하며, 형태나 구조 등을 변경하고자 할 경우 허가를 받도록 하였다.(제5조의2)
• 안전 확보를 위하여 여객선은 길이 24미터 미만이라도 선박의 제조검사대상에 포함하도록 하였다.(제6조 제1항)

• 국내에서 생산되지 아니하는 선박용 물건의 원활한 공급을 위하여 선박용 물건의 예비검사를 받을 수 있는 자의 범위에 수입하는 자를 포함하도록 하였다.(제6조의3 제1항)
• 「SOLAS 협약」에 의한 선박검사 및 증서의 통일에 관한 규정을 이 법에 수용하여 검사증서의 유효기간을 현행 4년에서 5년으로 연장하였다.(제10조 제1항)
• 선박승무원의 선박설비 결함신고의 적절한 운영을 위하여 신고요건을 법에서 직접 정하던 것을 교통부령에서 그 요건과 절차를 정하도록 하였다.(제12조 제1항 및 제2항)
• 위험물 및 특수화물의 적재·운송방법의 검사에 관한 업무를 해운항만청장이 지정하는 검사법인(한국해사위험물검사원)이 대행할 수 있도록 하였다.(제16조의2 제4항)
• 법 집행의 실효성을 도모하기 위하여 벌금액을 상향조정하였다.(제17조 내지 제20조)

제12절 제11차 개정(1991. 12. 14. 법률 제4441호, 일부개정)

1. 개정 이유

• 종래의 「전파관리법」이 「전파법」으로 법명이 바뀌면서 이를 인용하던 이 법의 규정을 개정할 필요가 생기게 되었다.

2. 주요 골자

• 이 법에서 인용하던 「전파관리법」을 「전파법」으로 개정하였다.(제4조 제1항 및 제2항)

제13절 제12차 개정(1993. 03. 06. 법률 제4541호, 일부개정)

1. 개정 이유

• 상공부와 동력자원부를 통합되어 상공자원부로 개편하는 「정부조직법」의 개정에 따라 상공부를 인용하던 이 법의 규정도 개정하였다.

2. 주요 골자

- 이 법에서 인용하던 "상공부장관"을 "상공자원부장관"으로 변경하였다.(제6조의2 제1항)

제14절 제13차 개정(1997. 12. 17. 법률 제5470호, 일부개정)

1. 개정 이유

- 1996년 해양수산부의 신설에 따라 이를 이 법에 반영할 필요가 생겼다.
- 정부가 직접 수행하던 소형선박의 검사업무를 종래의 어선협회가 수행하던 어선의 검사업무와 통합하기 위하여 이를 수행할 선박안전기술원의 설립이 필요하였다.
- 소형선박에 대한 검사확대의 필요성 반영 등 이 법 운영상의 미비점을 개선할 필요성이 제기되었다.

2. 주요 골자

- 이 법의 적용대상을 총톤수 5톤 이상에서 2톤 이상 선박으로 확대하였다.(제1조의2 제4호)
- 과적·과승에 의한 사고발생 시 사회적 충격이 큰 여객선과 위험물 운송선박에 대하여는 길이 24미터 미만이라도 12미터 이상이면 만재흘수선을 표시하도록 하였다.(제3조 제1항 제3호)
- 원칙적으로 GMDSS 제도는 상선에 대하여 적용되는 점을 감안하여 어선의 경우는 총톤수 300톤 이상이더라도 동 제도에 따른 무선설비의 설치의무를 면제하였다.(제4조 제1항 제2호)
- 선박을 제조 및 개조하려면 「공업배치 및 공장설립에 관한 법률」에 따라 등록된 공장에서 행하도록 하였다.(제4조의2)
- 우수사업장의 인정 및 형식승인을 얻은 자에 대하여 이를 취소하거나 효력을 정지할 수 있는 규정을 신설하였다.(제6조의2 제4항 및 제6조의3 제4항)
- 종래 「어선법」에 규정되어 있던 어선협회에 관한 규정을 삭제하고, 이 법에 선박안전기술원의 설립에 관한 규정을 신설하였다.(제7조)

- 우리나라에서 항만국통제의 시행에 관한 법적 근거를 신설하였다.(제13조의2)
- 선박의 구난 및 해체를 하고자 하는 자는 해양경찰서장으로부터 자격증을 받도록 하고, 해양경찰서장은 그를 지도·감독하도록 하였다.(제16조의3)

제15절 제14차 개정(1999. 04. 15. 법률 제5971호, 일부개정)

1. 개정 이유

- 국민생활에 불편을 주고 경제활동을 저해하는 등록, 승인, 신고, 자격증교부 등의 행정규제사항을 폐지 또는 완화하여 국민편익을 증진할 필요가 제기되었다.
- 정부의 선박검사업무 대행기관인 한국선박안전기술원의 명칭을 변경할 필요가 생겼다.

2. 주요 골자

- 일정규모 이상의 선박의 경우 「공업배치 및 공장설립에 관한 법률」에 의하여 등록된 공장에서만 제조 또는 개조하도록 하던 제도를 폐지하였다.(제4조의2 삭제)
- 한국선박안전기술원의 명칭을 그 업무의 성격과 기능에 맞도록 선박검사기술협회로 변경하였다.(제 7조)
- 선박승무원이 선박의 중대한 결함을 발견하고 이를 신고한 경우 해양수산부장관이 이를 조사하고 필요한 처분을 할 수 있도록 하던 제도는 실효성이 없으므로 폐지하였다.(제13조 삭제)
- 한국선박이 외국항만에 입항하여 그 외국정부로부터 선박의 결함이 지적된 경우 선박소유자가 이를 해양수산부장관에게 신고하도록 하던 제도를 폐지하였다.(제13조의2 제2항 삭제)

제16절 제15차 개정(2006. 03. 24. 법률 제7927호, 일부개정)

1. 개정 이유

- 2005년 5월 경기도 화성에서 보트전복으로 인한 인명사망사건과 관련, 해양안전사고 발생 시 신속한 대응이 가능하도록 하기 위한 제도 개선이 필요하였다.
- 현행의 과도한 행정조사가 기업경영에 부담으로 작용하고 있으므로 이를 개선할 필요성이 제기되었다.

2. 주요 골자

- 선박소유자는 선박에 선박위치발신장치를 갖추고 작동하도록 하였다.(제4조의3)
- 행정조사의 투명성 및 예측가능성을 높이기 위하여 선박소유자 등의 보고 및 자료제출 요건 등을 정하고 행정조사 실시 전 조사일시·조사내용 등을 피조사자에게 사전에 통보하도록 하였다.(제12조)

제17절 제16차 개정(2007. 01. 03. 법률 제8221호, 전부개정)

1. 개정 이유

- 해상에서의 안전항해를 위하여 선박검사대상에서 제외되었던 수상호텔·수상공연장과 같은 부유식 해상구조물과 일부 선박에 대하여도 선박의 감항성(堪航性)을 확보하고 최소한의 안전기준을 지키도록 이 법의 적용대상에 포함시킬 필요가 있었다.
- 선박에서 선장의 권한을 강화하고 선박소유자의 선장에 대한 화물정보 제공을 의무화하며, 산적(散積)화물선 및 유조선에 대하여 강화된 검사기준을 마련하는 등 선박안전에 관한 관리체계를 국제 수준에 맞게 전면 개편할 필요가 있었다.
- 한국선박의 원활한 운항을 위하여 선박에 적재되는 컨테이너에 대한 안전관리와 정부대행검사기관의 지정요건을 국제기준과 동일하게 맞출 필요가 있었다.

2. 주요 골자

- 종전에 선박안전관리 법령의 적용범위에서 제외되었던 선박 중 총톤수 2톤 미만의 선박과 13인 이상이 상시 이용하는 수상호텔·수상공연장 등 부유식 해상구조물에 대하여도 선박의 감항성 확보 및 최소한의 안전기준을 지킬 수 있도록 이 법의 적용범위에 포함시켰다.(제2조 및 제3조)
- 선박의 건조단계부터 안전관리가 가능하도록 건조검사·정기검사 등 선박의 검사를 받기 전에 선박의 도면에 대하여 미리 승인을 얻도록 하고, 승인을 얻은 때에는 승인을 얻은 도면과 동일하게 선박을 건조하거나 개조하도록 하였다.(제7조 및 제13조)
- 컨테이너 제조업자를 위한 형식승인 및 검정제도를 도입하고, 컨테이너의 소유자로 하여금 자체 안전점검을 실시하게 하며, 컨테이너의 안전점검을 받지 아니한 컨테이너의 사용을 제한하도록 하였다.(제23조 내지 제25조)
- 누구든지 선박의 안전과 관련한 선장의 전문적인 판단을 방해하여서는 아니 되고, 항해용 간행물을 선박에 비치하도록 하며, 화주는 선박 또는 승선자에게 위해를 미칠 수 있는 화물에 관한 정보를 선장에게 미리 제공하도록 하였다.(제31조, 제32조 및 제36조)
- 선박소유자는 유독성가스를 발생하거나 산소의 결핍을 일으키는 화물을 산적하여 운송하는 때에는 유독성가스 또는 산소의 농도를 측정할 수 있는 기기 및 그 사용설명서를 선장에게 제공하도록 하였다.(제37조)
- 표류·침몰 등 예인과 관련된 해양사고를 예방하기 위하여 예인선의 선박소유자가 부선 및 구조물 등을 예인하려는 경우에는 예인설비 및 항해조건 등을 감안하여 특정 부선 또는 구조물 등의 예인이 가능한지 여부에 대하여 예인선검사를 받도록 하였다.(제43조)
- 누구든지 선박의 감항성 및 안전설비의 결함을 발견한 때에는 신고할 수 있고, 신고를 받은 해양수산부장관은 소속 공무원으로 하여금 사실을 확인하게 하여 위험을 초래할 우려가 있다고 인정되는 때에는 출항정지를 명할 수 있도록 하였다.(제74조)

제18절 제17차 개정(2007. 04. 11. 법률 제8381호, 일부개정

1. 개정 이유

• 「해운법」의 개정으로 조항이 다소 변경됨에 따라 이 법에서 인용하는 「해운법」의 조항을 정확히 반영할 필요가 생겼다.

2. 주요 골자

• 이 법 제3조 제2항 제2호에 인용하던 "「해운법」 제25조 제1호의 규정에 따른 내항화물운송사업"을 "「해운법」 제23조 제1호에 따른 내항화물운송사업"으로 변경하였다.(「해운법」 부칙 제17조 제2항)

제19절 제18차 개정(2008.2.29. 법률 제8852호, 일부개정)

1. 개정 이유

• 건설교통부와 해양수산부의 해양정책, 항만, 해운물류를 통합하여 국토해양부를 신설하는 「정부조직법」의 개정에 따라 종전에 해양수산부에서 관장하던 이 법의 업무를 국토해양부의 소관업무로 변경할 필요가 생겼다.

2. 주요 골자

• 이 법에 규정된 "해양수산부령"은 "국토해양부령"으로, "해양수산부장관"은 "국토해양부장관"으로 각각 변경하였다.

제3장 2007년 전부 개정된 「선박안전법」의 주요 개정내용

제1절 국민의 권리의무와 직결된 사항은 법률에 근거를 마련

우리 「헌법」에서는 "국민의 자유와 권리는 국가안전보장·질서유지 또는 공공복리를 위하여 필요한 경우에 한하여 법률로써 제한할 수 있다"고 규정(제37조 제2항)하고 있다. 여기에서의 "법률"은 국회에서 제정한 형식적 법률이어야 한다.[16] 따라서 법적 근거 없이 법규명령에서 임의로 정한 규정은 「헌법」상의 문제를 야기할 소지가 있다. 그러나 종래의 법에서는 제대로 법률적 근거규정을 마련하지 않고 시행령, 시행규칙, 고시 등에서 국민의 권리나 자유의 제한에 관한 사항을 정하고 있는 경우가 많았다.[17] 예컨대 종래의 「선박안전법시행규칙」에서 선장 또는 기관장은 선박검사 시 참여하여야 하며(제7조 제1항), 국토해양부장관은 검사에 참여하지 않거나 검사에 참여한 자가 협조를 하지 않으면 검사를 중단할 수 있다.(동조 제3항) 또 선박소유자는 하역설비에 대한 검사를 받을 의무가 있다.(제53조) 이 밖에도 국토해양부장관의 검사준비사항의 조정(제22조 제1항), 선박소유자의 하역장치의 제한하중 표시(제54조), 하역장구의 점검의무(제56조), 하역장치 제한하중지정서의 비치의무(제57조)가 있다.

한편, 법률에 근거를 두지 않고 국제협약에 직접 근거를 두고 시행규칙에서 국민에게 의무를 부과하는 경우도 있었다. 예컨대 컨테이너를 제조

---

16) 김철수, 「헌법학개론」, 제19전정신판, (서울: 박영사, 2007), 424쪽.

17) 60-70년대에는 행정의 능률성을 강조하다 보니 국민의 권리보호에 소홀한 점이 많았다. 따라서 모든 법령이 행정부 위주로 진행되었으며, 법령정비과정에서 헌법적 근거를 따지는 경우도 별로 없었다.

하고자 하는 자는 국토해양부장관의 형식승인을 얻도록 의무화하거나(「안전한 컨테이너를 위한 국제협약에 의한 컨테이너의 형식승인 등에 관한 규칙」 제3조 제1항), 국제항해에 종사하는 선박의 소유자는 협약증서를 교부받도록 의무화 하고 있었다.(「해상에서 인명안전을 위한 국제협약 등에 의한 증서에 관한 규칙」 제3조 제1항)[18][19]. 물론 「헌법」에 의하여 체결·공포된 조약은 국내법과 같은 효력을 가지도록 규정되어 있어(「헌법」 제6조 제1항) 관련 국제협약은 국내법과 같은 효력을 인정할 수 있다. 그러나 국제협약에는 그 구체적 국내시행에 관하여 구체적으로 어느 기관에서 시행하는지 위임규정이 없으며, 위반 시 처벌규정이 없어 강행력을 확보할 수도 없다. 또 우리나라의 통상적인 입법체제는 국제법과 국내법의 충돌을 방지하고자 국제규범을 국내법으로 수용하는 절차를 거친 후 국제협약에 가입하고 있는 바, 이러한 절차가 없이 국제협약에 직접 근거를 두고 국민에게 의무를 부과함은 국민들의 혼란을 야기할 수도 있다.

따라서 개정된 「선박안전법」에서는 종래 하위법령에 있던 국민의 권리·의무 관련 사항을 모두 법으로 상향 조정하였으며, 국제협약의 규정에 의한 컨테이너의 형식승인 및 협약증서의 교부의무도 구체적으로 법 규정에 수용하였다.(제23조 제1항 및 제12조 제2항) 이에 따라 컨테이너 형식승인 및 협약증서 교부의 근거가 이제는 국제협약이 아닌 「선박안전법」이 되어 다른 법률과 동일한 체제를 갖추게 된다.

제2절 선박검사대상의 확대

선박의 안전을 확보하는 수단으로서 검사의 중요성은 아무리 강조해도 지나치지 아니할 것이다. 선박은 건조될 당시부터 각종 안전기준에 적합

---

18) 「안전한 컨테이너를 위한 협약(CSC)」은 국회의 비준동의를 받아 IMO에 비준서를 기탁함으로써 '79.12.18. 조약 제708호로 발효되었으며, 「해상에서 인명안전을 위한 국제협약(60 SOLAS)」은 수락서의 기탁에 의하여 '65. 5. 26. 조약 제151호로 발효되었다.

19) Container를 우리말로 번역하거나 우리 법으로 수용할 때 "컨테이너" 또는 "콘테이너"를 혼용하고 있으나 이 글에서는 편의상 "컨테이너"로 통일하였다.

하여야 하며, 건조된 다음에는 검사를 통하여 감항성을 갖추었는지를 확인하게 된다. 또 시간의 경과에 따라 선박의 감항성이 감소하게 되므로 주기적인 검사를 통하여 안전성을 계속 확인할 필요가 있다. 한편, 해양사고는 2001년 및 2002년의 경우 100톤 미만의 소형선박이 전체사고의 69%를 치지하고 있으며, 5톤 미만의 선박은 전체의 20%로서 가장 높은 비율을 점하고 있다.[20] 또 어선을 포함한 2톤 소형선박은 약 6만 척으로서 우리나라 전체 등록 척수의 약 60%를 점유하고 있다.[21] 그러나 종래의 「선박안전법」은 총톤수 5톤 미만의 무동력 선박 및 총톤수 2톤 미만의 선박은 적용대상에서 제외하고 있었다.(제1조의2) 또 향후 국민소득의 증가에 따라 요트, 모터보트 등 유람선(pleasure boat)의 대폭적인 증가가 예상되는 바, 이들도 대부분 2톤 미만의 소형선박인 경우가 대부분이다. 이와 같이 소형선박에 대한 안전검사를 방치할 경우 이들 선박의 안전성을 확보할 수 없음은 물론이다. 따라서 이번 「선박안전법」에서는 이러한 안전상의 사각지대를 해소하기 위하여 모든 선박을 선박검사대상으로 확대하였다.(제3조 제1항)[22]

한편, 선외기를 장착한 선박은 추진기를 선박으로부터 분리하기가 매우 쉬워 동일한 추진기가 다른 선박에 장착되어 사용할 가능성이 높고, 추진기가 분리된 선박은 무동력선이 되어 선박등록과 안전검사의 대상에서 제외되게 된다. 따라서 그간 이러한 선박들은 관리상의 어려움 때문에 검사대상에서 제외되어 왔었다. 그러나 선진국의 경우 국민소득의 증가에 따라 선외기를 장착한 선박을 활용한 해양레저가 보편화 되고, 이러한 선박에 대한 안전관리를 강화하는 것은 자연스러운 추세이다. 이번의 법 개정에서 선박에는 선외기를 장착한 것도 포함되도록 하여 선외기를 장착한 선박도 자연스럽게 이 법의 적용대상이 되어 선박검사를 받도록 하였다.(제2조 제1호)

---

20) 해양수산부, 「안전정책 제도개선 백서」, 2004. 6., 35쪽.

21) 해양수산부, 「어선해양사고방지 종합대책」, 2005.3., 4쪽 및 해양수산부, 「해양수산통계연보 2004」, 194쪽.

22) 기존에 이미 적용이 제외되던 군경용 선박 및 노와 상앗대로 운전하는 선박은 계속하여 적용이 제외된다.

또 한편, 우리나라에서는 이동식 석유시추선을 선박으로 보지 않아 선박검사를 하지 않아왔다.[23] 그러나 석유시추선에는 많은 인원이 승선하고 있으며, 그 업무의 특성상 석유가스의 분출로 인한 화재 또는 폭풍우에 노출되어 있다. 따라서 대부분의 국가들은 이를 선박으로 취급하여 엄격한 안전검사를 시행하고 있으며, IMO에서도 이러한 종류의 선박에 대한 각종 안전기준을 마련하고 있다.[24] 또 검사에 합격하면 그 합격증명서를 선내에 비치하도록 의무화하고 있다. 이러한 국제적인 추세에 따라 이번 개정법에서는 이동식 석유시추선을 「선박안전법」에 의한 선박으로 보아 선박안전검사를 받도록 하였다.(제2조 제1호)[25]

이밖에도 예·부선 결합선박은 선미예인에 따른 조종성능제한으로 적절한 조선이 이루어지지 않아 부선 또는 예인용 밧줄에 부딪쳐 충돌·침몰하는 사고가 많이 발생하고 있다. 특히 예인선이 그 크기 및 추진력에 비하여 과도하게 큰 부선을 예인하게 되면 바람이나 조류에 의한 외력을 적절히 통제할 수 없어 사고의 위험성이 높아지게 된다. 통계적으로 어선을 제외한 국적선의 사고발생 건수를 보면 예선의 충돌사고 발생률이 일반선박에 비교하여 40%가 높은 실정에 있다.[26] 이러한 선박의 안전을 도모하기 위하여 이번 개정법에서는 부선 등의 구조물을 예인하는 예선의 소유자는 예인선항해검사를 받도록 의무화하였다.(제43조 제1항)

제3절 법의 적용대상을 시설에서 운항사항까지 확대

종래의 「선박안전법」은 일본의 「선박안전법」 체제를 모방하다 보니 운영상의 많은 문제가 발생하고 있다. 예컨대 법의 목적으로서 선박에 "안전보장에 필요한 시설을 하게 함으로써 해상에 있어서의 제 위험을 방지함을 목적으로 한다"(제1조)고 규정하여 주로 시설(hardware)만을 적용

23) 이동식 석유시추선(Mobile Offshore Drilling Unit: MODU)은 그 속성상 장기간 한 곳에 고정되어 있기 때문에 그간 선박보다는 시설물로 간주해 왔다.

24) IMO에서는 비상시를 대비하여 이러한 선박에 근무하는 선원의 훈련을 권고하고 있기도 하다.

25) 우리나라에 등록된 석유시추선은 1984년 대우해양조선에서 건조된 반잠수식 두성호 1척이 있는 것으로 알려져 있다.

26) 해양수산부, 「안전정책 제도개선 백서」, 2004.6., 137쪽.

대상으로 하고 있었다. 따라서 그 시설의 운영에 관한 사항(software)에 관하여는 침묵하고 있었다. 그 결과 고속선의 경우 의자석에는 안전벨트를 비치하도록 하고 있으나(「고속선기준」 4.6.1), 승객이 승선중 그 벨트를 착용하도록 하는 규정은 없다. 또 국제협약에서는 화물의 하역과 관련된 안전정보의 제공, 살충제 사용시 안전조치 등의 운항사항을 규정하고 있으나 종래의 「선박안전법」에서는 법의 목적과 상충된다는 점을 들어 이러한 내용을 제대로 수용하지 않았었다.[27]

이에 따라 개정된 「선박안전법」에서는 법의 목적을 "선박의 감항성 유지 및 안전운항에 필요한 사항을 규정"하도록 함으로써 주로 하드웨어인 감항성은 물론 소프트웨어인 안전운항사항을 모두 규정할 수 있도록 하였다.(제1조) 그 결과 개정된 법에서는 위에서 언급한 국제협약에 규정된 사항은 물론 각종 소프트웨어 사항을 많이 규정하고 있다. 즉, 선박소유자는 산적화물을 운송하기 전에 선장에게 선박의 복원성·화물의 성질 및 적재방법에 관한 정보를 제공하여야 하고, 누구든지 선박에서는 고인화성 연료유를 사용할 수 없도록 하고 있다. 이밖에도 선박소유자는 적재된 화물이 해상운송중 이동이 없도록 안전하게 고정시키도록 하였으며, 최대적재중량을 초과한 컨테이너는 선박에 적재하지 말도록 규정하였다.

최근에는 통신장치의 발달에 따라 선장의 역할과 권한은 종래에 비하여 현저히 감소되었다. 즉, 과거에는 선장이 육상직원과 멀리 떨어져 있었으며, 통신이 원활치 못하였기 때문에 선박의 운항, 선원의 감독, 화물의 관리 등에 있어 독자적인 의사결정을 할 수 있었다. 그러나 최근에는 통신기를 이용하여 육상에 있는 화물감독이나 공무감독이 선장의 판단을 대신하는 경향이 강하다. 그러나 선박의 안전을 확보하기 위하여 선장에게는 현장에서 즉각 자신의 의사결정에 따라 운항할 수 있는 권한이 부여되어야 한다. 현장과 수천마일 떨어진 육상에서 항로를 택하고 속력을 정하는 운항결정을 내릴 경우 회사의 경제적 이해관계가 선원들의 안전보다 우선할 우려가 있기 때문이다. 또 선장이 바다에서 조난자를 구조하

---

27) 실제 종래의 법에서 위험물이나 특수화물의 운송에 관한 규정을 두고 있었기 때문에 소프트웨어에 관한 사항을 전혀 규정하지 아니한 것은 아니다.

였을 때에도 조난자의 처리에 관한 선장의 재량권은 인정되어야 한다. 과거 탬퍼(MV Tampa)호의 조난자 구조사건에서 호주정부는 이러한 선장의 전문적인 판단에 개입하여 조난자의 입국을 거부하고 지원을 거부함으로써 국제적인 문제가 발생한 경우도 있다.(이 법 제31조의 축조해설 참조) 그 결과 세계 각국의 협상결과 「SOLAS 협약」에 선장의 전문적인 판단을 존중하도록 하는 조항이 신설된 바 있다.(제5장 34-1조) 따라서 개정법에서는 국제협약의 이 규정을 수용하여 선장의 안전운항에 관한 의사결정에는 누구도 개입할 수 없도록 규정하였다.(제31조)

제4절 선박자체의 안전성 강화

선박을 건조하려면 먼저 외력에 견딜 수 있는 충분한 강도를 갖출 수 있도록 선박의 설계를 하여야 한다. 특히 선박과 같이 항해 중 끊임없이 외력을 받는 구조물에 대하여는 구조해석을 통하여 힘을 받는 부분에 어떠한 방향으로 반력이 생기고, 변형은 어느 정도 생기고, 파괴는 되지 않는지를 검토하여야 한다. 이 과정에서 각 부분에 사용되는 철판의 두께, 보강재의 사용 등 설계의 적정성이 검토되게 된다. 선박의 설계도면이 완성되면 선박의 건조자(shipbuilder)는 이 도면에 적합한 구조부재를 구하여 용접을 하여 구조물을 점점 키워 나가게 된다. 이러한 과정에서 건조자는 선박의 구석구석에서 적합한 구조부재가 사용되고 있는지, 설계도면에 따라 배치가 제대로 되고 있는지, 용접이 정확하게 이루어지고 있는지를 확인하여야 한다. 조금이라도 잘못되면 선박이 완성된 후에는 고치기가 매우 어렵기 때문이다. 구조물이 완성되면 의장단계로 넘어가 선원이나 여객이 사용할 거주시설 및 각종 안전설비를 설치하게 된다. 그 이후에는 최종 마무리 검사 및 시운전을 거쳐 운항이 가능한 상태에 이르게 된다.

그러나 그간 우리나라에서는 규제완화의 차원에서 선박의 건조과정에서 규제가 거의 없었다. 따라서 검사에만 합격하면 선박을 바로 사용할 수 있기 때문에 설계도면도 없이 선박을 건조할 수 있었다. 도면이 없다 보니 건조과정에서 선주는 필요에 따라 얼마든지 길이를 늘이거나 폭을 넓힐 수도 있었다. 그러나 이와 같이 건조된 선박은 구조물 전체의 안전성을 확보하기 어렵다. 선박이라는 구조물은 여러 가지 물질의 복합체이기 때문에 한 부분만 늘이거나 넓히면 다른 구조부재에 예상치 못한 많은 응력(stress)이 미칠 수 있기 때문이다. 그럼에도 불구하고 일단 선박이 완성되면 검사에 불합격 처분을 하기는 현실적으로 쉽지 않다. 정부가 선박의 건조과정에서 아무런 조치도 없다가 마지막 완성단계에서 검사 불합격으로 운항을 못한다고 한다면 선박소유자의 반발이 극심하기 때문이다. 결국 마무리 단계에서 선박에 어느 정도 보완조치를 취한다고 해도 건조 초기부터 생긴 안전상의 결함을 완전히 제거할 수는 없다.

따라서 이번 개정법에서는 선박자체의 안전성 향상을 위하여 도면에 의한 선박건조를 의무화 하였다.(제13조) 즉, 선박을 건조할 경우에는 사전에 충분한 시간을 두고 국토해양부장관에게 설계도면을 제출하여 승인을 받도록 의무화하고, 국토해양부장관은 이 도면에 대한 충분한 검토를 거쳐 승인도장을 찍어 교부하도록 하였다. 선박건조자는 승인받은 도면에 따라 건조하여야 하며, 이를 확인할 수 있도록 선박소유자는 해당 도면을 선박에 비치하도록 규정하였다. 아울러 종래 24미터 이상의 선박에 대하여만 받던 건조중의 검사를 모든 선박으로 확대하였다.(제7조 제1항)

제5절 IMO의 안전감사 대비

IMO에서는 회원국감사제도(Member State's Audit Scheme: MAS)를 도입하여 회원국의 안전관리체제를 감사하고 있다. 그간 각 국가에서는 항만국통제(PSC)를 통하여 외국선박의 안전관리상태를 점검하고 미흡할 경우에는 항행정지처분을 해왔으나 그 선박이 등록한 국가에 대하여는 별 다른 조치를 취해오지 않았다. 따라서 많은 국가들은 자국 선박의 안전관리를 방치하고 있으며, 이러한 국가에 등록된 선박들은 계속 해양사고를 일으켰다. IMO에서는 선박의 안전관리에 문제가 있는 것은 그 국가에 문제가 있는 것으로 보고 해당 국가의 안전관리상태를 직접 감사하기로 결정하였다. 감사결과 국제협약에서 정한 기준을 제대로 시행할 능력이 없는 것으로 판명되면 그 국가에 등록한 선박에 대하여는 엄격한 제재조치를 취할 예정이다. MAS에서의 점검사항은 국제협약에서 정한 강행규정을 국내법으로 제대로 수용하고 있는지, 해당 국가의 안전관리 조직은 잘 구성되어 있는지, 외국선박에 대한 항만국통제는 제대로 이루어지고 있는지, 정부검사를 선급 등 대행기관에 위임한 경우 이들을 제대로 지도·감독을 하고 있는지 등이다.

이에 따라 개정법에서는「해상인명안전협약(SOLAS)」,「만재흘수선협약(LL)」및「안전한 컨테이너를 위한 협약(CSC)」을 충실히 수용하였다. 즉, 협약규정에 따라 선박이 악천후(bad weather) 등 불가항력에 의하여 예정항해를 변경하거나 조난자를 구하기 위한 경우는 적용을 제외할 수 있는 규정을 신설하였으며(제3조 제3항 제2호), 새로운 기술개발에 따라 이 법의 요건에는 적합하지 않지만 그 성능이 이 법에 의한 기준과 동등 이상인 설비는 사용할 수 있도록 하는 규정도 신설하였다.(제4조) 또 국제협약의 체약국과는 상호 증서의 발급을 요청할 수 있고, 그 증서를 인정할 수 있는 근거를 마련하였다.(제66조 제1항) 한편,「만재흘수선협약」에서는 길이 24미터 이상의 선박을 대상으로 하여 만재흘수선의 표시, 수밀문의 설치 등을 규정하고 있으나 우리나라 선박의 경우 과적에 의한 사고예방을 위하여 12미터 이상의 선박으로 그 대상을 확대하는 한편(제27조 제1항 제2호), 여객선이나 위험물 운송선박과 같이 해양사고에 따른 사회적 영향이 큰 선박은 길이에 관계없이 모두 적용대상이 되도록 하였다.(동조 제1항 제3호)

해상인명안전협약(SOLAS)

해상에서 인명안전에 관한 기준을 국제적으로 통일시키기 위하여 채택된 국제협약을 말한다. 1912년 타이태닉(Titanic)호의 침몰사건을 계기로 1914년에 채택된 협약이 최초의 것이나 이후 제1차 세계대전의 발발로 효력을 발생하지 못하였다. 이 전쟁이 끝난 후 종전의 협약내용을 보완하여 1929년에 다시 협약을 채택하였으며, 이 협약은 1933년에 효력을 발생하였다.

이 협약은 이후 조선기술의 발전을 반영하여 1948년, 1960년, 1974년에 각각 종전의 협약을 폐지하고 새로운 협약을 채택하였다.

이 협약은 협약 본문 및 각종의 기술기준이 포함된 부속서로 구성되어 있다. 부속서는 총 12장으로 되어 있으며, 선박의 구조, 구명설비, 무선통신, 항해의 안전, 화물의 운송 등 선방운항과 관련된 모든 사항을 망라하고 있다. 특히 부속서에는 각종의 기술기준이 상세하게 포함되어 있어 그 양이 만만치 않다. 한국선급에서 발행한 협약 영한 대역본의 쪽 수는 1,000쪽이 넘고 있다.

현재의 협약은 1974년의 협약으로서 1978년 및 1988년에 의정서를 채택하여 대폭적인 개정을 행하였다. 이후에도 국제안전관리규약(ISM Code), 국제선박 및 항만시설보안규칙(ISPS Code), 고속선규칙(HSC Code)이 이 협약의 새로운 장으로 추가되었다. 특히 이 협약에서는 일정한 기간 내에 일정한 국가가 반대하지 아니하면 협약개정안이 자동적으로 발효하는 소위 묵시적 수락절차(tacit acceptance procedure)를 규정하여 협약의 발효가 신속하게 이루어지고 있다.

IMO의 MAS에서 가장 중요한 문제 중의 하나는 정부의 대행검사기관에 대한 감독체제이다. MAS에서는 정부와 대행검사기관(Recognized Organization: RO)이 대등한 관계에서 구체적인 협정을 맺도록 하고 있다. 이 협정에 따라 RO는 검사를 성실히 수행하는 한편, 정부는 검사가 제대로 이루어지고 있는지를 감독하도록 하고 있다. 특히 RO는 검사의 집행에 관한 자체 품질관리시스템을 갖추도록 하고 있다. 따라서 검사와 관련된 문제들은 모두 기록·보고 및 관리되게 된다. 한편, 우리나라에서는 종전의 「선박안전법」 규정에 따라 선박안전기술공단(종래의 선박검사기술협회)이나 한국선급에 선박검사를 포괄적으로 위임하였고, 「민법」의 규정에 의하여 일반적인 법인의 지도·감독을 행하여 왔다. 따라서 감독에 대한 구체적인 절차나 문서관리가 제대로 규정화되지 않은 것이 현실이었다. 이에 따라 개정법에서는 국토해양부장관은 RO의 요건을 정하고, 이 요건에 적합한 자와 대행검사에 관한 협정을 맺도록 하였다.(제60조 제1항 및 제2항) 이러한 협정은 당사자를 기속하게 되며, 협정의 유효기간은 5년 이내로 하였다.(동조 제2항) 협정에는 RO와 국토해양부장관의 권리·의무가 명확하게 규정되어 있으며, 특히 RO의 지도·감독에 관한 사항이 상세히 규정되어 있다. 또 RO는 검사와 관련된 내부규정을 제정

할 때에는 반드시 국토해양부장관의 사전승인을 받도록 하였다.(동조 제4항)

한편, 우리나라는 2007년 4월 9일부터 16일까지 IMO의 MAS 감사를 받았으며, 그 결과 중대결함을 의미하는 부적합 사항은 없었으며, 경미한 3건의 관찰사항만이 지적되었다. 참고로 우리나라는 2001년 미국 연방항공청(FAA)으로부터 항공안전 2등급 국가 판정을 받아 사회적으로 큰 물의를 일으킨 적이 있었다.

제6절 선박안전기술공단의 전반적인 체제 변경

그간 선박안전기술공단에 관한 법 규정은 불과 6개조에 불과했으나 이번 개정법에서는 총 14개조로 대폭 증가하였다. 이하에서는 그 구체적인 내용에 대하여 검토하고자 한다.

1. 선박검사기술협회에서 선박안전기술공단으로 명칭 변경

선박검사기술협회는 종전의 「선박안전법」 제7조에 의하여 '98.7.1. 설립된 특수법인으로서, 정부를 대신하여 어선 및 주로 소형선박에 대한 검사를 담당하고 있다. 이 밖에도 이 협회는 선박안전기술에 관한 연구, 선박의 설계 및 감리, 해양사고 예방을 위한 교육 및 홍보 등을 행하고 있으며, 임직원의 수는 약 250명에 달하고 있다. 그러나 이 법인의 명칭에는 "협회"가 들어있어 이 분야를 잘 알지 못하는 사람들에게는 이 법인이 "조선공업협회"나 "이용사협회"와 같이 이익단체 중의 하나로 오해를 하는 경우가 많았다. 따라서 이러한 명칭 때문에 이 법인에서 근무하는 직원들의 사기도 떨어지고, 이 법인의 각종 활동에도 여러 가지 제약이 있었던 것이 사실이다. 이에 따라 개정법에서는 이 법인에 근무하는 임직원의 의견을 충분히 수렴하여 그 명칭을 "선박안전기술공단"(이하 "공단"이라 한다)으로 바꾸었다.(제45조 제1항)

2. 공단의 임원선임 절차 개선

그간 공단의 이사장은 주무부장관이 임명하고, 이사는 이사장이 임명하도록 규정하였었다. 그러나 선임절차가 별도로 마련되지 않아 장관이나 이사장의 자의적인 판단에 의하여 결정될 가능성도 있었던 것이 사실이다. 한편, 이러한 문제를 해소하고자 제정된「정부산하기관관리기본법」(이하 “「정산법」”이라 한다)에서는 정부산하기관의 기관장이나 임원은 공개선임절차를 거치도록 의무화하고 있고(제6조 제3항), 공단은 적용대상에 포함되어 있다.[28] 이에 따라 개정법에서는「정산법」의 내용을 반영하여 공단의 이사장과 이사는 각각 공개선임절차를 거치도록 하였다.(제48조 제2항)

참고로 2007년 1월 19일「공공기관의 운영에 관한 법률」(이하 “「공운법」”이라 한다)이 제정되면서(2007년 4월 1일 시행) 임원의 공개선임절차에 관한「정부산하기관 관리기본법」이 폐지되었다.「공운법」에 따라 공단은 공공기관에 해당되고, 공공기관에 관하여는 동 법이「선박안전법」보다 우선하여 적용된다.(동법 제2조 제2항) 또 공단은 공공기관 중 준정부기관에 해당된다.(동법 제5조 제3항 제2호) 따라서 이사장은 임원추천위원회가 복수로 추천한 사람 중에서 국토해양부장관이, 상임이사는 임원추천위원회가 복수로 추천한 사람 중에서 이사장의 제청으로 국토해양부장관이 임명하게 된다.(동법 제26조 제1항 및 제2항) 따라서「선박안전법」에 규정된 임원의 공개선임에 관한 규정은「공운법」의 규정을 반영할 수 있도록 적절히 개정할 필요가 있다.

3. 이사장의 업무수행에 관한 규정의 미비점 보완

「민법」에 의하면 법인의 이사는 각자 법인을 대표하며(제59조), 이사장에 대하여는 별도의 규정이 없다. 따라서 이사의 대표권을 제한하려면 그 내용을 정관에 기재하여야 하고(제41조), 등기하지 아니하면 제3자에게 대항하지 못한다.(제60조) 그러나 이와 같이 복잡한 절차를 따르는 것은 번거롭기 때문에 개정법에서는 이사장이 공단을 대표한다고 명확히 규정

28)「정산법」적용대상은 정부출연금 연간 50억 원 이상, 정부가 출자하여 최대 지분을 보유, 정부지원이 총수입의 50% 이사이고 연간 50억 원 이상인 기관 또는 단체이다.(동법 제3조 제1항) 공단은 연간 국고지원이 2005년도에 78억 원으로서 적용대상이다.

하였다.(제49조 제1항) 한편, 공단의 직원은 공단과 고용계약을 맺는 것이 원칙이다. 그러나 법인은 자연인이 아니므로 직접 행위를 할 수는 없다. 그러나 위에서 이사장이 공단을 대표함에 따라 공단의 직원은 이사장이 임면한다는 내용을 신설하여(제54조) 고용계약의 당사자가 누구인지를 명확히 하였다.

또 이사장은 공단의 대표로서 공단의 업무를 행하지만 모든 일을 직접 행할 수는 없다[29]. 이 경우 이사장이 다시 대리인을 지명할 경우에는 복대리의 문제가 발생하며, 우리 「민법」은 '대리인의 대리인'제도를 인정하지 아니한다.[30] 따라서 이사장이 선임한 대리인이 행한 법률행위가 과연 유효한지에 대하여 문제가 발생할 소지가 있다. 이에 따라 개정법에서는 이사장이 정관이 정하는 바에 따라 직원 중에서 공단의 업무에 관한 재판상 또는 재판외의 행위를 할 수 있는 권한을 가진 대리인을 선임할 수 있도록 하였다.(제50조) 한편, 대리인의 선임과 관련하여 이사는 공단의 '위임'유사의 역할을 이미 담당하고 있으므로,[31] 이사장이 이사를 대리인으로 선임할 경우 권리관계가 매우 복잡해질 것으로 보이므로 가급적 피하는 것이 바람직하다.

4. 이사회의 운영개선

「민법」에서 법인의 이사회에 관하여는 구체적으로 명시하고 있지 아니하다.[32] 따라서 개정법에서는 이사회의 조직과 운영기준을 법으로 명확히 정하도록 하였다. 또 종래 정관에서 이사 2인 이상이 요청할 경우에는 이사회를 개최하도록 규정하였으나 이를 법에서 규정하도록 하여(제53조 제3항) 이사회 운영방식을 공시하는 효과가 있도록 하였다. 아울러 이사회에서 의사결정을 하는 이사의 중요성을 반영하여 이사장은 이사회 회의록을 유지·보관하도록 하였다.(제53조 제6항)[33] 한편, 「정산법」에서

29) 법인의 대표에 관하여는 대리에 관한 규정을 준용한다.(「민법」 제59조 제2항)
30) 김준호, 「민법강의」, 신정4판, (서울: 법문사, 2003), 315쪽.
31) 상게서, 150쪽.
32) 상게서, 149쪽.
33) 법인의 타인에게 손해를 가한 경우 그 사항의 의결에 찬성하거나 그 의결을

는 경영의 투명성 확보를 위하여 정부산하기관은 이사회의 회의록을 홈페이지에 게시하거나 사무소에 비치하도록 규정하고 있다.(제16조 제1항)34)

제7절 법 운영상의 미비사항 보완

이밖에도 그간 이 법의 운영상 미비점을 개선하고자 여러 가지를 개정하였는바, 그 주요 내용은 다음과 같다.

1. 정부대행업무 차질에 따른 조치

「헌법」 제33조 제1항에서 근로자는 근로조건의 향상을 위하여 자주적인 단결권, 단체교섭권 및 단체행동권을 보장하고 있다. 그러나 동조 제2항에서 공무원인 근로자는 법률이 정하는 자에 한하여 노동 3권을 보장하고 있다. 또 동조 제3항에서는 법률이 정하는 주요 방위산업체에 종사하는 근로자의 단체행동권은 법률이 정하는 바에 의하여 이를 제한하거나 인정하지 아니할 수 있다고 규정하고 있다.

한편, 최근 수년간 한국선급은 노사분규로 상당한 내홍을 겪은 바 있으며, 노동조합에 의한 파업도 거론된 바 있다. 결과적으로 다행히 파업은 피할 수 있었으나 만일 한국선급 검사원이 파업을 하게 되면 선급 검사업무는 물론 정부대행 검사업무에도 상당한 지장이 초래될 소지가 높다. 만일 정부대행 검사업무가 중단되면 선박운항에 상당한 차질이 발생하게 될 소지가 높다. 그렇다면 문제는 「헌법」의 규정에 불구하고 공무원이 아닌 검사원이 대행하는 정부대행 검사업무를 공무원의 행위로 보아 쟁의행위를 제한할 수 있는가에 있다.

현재 선박의 안전검사는 정부가 행하도록 규정하고 있으나 별도의 위임규정을 두어(이 법 제60조) 정부대행 검사기관인 공단 또는 한국선급에 대행을 주고 있다. 이 경우 대행검사기관에 소속된 검사원이 행하는 검사의 법률적 효과는 공무원이 행한 것과 동일하다. 공단의 경우 정부검사의

집행한 이사, 임무를 해태한 이사는 그 손해에 대하여 연대책임이 있다.

34) 「공운법」 제11조 제2항에도 동일한 내용을 규정하고 있다.

수행으로 인한 운영비의 부족분은 정부지원을 통하여 보전 받고 있다. 따라서 정부대행검사를 행하는 검사원은 공무원으로 의제할 수 있고, 「헌법」 제33조 제2항의 규정에 의하여 어느 정도 쟁의행위를 제한할 수 있을 것으로 판단된다. 한편, 종래 「선박안전법」의 다른 규정에서는 검사와 관련하여 검사원이 뇌물수수 등의 죄를 지은 경우 공무원으로 보아 처벌하고 있기도 하였다.(제16조의6) 따라서 당초 개정시안에서는 정부대행검사에 관하여 쟁의행위를 금지하는 규정을 두었으나 노동부 등에서 반대하여 이를 삭제하였다. 그 대신 쟁의행위 등으로 대행업무에 차질이 발생한 경우에는 국토해양부장관이 직접 수행하거나 국토해양부장관이 지정하는 다른 검사기관으로 하여금 정부대행검사를 대행할 수 있도록 하였다.(제61조) 따라서 한국선급의 쟁의행위가 발생한 경우 정부는 정부의 선박검사관이나 공단의 선박검사원으로 하여금 검사를 행하도록 할 수 있다.[35]

2. 대행검사기관의 보호

「국가배상법」에서는 공무원의 과실로 인하여 타인에게 가한 손해에 대하여 국가가 배상하도록 규정하고 있다.(제2조 제1항) 또 국가는 이러한 배상을 한 후 공무원에게 고의 또는 중대한 과실이 있으면 구상권을 행사할 수 있다.(동조 제2항) 따라서 경미한 과실이라면 공무원은 국가의 구상권으로부터 면제될 수 있다. 만일 정부대행검사기관을 공무원으로 의제한다면 법 해석상 대행검사에 따른 제3자의 피해에 대하여 국가는 먼저 배상을 하고, 고의나 중과실 여부에 따라 대행검사기관에 대한 구상권 청구를 검토하게 될 것이다. 따라서 개정법에서는 국가배상법의 체제를 차용하여 대행검사기관의 불법행위에 따른 제3자 피해에 대하여 국가가 먼저 배상하도록 명확히 규정하였다.(제67조 제1항)

한편, 해양사고에 따른 피해는 그 규모가 크기 때문에 대행검사기관의

35) 이 경우 선급에 등록된 선박의 경우 선급의 규칙을 적용해야 하는 바, 정부의 선박검사관이나 공단의 선박검사원이 선급의 규칙을 잘 숙지하지 못하고 있기 때문에 실제 업무상 많은 혼란이 올 수 있음은 물론이다.

위험을 분산할 필요가 있다. 만일 검사원이 검사를 시행하면서 고의 또는 중과실로 인한 피해규모가 엄청날 경우 정부대행검사기관은 파산의 위험에 노출되게 된다. 특히 실무상 문제가 될 수 있는 것은 중과실 및 불법행위책임에 의한 무한책임 가능성이다. 먼저 검사원의 검사집행 중 과실로 인하여 손해가 발생한 경우 그 과실은 중과실로 판정될 가능성이 높다. 특히 우리 법원에서는 통상 해당 업무를 담당하는 사람의 과실에 대하여는 엄격한 태도를 유지하고 있기 때문이다.[36] 중과실로 판결될 경우 정부는 국가배상법에 따라 일단 배상하고 구상권을 행사할 수 있다. 이 경우 대행검사기관은 모든 책임, 즉 무제한의 책임을 부담하게 된다.

또 다른 경우는 불법행위에 의한 책임문제이다. 계약상의 책임은 계약조건으로서 책임제한 한도액을 정할 수 있으나 불법행위 책임은 예측이 불가능하기 때문에 이를 제한할 수 없다. 따라서 검사원의 불법행위에 의한 손해에 대하여 대행검사기관은 무제한의 책임에 노출되게 된다.

이러한 무한책임으로부터 대행검사기관을 보호하기 위하여 개정법에서는 대행검사기관의 책임제한 근거규정을 두고 있다. 즉, 대행검사기관의 고의·과실에 의하여 정부가 구상할 경우 대행검사기관은 대통령령이 정하는 금액의 한도로 책임을 제한하도록 하고 있다.(제67조 제3항) 그러나 이와 같이 대행기관의 고의·과실에 대하여 책임을 경감하는 제도는 근대민법 원칙중의 하나인 과실책임의 원칙에 어긋난다는 지적이 있을 수 있다. 그러나 우리나라에서 정부대행 검사기관은 정부를 대신하여 국민의 생명보호를 위하여 상당한 역할을 하고 있고, 만일 파산할 경우 결국 국가재정에서 보조가 불가피한 점을 감안할 때 책임제한을 통한 대행검사기관의 보호가 나름대로 설득력이 있다고 하겠다. 다소 차이는 있으나 「상법」에서도 선박소유자의 보호를 위하여 책임제한제도를 인정하고 있다.(제769조)

---

36) 「민법」에 의한 불법행위 책임과 달리 「형법」에서는 일반과실에 의한 죄에 비하여 업무상 과실죄를 더 엄격히 처벌하고 있다. 여기서 업무라 함은 사람이 사회생활에서 가지는 지위로서 계속적으로 종사하는 사무를 말한다. 이영란, 「한국형법학-총론강의」, (서울: 숙명여자대학교출판국, 2003), 155쪽.

3. 선박결함신고제도의 도입

선박의 안전성은 검사를 통하여 확인할 수 있지만 시간의 경과, 사고의 발생, 선박 운영상의 과실 등으로 인하여 선박의 설비 등이 충분히 성능을 발휘하지 못할 경우가 있다. 이런 사실을 알게 되면 선박소유자는 운항을 중단하고 즉시 필요한 보완조치를 취해야 한다. 그럼에도 불구하고 보완조치를 취하다 보면 선박운항의 제한 등으로 인한 경제적 손실이 크기 때문에 선박소유자는 이를 은폐할 소지가 있다. 이러한 문제를 해결하는 방법 중의 하나는 선박소유자가 아닌 제3자로 하여금 선박결함을 신고하도록 하는 것이다. 따라서 「선박안전법」에서는 처음 제정되던 1961년부터 승무원에 의한 결함신고제도를 도입하였다.[37] 즉, 선원의 수가 20인 이상인 경우는 그 2분의 1, 그 이외의 선박은 10인 이상이 선박에 중대한 결함이 있다는 내용을 해운관청에 서면으로 신고하도록 하였다. 그러나 이 규정은 거의 활용되지 못하다가 1999년 「선박안전법」 개정시 "실효성이 없으므로"폐지되었다.

해당 규정이 실효성이 없었던 가장 큰 이유로는 선주에 고용된 선원이 자신이 근무하는 선박의 결함사항을 신고하기는 거의 불가능하기 때문이다. 만일 선원이 결함을 신고하려면 그 선박에서의 고용관계를 포기할 각오를 해야 한다. 또 최소 10명이라는 신고 요건은 모든 선원의 수가 7-8명에 불과한 소형선박의 경우는 불가능하기도 하다. 더욱이 서면으로 신고요건을 강화한 것을 볼 때 과연 해운관청에서 신고를 받으려고 만든 제도인가 의심스러울 정도이다.

따라서 개정법에서는 이러한 신고요건을 대폭 완화하였다. 따라서 선원은 물론 여객, 하역인부, 도선사, 대리점 직원 등 선박의 결함을 발견한 사람은 누구든지 신고할 수 있도록 하였다.(제74조 제1항) 또 국토해양부령으로 정하는 신고방법에 있어서도 서면은 물론 긴급 시 전화도 활용할

---

37) 제13조 (선박승무원의 신고) 선원20인 미만의 선박에 있어서는 그 2분의 1 이상, 기타 선박에 있어서는 선원 10인 이상이 각령의 정하는 바에 의하여 당해선박의 감항성 또는 거주설비, 위생설비 기타 인명의 안전에 관한 설비에 있어서 중대한 결함이 있다는 취지를 신고한 경우에는 해운관청은 그 사실을 조사하고 필요하다고 인정할 때에는 전조 제2항의 처분을 하여야 한다.

수 있도록 하였다. 또 신고를 촉진할 수 있도록 신고한 사람의 정보는 보호되게 된다. 결함 신고가 있으면 해운관청에서는 즉시 사실을 확인하고 만일 그 결함이 선박의 안전에 심각한 위협이 될 경우 해당 선박의 출항정지를 명하게 된다. 한편, 결함신고를 촉진하기 위하여 중대결함 신고자에게 보상금을 지급하자는 의견도 제시되었으나 신고가 남용될 우려가 있다는 지적에 따라 법에 반영되지는 아니하였다.

4. 국내법과 국제협약의 관계 정립

국제협약은 IMO의 회의를 통하여 지속적으로 개정되고 있다. 따라서 그 수가 제한된 정부의 공무원이 모든 협약 개정사항을 적시에 국내법으로 수용하는 것은 쉽지 않다. 국내법 수용이 지연될 경우 국제항해를 하는 선박은 외국에서 협약위반으로 인한 불이익을 당할 우려가 있다. 따라서 종래의 「선박안전법」에서는 "선박의 감항성과 인명의 안전에 관한 조약에 이 법과 다른 규정이 있을 때에는 그 규정에 의한다"(제16조)고 하여 국제법이 국내법에 우선함을 규정하였다. 따라서 외항선은 국내법 수용여부에 관계없이 협약규정에 따라 검사를 받고 필요한 협약증서를 교부받을 수 있었다.

그러나 이러한 규정은 우리 정부가 특별한 목적을 가지고 국내 규정을 국제협약보다 강화하였을 경우 국제법 우선의 원칙에 따라 국내법은 무효가 된다. 또한 현행의 규정은 '조약'에 우선권을 주었지만 국제적 발효여부는 가리지 않고 있어 미발효된 국제법이 국내법보다 우선 적용될 소지가 있다. 따라서 개정법에서는 "국제항해에 취항하는 선박의 감항성 및 인명의 안전과 관련하여 국제적으로 발효된 국제협약의 안전기준과 이 법의 규정내용이 다른 때에는 해당 국제협약의 효력을 우선한다. 다만, 이 법의 규정내용이 국제협약의 안전기준보다 강화된 기준을 포함하는 때에는 그러하지 아니하다"고 규정하여(제5조) 국제협약이 우선적으로 적용되는 경우를 명확히 규정하였다.

5. 기타 미비사항 보완

종래의 법에서는 법 적용기준으로서 선박의 총톤수를 주로 사용하였다.

그러나 총톤수는 선박이 일단 건조되고 난 후 톤수측정을 행하여야 알 수 있으므로 건조단계에서는 알 수가 없다. 예컨대 종래에는 2톤 미만의 선박은 적용대상이 아니었으므로 임의건조가 가능하였으나 건조 후 등록을 위하여 톤수측정을 해본 결과 2.1톤이 되면 검사대상이 되는 경우도 발생할 수 있었다. 이 경우 선박소유자는 「선박안전법」에 맞는 안전설비를 추가로 갖추거나 선박의 톤수를 줄여야만 하였다. 이 경우 선박소유자는 번거로울 뿐만 아니라 일단 건조된 선박에 변형을 가하게 되면 선박의 안전에도 많은 영향을 미치게 된다. 따라서 개정법에서는 각종 강행규정의 적용기준으로서 선박의 길이를 사용하여 이러한 불편을 근원적으로 해소하였다.

종래의 법에서는 선장이 위반행위를 한 경우 선장을 벌하는 외에 선박소유자에 대하여 동항의 벌금형을 과하고(제18조 제2항), 선장 이외의 선박승무원이 위반행위를 한 경우 행위자를 벌하는 외에 선장에 대하여도 동항의 벌금형을 과하는 양벌규정을 두고 있었다.(동조 제3항) 또 선박소유자의 대리인·사용인 기타의 종업원이 선박소유자의 업무에 관하여 위반행위를 한 때에 그 대리인·사용인 기타의 종업원에 대하여 벌칙을 적용하고, 선박소유자에 대하여도 동항의 벌금형을 과하고(동조 제4항), 법인의 대표자·대리인·사용인 기타 종업원이 이 법에 의한 위반행위를 한 때에는 행위자를 벌하는 외에 그 법인 또는 개인에 대하여도 각 해당조의 벌금형을 과하는 양벌규정을 두었었다.(제23조의2) 이러한 처벌규정은 선박소유자가 선장의 지도·감독에, 선장이 선박승무원의 지도·감독에, 또 선박소유자가 대리인·사용인 등의 지도·감독에 보다 많은 관심을 두게 할 목적으로 도입된 것으로 보인다.[38] 그러나 "형법상의 행위의 주체는 자연인에 제한되며, 법적 의제에 의하여 법인의 행위능력을 인정할 수는 없"으며, 정책적인 이유로 법인을 처벌할 경우라도 범칙금을 과하는데 그쳐야 한다고 한다.[39] 따라서 당초의 개정시안에서는 해당 양벌

38) 이 조항은 82년 4월 1일 개정 시 도입되었다. 당시 이 법의 개정사유중의 하나가 "벌칙규정을 현실에 맞도록 조정함"으로 되어 있으나 그 구체적인 도입 이유는 명확하지 않다.

39) 이재상, 「형법총론」, 제5판, (서울: 박영사, 2003), 100쪽.

규정을 모두 삭제하고 위반자만 처벌하는 방안을 제시하였다. 그러나 관계부처와의 협의과정에서 법무부의 반대로 양벌규정을 모두 삭제할 수는 없었다. 그 대신 경제적 약자인 선장의 경우 선박승무원이 위반행위를 하였더라도 선장이 해당 선박승무원에 대한 관리·감독 의무를 해태하지 않은 경우에는 양벌규정을 적용하지 않도록 다소 완화하였다.(제84조 제3항)

제2부

「선박안전법」축조해설

제1장
총 칙

제1장은 총칙으로서 이 법의 운영과 관련된 기본적인 원칙을 다룬다. 여기에는 이 법의 목적, 용어의 정의, 적용범위, 선박시설 기준의 적용원칙, 이 법과 국제협약과의 관계 등을 다루고 있다.

이 법의 목적은 이 법의 제정 이유이자 규정해석의 기본 원칙이다. 따라서 이 법의 목적범위를 벗어난 규정은 존재의 의의를 잃게 된다. 용어의 정의는 이 법의 운용과 관련된 기본적인 용어의 의미를 명확히 정의함으로써 이 법의 통일적인 해석을 가능하게 한다. 종전의 법에서는 용어의 정의가 누락되어 불편하였다. 적용범위는 이 법의 한계를 명확히 함으로써 이 법이 적용되는 경우와 그렇지 않은 경우를 정하고 있다. 선박시설 기준의 적용원칙은 이 법의 기준과는 다소 맞지 않는다고 하더라도 동등 이상의 성능을 가진 경우에는 이 법에 따른 선박시설로 인정함으로써 이 법이 유연성을 보장하고 있다.

이 법은 국제협약을 수용하는 법으로서 당연히 국제협약과 매우 밀접한 관련이 있다. 국제항해를 하는 선박은 이 법과 국제협약이 상충될 경우 과연 어느 규정을 우선 적용해야 할지 의문이 생길 수 있다. 국제협약과의 관계는 이러한 경우 적용상의 원칙을 제시한다. 이 밖에도 총칙에서는 선박의 검사 등을 시행할 경우 이를 신청한 자는 현장에 참여하도록 하는 원칙도 제시하고 있다. 따라서 총칙부분을 충분히 이해할 경우 이 법의 큰 줄거리를 이해하였다고 해도 과언이 아닐 것이다.

제1절 목적(제1조)

제1조(목적) 이 법은 선박의 감항성(堪航性) 유지 및 안전운항에 필요한 사항을 규정함으로써 국민의 생명과 재산을 보호함을 목적으로 한다.

이 조는 「선박안전법」의 기본목적을 규정하고 있다. 선박은 육지에서 멀리 떨어진 바다를 운항하기 때문에 선박에서 안전상의 문제가 발생해도 육지로부터 지원을 받기가 쉽지 않다. 심지어 엄청난 자연력 앞에서 구조작업에 나서는 선박 및 항공기마저도 위험에 빠질 수도 있기 때문에 육지에서는 조난사실을 알고도 실제 구조작업에 나서지 못하는 경우도 있다. 따라서 선박은 바다에서 예상치 못한 각종의 위험을 극복하고 스스로 안전하게 항해할 수 있는 능력을 갖추어야 한다. 이와 같이 선박이 해상 고유의 위험을 극복하고 안전하게 항해할 수 있는 능력을 감항성 또는 감항능력(seaworthiness)이라고 한다.

「상법」은 화물의 운송과 관련한 선박의 감항능력은 ①안전한 항해를 할 수 있는 선박 자체의 능력, ②필요한 선원의 승선, 선박의장과 필요품의 보급, ③화물운송에 적합한 시설의 확보로 나누어 규정하고 있다.(제794조) 그러나 「선박안전법」에서는 주로 ①번의 선박 자체의 감항능력에 관하여 규정하고 있다. ②번의 필요한 선원의 승선에 관하여는 「선원법」 및 「선박직원법」에서 그 최소기준에 대하여 다루고 있으며, 각종 필요품의 보급에 관하여는 별도의 법령에서 규정하고 있지 않다. ③번의 화물의 운송에 필요한 시설은 화물의 성질에 따라 달라진다. 따라서 냉동화물을 운송할 경우 필요한 냉동시설을 해야 하며, 곡물을 운송할 경우 적절한 환기시설을 갖추어야 한다. 그러나 화물의 운송에 필요한 시설의 문제는 운송중 화물의 가치를 유지하기 위한 것으로서 선박소유자와 화주와의 사적 문제일 뿐이다. 따라서 선박과 승선자의 안전을 위하여 최소한도의 안전기준을 강제적으로 적용하는 「선박안전법」에서는 이 문제를 중요하게 다루지 아니한다.

종래의 「선박안전법」에서는 그 목적을 "... 인명과 재화의 안전보장에 필요한 시설을 하게 함으로써 해상에 있어서의 제위험을 방지함을 목적으로 한다"로 규정함으로써(제1조) 주로 선박에 "필요한 시설"(hardware)

을 갖추도록 하는데 역점을 두어 왔었다. 따라서 선박의 안전과 밀접한 관련이 있는 선박 내 비상훈련, 이상기상의 통보, 선박의 안전관리 등 운영(software)에 관한 사항은 「선박안전법」에 규정되지 못하고 선원법이나 해상교통안전법 등에 규정되어 왔다. 한편, 「선박안전법」의 국제법적 근거가 될 수 있는 「해상인명안전협약」[40]에서는 시설은 물론 항해안전을 위한 준수사항, 화물운송과 관련된 안전조치, 선박운영상의 절차 등 hardware 및 software 모두를 동일할 규범에서 규정하고 있다. 따라서 국제협약을 읽어보는 사람들은 협약의 관련 규정이 어떤 국내법에 수용되었는지 잘 알 수 없는 경우가 많았으며, 협약규정이 여러 법에 분산되어 규정됨으로써 규정의 통일성 확보에 어려움이 발생하곤 하였다. 또 실무적으로도 선원업무를 담당하는 공무원들은 선박의 기술적인 용어에 익숙하지 않은 경우가 많기 때문에 국제협약의 개정에 따라 적시에 국내법 수용이 이루어지지 않는 등의 문제가 발생하곤 하였다. 따라서 이번에 「선박안전법」의 전부개정을 하면서 법의 목적으로서 "... 안전운항에 필요한 사항을 규정함으로써..."라는 보다 포괄적인 개념을 채택하여 선박의 안전운항에 관한 사항이라면 모두 이 법에 규정할 수 있도록 하였다.

한편, 「선박안전법」과 같이 국민인 선박소유자에게 일정한 의무를 부과하는 법률에는 헌법적 근거가 필요하다. 「헌법」에 위반된 법률규정은 헌법재판소로부터 위헌판결을 받을 수도 있기 때문이다. 우리 「헌법」에서는 "국민의 모든 자유와 권리는 국가안전보장·질서유지 또는 공공복리를 위하여 필요한 경우에 한하여 법률로서 제한할 수 있다"고 규정하고 있다.(제37조 제2항) 따라서 감항성을 갖춘 선박을 운항하도록 하여 해양사고로부터 국민의 생명과 재산보호를 목적으로 하는 「선박안전법」은 이 조항에 따른 공공복리의 차원에서 헌법적 타당성이 있다고 할 수 있을 것이다.

40) 「해상인명안전협약」의 영문 명칭은 International Convention for the Safety of Life at Sea이며 약칭으로 「SOLAS 협약」이라고 한다.

제2절 용어의 정의(제2조)

제2조(정의)이 법에서 사용하는 용어의 정의는 다음과 같다.

1. "선박"이라 함은 수상(水上) 또는 수중(水中)에서 항해용으로 사용하거나 사용될 수 있는 것(선외기를 장착한 것을 포함한다)과 이동식 시추선 · 수상호텔 등 국토해양부령으로 정하는 부유식 해상구조물을 말한다.

종래의 「선박안전법」을 비롯한 많은 법률에서는 선박의 정의를 내리지 않고 바로 선박에 관하여 규정하고 있는 경우가 많았다. 예컨대 「상법」에서는 선박을 "상행위 그 밖의 영리를 목적으로 항해에 사용하는 선박"으로 정의하고 있으나(제740조) 여기에서 말하는 선박이 무엇인지에 대하여는 정의하고 있지 아니하다. 「형법」에서도 교통방해죄(제186조), 선박매몰죄(제187조) 등을 규정하고 있으나 역시 선박이 무엇인지에 대하여는 규정하고 있지 않다. 이와 같이 정의규정이 부재한 상황에서 선박은 사회통념상의 선박으로 해석할 수밖에 없다. 사회통념상 선박의 요건으로는 ①물에 뜰 수 있는 성질(부양성), ②다른 물건을 적재할 수 있는 성질(적재성), ③이동할 수 있는 성질(이동성)을 들 수 있다.[41] 이 경우 어떤 구조물이 선박인지 아닌지의 여부는 사회통념상 개인이 판단할 뿐 구체적인 사건에서는 법원의 해석을 통하여 결정된다. 따라서 이와 같은 체제는 여러 가지 면에서 불편하다. 예컨대 선박과 유사한 구조물을 건조하는 사람으로서는 자신의 구조물이 「선박안전법」의 적용대상이 되는 선박인지 아닌지에 대하여 법원에 직접 질의할 수는 없기 때문이다. 따라서 이번에 「선박안전법」을 전부 개정하면서 선박의 정의규정을 두게 되었다.

위 규정에 따라 이 법에서는 선박의 항해장소가 수상이나 수중을 가리지 않으며, 항해용으로 사용될 수 있는 가능성이 있는 것은 모두 선박으로 보고 있다. 따라서 수상에서 운항되는 WIG선,[42] 고속정, 일반 선박은 물론 수중에서 운항되는 잠수함, 해저조망부선[43] 등도 선박에 해당된다.

---

41) 박경현, 「선박법규해설」(서울: 한국해사문제연구소, 1985), 19쪽.

42) 위그선은 Wing-in-Ground effect ship을 말하며, 지면효과를 이용하여 수면 위를 낮게 떠서 운항하는 선박이다. IMO와 국제민간항공기구(ICAO)에서는 수면 위 150미터를 경계로 이 이하를 운항하는 것은 선박으로, 이를 초과하여 운항하는 것은 항공기로 보기로 결정하였다.

또 현재는 운항되고 있지 않더라도 운항가능성이 있는 계류 중인 선박이나 육지에 고정되어 있는 선박도 선박에 해당된다.

한편, 우리나라는 그간 추진기는 선체에 고정되어 장착된 것만을 인정하였고, 모터보트(motor boat)의 경우와 같이 기관을 선체의 뒷부분에 붙였다 떼었다 할 수 있는 기관은 선외기(船外機: outboard motor)라고 하여 추진기로 인정하지 않았다. 따라서 선외기를 장착한 선박은 실제 기계적인 추진기를 사용함에도 불구하고 무동력선과 같은 취급을 받아 「선박안전법」에 의한 검사대상에서 제외되어 왔다. 이와 같이 선외기를 장착한 선박을 검사대상에서 제외한 이유는 이러한 선박들은 대부분 그 규모가 작으며, 선외기를 떼어낼 경우 검사대상에서 제외되기 때문에 검사관리상에 어려움이 발생할 수 있기 때문이었다. 실제로 선박을 무동력선 상태로 두다가 운항할 때만 선외기를 장착할 경우 평상시에 안전검사를 받으라고 강요하기가 쉽지 않다. 그러나 최근 수상레저의 활성화에 따라 선외기를 장착한 선박이 계속 증가하고 있으며, 「수상레저안전법」, 「어선법」 등의 다른 법률에서는 선외기를 장착한 선박을 규율대상으로 삼고 있었다. 따라서 향후 요트활성화 시대에 대비하고 선박안전의 사각지대를 없앤다는 관점에서 선외기를 장착한 선박도 「선박안전법」의 적용대상으로 포함시켰다. 「선박안전법」과 거의 동일한 시기에 개정한 「선박법」에서도 선외기를 장착한 선박을 "기관을 사용하여 추진하는 선박"으로 포함시켰다.(제1조의2 제1항 제1호)

또한 종래의 「선박안전법」에서는 용어의 정의가 없다 보니 석유시추선, 수상호텔, 수상공연장, 수상음식점 등 부유식 수상구조물이 「선박안전법」에 따른 선박의 개념에 포함되는지가 불분명하였다. 특히 「선박법」에서는 선박의 종류를 기선·범선·부선으로 구분하고 있는 바(제1조의2 제1항), 추진기를 가지지 아니한 선박은 부선으로 분류된다. 또 「선박등기법」에서는 선박계류용·저장용 등으로 사용하기 위하여 수상에 고정하여 설치하는 부선은 선박등기를 할 수 없기 때문에(제2조 단서) 부유식 수상구조물을 이용하여 각종의 영업을 하고자 하는 사람들은 수상구조물에 대한 저

43) 해저조망부선은 잠수하여 해저를 조망할 수 있는 시설을 설치한 선박을 말한다.

당권 등을 설정할 수가 없었으며, 각종 영업허가에 필요한 해당 구조물의 명세(선명, 길이, 총톤수 등)가 기재된 관련서류를 관할관청에 제출할 수가 없었다. 그러나 이 같은 등기문제와 별도로 해당 구조물은 수중에 떠 있기 때문에 시간의 경과에 따라 선저외판에 부식이 확장되어 구조물의 감항성에 문제가 생길 수 있다. 특히 수상호텔이나 수상공연장과 같이 다중이 이용하는 시설의 안전은 반드시 확인할 필요가 있다고 할 것이다. 따라서 「선박안전법」에서는 국토해양부령으로 정하는 다음의 부유식 수상구조물을 법의 적용대상으로 확대하였다.(시행규칙 제3조)

1. 이동식 시추선(mobile offshore drilling unit) : 액체상태 또는 가스 상태의 탄화수소, 유황이나 소금과 같은 해저 자원을 채취 또는 탐사하는 작업에 종사할 수 있는 해상구조물(항구적으로 해상에 고정된 것은 제외한다.)
2. 수상호텔, 수상식당 및 수상공연장 등으로서 소속 직원 외에 13명 이상을 수용할 수 있는 해상구조물(항구적으로 해상에 고정된 것은 제외한다.)
3. 「해양오염방지법」제2조에 따른 기름 또는 폐기물을 산적하여 저장하는 해상구조물
4. 위험물을 산적하여 저장하는 해상구조물

이러한 구조물들이 선박검사를 받을 경우 복원성의 확보, 최대승선인원의 제한 등 최소한의 안전이 확보될 뿐만 아니라 검사를 마치고 교부되는 선박검사증서에는 선박의 총톤수 등 선박의 기본적인 명세가 기재되기 때문에 관할관청의 허가업무에 상당한 도움이 될 것으로 기대된다. 국토가 좁은 우리나라로서는 수상구조물 등을 활용하여 수면을 최대한도로 활용하는 것이 바람직하다고 판단된다. 이를 위하여는 이러한 수상구조물에 대한 권리의 보호가 필요하다. 수상구조물의 권리가 서류를 통하여 구체화되면 이를 바탕으로 자금의 원활한 융통, 거래의 활성화가 가능하기 때문이다.

한편, 「선박등기법」에서는 선박계류용·저장용 등으로 사용하기 위하

여 "수상에" 고정하여 설치하는 부선에 대하여는 등기를 허용하지 않아 수상구조물의 활성화를 저해하고 있다.(제2조 단서) 저자는 수상은 물론 "육상에" 고정하여 설치하는 부선에 대하여도 등기를 허용하는 것이 바람직하다고 생각한다.

2. "선박시설"이라 함은 선체 · 기관 · 돛대 · 배수설비 등 선박에 설치되어 있거나 설치될 각종 설비로서 국토해양부령으로 정하는 것을 말한다.

「선박안전법」에서는 선박에 고정되어 설치되는 주요 시설물을 주로 "선박시설'이라고 정의하고 있다. 선박시설은 선박용물건과 달리 대부분 소량으로 생산되어 특정한 선박에 설치되므로 이 법 제7조의 규정에 따라 선박의 건조 중 건조검사를 받아야 한다. 국토해양부령으로 정하는 선박시설은 다음과 같다.(시행규칙 제4조)

1. 선체(hull) : 선박이 항해 중 외력의 영향을 극복할 수 있는 구조를 가진 선박의 몸체
2. 기관(engine) : 화력·수력·전력 등의 에너지를 기계적 에너지로 바꾸어 주는 설비
3. 돛대(mast) : 범선에서 돛(sail)을 달기 위하여 갑판 위에 수직으로 세운 기둥
4. 배수설비 : 선박에 들어온 물을 외부로 퍼내기 위한 설비
5. 조타(操舵)설비 : 선박의 키(rudder)를 조종하기 위한 설비
6. 계선(繫船)설비 : 배를 다른 배, 부두 등에 매어두기 위한 윈치(winch), 캡스턴(capstan), 밧줄 등의 설비[44)]
7. 양묘(揚錨)설비 : 바다에 투하된 닻을 감아올리기 위한 설비
8. 구명설비(life-saving appliance) : 긴급한 경우 인명을 구하기 위한 구명부환(life ring), 구명정, 신호탄 등의 설비

---

44) 「선박안전법시행규칙」 제4조 제6호에서 계선설비는 "배를 항구 등에 매어두기 위한 설비"로 규정하고 있으나 여기에서 "항구"라는 개념은 너무 넓으므로 "다른 배, 부두"로 바꾸어 읽는 것이 이해하기 쉽다.

9. 소방설비(fire-fighting appliance) : 화재의 발생을 탐지하거나 발생한 화재의 확산을 방지하는 설비
10. 거주설비 : 선박에서 여객과 선원이 거주하는데 필요한 설비(여객실, 선원실 등)
11. 위생설비 : 사람이 생활하는데 필요한 물, 공기 등을 위생적으로 공급 및 처리하기 위한 설비
12. 항해설비 : 레이더, 항해등(navigation light) 등 선박이 안전하게 항해하는데 필요한 설비
13. 적부(積附)설비 : 위험물이나 그 밖의 산적화물(bulk cargo)을 실은 선박과 운송물의 안전을 위하여 운송물을 계획적으로 선박 내에 배치하기 위한 설비
14. 하역이나 그 밖의 작업설비 : 크레인(crane), 윈치(winch) 등 하역작업을 위한 설비
15. 전기설비 : 선박에서 안전하게 전기를 사용하기 위한 설비
16. 원자력설비 : 원자력을 이용한 추진기를 갖춘 선박의 설비
17. 컨테이너설비 : 컨테이너의 적재 및 보관에 필요한 설비
18. 승강설비 : 선박에 설치된 엘리베이터(elevator) 등의 설비
19. 냉동・냉장 및 수산물처리가공설비 : 어선에서 어획물의 처리를 위한 설비
20. 선박의 종류・기능에 따라 설치되는 특수한 설비로서 국토해양부장관이 인정하는 설비

3. "선박용물건"이라 함은 선박시설에 설치·비치되는 물건으로서 국토해양부장관이 정하여 고시하는 것을 말한다.

종래의 「선박안전법」에서는 선박시설에 설치할 물건을 선박용물건으로 정하였지만 구체적으로 무엇이 선박용물건인가에 대하여는 별로도 규정하지 않았었다. 개정법에서는 선박시설에 비치되는 물건까지 그 범위를 확장하면서 선박용물건의 구체적 내용에 대하여는 국토해양부장관이 정하여 고시하도록 하였다. 이에 따라 개정된 「선박용물건의 형식승인시험

및 검정에 관한기준」(해양수산부고시 제2007-113호, 2007. 11. 7)에서 선박용물건은 국토해양부장관의 형식승인을 받을 수 있는 품목으로 정하였다.(형식승인에 관하여는 제18조 이하에서 후술함) 2007년 12월 31일 현재 형식승인 대상품목은 소화기, 레이더반사기(radar reflector), GPS Plotter등 70여 종에 이르고 있다.

4. "기관"이라 함은 원동기·동력전달장치·보일러·압력용기·보조기관 등의 설비 및 이들의 제어장치로 구성되는 것을 말한다.

기관(engine)은 통상 기관실에 있는 각종의 기기를 말하며, 이러한 기기는 「선박직원법」에 따른 기관장 및 기관사가 운영한다. 대형 유조선이나 컨테이너선에 장착되는 엔진은 출력이 10만 마력을 넘어가기 때문에 어지간한 육상의 대형공장보다 크다. 대형선박의 경우 기관은 기관장(Chief Engineer), 1등기관사(First Engineer), 2등기관사(Second Engineer), 3등기관사(Third Engineer)의 책임 하에 관리되고 있으며, 선장은 거의 간섭하지 아니한다.

5. "선외기(船外機)"라 함은 선박의 선체외부에 붙일 수 있는 추진기관으로서 선박의 선체로부터 간단한 조작에 의하여 쉽게 떼어낼 수 있는 것을 말한다.

전통적인 선박의 추진기(inboard motor)는 저회전에 크기가 크고 매우 무겁다. 반면에 선외기(outboard motor)는 고회전이고 규모가 작은 추진기로서 선박의 후부에 부착하여 사용하는 추진기를 말한다. 선외기는 선박으로부터의 이·탈착이 쉽고, 조종이 용이하며, 가격이 저렴하기 때문에 요트, 고무보트 등 레저용 선박에 널리 사용되고 있다. 선외기를 장착한 선박의 모습은 다음 그림2와 같다.

http://www.motormarine.net/?UID=21362506 [2008.3.10.]

<그림 2> 선외기를 장착한 보트

6. “감항성”이라 함은 선박이 자체의 안정성을 확보하기 위하여 갖추어야 하는 능력으로서 일정한 기상이나 항해조건에서 안전하게 항해할 수 있는 성능을 말한다.

종래의 법에서는 「선박안전법」의 가장 중요한 요소 중의 하나인 감항성에 대하여도 명확한 정의를 하지 아니함으로서 「상법」상의 감항능력과 다소 혼동의 우려도 있었다. 따라서 개정법에서는 감항성의 의미로서 선박자체가 안전하게 항해할 수 있는 능력이 있어야 한다는 점을 분명히 하였다.

7. “만재흘수선(滿載吃水線)”이라 함은 선박이 안전하게 항해할 수 있는 적재한도(積載限度)의 흘수선으로서 여객이나 화물을 승선 또는 적재하고 안전하게 항해할 수 있는 최대한도를 나타내는 선을 말한다.

선박은 악천후 속에서 외력에 의하여 계속 종횡으로 움직이게 된다. 한번 한쪽으로 기울어진 선박이 중심을 잡고 다시 바로 서기 위하여는 충분한 복원력이 있어야 한다. 선박의 복원력 확보에 가장 중요한 요소는 여객이나 화물을 적재하고도 물에 잠기지 아니한 건현(freeboard)이 충분해야 한다는 점이다. 물에 깊숙이 잠긴 선박은 약간의 횡경사에도 갑판에 바닷물이 넘쳐 올라와 선박의 복원성을 악화시키며, 횡경사의 각도가 커지면 바로 침몰할 위험성이 높아지게 된다. 그러나 선박소유자는 화물을 많이 실으면 실을수록 운임이 증가하기 때문에 선박이 물에 푹 잠길 때까지 최대한 많이 싣고자 하는 유혹을 받게 된다. 만재흘수선은 선박이 여객이나 화물을 최대한도로 실을 수 있는 흘수선(draft line)을 말한다.

선박의 과적을 방지하고자 하는 노력은 기원전 4세기경의 로오드 해법(Lex Rhodia)에 규정되어 있다고 한다.[45] 이러한 규정은 1225년 베니스(Venice)에서도 규정되었으며, 점차 각국으로 확산되었다. 그러나 이러한 만재흘수선은 과학적 지식에 의한 것이 아니라 경험에 의하여 주먹구구식으로 정했으며, 19세기 후반 영국에서 만재흘수선이 생길 때까지도 선

45) The History of Safety at Sea, http://www.oceansatlas.com/unatlas/issues/safety/transport_telecomm/history_safety/history_safety.htm [2008.4.7.].

장은 경험에 의하여 적당한 건현을 남기고 출범하였다고 한다.

계속되는 해양사고에 따른 영국선박의 감항성을 조사하기 위하여 1873년 왕립위원회(Royal Commission)가 설치되었다. 당시 하원의원이었던 플림솔(Samuel Plimsoll)씨는 선박의 위험성을 들어 선박을 선원을 수장시키는 '관 선박(coffin ship)'이라고 주장하고 관련규정의 개정을 강력하게 요구하였다.[46] 이후 1876년 영국은 플림솔씨의 주장을 받아들여 「상선법(Merchant Shipping Act)」을 개정하면서 80톤 이상의 모든 선박은 만재흘수선을 표시하며, 이를 초과하여 적재하는 것을 금지하였다. 만일 이를 어길 경우 선박을 억류할 수 있도록 하였다. 플림솔씨의 선박안전에 대한 공헌을 기리기 위하여 만재흘수선표시를 플림솔표시(Plimsoll Mark)라고도 한다.

이후 이와 유사한 입법은 덴마크(1890년), 스웨덴(1898년), 노르웨이(1890년) 등으로 확산되었다. 이후 만재흘수선규정을 통일할 필요성을 인식한 각국 정부는 1930년 국제만재흘수선회의(International Load Line Conference)를 개최하고 만재흘수선에 관한 국제규정을 국제협약으로 채택하였다.[47] 이 협약은 IMO가 설립된 이후인 1966년 동 기구에서 「국제만재흘수선협약(LL 69)」으로 채택되었다.[48] 이 협약에 따라 각국 정부는 선박이 실을 수 있는 최대한도의 흘수선을 선박의 양현에 표시하고 있으며, 만재흘수선을 넘어서 적재한 선박에 대하여는 출항을 금지하고 있다. 또 이 협약에서는 갑판에 올라온 해수가 선박 내부로 유입되는 것을 방지하기 위하여 창구(hatch coaming), 출입문, 통풍통(ventilation pipe) 등의 갑판상 최소높이를 정하는 한편, 출입구와 현창(scuttle)의 강도(strength) 및 수밀(watertight) 기준을 정하고 있다. 우리나라는 만재흘수선에 관한 사항을 「선박안전법」에 수용하고 있으며, 만재흘수선 표시방법은 다음의 그림3과 같다. 그림에서 맨 위에 길이 300mm의 굵은 선은 상갑판의 위치를 나타내며, 중간의 KG는 한국정부(Korean Government)

---

46) 상게서.

47) 박영선, 「IMO 업무해설」(부산: 해인출판사, 1996), 76쪽.

48) 이 협약의 정식 명칭은 International Convention on Load Lines, 1969이다.

의 약자이다.

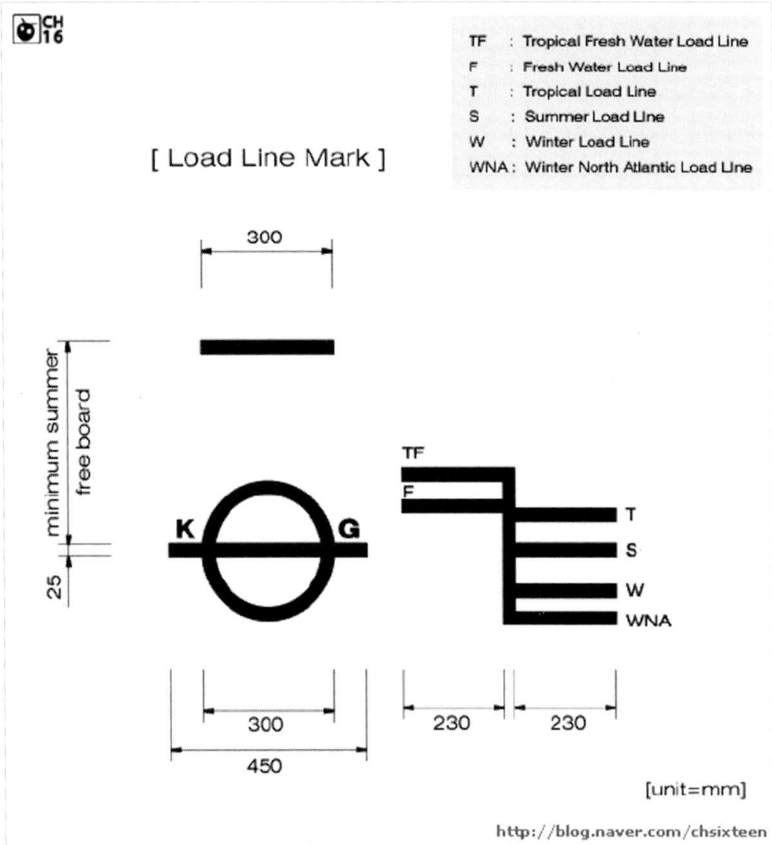

<그림 3> 만재흘수선 표시방법

8. "복원성"이라 함은 수면에 평형상태로 떠 있는 선박이 파도·바람 등 외력에 의하여 기울어졌을 때 원래의 평형상태로 되돌아오려는 성질을 말한다.

선박의 안전에 있어 복원성은 매우 중요한 요소 중의 하나이다. 선박이 외력에 의하여 한쪽으로 기울어졌을 때 원래의 상태로 되돌아오지 않으면 추가적인 외력의 영향에 의하여 바로 전복되거나 침몰될 수 있기 때문이다. 따라서 이 법에서는 선박의 안전확보를 위하여 복원성에 관한 여러 가지 규정을 두고 있다. 그러나 종래의 법에서는 복원성의 구제적인 정의에 대하여 침묵하고 있었던 바, 이번의 전부개정 시에는 복원성의 정의를 두는 한편, 그 내용도 일반인이 이해할 수 있도록 쉬운 용어를 사용하였다.

9. "여객"이라 함은 선박에 승선하는 자로서 다음 각목에 해당하는 자를 제외한 자를 말한다.
가. 선원
나. 1세 미만의 유아
다. 세관공무원 등 일시적으로 승선한 자로서 국토해양부령이 정하는 자

통상 여객(passenger)은 운송·관광 등의 목적을 위하여 선박에 승선한 사람을 말한다. 이들 여객은 불특정의 다수로서 선원과 달리 선박에 위급한 상황이 발생할 경우 적절한 안전조치를 취할 수 없기 때문에 여객선에서 사고가 발생하면 대형 인명사고로 발전할 위험성이 높다. 따라서 여객선에 대하여는 다른 선박에 비하여 훨씬 더 높은 수준의 안전확보가 필요하다. 선박안전 관련 국제협약 상 선박은 여객선과 화물선으로 나누고 있으며, 화물선은 여객선을 제외한 선박을 말한다.[49] 물론 여객선에 대하여는 화물선에 비하여 훨씬 더 엄격한 기준이 적용되고 있다. 예컨대 여객선은 화물선에 비하여 구획실의 설치[50] 및 복원성 요건이 강화되어 있으며, 각종 구명설비도 더 많이 갖추도록 하고 있다.

누가 여객인가를 정하는 것은 선박의 안전관리에 있어 매우 중요한 요소이다. 예컨대 선원이나 일시적으로 선박에 승선하는 사람을 여객으로 분류할 경우 이들을 위한 각종 안전설비의 추가비치에 많은 비용이 소요되기 때문이다. 따라서 직업으로서 선박에 승선하는 선원, 각종 구명설비가 있어도 활용가능성이 전혀 없는 1세 미만의 유아, 세관공무원은 여객수의 계산에 산입하지 않는다. 또한 일시적으로 승선하는 자로서 국토해

49) 어선의 경우는 화물선에 속하지 아니하며 어선에 관한 별도의 협약에서 정하고 있다.

50) 선박은 일부분의 손상으로 해수가 유입되더라도 바로 침몰하지 않도록 많은 구획실을 두고 있으며, 설계상 여객선은 구획실의 길이를 제함함으로써 더 많은 구획실을 두도록 하고 있다.

양부령으로 정하여 여객으로 인정되지 않는 자는 다음과 같다.(시행규칙 제5조)

1. 선원과 동승하여 생활하는 선원의 가족
2. 선박소유자(선박관리인 및 선박임차인을 포함한다) 및 선박회사의 소속 직원과 선박수리 작업원
3. 시험·조사·지도·단속·점검·실습 등에 관한 업무에 사용되는 선박에 해당 업무를 수행하기 위하여 승선하는 자
4. 세관공무원, 검역공무원, 도선사, 운항관리자 등으로서 선원업무가 아닌 업무를 하는 자
5. 수상호텔, 수상식당 및 수상공연장 등의 소속 직원과 이를 이용하는 자
6. 「수산업법 시행령」 제38조 제1항 제2호에 따른 나잠어업(裸潛魚業)[51]을 위하여 승선하는 자
7. 「낚시어선업법」에 따른 낚시어선의 승객
8. 국가·지방자치단체 또는 「공공기관의 운영에 관한 법률」제2조 제1항에 따른 공공기관의 선박을 이용하여 「항만법」에 따른 항만을 견학하는 자
9. 여객선에 적재가 곤란한 악취가 나는 농산물·수산물 운송차량, 혐오감을 주는 가축운송차량 및 폭발성·인화성 물질 운송차량의 화물관리인(운전자는 화물관리인을 겸할 수 있다)

위의 제2호에서 선박소유자 및 선박회사 소속직원, 선박수리 작업원은 여객으로 보지 않고 있다. 이들이 항구에 정박 중인 선박에 승선하여 선박의 상태를 확인하거나 수리작업을 할 경우에는 여객이 아니므로 별 문제가 없다. 그러나 이들이 승선한 상태로 항해를 계속할 경우 이들을 계속 여객으로 보지 않으면 이들은 선원도 아니고 여객도 아니기 때문에 만일의 사고시 구명설비 등의 숫자에 차질이 발생할 소지가 높다. 따라서 이들을 여객으로 인정하지 않는 경우는 선박이 입항중이거나 정박 중인

---

51) 별도의 공기를 공급받지 않고 잠수복만 착용하고 잠수하여 각종 해산물을 채취하는 어업을 말한다. 통상 해녀들이 행하는 어업을 말한다.

경우로 제한하는 것이 바람직하다. 참고로 미국은 선박의 업무에 종사하지 않고 승선중인 선주의 고용인은 여객으로 보고 있다.52)

또, 위의 제7호에서 낚시어선에 승선하는 승객은 여객으로 산입되지 않고 있다. 당초 낚시어선업은 어민들에게 경제적 도움을 주기 위하여 출어기간이 아닌 기간에 어선에 낚시승객을 받을 수 있도록 도입되었다. 이를 위하여 낚시어선의 승객은 여객으로 보지 않을 뿐만 아니라 낚시어선은 일반 여객선에 비하여 각종의 안전기준이 완화되었다. 그러나 최근에는 낚시어선이 계속 늘어나고 있으며, 운항구역도 점차 확대되고 있다. 또 낚시어선의 속도도 빨라지고 규모도 점차 커지고 있으며 낚시승객 전용의 낚시어선도 건조되고 있는 형편에 있다. 선박안전의 관점에서 볼 때 낚시승객이나 여객은 큰 차이가 없는 바, 낚시어선의 승객을 여객으로 보는 방안을 적극적으로 검토해야 할 것으로 판단된다.

10. “여객선”이라 함은 13인 이상의 여객을 운송할 수 있는 선박을 말한다.

선박이 여객선인지 아닌지를 구분하는 가장 중요한 요소는 선박이 몇 명의 여객을 운송할 수 있는가 하는 것이다. 이 법에서는 13인 이상을 기준으로 제시하고 있다. 따라서 12명의 여객을 운송하는 선박의 경우 여객선이 아니다. 또 낚시승객 50명을 태워도 여객선이 아니다. 반면, 대형 컨테이너선박이 13명의 여객을 운송한다면 여객선이 된다. 선박이 여객 13인 이상을 태워 여객선이 되면 선박의 복원성기준을 비롯한 안전기준이 대폭적으로 강화되는 한편, 항만운영상 여객선은 최우선적으로 처리되기 때문에 항만에 선박이 폭주해도 바로 접안하여 작업할 수 있는 특권(?)을 누릴 수 있다.

한편, 「SOLAS 협약」에서 여객선은 12인을 초과하는 여객을 운송하는 선박을 말한다.(제1장 제2규칙 f항) 그러나 일본의 경우 ‘12인 초과’를 ‘13인 이상’으로 해석하여 여객선에 대한 정의를 하고 있으며, 우리나라도 이를 따르고 있다. 따라서 여객정원의 계산시 12세 미만의 어린이는 0.5인으로 계산되므로 12.5인의 여객을 운송하는 선박은 국내법 상 여객

52) USCG Marine Safety Manual, Vol II, sec. B, Chapter 4, Y1.

선이 아니다. 반면 국제협약에 의하면 이는 여객선이 된다. 따라서 국제협약과 국내기준은 0.5인의 차이가 발생하고 있는 바, 협약기준의 통일적인 적용을 위하여 국내기준도 '12인 초과'로 바꾸는 것이 바람직하다고 판단된다.

한편, 우리나라에서는 여객선, 즉 여객정원이 12인을 초과하지 않으면 여객실의 안전설비, 정원산정 등에 대한 규정이 제대로 적용되지 아니하고 있다. 그러나 비록 적은 수일지라도 소중한 인명의 운송을 담당하고 있는 선박이라면 안전에 필요한 최소한도의 요건이 필요하다. 영국의 경우 3명 이상 여객을 운송하는 선박에 대하여 각종의 안전요건을 적용하고, 여객증서(passenger certificate)를 교부하는 점을 참고할 필요가 있다.[53] 아울러 우리나라에서는 여객선 항로가 없는 근거리 운송을 위하여 불법적으로 여객선이 아닌 어선이 많이 이용되고 있는 것이 현실이다. 이를 제대로 통제할 수 없고, 다른 적절한 대체수단이 없다면 아예 어선에 안전설비를 설치하도록 하고 최소한도의 여객정원을 부여하는 양성화정책도 검토할 만하다.

11. "소형선박"이라 함은 제27조 제1항 제2호의 규정에 따른 측정방법으로 측정된 선박길이가 12미터 미만인 선박을 말한다.

이 규정에서는 소형선박의 정의를 두는 한편, 어떠한 방식으로 선박길이를 측정할 것인가에 대하여도 정하고 있다. 이 법에서는 선박길이 12미터 미만의 소형의 선박에 대하여는 만재흘수선 표시, 복원성 유지에 대한 의무를 면제하는 한편, 형식승인, 예비검사 등 간이검사를 활용할 수 있도록 허용하고 있다. 참고로 종래에는 선박소유자에게 의무를 부과하기 위하여 선박의 총톤수를 기준으로 하였으나 이 법에서는 길이를 기준으로 하고 있다.

12. "부선(艀船)"이라 함은 다른 선박에 의하여 끌리거나 밀려서 항해하는 선박을 말한다.

53) The Merchant Shipping (Survey and Certification) Regulations 1995 참조.

부선(barge)이라 함은 선박에 추진기를 설치하지 않아 예선(tug boat)에 의하여 끌리거나 밀려서 항해하는 선박을 말한다. 부선은 기관이 설치되지 않기 때문에 건조기간이 짧고 건조비용이 저렴하다. 예선과 부선을 결합하여 운항할 경우 해기사의 승무기준은 예선의 크기에 따라 산정되므로 해기사의 승무자격이 낮고 승무정원이 적기 때문에 운항비가 저렴하다는 장점을 가지고 있다. 또 부선과 예선은 쉽게 분리할 수 있기 때문에 화물의 적양하 작업 시 예선을 부선에서 떼어 내어 다른 용도로 활용할 수도 있다. 다만, 예선과 부선의 결합운항 시 연결 상태가 불완전하여 선박조종에 어려움이 있으며, 운항속도가 느리다는 단점을 가지고 있다. 특히 예삭(tug line)을 이용하여 예항을 할 경우 예선과 부선의 거리가 멀어 (통상 200미터 내외) 선박조종에 많은 공간이 필요하며, 외력과 선박상호간의 작용 때문에 예선과 부선의 선수방향이 일치하지 않아 다른 선박들의 착오로 많은 해양사고를 일으키고 있다.[54] 그러나 최근에는 압항부선(pusher barge)[55]의 등장, 기계식 예·부선 결합장치의 개발 등으로 예항에 따른 문제가 많이 개선되고 있다.

한편, 이 규정에서는 "다른 선박에 의하여 끌리거나 밀려서 항해하는 선박"을 부선으로 보고 있다. 따라서 문언적으로 해석하면 항해하지 아니하는 정박 중의 부선이나 일시적으로 좌초된 부선은 이 법의 규정에 의한 부선이 아니다. 그러나 이와 같이 선박의 항행상태에 따라 법적 자격이 일시적으로 변경되는 것은 법적 안정성을 위해 바람직하지 않다. 따라서 이 규정은 "다른 선박에 의하여 끌리거나 밀려서 항해하거나 항해할 수 있는 선박"으로 해석하여야 할 것이다.

13. "예인선(曳引船)"이라 함은 다른 선박을 끌거나 밀어서 이동시키는 선박을 말한다.

예인선(tug boat)은 그 크기가 작아도 강력한 추진기를 설치함으로써

---

54) 예선과 부선이 밧줄로 연결하여 운항할 경우 예선과 부선 모두 수중에 떠 있으며 외력의 영향으로 계속 각각 움직이기 때문에 각각의 선수방향이 일치하지 않는 것이 자연스러운 현상이다.

55) 압항부선이란 예선과 결합되어 밀려서 운항되는 선박을 말한다.

다른 선박을 끌거나 밀어 이동시킬 수 있는 능력을 가진 선박을 말한다. 항만을 입·출항하는 선박의 이(離)·접안(接岸)을 위하여 선박을 끌어당기거나 밀어서 이동시키는 예인선에 대하여는 예선이라고 하기도 한다. (「항만법」 제2조 제11호) 예인선은 사회통념상의 선박의 개념 중 부양성과 이동성은 가지고 있으나 적재성을 가지고 있지 아니한 특징을 가지고 있다. 항만에서 대형선박의 이·접안에 사용되는 대형 예선의 출력은 보통 2,000마력 이상이다.

14. "컨테이너"라 함은 선박에 의한 화물의 운송에 반복적으로 사용되고, 기계를 사용한 하역 및 겹침방식의 적재(積載)가 가능하며, 선박 또는 다른 컨테이너에 고정시키는 장구가 부착된 것으로서 밑 부분이 직사각형인 기구를 말한다.

1950년대 컨테이너의 등장은 해운산업에 혁명적인 변화를 가져왔다. 이전까지 선박은 화물의 선적과 양화를 위하여 오랫동안 항구에 머물러야 했으나 표준화된 컨테이너의 등장은 선박의 항구 체류기간을 현저히 단축시켜 주었기 때문이다. 또 강철로 만들어진 컨테이너는 운송중 도난이나 화물의 손상을 현저히 줄일 수 있으며, 화물을 확인하고 세관에서 컨테이너에 봉인을 한 후에는 일관수송에 의하여 별다른 확인 없이 목적지까지 바로 운송할 수 있는 장점을 가지고 있다. 컨테이너의 원활한 해상운송을 위하여 IMO는 컨테이너의 시험절차 및 강도요건을 정하여 형식승인을 받도록 하는「안전한 컨테이너에 관한 국제협약」(「CSC 협약」)[56]을 채택하였으며,「선박안전법」에서는 이 협약을 수용하고 있다. 국제운송에 사용되는 컨테이너의 표준길이는 20피트와 40피트가 있으며, 최근에는 대용량인 45피트짜리가 점점 인기를 끌고 있다. 이들 컨테이너의 표준규격은 다음의 표1과 같다.

56) 협약의 원문은 International Convention for the Safe Containers, 1972이다.

<표1> 표준컨테이너의 규격

구 분		20' container	40' container	45' high-cube container
외부규격	길이	6.058m	12.192m	13.716
	폭	2.438	2.438	2.438
	높이	2.591	2.591	2.896
내부규격	길이	5.758	12.032	13.556
	폭	2.352	2.352	2.352
	높이	2.385	2.385	2.698
용량 (volume)		33.1㎥	67.5㎥	86.1㎥
최대중량(max. gross mass)		24,000kg	30,480kg	30,480kg
자체중량(empty weight)		2,200kg	3,800kg	4,800kg
순적재중량(net load)		21,800kg	26,680kg	25,680kg

출처: http://en.wikipedia.org/wiki/Containerization#ISO_standard [2007.12.17.]을 적절히 편집하여 사용함.

위의 용어의 정의는 종래의 「선박안전법시행규칙」(제2조 제13호)에 있는 내용을 법으로 옮긴 것으로 「CSC 협약」의 내용과는 다소 차이가 있다.57) 특히 「CSC 협약」에는 겹침방식의 적재 및 밑 부분이 직사각형이라는 내용이 없는 바, 향후 적절한 개정이 필요하다고 하겠다. 한편, 복합운송 등 운송에 중점을 두는 「TIR 협약」58)에 따른 컨테이너의 정의도

---

57) 「CSC 협약」 제2조 제1호에서 컨테이너는 다음과 같이 정의하고 있다.
1. "Container" means an article of transport equipment:
(a) of a permanent character and accordingly strong enough to be suitable for repeated use;
(b) specially designed to facilitate the transport of goods, by one or more modes of transport, without intermediate reloading;
(c) designed to be secured and/or readily handled, having corner fittings for these purposes;
(d) of a size such that the area enclosed by the four outer bottom corners is either:
(i) at least 14 sq. m. (150 sq. ft.) or
(ii) at least 7 sq. m. (75 sq. ft.) if it is fitted with top corner fittings;
the term "container" includes neither vehicles nor packaging; however, containers when carried on chassis are included.

58) 「TIR 협약」의 정식 명칭은 「국제도로운송에 관한 관세협약(Customs Convention on the International Transport of Goods Under Cover of

역시 「CSC 협약」과는 다소 차이가 있다.59) 가장 큰 차이는 컨테이너의 용적으로서, 「CSC 협약」에서는 바닥 면적을 최소 7제곱미터로 규정하고 있으나 「TIR 협약」에서는 1세제곱미터로 정하고 있다. 컨테이너의 높이를 2미터로 볼 경우 「CSC 협약」에 의한 컨테이너의 최소용량은 14세제곱미터로서 「TIR 협약」과 많은 차이가 있음을 알 수 있다.

15. "산적화물선(散積貨物船)"이라 함은 곡물·광물 등 건화물(乾貨物)을 산적하여 운송하는 선박을 말한다.

산적화물(bulk cargo)이란 화물이 개별로 포장되지 아니한 채 대량으로 운송되는 화물을 말한다. 산적화물의 구별방법으로서 화물의 성질에 따라 석탄, 광물과 같이 마른 산적화물(dry bulk cargo), 석유류와 같은 액체 산적화물(liquid bulk cargo)로 나누기도 하고, break bulk 화물과 neo bulk 화물로 나누기도 한다. break bulk 화물로는 전통적인 대량화물인 곡물, 철광석, 석탄, 원목 고철 등을 들 수 있으며, neo bulk 화물로는 어느 정도 가공을 거쳐 그 크기가 비교적 균일한 자동차, 핫코일(hot coil), 종이, 목재, 컨테이너 등을 들 수 있다.

TIR Carnets)」로서 주요 내용은 컨테이너에 실린 화물의 운송에 관한 통관협약이다.

59) 「TIR 협약」 제1조에서 컨테이너의 정의는 다음과 같다. 컨테이너에 관한 관세협약(「CCC 협약」)의 내용도 거의 유사하다. 「CSC 협약」에 비추어 화물을 채우고 비우는 등 화물운송에 더 많은 중점을 두고 있음을 알 수 있다.

(e) the term "container" shall mean an article of transport equipment (lift-van, movable tank or other similar structure):

(i) fully or partially enclosed to constitute a compartment intended for containing goods;

(ii) of a permanent character and accordingly strong enough to be suitable for repeated use;

(iii) specially designed to facilitate the transport of goods by one or more modes of transport without intermediate reloading;

(iv) designed for ready handling, particularly when being transferred from one mode of transport to another;

(v) designed to be easy to fill and to empty; and

(vi) having an internal volume of one cubic metre or more;

"demountable bodies" are to be treated as containers;

산적화물선에 적재된 곡물, 석탄 등의 화물은 선박이 좌우로 경사될 경우 화물창 내에서 마치 액체처럼 흘러 이동하는 경우가 많으며, 화물의 성질에 따라 화물창에 산소를 고갈시켜 이를 취급하는 선원이 질식하는 경우가 많기 때문에 운송에 각별한 주의가 필요하다. 또 철광석·고철과 같이 비중이 무거운 화물을 계속적으로 운송할 경우 국부하중에 의한 전단력 때문에 선박이 변형되거나 부식이 급속히 진행되는 경향이 있다. 따라서 「선박안전법」에서는 산적화물선의 화물운송 및 선박관리에 여러 가지 안전요건을 부가하고 있다.

참고로 원래 산적화물선이라 함은 산적화물을 싣는 선박으로서 액체 산적화물을 싣는 유조선(oil tanker), 케미칼운송선(chemical tanker)도 포함되는 개념이지만 이 법에서 산적화물선은 곡물·광물 등 건화물을 산적하여 운송하는 선박에 한정됨에 유의할 필요가 있다. 유조선 등의 탱커에 대하여는 별도의 안전규정을 두고 있다.

16. "하역장치"라 함은 화물(당해 선박에서 사용되는 연료·식량·기관·선박용품 및·작업용 자재를 포함한다)을 올리거나 내리는데 사용되는 기계적인 장치로서 선체의 구조 등에 항구적으로 부착된 것을 말한다.

컨테이너선, 산적화물선 등의 전용선을 제외한 선박에는 화물 등을 선박에 적재하거나 양륙하기 위한 하역장치를 설치하고 있다. 보통 선박에서 많이 설치된 하역장치는 기중기(crane)나 데릭(derrick)으로서 선박에 항구적으로 부착되어 있다. 전용선인 경우 선용품 선적을 위한 소형의 하역장치만 두고 화물하역은 육상의 전용 하역장치를 사용하는 것이 일반적이다.

하역장치는 선원이나 여객의 안전과 직접적인 관련이 없기 때문에 「SOLAS 협약」 등 안전관련 국제협약에서 별도의 규정을 두고 있지 않으며, 작업의 안전과 관련하여 국제노동기구(ILO)의 협약에서 규정하고 있다.

17. "하역장구"라 함은 하역장치의 부속품이나 하역장치에 부착하여 사용하는 물품을 말한다.

하역장구는 선체에 항구적으로 고착된 하역장치와 달리 하역장치에 부착하여 하역에 사용하는 버킷(bucket), 슬링(sling), 턴버클(turn buckle), 밧줄(rope), 마대(麻袋) 등을 말한다. 이러한 하역장구들도 안전하중을 초과하여 사용하게 되면 하역작업 중 화물의 낙하 등으로 인한 안전사고의 위험이 있으므로 취급에 주의가 필요하다.

제3절 적용범위(제3조)

제3조(적용범위) ①이 법은 대한민국 국민 또는 대한민국 정부가 소유하는 선박에 대하여 적용한다. 다만, 다음 각 호의 어느 하나에 해당하는 선박에 대하여는 그러하지 아니하다.
1. 군함 및 경찰용 선박
2. 노와 상앗대만으로 운전하는 선박
3. 제1호 및 제2호 외의 선박으로서 대통령령이 정하는 선박

종전의 법에서는 적용범위에 대한 규정이 치밀하지 못하였으며, 총톤수 2톤 미만의 선박 및 총톤수 5톤 미만의 범선에 대하여는 적용을 제외하였었다. 그 결과 적용이 제외된 선박은 우리나라 전체 선박의 60%에 달하는 약 6만여 척이었다. 이와 같이 「선박안전법」이 적용되는 선박보다 적용되지 않는 선박이 많다는 사실은 우리나라의 선박에 대한 안전관리가 제대로 되고 있지 않다는 명확한 증거라고도 할 수 있을 것이다.

이에 더하여 우리나라는 향후 국민소득의 증가에 따라 요트의 대중화가 예상되고 있기도 하다. 요트는 대부분 2톤 이만의 소형이며, 국민소득이 2만 불 이상이면 요트에 대한 수요가 급격히 증가한다고 한다.[60] 요트의 대중화시대에 대비하려면 요트의 안전관리를 위한 선박안전검사제도의 도입이 필요하다. 따라서 「선박안전법」의 전부개정 시에는 소형선박이라도 일단 모두 「선박안전법」의 적용대상으로 포함시켰다.

제1호의 적용제외 선박 중 군함의 경우 「SOLAS 협약」 등 관련 국제협약에서 적용을 면제하고 있고, 대부분의 국가에서도 면제하고 있기 때

60) 한국은행이 발표한 2007년 국민계정(잠정)에 따르면 1인당 국민소득(GNI)은 20,045달러에 달했다고 한다. 연합뉴스 2008.3.22.

문에 우리나라에서도 이를 면제하는데 별 이견이 없을 것으로 판단된다. 그러나 경찰용 선박에 대한 면제는 다소 이견이 있을 수 있다. 물론 우리나라와 같이 남북이 대치된 특별한 현실에서 경찰은 군에 준한 조직으로서 중요한 역할을 해왔음은 부인할 수 없다. 그럼에도 불구하고 경찰은 실질적으로 군 조직이 아니며, 그 역할은 일종의 행정작용인 바, 다른 행정기관 소속의 관공선과 왜 차별을 두어야 하는지 합리적인 이유를 찾기 어렵다. 더욱이 해양경찰이 아닌 육상경찰에는 선박에 대한 전문가도 드물기 때문에 제대로 관리되지 아니한 선박의 운항은 매우 위험할 수도 있다. 따라서 경찰용 선박에 대한 이 법의 적용제외는 재검토가 필요하다고 판단된다.

제2호의 선박의 노(oar)는 물살을 저어 배를 나아가게 하는 도구이고, 상앗대는 물길이 얕은 곳에서 바닥을 밀어 배를 나아가게 하는 도구이다. 이와 같이 인력을 이용하여 추진하는 원시적 구조의 선박은「선박안전법」의 대상에서 제외하고 있다. 한편,「SOLAS 협약」에서는 “기계로 추진되지 아니하는 선박(ships not propelled by mechanical means)" 및 “원시적 구조의 목선(wooden ships of primitive build)"에 대하여 적용을 제외하고 있다.(부속서 제1장 제3규칙) 발로 수차를 돌려 추진하는 선박의 경우 수차는 노와 상앗대가 아니므로 이 법에서는 적용제외로 보기 어렵고, 국제협약으로는 적용제외가 된다. 향후 적절한 보완이 필요하다고 하겠다.

이 밖에도 대통령령으로 정하여「선박안전법」의 적용이 제외되는 선박은 다음과 같다.(시행령 제2조 제1항)

1. 법 제8조 제2항에 따른 선박검사증서(이하 "선박검사증서"라 한다)를 발급받은 자가 일정 기간 동안 운항하지 아니할 목적으로 그 증서를 국토해양부장관에게 반납한 후 해당 선박을 계류(이하 "계선"이라 한다.)한 경우 그 선박
2. 「수상레저안전법」 제37조에 따른 안전검사를 받은 수상레저기구
3. 이법 시행(2007년 11월 4일) 전에 건조된 선박 중 다음 각 목의 어느 하나에 해당하는 선박

가. 추진기관 또는 범장(帆檣)이 설치되지 아니한 선박으로서 평수(平水)구역{호소·하천 및 항내의 수역(「항만법」에 따른 항만구역이 지정된 항만의 경우 항만구역과 「어촌·어항법」에 따른 어항구역이 지정된 어항의 경우 어항구역을 말한다)과 국토해양부령으로 정하는 수역}안에서만 운항하는 선박. 다만, 여객운송에 사용되는 선박 등 국토해양부령으로 정하는 선박은 제외한다.

나. 추진기관 또는 범장이 설치되지 아니한 선박으로서 연해구역(영해기점으로부터 20해리 이내의 수역과 국토해양부령으로 정하는 수역)을 운항하는 선박 중 여객이나 화물의 운송에 사용되지 아니하는 선박

다. 「내수면어업법」 제6조·제9조 및 제11조에 따른 면허어업·허가어업 또는 신고어업에 사용되는 선박으로서 2007년 11월 4일 이전에 최초로 법 제8조에 따른 정기검사를 받은 선박

위의 제1호에 따라 계선하는 선박은 그 기간 동안 「선박안전법」의 적용이 제외되지만 별도의 신고를 하지 않을 경우 해당 선박의 소유자 또는 관리인은 선박검사를 받지 아니한 이유로 200만원 이하의 과태료 처분을 받을 수 있다.(법 제89조 제1항 제1호) 이러한 불이익을 예방하기 위하여 당해 소유자 등은 국토해양부령으로 정하는 바에 따라 해당 선박의 계선기간 및 계선사유 등을 기재한 서류를 미리 국토해양부장관에게 제출하여야 한다. 계선기간은 2년 이내로 하되, 그 기간이 끝나면 1년 단위로 연장할 수 있다.(시행규칙 제7조 제1항 및 제2항)

제3호 가목에 따라 「선박안전법」의 적용이 제외되는 선박이라도 국토해양부령으로 정하는 예외규정에 따라 다시 「선박안전법」이 적용되는 선박은 다음과 같다.(시행규칙 제6조) 이러한 선박들의 특징은 사고에 따른 사회적 충격이 크거나 기술적인 요건이 상당히 까다롭다는 것이다.

1. 13명 이상의 여객운송에 사용되는 선박
2. 「해양오염방지법」[61]제2조에 따른 기름 또는 폐기물(「해양오염방지법 시행규칙」 별표 1 제1호 가목부터 라목까지 및 같은 표 제2호 나목의

폐기물을 말한다)을 산적하여 운송하는 선박

3. 법 제41조에 따른 위험물을 산적하여 운송하는 선박

4. 추진기관을 가지고 있는 선박에 결합되어 운항하는 압항부선(押航艀船)

5. 잠수선 등 특수한 구조로 되어 있는 선박으로서 국토해양부장관이 정하여 고시하는 선박

②외국선박으로서 다음 각 호의 선박에 대하여는 대통령령이 정하는 바에 따라 이 법의 전부 또는 일부를 적용한다. 다만, 제68조의 규정은 모든 외국선박에 대하여 이를 적용한다.

1. 「해운법」 제3조 제1호 및 제2호의 규정에 따른 내항정기여객운송사업 또는 내항부정기여객운송사업에 사용되는 선박

2. 「해운법」 제25조 제1호의 규정에 따른 내항화물운송사업에 사용되는 선박

「유엔해양법협약」에 따라 모든 국가는 자국의 국기를 게양한 선박에 대하여 해상안전을 확보하기 위하여 선박의 구조, 설비 및 감항성 확보에 관한 조치를 취해야 한다.(제94조 제2항) 즉, 선박은 국제규칙과 기준의 요건을 충족하는 선적국(flag State)[62]의 안전규정에만 따르면 된다. 특히 선박의 구조는 쉽게 변경할 수도 없으므로 연안국이 외국의 선박에 대하여 자국의 안전기준을 지키도록 강요할 수는 없다. 만일 모든 연안국들이 서로 다른 안전기준을 주장할 경우 선박의 국제운항은 불가능하게 되기 때문이다. 그러나 선적국이 선박의 안전기준을 임의로 정할 수 있는 것은 아니고 "일반적으로 인정된 국제 규정, 절차 및 관행"(generally accepted international regulations, procedures and practices)을 따라야 한다.(「유엔해양법협약」 제94조 제5항) 여기서 말하는 일반적인 국제규정 등은 IMO의 국제협약 및 관련규정을 말한다. 이러한 원칙에 따라 우리나라도 외국선박에 대하여 원칙적으로 「선박안전법」의 적용을 주장할 수 없다.

---

61) 「해양오염방지법」은 2007.1.19. 「해양환경관리법」으로 전면적으로 개편되었다.

62) flag State는 선박이 등록을 한 국가라는 의미에서 선적국이라고 하기도 하고 선박이 게양하고 있는 국기의 국가라는 의미에서 기국이라고 하기도 한다.

유엔해양법협약(United Nations Convention on the Law of the Sea)

1982년 국제연합(UN)에서 채택한 해양에 관한 포괄적인 국제협약을 말한다. 따라서 이 협약은 영해, 접속수역, 국제해협, 배타적 경제수역(EEZ), 대륙붕, 공해, 심해저 등 모든 영역을 다루고 있으며, 해양환경, 해양과학조사, 해양기술이전, 분쟁해결제도 등도 적용대상으로 하고 있다. 또 해양의 이용에 관한 각 국가의 권리와 의무를 명확히 정하고 있다.

이 협약은 기아나(Guyana)가 60번째로 가입하고 1년이 경과한 1994년 11월 16일 국제적으로 발효되었다. 해양에 관한 이러한 국제환경의 변화에 능동적으로 대처하기 위하여 1996년 8월에는 해양수산부가 신설되기도 하였다. 2008년 2월 1일 현재 이 협약에는 155개국이 가입하고 있으며, 대한민국은 1996년 1월 29일 가입하였다. 세계의 주요 국가는 모두 이 협약에 가입하고 있으나 미국은 심해저개발에 관한 제11장이 국익과 일치하지 않는다고 하여 2008년 3월 현재 상원의 비준을 받지 못하고 있다.

국제적으로 자국의 연안운송권(cabotage)은 해당 국가의 독점적 권리로 인정되고 있다. 즉, 자국의 항구에서 출발하여 자국의 항구로 운송하는 행위는 해당 국가의 선박만이 행할 수 있을 뿐 외국의 선박은 허용되지 않는다. 「선박법」은 한국선박이 아니면 불개항장에 기항하거나 국내항 간에 여객이나 화물의 운송행위를 금지하고 있으며, 다른 조약이나 법률에 별도의 규정이 있거나 해양사고를 피하기 위한 경우 등의 예외만 인정하고 있다.(제6조) 따라서 외국선박으로 우리나라 연안(내항)에서 여객이나 화물운송사업을 하려면 「해운법」에 따라 면허를 받거나 등록을 하여야 한다. 그러나 이와 같이 전적으로 연안운송을 하는 선박의 안전은 이를 이용하는 대한민국 국민과 직접적인 이해관계가 있다. 또 이러한 선박은 연안운송에서 대한민국 선박과 경쟁해야 하는 입장에 있으므로 형평의 차원에서 대한민국 선박에 적용하는 「선박안전법」을 적용할 필요가 있다.[63] 이에 따라 이러한 외국선박에는 국제협약검사증서의 교부(제12

조), 형식승인 및 검정(제18조 제1항 내지 제5항) 등을 제외한 선박검사에 관한 모든 규정이 적용된다.(시행령 제3조)

한편, 외국선박이 기항한 국가(항만국)는 해당 외국선박이 국제적인 안전기준을 준수하고 있는지의 여부를 확인할 수 있으며, 필요한 경우 선박과 승선자의 안전을 위하여 선박의 출항을 금지할 수도 있다. 이를 항만국통제(port State control)라고 한다. 이러한 항만국통제의 근거는 「유엔해양법협약」은 물론 「SOLAS 협약」 등 많은 IMO 협약에서 찾을 수 있다. 항만국통제의 기본 원칙 상 적용대상은 자국선박이 아닌 외국선박인 바, 항만국통제의 근거규정인 이 법 제68조는 당연히 대한민국 항만에 입항하는 모든 외국선박에 대하여 적용되어야 한다. 따라서 대한민국이 실질적으로 지배하고 있는 국적취득조건부 나용선(BBC H/P)도 적용 대상이 된다.

③제1항 및 제2항의 규정에 불구하고 다음 각 호의 선박에 대하여는 대통령령이 정하는 바에 따라 이 법의 전부 또는 일부를 적용하지 아니하거나 이를 완화하여 적용할 수 있다.

1. 대한민국 정부와 외국 정부가 이 법의 적용범위에 관하여 협정을 체결한 경우의 해당 선박

2. 조난자의 구조 등 국토해양부령이 정하는 긴급한 사정이 발생하는 경우의 해당 선박

3. 새로운 특징 또는 형태의 선박을 개발할 목적으로 건조한 선박을 임시로 항해에 사용하고자 하는 경우의 해당 선박

4. 외국에 선박매각 등을 위하여 예외적으로 단 한 번의 국제항해를 하는 선박

예외 없는 법은 없다고 하는 바, 선박의 안전확보를 위한 「선박안전법」에도 예외가 인정되고 있다. 「SOLAS 협약」에서도 이러한 예외적용에 관한 여러 가지 규정을 두고 있다. 이 규정에서 정하는 구체적인 예외적용의 사례는 다음과 같다.

63) 편의치적선박(ships flying flags of convenience)은 기국의 안전관리가 제대로 이루어지지 않는 경우가 많기 때문에 공정한 경쟁(fair competition)이라는 차원에서 동일한 안전관리를 행할 필요가 있다.

1. 외국과의 협정체결에 의한 기준완화

우리나라의 부산에서 일본의 혼슈 사이는 거리가 짧을 뿐만 아니라 대마도 등의 섬이 산재되어 있다. 따라서 부산에서 출발하여 일본 혼슈로 가는 선박은 어떠한 경우라도 선박이 육지나 섬으로부터 20마일을 벗어나지 않는다. 따라서 이러한 항로는 비록 국제항해라고 해도 연해구역에 속한다. 따라서 이 구간만을 항해하는 선박에 대하여 원양항해의 기준인 국제협약기준을 적용하는 것은 불합리하다고 지적되어 왔다.

이에 따라 한국과 일본정부는 1996년부터 선박안전실무협의회를 개최하였으며, 1998년에는 구명뗏목의 검사주기를 통일하는 한편, 이 구간을 운항하는 여객선의 일부 안전기준을 완화하기로 합의하였다. 이후에도 매년 1회씩 개최되는 회의에서는 그 필요성이 의문시되는 각종 기준의 완화에 관하여 합의하였다. 이에 따라 여객선에 헬리콥터 착륙장치 대신 구조장소를 설치하고, 항해정보기록기(VDR)는 설치를 면제하기로 하였다.[64] 그러나 이와 같은 안전기준의 완화는 국제협약의 기본정신을 훼손할 우려가 있으므로 2005년의 제9차 회의에서는 양국 간을 운항하는 여객선의 안전기준이 계속 개선되어야 하며, 추후 양국 간의 양해각서를 개정하기로 합의하였다. 그러나 갑작스러운 기준강화로 선박소유자들에게 혼란이 가지 않도록 개정하더라도 충분한 경과규정을 두기로 합의하였다. 이후 양국은 여객선의 안전기준을 다시 높이는 방향으로 협의 중이다.[65]

국가 간 합의에 의한 협약 적용의 특례는「SOLAS 협약」에 규정되어 있다. 즉, 당사국들은 합의에 의하여「SOLAS 협약」과는 다른 특별규칙(special rules)을 작성할 수 있으며, 이 경우 이 규칙은 다른 당사국에 알리기 위하여 IMO의 사무총장에게 송부되어야 한다.(협약 본문 제6조)

---

64) VDR은 선박의 운항에 관한 각종 정보를 저장하는 장치로서 사고발생 시 저장된 정보를 활용하여 그 원인규명을 할 수 있다. 항공기에 설치된 소위 블랙박스(black box)와 거의 동일한 기능을 한다고 볼 수 있다.

65) 종래 이러한 한·일 양국 간 안전기준 완화에 관한 국내법의 규정은 없었다고 보인다. "선박의 감항성과 인명의 안전에 관한 조약에 이 법과 다른 규정이 있을 때에는 그 규정에 의한다"는 종전의「선박안전법」제16조의 규정이 양국 간 협약규정완화에 관한 합의에 적용될 수 있을지는 매우 의문스럽다.

이러한 특별규칙은 당사국 간에만 적용되기 때문에 이를 적용 받는 선박은 다른 국가에서 이러한 특별규칙에 의한 특례를 주장할 수 없다.

이러한 국제협약의 내용을 수용한 「선박안전법」에서는 외국과 협정을 체결한 경우 협정과 관련되는 선박에 대하여 대통령령에 따라 「선박안전법」의 적용을 완화할 수 있도록 하였다. 대통령령에서는 구체적인 내용을 언급하지 않고 해당 협정의 내용에 따라 완화하도록 하고 있다.(시행령 제4조 제1항 제1호) 따라서 정부가 외국과 협정을 체결할 경우 매우 넓은 재량권을 행사할 수 있게 되었다. 국토해양부장관은 외국과 협정에 따라 「선박안전법」의 규정을 완화하여 적용하는 경우 그 내용을 공고하여야 한다.(시행령 제4조 제2항) 이 경우의 공고는 그 사실을 국민에게 널리 알리고자 하는 것으로써 공고를 하지 않았다고 하더라도 협정의 효력에는 변함이 없다고 보아야 한다.

2. 긴급한 경우

선박은 해상고유의 위험에 맞서 항해하기 때문에 항해 중 주변에 조난선박이 발생하는 등의 긴급한 사정이 발생할 수 있다. 그러나 구조작업의 개시 등 선박의 비상조치가 관련규정에 위반된다면 선장은 법의 준수와 구조작업의 개시 사이에서 고민할 수 있다.[66] 이와 같은 어려움을 해소하기 위하여 「SOLAS 협약」에서는 비상시 협약규정의 적용을 배제할 수 있도록 규정하고 있으며(협약본문 제4조), 「선박안전법」에서도 이를 수용하고 있다.

국토해양부령으로 정하는 긴급한 경우라 함은 다음의 경우를 말하며(시행규칙 제8조), 이 경우에는 선박검사증서에 기재된 항해상의 제한조건(법 제17조 제2항)이 적용되지 아니한다.

1. 전쟁 또는 천재지변 등으로 조난자의 구조를 위하여 법 제8조 제2항에 따른 최대승선인원을 초과하는 경우

66) 우리나라 「형법」에서는 긴급피난에 대하여 벌하지 아니한다고 규정하고 있으므로(제22조 제1항) 선장은 긴급한 경우 「선박안전법」의 위반에 따른 처벌을 걱정할 필요는 없다.

2. 황천(荒天) 그 밖의 불가항력으로 법 제8조 제2항에 따른 항해구역을 벗어나는 경우

한편, 「SOLAS 협약」에서는 비상시 생명에 대한 위협으로부터 대피시킬 목적(for the purpose of evacuating persons in order to avoid a threat to the security of their lives)으로 선박에 최대승선인원을 초과하여 승선시키는 것을 허용하고 있다.(협약 본문 제5조) 그러나 「선박안전법」의 제정과정에서 이 규정은 제대로 수용되지 못하였다. 물론 이 규정은 위 1호의 "전쟁"과도 유사한 점이 있을 수 있으나 뒤에 나오는 "조난자의 구조"와는 다소 성격이 다르다고 할 수 있다. 추후 「선박안전법」의 개정 시 이를 적절히 반영해야할 것이다.

3. 새로운 특징의 선박(ship which embodies features of a novel kind)

인류는 새로운 기술의 발견을 통하여 발전해 왔다. 따라서 선박안전에 관한 기준을 정하고 이러한 기준에 적합한 전형적인 형태의 선박만을 인정한다면 새로운 시도를 통한 신기술의 발전은 어려울 것이다. 따라서 「SOLAS 협약」에서는 연구목적을 위하여 주관청(Administration)은[67] 전혀 새로운 특징의 선박에 대하여 선박의 구조(제2-1장 및 2-2장), 구명설비(제3장) 및 무선통신(제4장)에 관한 규정을 면제할 수 있도록 허용하고 있다.(부속서 제1장 제4규칙(b)) 이러한 면제를 행한 주관청은 그 내용을 다른 나라에 회람할 수 있도록 IMO에 통보하여야 한다. 한편, 「SOLAS 협약」을 수용한 「선박안전법」은 이러한 선박에 대하여 「선박안전법」의 모든 규정을 적용하지 않을 수 있도록 확대하여 규정하고 있다.(시행령 제4조 제1항3호) 이와 같은 확대적용은 국제협약의 정신에 맞지 않으며, 이를 적용한 선박은 외국에서 항만국통제에 의하여 불이익을

67) 주관청이란 선박이 그 국가의 국기를 게양할 자격을 가진 국가의 정부를 말한다.(「SOLAS 협약」 부속서 제1장 제2규칙(b)) IMO 협약에서는 협약 당사국(State Parties to the Convention) 등 정치적으로 민감한 용어 대신 주관청이란 중립적인 용어를 사용하여 협약에 가입한 정부가 국가로서의 자격을 가졌는지 여부를 따지지 않는다. 따라서 홍콩, 마카오 등 독립국가가 아닌 정부도 기국으로 인정되면 주관청이 될 수 있다.

받을 수 있으므로 실제 적용에 신중을 기하여야 한다.

4. 외국에 매각된 선박

원칙적으로 국제항해에 취항하는 모든 선박은 「SOLAS 협약」에 따라 안전기준을 갖추어야 한다. 그러나 예외적으로 단 1회의 국제항해를 할 필요가 생긴 경우 「SOLAS 협약」에 의한 모든 안전기준을 지켜야 한다는 것은 매우 불합리할 뿐만 아니라 선박구조와 관련된 사항은 실질적으로 불가능하기도 하다. 예컨대 일본 연안에서 운항되던 선박을 우리나라 연안에서 운항할 목적으로 위하여 매입하였다고 가정해 보자. 이 경우 이 선박이 한국까지 오려면 원칙적으로 국제협약의 모든 규정을 만족시켜야 한다. 그러나 연안선박은 선박의 복원성 및 구획기준이 국제운항 선박과 많은 차이가 있기 때문에 이를 만족시키기가 쉽지 않다. 설사 이를 만족시키기 위하여 엄청난 규모의 개조공사를 마쳤다고 해도 1회의 국제항해를 마치고 난 후에는 계속 연안을 항해할 예정이기 때문에 개조비용은 낭비되고 만다. 또 대만에서 해체할 목적으로 우리나라 연안선박을 매각한 경우도 마찬가지로 낭비의 문제가 발생하게 된다.

이러한 낭비요소를 없애기 위하여 「SOLAS 협약」에서는 통상 국제항해에 취항하지 아니하는 선박이 예외적인 상황에서 단일의 국제항해를 해야 할 필요가 생긴 경우 주관청은 모든 협약요건의 면제를 허용하고 있다.(부속서 제1장 제4규칙(a)) 그러나 이 경우에도 당해 선박은 당해 항해를 위하여 주관청이 적당하다고 인정하는 최소한도의 안전요건은 지켜야 한다. 「선박안전법」은 이 협약규정에 따라 선박의 각종 시설기준을 완화하여 적용하도록 규정하고 있다.(시행령 제4조 제1항 제4호) 이와 같이 기준을 완화하여 적용한 경우 국토해양부장관은 그 내용을 공고하여야 한다.(동조 제2항) 한편, 「국제톤수협약」에는 「SOLAS협약」과 달리 이러한 예외규정이 없다. 따라서 일본 연안선박을 매입하여 국내로 들여오고자 할 경우 이 선박에는 국제톤수증서가 없기 때문에 항만국통제를 받아 출항이 정지된 사례가 있다. 외국에서 선박매입을 추진할 경우 국제톤수증서의 준비에 주의를 기울여야 할 것이다.[68)]

제4절 동등물의 인정(제4조)

제4조(선박시설 기준의 적용) 선박에 설치된 선박시설이나 선박용물건이 이 법에 따라 설치하여야 하는 선박시설의 기준과 동등하거나 그 이상의 성능이 있다고 인정되는 경우에는 이 법의 기준에 따른 선박시설이나 선박용물건을 설치한 것으로 본다.

법 제3조 제3항 제3호는 새로운 특징 또는 형태의 선박에 대하여 예외를 인정하고 있는 반면, 법 제4조는 선박시설이나 선박용물건의 동등물(equivalents)에 대한 예외를 인정하고 있다. 즉, 「선박안전법」에서 정하는 선박시설이나 선박용물건은 아니지만 이와 동등 이상의 성능이 있다고 인정되는 동등물이 있을 경우 국토해양부장관은 해당 선박시설이나 선박용물건을 대신하여 이 동등물의 설치를 인정할 수 있다. 이와 같이 동등물의 활용을 인정하는 이유도 신기술의 발전을 활성화하기 위함이다.

「SOLAS 협약」도 이와 유사한 규정을 두고 있으나(부속서 제1장 제5규칙), 동등물을 인정한 경우 해당 주관청은 동등물의 상세한 내용 및 동등물이 동일한 실효성을 가지고 있다는 상세한 내용이 포함된 시험보고서와 함께 IMO에 송부하여야 한다. IMO는 그 내용을 다른 체약 당사국(Contracting Governments) 직원이 참고할 수 있도록 회람하여야 한다.

제5절 이 법과 국제협약의 관계(제5조)

제5조(국제협약과의 관계) 국제항해에 취항하는 선박의 감항성 및 인명의 안전과 관련하여 국제적으로 발효된 국제협약의 안전기준과 이 법의 규정내용이 다른 때에는 해당 국제협약의 효력을 우선한다. 다만, 이 법의 규정내용이 국제협약의 안전기준보다 강화된 기준을 포함하는 때에는 그러하지 아니하다.

1. 국제협약기준의 국내 수용 현황

위에서 본 바와 같이 선적국 또는 기국은 일반적으로 인정된 국제기준,

68) 2005년 제9차 한일선박안전실무협의회에서 우리나라는 이 문제를 제기하여 일본측의 개선을 요구 하였다. 일본측은 현행의 문제점에 대하여 공감을 표시하였으나 예외적용을 할 수 있는 근거규정이 없어 어려움이 있다고 하였다. 결국 양국은 추후 관련 국제협약개정안을 제출하기로 합의하였다.

즉, IMO 기준에 따라 자국 선박의 안전에 관한 기준을 정하고 집행한다. 그러나 IMO 협약은 각종의 회의를 통하여 계속적으로 제정되거나 개정되고 있기 때문에 기국이 이에 따라 자국의 안전기준을 계속적으로 최신화(update)하기는 쉽지 않다. 특히 우리나라의 경우 많이 개선되었다고는 해도 여전히 전문인력이 부족하여 최신화작업이 제때 이루어지지 못하는 경우가 많다. 물론 국내항해만 취항하는 선박은 외국 정부의 통제를 받지 않기 때문에 최신의 국제기준을 따르지 아니하고 「선박안전법」만 준수하여도 별 문제가 없다. 그러나 국제항해에 취항하는 선박은 외국 항만당국의 항만국통제에 의하여 출항정지 등의 불이익을 당할 수도 있다. 이러한 최신화작업의 지연에 따른 문제를 해결하기 위하여 이 규정에서는 국제항해에 취항하는 선박의 경우 국제협약이 「선박안전법」보다 우선하여 적용되도록 하였다.

2. 종전 규정의 문제점

종전의 법에서는 “선박의 감항성과 인명의 안전에 관한 조약에 이 법과 다른 규정이 있을 때에는 그 규정에 의한다”고 규정하고 있었다.(제16조) 그러나 이 규정은 ①선박의 국제항해 취항 여부를 가리지 않으며, ②국제조약의 적용 시 발효여부를 가리지 않으며, ③국내법과 국제조약이 상이한 경우 무조건적으로 국제조약을 우선하고 있는 문제점이 있었다. ①에 따를 경우 국제항해에 종사하지 아니하는 선박도 무조건 국제조약의 기준을 따라야 한다. 따라서 연안을 운항하는 소형 선박도 국제협약에 따른 강화된 국제기준을 따라야만 한다. ②에 따를 경우 국제협약이 체결되는 순간 발효 여부에 관계없이 국내규정은 무시되고 국제협약의 규정이 우선하게 된다.

한편, 우리 「헌법」에 따르면 “헌법에 의하여 체결·공포된 조약과 일반적으로 승인된 국제법규는 국내법과 같은 효력을 가진다”고 규정하여(제6조 제1항), 국내법과 같은 효력을 가지는 국제 규범을 ①정식 절차를 통하여 국내법으로 수용된 국제규범과 ②별도의 승인절차 없이 세계 다수국가에 의하여 일반적으로 승인된 국제규범으로 나누고 있다. 우리나라는 IMO의 「SOLAS 협약」 등을 「선박안전법」에 수용하였기 때문에 IMO

협약들은 전자에 속한다. 후자에 속하는 것으로는 국제관습법은 물론 세계우편연맹규정, 포로에 관한 제네바협정, 전쟁법의 일반근본원칙 등 우리나라가 체약당사국이 아니더라도 국제사회에서 일반적으로 그 규범성이 인정된 것을 들 수 있다.[69] 따라서 IMO 협약 등 국제기준이 개정되면 정식의 수용절차를 거쳐(「선박안전법」의 개정 등) 국내법과 동일한 효력을 부여하는 것이 원칙이다. 그러나 수용되기 전이라도 「헌법」 및 이 법에 따른 개정협약의 규범력을 인정하려면 이를 일반적으로 승인된 국제법규로 해석해야 할 것이다. 그럼에도 불구하고 종전의 규정은 국내 수용되지도, 일반적으로 승인되지도 아니한 국제협약을 국내법보다 우선함으로써 위헌의 문제를 야기할 소지가 높았다.

③에 따를 경우 「선박안전법」에서 안전기준을 국제조약보다 강화해도 결국 국제조약 기준이 우선 적용됨으로써 당초의 안전기준 강화는 무의미해지고 만다. 국제조약의 기준은 국제항해에 취항하는 선박이 준수해야 하는 최소한도의 요건(minimum requirement)이므로 각 국가는 자국선박에 적용할 목적으로 이를 초과하는 기준을 얼마든지 채택할 수 있다. 그런데 이와 같이 무조건 국제조약을 우선하는 입법체제는 독립국가로서 입법권을 스스로 포기하는 것과 마찬가지이다. 이 경우 우리나라는 안전정책에 관하여 아무런 의사결정을 할 수 없게 된다.

3. 개정규정의 내용

이와 같은 종전 규정의 문제점을 인식하여 개정법에서는 국제조약이 우선 적용되는 경우를 현저하게 제한하였다. 따라서 국제항해에 취항하는 선박에는 발효된 국제협약이 우선하여 적용되되, 「선박안전법」의 규정이 국제협약의 기준보다 강화된 경우는 「선박안전법」의 규정을 따르도록 하였다. 이 경우 국제협약은 동 협약의 규정에 따라 강행적으로 적용되는 지침(guidelines), 권고(recommendations), 결의서(resolutions), 회람(circulars) 등이 포함될 수 있다.[70] 또 정부로서는 이러한 우선적용의

69) 김철수, 「헌법학개론」, 제19전정신판 (서울: 법문사, 2007), 323쪽.
70) IMO의 지침 등은 국제협약이 아니므로 원칙적으로 강행규정이라고 볼 수 없

문제가 생기지 않도록 국제협약의 개정에 따라 적시에 관련규정의 개정 작업이 이루어지도록 하여야 할 것이다.

제6절 검사의 참여 및 협조(제6조)

제6조(선박의 검사 등에의 참여 등) ①이 법에 따른 선박의 검사 및 검정·확인을 받고자 하는 자 또는 그의 대리인은 선박의 검사 등을 하는 현장에 함께 참여하여야 한다.

선박은 공간활용을 극대화하다 보니 좁은 공간에 많은 기계와 설비가 밀집되어 설치되어 있으며, 내부 통로가 복잡하게 얽혀 있는 경우도 많다. 특히 선박검사는 선박이 수리나 개조 후 집행되는 경우가 많아 선박 내부가 제대로 정리되지 아니한 경우가 보통이다. 이 경우 선박의 구조에 익숙하지 않은 검사관은 선박관계자의 도움이 없이 검사할 장소로 가는 통로도 찾기 쉽지 않고, 기기를 잘못 만지면 큰 사고가 발생할 수도 있다. 또 특수한 공구가 있어야만 개방을 할 수 있는 기계도 많다. 향후 안전의 확보 차원에서 선박검사를 하면서 발견된 결함들은 선박의 관계자가 입회하여 확인할 필요도 있다. 따라서 개정된 「선박안전법」에서는 검사 등을 받고자 하는 자가 검사 현장에 참여하여 필요한 협조를 하도록 하고, 이를 따르지 않는 경우 검사 등을 중지할 수 있도록 하였다.

한편, 종래의 「선박안전법시행규칙」에도 이와 유사한 내용이 규정되어 있었다.(제7조 및 제8조) 그러나 이러한 규정은 법적인 근거도 없이 선박관계자의 협조의무를 규정하고 있었다. 국민의 모든 자유와 권리는 법률로만 제한하도록 하는 「헌법」(제37조 제2항)의 정신에 따라 이번의 개정작업 시 그 내용을 정비하면서 법률에서 직접 규정하였다.

②제1항의 규정에 따라 선박의 검사 등에 참여한 자는 검사 및 검정·확인에 필요한 협조를 하여야 한다.

이 규정은 선박의 검사 등에 참여한 자의 협조의무에 대하여 규정하고

다. 그러나 이러한 지침 등은 IMO 회의에서 합의(consensus)를 통하여 채택되고, 세계 모든 국가가 따르는 점을 고려할 때 일종의 관습법으로서 어느 정도 강행력을 가지고 있다고 인정해야 할 것이다.

있으나 협조의 구체적인 내용에 대하여는 자세하게 언급하고 있지 않다. 통상의 검사절차에 비추어 검사에 참여한 자는 선박검사관의 원활한 검사수행을 위하여 검사사항에 대한 정보를 제공해야 하며, 검사에 특별한 시설·기계·기구가 필요한 경우 이를 제공해야 한다. 또 선박검사관이 특정한 사항에 대한 검사 또는 시험의 의뢰를 요청할 경우 이에 따라야 한다.

③국토해양부장관은 제1항 및 제2항의 규정에 따라 검사 및 검정·확인에 참여할 자가 참여하지 아니하거나 검사 및 검정·확인에 참여한 자가 필요한 협조를 하지 아니하는 경우에는 해당 검사 및 검정·확인을 중지시킬 수 있다.

제1항 및 제2항의 규정에 따른 관련자의 선박의 검사 등에 참여 및 필요한 협조를 강제하기 위한 수단으로서 이 규정에서는 해당 검사 등의 중지를 규정하고 있다. 검사 등이 중지될 경우 선박의 운항을 계속 할 수 없으므로 선박소유자 등 검사 등을 신청한 자는 큰 경제적 피해를 입을 수 있다. 따라서 이러한 검사절차의 중단은 다른 어떠한 벌칙보다도 효과적이라고 할 수 있다. 그러나 실무적으로 검사 등을 신청한 자가 가장 두렵게 생각하는 것은 검사의 중단보다 검사의 불합격이므로 관련 직원의 참여나 협조를 거부하는 경우는 거의 없다.

제2장 선박의 검사

제2장에서는 선박 자체의 검사에 대하여 다루고 있다. 선박은 신조될 경우 제조 중에는 건조검사(제7조)를 받아야 하며, 완공 전 시운전을 하고자 할 경우 임시항해검사(제11조)를 받아야 한다. 선박이 완공되거나 외국에서 도입된 경우는 정기검사(제8조), 중간검사(제9조)와 같은 정기적인 검사와 사고발생 등에 따른 부정기적인 임시검사(제10조)를 받아야 한다. 이외에도 국제항해를 하는 선박은 국제협약검사증서의 발행을 위한 별도의 국제협약검사(제12조)를 받아야 한다.

선박의 검사를 받기 위하여는 먼저 도면의 승인(제13조)을 받아야 한다. 선박검사관은 도면을 검토하며 설계의 문제점이 있는 지를 확인하고, 실제 검사 시에는 도면대로 시공이 되었는지를 확인하게 된다. 선박소유자는 검사에 필요한 준비(제14조)를 하고 검사에 합격하면 그 상태를 유지해야 한다.(제15조)

선박은 정기검사가 끝나면 선박검사증서(국제항해에 취항하는 선박은 국제협약검사증서 포함)를 교부받게 되며, 이 증서의 유효기간은 5년의 이내이다.(16조) 선박에 선박검사증서를 비치하지 않는다고 하여 바로 처벌되는 것은 아니고 다만 선박의 항해가 금지된다.(제17조) 선박검사증서에는 항해구역, 최대승선인원 등 여러 가지 항해와 관련된 조건이 기재되어 있으므로 이를 위반해서 선박을 항해에 사용해서는 아니 된다.

제1절 건조검사(제7조)

제7조(건조검사) ①선박을 건조하고자 하는 자는 선박에 설치되는 선박시설에 대하여 국토해양부령이 정하는 바에 따라 국토해양부장관의 검사(이하 "건조검사"라 한다)를 받아야 한다.

선박은 거대한 복합구조물로서 작은 부분 구조물을 조립하여 완성한다. 따라서 선박의 안전을 확보하려면 초기의 건조단계에서부터 사용되는 재료와 용접작업의 적정성을 확인해야 한다. 이 시기에 결함이 생기면 다음의 단계에서는 확인하기도 어렵고, 확인한다고 해도 보완하기가 매우 어렵다. 따라서 종전의 법률에서도 선박이 건조단계부터 검사를 받도록 하였다.[71] 그러나 그 대상이 여객선, 길이 24미터 이상의 선박 및 특수재질의 선박에 한하고 있어 대부분의 선박은 건조검사를 받지 않고 건조되었다. 이미 완성된 선박에 대하여 선박검사관이 건조과정의 잘못을 이유로 검사에 계속 불합격시키기는 쉽지 않다.

따라서 이 법에서는 모든 선박의 건조자(조선소)가 선박건조의 초기 단계부터 국토해양부령이 정하는 바에 따라 건조검사를 받도록 의무화하고 있다. 건조검사를 받아야 하는 사항은 선체, 기관, 배수설비, 조타설비, 계선설비, 양묘설비, 전기설비 및 만재흘수선에 관한 사항이다.(시행규칙 제10조 제2항)

②국토해양부장관은 건조검사에 합격한 선박에 대하여 국토해양부령이 정하는 건조검사증서를 교부하여야 한다.

선체, 기관 등 선박의 시설 또는 부분 구조물 및 이를 조립한 완성된 구조물이 모두 건조검사에 합격하면 국토해양부장관은 동 선박에 대하여 건조검사증서를 교부한다.

---

71) 종전의 법률에서는 제조 중에 받는 검사라는 의미에서 "제조검사"라는 용어를 사용하였으며, 의무적으로 검사대상이 아닌 선박은 신청에 의해 제조검사를 받을 수 있었다.

③제1항의 규정에 따른 건조검사에 합격한 선박시설에 대하여는 제8조 제1항의 규정에 따른 정기검사 중 선박을 최초로 항해에 사용하는 때 실시하는 검사는 이를 합격한 것으로 본다.

선박의 건조가 완료되면 선박을 최초로 항해에 사용하기 위한 제1회 정기검사가 시작된다. 이 때 이미 건조검사를 받은 부분에 다시 검사를 하면 중복검사가 되어 시간과 노력의 낭비가 발생하게 된다. 따라서 조선소의 건조검사증명서의 제시에 따라 이미 건조검사를 받은 부분은 제1회 정기검사에 합격한 것으로 보아 검사를 행하지 아니한다.

④국토해양부장관은 외국에서 수입되는 선박 등 제1항의 규정에 따른 건조검사를 받지 아니하는 선박에 대하여 건조검사에 준하는 검사로서 국토해양부령이 정하는 검사(이하 "별도건조검사"라 한다)를 받게 할 수 있다. 이 경우 제2항 및 제3항의 규정은 별도건조검사에 합격한 선박에 대하여 이를 준용한다.

육상에 불법건축물이 발생하면 보통 골치 아픈 일이 아니다. 허가를 받지 않고 건축을 했기 때문에 법적인 하자가 있을 뿐만 아니라 기초단계부터 부실하게 건축된 경우 안전기준을 맞출 수도 없다. 이와 같은 불법건축물에 대하여 행정관청은 철거명령을 내리고, 이에 응하지 않을 경우 이행강제금을 부과하고 검찰에 고발하는 것이 보통이다. 이러한 행정관청의 조치에 따라 건물주가 불법건축물을 철거하면 다행이지만 철거하지 않고 사라져 버릴 경우 건축물은 도시의 흉물이 되기 쉽다.72)

선박의 경우도 기준에 맞게 건조하지 못하면 등록도 못하고 선박검사도 받을 수 없다. 특히 외국에서 도입한 선박의 경우 기준에 맞지 않으면 불법선박이 되어 선박소유자는 막대한 경제적 손해를 입을 소지가 높다. 이러한 문제 때문에 정부는 과거 수차례에 걸쳐 불법선박이 양성화할 수 있는 기간을 운영한 바도 있다. 그러나 양성화기간 동안 모든 불법선박이 양성화된 것은 아니다. 더욱이 「어선법」에 의한 허가를 받지 않고 임의로 선박(어선)을 건조하는 사람도 있을 수 있기 때문에 아직도 불법선박의

72) 「행정대집행법」에 따라 지방자치단체가 직접 불법건축물을 철거할 수도 있지만 여러 가지 어려운 문제가 발생할 소지가 높아 쉽지 않다.

문제가 완전히 해결되었다고 할 수 없다.

따라서 이 규정에서는 건조검사를 받지 아니한 선박의 존재를 공식적으로 인정하고 이러한 선박은 정식의 건조검사보다 간이한 별도의 건조검사를 받을 수 있도록 하였다. 또한 종래 항해구역의 제한으로 「선박안전법」의 적용을 받지 아니하는 선박이 이 법의 적용을 받고자 할 경우도 별도의 건조검사를 받을 수 있도록 하였다.(시행령 제2조 제3항) 별도건조검사의 내용은 선박의 감항성 확보를 위한 최소한의 검사로서 시행규칙에 자세하게 규정되어 있다.(별표 1) 별도검조검사를 받은 선박은 정식의 건조검사를 받은 선박에 비하여 감항성이 부족하다고 판단되므로 국토해양부장관은 이들 선박에 대하여 선박의 크기·구조·용도 등을 고려하여 항해구역을 제한하여 지정할 수 있다.(시행규칙 제16조 제3항)

참고로 당초 이 법의 당초 개정안에는 별도건조검사를 받은 선박에 대하여 항해와 관련된 조건을 보다 엄격하게 제한할 수 있다는 내용이 포함되어 있었다. 그러나 법제처 심사과정에서 이러한 내용은 법안에 들어있지 않더라도 시행에 큰 문제가 없다는 권고에 따라 삭제하였고, 그 대신 시행규칙에 그 내용을 포함시켰다. 그러나 이러한 규제는 상식적으로 타당하기는 하지만 법적 근거가 다소 미약하다. 또 실무상 항해구역을 제한당하는 선박소유자가 강력하게 반발할 소지가 있으므로 정부는 추후 법적 근거를 마련하는 것이 바람직하다. 아울러 현행의 시행규칙규정은 제한하는 내용이 구체적이지 못하므로 사전에 제한에 관하여 명확한 검사지침 등을 제정하여 시달하는 것이 바람직하다. 별도건조검사는 예외적으로, 그리고 제한적으로 운영되어야지 잘못하면 건조검사제도의 근간이 흔들릴 우려가 있기 때문이다.

제2절 정기검사(제8조)

제8조(정기검사) ①선박소유자는 선박을 최초로 항해에 사용하는 때 또는 제16조의 규정에 따른 선박검사증서의 유효기간이 만료된 때에는 선박시설과 만재흘수선에 대하여 국토해양부령이 정하는 바에 따라 국토해양부장관의 검사(이하 "정기검사"라 한다)를 받아야 한다. 다만, 제29조의 규정에 따른 무선설비 및 제30조의 규정에 따른 선박위치발신장치에 대하여는 「전파법」의 규정에 따라 검사를 받았는지 여부를 확인하는 것으로 갈음한다.

정기검사란 선박의 구조, 설비 등 선박 전반에 걸쳐 행하는 정밀한 검사를 말한다. 즉, 선박을 입거(Dry-docking)시키거나 상가(上架)시켜 선체의 바닥에 파손된 부분이 없는 지 살펴보는 한편, 복원성 시험을 통하여 충분한 복원성이 있는지 확인하게 된다.[73] 또 기관은 전면적으로 분해하여 청소하며, 제대로 작동하는지를 확인하게 된다. 또한 무선설비, 방화설비, 화재안전장치 및 설비, 구명설비, 선박용 항해설비, 항해용 책자, 도선사용 승하선장치 기타 설비에 대하여 이 법에 의한 요건에 적합한지를 확인하게 된다. 아울러 만재흘수선이 정확히 표시되었는지, 선박과 외부를 연결하는 수밀문(watertight doors), 해치커버(hatch covers), 통풍통 등의 수밀성(watertightness)은 제대로 확보되었는지에 대한 만재흘수선 검사를 받게 된다. 정기검사는 선박검사증서의 유효기간이 만료되는 5년마다 받아야 하지만(법 제16조), 국제항해에 취항하는 여객선은 국제협약에 따라 12개월마다 받아야 한다.(「SOLAS 협약」부속서 제 I장 제7규칙(a)항(ii))[74]

선박검사증서의 유효기간이 만료되어 정기검사를 받고자 하는 자는 선박검사신청서에 선박검사증서 등의 서류를 첨부하여 국토해양부장관에게

---

73) 입거는 선박을 선거(dock)에 넣어 물을 빼는 것을 말하고, 상가는 소형선박을 궤도(rail)에 실어 육지로 끌어올리는 것을 말한다. 입거와 상가 모두 평소 물에 잠겨 확인할 수 없는 선체 바닥 등을 육안으로 확인하기 위함을 목적으로 한다. 선박검사 준비사항으로 가장 비용이 많이 발생하는 항목 중의 하나이다.

74) 국제항해 여객선의 경우 「선박안전법」과 국제협약의 규정은 다소 차이가 있지만 법 제5조의 규정에 의하여 국제항해에 취항하는 선박에 대하여 국제협약이 우선하여 적용된다.

제출하여야 한다. 선박검사신청서의 제출시기는 해당 증서의 유효기간이 끝나기 전이라고 규정하고 있다.(시행규칙 제12조 제2항) 그러나 이와 같은 규정에 따라 선박소유자가 검사예정일에 임박하여 선박검사신청서를 제출하면 선박검사관은 관련 도면 등 검사에 관한 서류를 검토할 충분한 시간을 확보할 수 없다. 따라서 검사준비에 충실할 수 있도록 선박검사신청서의 제출시기를 명확하게 정할 필요가 있다. 참고로 미국에서는 제출시기를 검사증서의 유효기간 만료 30일 전까지로 정하고 있다.(46CFR 2.01-3(a))

②국토해양부장관은 제1항의 규정에 따른 정기검사에 합격한 선박에 대하여 항해구역·최대승선인원 및 만재흘수선의 위치를 각각 지정하여 국토해양부령이 정하는 선박검사증서를 교부하여야 한다.

1. 검사절차의 개요

선박검사 중 결함사항이 발견되면 선박검사관은 선박소유자에게 수리보완요청서를 교부하게 되며, 선박소유자는 이에 따라 결함을 보완하는 수리를 해야 한다. 결함이 보완되지 아니하면 선박의 검사는 지연되게 된다. 모든 수리사항이 완료되고, 선박이 모든 면에 있어서 감항성이 충분하다고 판단되면 국토해양부장관은 선박소유자에게 선박검사증서를 교부하게 된다. 이 때 국토해양부장관은 선박검사증서에 선박의 항해구역·최대승선인원 및 만재흘수선의 위치를 각각 지정하여 교부한다.

선박검사증서는 선박의 길이에 따라 12미터 미만과 12미터 이상의 두 종류가 있으며, 길이 12미터 이상의 선박은 만재흘수선을 표시해야 하기 때문에(법 제27조) 그 내용이 보다 더 상세하다.[75] 공단이나 한국선급이 선박검사증서를 발행할 경우 해당 증서에 대한민국 정부의 권한을 위임받아 발행한다는 사실을 나타내야 한다.(시행규칙 제13조 제2항) 수리보완요청서의 예는 그림4, 길이 12미터 이상의 선박에 대하여 교부하는 선박검사증서의 예는 각각 다음의 그림5(앞 쪽) 및 그림6(뒤 쪽)과 같다. 수리보완요청서가 현장에서 교부되는 경우는 선박검사관이 미비사항을

75) 여객선과 위험물산적운송선은 선박길이에 관계없이 길이 12미터 이상에 적용하는 선박검사증서를 교부하게 된다.(시행규칙 제13조 제1항 단서)

수기하여 바로 교부하기도 한다.

[별지 제41호서식]

결재	지부장

수 리 보 완 요 청 서

검사참여자 : 정종균 과장

선 박 번 호 (제 조 번 호)	MPR-921361	선 명 (품 명)	해정6호
검 사 종 류	정기검사	임 검 장 소	유달조선소

수리 · 보완사항 : 1. RUDDER 발출 및 정비(NDT 포함) 실시할 것.

2. ANCHOR SHACKLE 발출, WINDLASS(P&S) 수리 및 시운전시 ANCHOR DROPPING TEST 준비 할 것.
3. 기관실 전단격벽 및 선수창고내 전후 격벽의 전선관통구 수밀 시킬 것.
4. 선수창구용 및 A.P.T용 A/P(공기관) 수리 할 것.
5. 선미창구 수밀해치 수리 할 것.
6. 건현갑판상부 각종 풍우밀문 손잡이 수리 할 것.
7. 외판두께계측 및 REPORT 제출 할 것.
8. 구명부환 1EA 신환 및 잔여 3EA의 선적항 수정 할 것.
9. 연돌 수리 및 정비 할 것.

10 기관실 천창(S/L) 수리 할 것.

11. 선미등/예인등 설치 할 것.
12. 자차수정표 비치 할 것.
13. LPG GAS용 박스 제작 및 LINE를 강관 또는 동관으로(중간밸브까지) 교환 할 것.
14. 화장실내 전등 수리 할 것.
15. 하역설비 제원 제출 및 제한하중 1톤 이상일 경우 선박안전법 34조에 의거 조치 할 것.(조치 방법 : 현장에서 수검자에게 충분히 설명함.)
16. 구명뗏목 개방정비 후 기록부 제출 및 조타실내 소화기 1EA 비치 할 것.

위 사항을 수리 또는 보완하여 2007년 12월 31일까지 검사를 받으시기 바랍니다.

2007년 12월 12일

선박안전기술공단 목포지부 **검사원 서 무 천**

<그림 4> 수리보완요청서의 예

[별지 제 6호 서식]　　　　(앞쪽)

제　07-07-03450　호
Certificate No.:

선 박 검 사 증 서
SHIP SURVEY CERTIFICATE

(1)선 명 Name of Ship	신흥707호	(2)선 박 번 호 Official Number	MPR-891027
(3)선 적 항 Port of Registry	전남 목포시	(4)선 질 Ship's Material	강
(5)총 톤 수 Gross Tonnage	2,512.00 톤	(6)용 도 Type of ship	일반화물선(모래채취운반선)
(7)추 진 기 관 Main Engine	선박용디젤기관	기관 2058 [KW] 2800 [PS] 1 대 기관 [KW] [PS] 대 Type Output Number of Units	
(8)선 박 길 이 Ship's Length	88.00 미터	(9)무 선 설 비 Radio Equipment	무선 전화
(10)항 해 구 역 Navigation Area	연해구역		
(11)최대 승선 인원 Max. Number of Allowable Persons on board	12 인(여객 : 인, 선원 : 12인, 임시승선자 : 인) Total p (Passenger: P, Crew P, Special Personnel: P)		
(12)항해와 관련한 조건 Conditions for Navigation	- 만재상태에서 NO.4 W.B.T.(P&S)에 해수를 만재시킨 후 운항할 것		
(13)유 효 기 간 Validity	2007 년 08 월 31 일부터　2012 년 08 월 30 일까지		

「선박안전법」 제8조제2항 및 같은 법 시행규칙 제13조제1항제1호에 따라 대한민국 정부의 권한으로 이 증서를 발급합니다.

This certificate is issued in accordance with Article 8.2 of the Ship Safety Act and Article 13.1.2 of the Enforcement Decree of the Ship Safety Act under the authority of the government of the Republic of Korea.

2007년 11월 23일

선 박 안 전 기 술 공 단 이 사 장 [인]
Chief Director of Korea Ship Safety Technology Authority

53337-19711일　　　　210mm X 297mm
1999.7.20 개정승인　　　　(보존용지(1종) 120g/m²)

<그림 5> 선박검사증서의 예(앞 쪽)

(뒷쪽)

(14) 만재흘수선의 위치 Load Line	
	갑판선의 상연의 위치 : 배의 길이와 중앙에 있어서 **상** 갑판의 **양상측판** 상면의 연장과 외판의 외면과의 교점으로부터 **하** 방으로 0 밀리미터 The upper edge of the deck line from which these freeboards are measured is mm from the top of the deck at side
	만재흘수를 표시하는 수평선[하기만재흘수선(S), 해수만재흘수선 또는 만재흘수선]의 상연의 위치 : 갑판선의 상연으로부터 하방으로 1167 밀리미터 Summer Load Line(S) mm below from the upper edge of deck line
	동기만재흘수선(W)의 위치 : S의 하방으로 밀리미터 Winter Load Line(W): mm below from Summer Load Line
	동기북대서양만재흘수선(WAN)의 위치 : S의 하방으로 밀리미터 Winter North Atlantic Load Line(WNA) : mm below from Summer Load Line
	열대만재흘수선(T)의 위치 : S의 상방으로 밀리미터 Tropical Load Line(T) : mm above from Summer Load Line
	위의 각 만재흘수에 대응하는 담수만재흘수선의 위치 : 각 만재흘수선 상방으로 139 밀리미터 Allowance for fresh water for all freeboards other than timber : mm

(15) 구획만재흘수선의 위치 Subdivision Load Line	여객실로 충당하는 장소에 대응하는 To apply when the spaces in which passengers are carried include the following alternative space	구획만재흘수선의 위치 Freeboard	만재흘수선의 기호 Marks of Sub-division Load Lines assigned and marked on the ship's side amidships
		갑판선의 하방으로 mm mm below upper edge of deck line	C_1
		갑판선의 하방으로 mm mm below upper edge of deck line	C_2
		갑판선의 하방으로 mm mm below upper edge of deck line	C_3

(16) 목재만재흘수선의 위치 Timber Load Line	
	하기목재만재흘수선(LS)의 위치 : S의 상방으로 밀리미터 Timber Summer Load Line(LS): mm above from Summer Load Line
	동기목재만재흘수선(LW)의 위치 : LS의 하방으로 밀리미터 Timber Winter Load Line(LW) : mm below from LS
	동기북대서양목재만재흘수선(LWAN)의 위치 : LS의 하방으로 밀리미터 Timber Winter North Atlantic Load Line(LWNA): mm below from LS
	열대목재만재흘수선(LT)의 위치 : LS의 상방으로 밀리미터 Timber Tropical Load Line(LT) : mm above from LS
	위의 각 목재만재흘수에 대응하는 담수목재만재흘수선의 위치 : 각 목재만재흘수선의 방향으로 밀리미터 Allowance for fresh water for timber freeboards : mm

「선박안전법 시행령」 제6조에 따른 선박검사증서의 유효기간의 연장
Endorsement to extend the Validity of the Certificate

연장된 유효기간 Extended Date of Validity	년 월 일까지	검사기관 (인) Survey Organization	

검 사 기 록
Survey Records

차 기 검 사 Next Survey			검사완료일 Date of Survey	선박검사관 (검사원)의 성명 Name of Surveyor	검사기관(인) Survey Organization
검사기준일 Anniversary Date	검사종류 Kind of Survey	검 사 사 항 Survey Items			
	정기검사		2007.11.23		목포지부
2008.07.01	임시검사				
2008.08.30 (전후 3월이내)	제2종 중간검사				

비 고:
※정기검사 담당검사원 : 목포지부 선체검사원 양대성, 기관검사원 김경민

※ 서비스콜 : 070-7094-3333, 목포지부 전화 : 061)245-6142, 팩스 : 245-6145

<그림 6> 선박검사증서의 예(뒤 쪽)

2. 만재흘수선

만재흘수선의 위치는 먼저 건현갑판(맨 위에 있는 갑판으로서 선수로부터 선미까지 연결된 갑판)을 기준으로 하기건현(summer freeboard)을 구한 뒤 여기에 항해구역에 따라 일부 더하거나 빼어 동기북대서양(winter North Atlantic), 동기(winter), 열대(tropical) 및 담수(fresh water)건현 등을 구하게 된다.[76] 하기건현은 유조선과 같이 화물창이 철저히 수밀(watertight)되는 선박과 그렇지 아니한 선박에 따라 차이가 있다. 즉, 수밀성이 좋은 선박은 선박의 경사에 따라 해수가 갑판에 올라와도 선내 유입에 의한 복원성의 감소가 거의 없기 때문에 작은 건현을 인정한다.(따라서 만재흘수선의 위치는 높다) 따라서 동일한 규모의 선박이라고 해도 유조선은 화물선보다 더 깊이 잠길 정도로 화물을 실을 수 있다. 또 만재흘수선은 선박이 목재를 갑판에 적재하는 경우와 아닌 경우에 따라 다소 차이가 있다. 목재를 갑판에 적재하는 선박은 경사되어 목재가 물에 잠길 경우 적재된 목재로 인하여 추가의 부력이 발생하기 때문에 목재를 적재하지 않을 때에 비하여 만재흘수선의 위치가 더 높아진다. 결국 갑판에 목재를 적재할 경우 선박은 그 차이만큼 짐을 더 실을 수 있다.

이밖에도 만재흘수선은 선박이 항해하는 수역에 따라 크게 해수만재흘수선과 담수만재흘수선으로 나눌 수 있다. 해수만재흘수선은 해면에서 화물을 적재할 때 적용하며, 담수만재흘수선은 강 ·호수 등 선박이 떠 있는 물의 비중이 1.000인 수면에서 적용한다. 강·호수는 바다에 비하여 기상상태가 양호하며, 동일한 적재상태에서 담수에서는 해수에서보다 선박이 깊숙이 잠기므로 담수만재흘수선은 해수만재흘수선보다 더 높다.(이 경우 건현이 더 작아지게 된다)

선박이 항해하는 수역의 해상조건은 선박의 위치 및 계절에 따라 다르다. 즉, 위도가 높은 지역과 겨울철은 파도가 높고 바람이 세기 때문에 선박에는 더 많은 복원성이 필요하게 된다. 이에 따라 「국제만재흘수선협약」[77]에서는 세계의 바다를 크게 동기계절구역(winter season area), 하

---

76) 용골(keel)의 바닥에서 건현갑판까지의 거리(건현용 깊이)는 만재흘수선과 건현으로 나뉜다. 따라서 건현용 깊이에서 건현을 빼면 만재흘수선이 나오게 된다.

기대역(summer zone), 열대대역(tropical zone), 계절열대구역(seasonal tropical area)의 4가지로 나누고 있다. 동기계절수역과 계절열대수역은 여름과 겨울의 날씨 차이가 크기 때문에 연중 날짜를 정하여 각각 다른 기준이 적용된다. 즉, 동기계절수역에는 하기만재흘수선과 동기만재흘수선이, 계절열대수역에는 하기만재흘수선과 열대만재흘수선이 계절에 따라 번갈아 적용된다. 선박은 항해하는 수역에 따라 정해지는 이러한 만재흘수선을 초과하여 화물·여객 등을 적재하면 아니 된다. 여기에서 동기(winter)는 풍력계급 8(34 knots) 이상의 바람이 부는 비율이 10% 이상의 수역이며, 하기(summer)는 10% 미만인 해역이며, 열대(tropical)는 풍력계급 8 이상의 바람이 부는 비율이 1% 이하인 수역이다.(만재흘수선협약 부속서 II)

만재흘수선의 종류별로 적용되는 대역 또는 구역, 계절기간 및 대역 또는 구역에 적용되는 해면 및 계절기간은 부록 II에서 확인할 수 있다. 또 이러한 대역 등을 지도에 나타낸 것은 다음의 그림7과 같다.

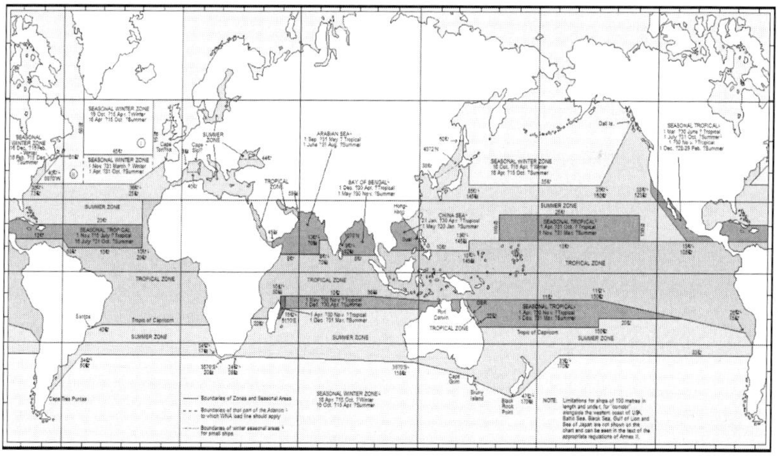

<그림 7> 만재흘수선 대역도

77) 이 협약의 영문 명칭은 International Convention on Load Lines, 1969이다.

③제2항의 규정에 따른 항해구역의 종류와 예외적으로 허용되거나 제한되는 항해구역, 최대승선인원의 산정기준 등에 관하여 필요한 사항은 국토해양부령으로 정한다.

1. 항해구역

정기검사가 끝난 선박에 대하여 국토해양부장관은 그 선박이 항해할 수 있는 최대한도의 구역과 그 선박에 최대로 승선할 수 있는 인원을 정하여 선박검사증서에 기재한 후 선박소유자에게 교부한다. 이밖에도 선박의 안전 상태를 감안하여 선박검사증서에 포함된 "항해와 관련된 조건"을 적절히 활용하여 일정한 조건을 부과할 수도 있다. 항해와 관련된 조건의 예로는 "... 야간항해를 금지함", "... 항행시간 1시간 미만의 항로에 한함", "... 차량적재도에 따라 차량을 적재할 것" 등을 들 수 있다.

「선박안전법」에 의한 항해구역은 평수구역(平水區域), 연해구역(沿海區域), 근해구역(近海區域), 원양구역(遠洋區域)의 4종이 있다.(시행규칙 제15조 제1항) 평수구역이란 글자 그대로 평평한 수면이 유지되는 구역으로서 선박의 항해에 가장 안전한 구역을 말한다. 평수구역은 크게 ①호소·하천, ②항내의 수역(「항만법」에 따른 항만구역이 지정된 항만의 경우 항만구역과 「어촌·어항법」에 따른 어항구역이 지정된 어항의 경우 어항구역을 말한다)과 ③국토해양부령으로 정하는 수역으로 나눌 수 있다.(시행령 제2조 제1항 제3호 가목) 참고로 같은 평수구역이라고 하더라도 호소·하천 및 항만에서의 운송행위에 대하여는 「상법」의 육상운송에 관한 규정이 적용되고(「상법」 제125조), 국토해양부령이 정한 수역에서의 운송에는 「상법」의 해상편이 적용된다.

가. 평수구역

평수 중 호소 및 하천은 외해의 파랑으로부터 영향이 없고, 바람이 약하기 때문에 다른 평수에 비하여 가장 안전한 곳이다. 항만과 어항은 자연적으로 또는 인공적인 방파제의 설치에 따라 연중 항만 내의 정온도가 유지되기 때문에 역시 안전한 곳이다. 따라서 선박의 안전도가 다소 떨어지더라도 항해에 큰 위험이 따르지 않는다. 항만구역으로서 방파제 외부에 위치한 구역은 외해의 영향을 직접 받아 안전에 다소 저해요소는 있다고 하더라도 항만의 각종 자원을 충분히 활용할 수 있기 때문에 비교적 안전하다고 할 수 있다. 이밖에도 국토해양부령은 지리적으로 육지나 섬에 둘러싸여 있어 외해의 파도가 직접 영향을 주지 않아 연중 정온상태를 유지하고 있는 구역에 대하여 평수구역으로 지정하고 있다.(이러한 수역을 이하 "지정 평수구역"이라 한다) 지정 평수구역은 북한지역을 포함하여 전국에 총 18개소로서 그 구체적인 위치는 다음의 표2와 같다. 당초 이러한 평수구역의 개념은 일제시대에 도입되었으나 이후 선박성능의 개선에 따라 지정 평수구역은 점점 외해 쪽으로 확장되고 있다.[78] 남한지역의 지정 평수구역을 지도에 표시한 그림은 부록 Ⅲ. A에 포함되어 있다.

<표2 >지정 평수구역의 범위

구 분	범 위
제1구	평안북도 철산군 수운도 등대부터 진방위 295도로 그은 선과 그 등대부터 어영도, 대화도, 정주군의 외순도를 지나 평안남도 안주군 태향산에 이르는 선 안
제2구	평안남도 용강군 연대봉으로부터 황해도 송화군 자매도 및 흑암을 지나 냉정말에 이르는 선 안
제3구	황해도 장연군 장산곶으로부터 월내도, 옹진군 마합도, 기린도 및 순위도를 지나 등산곶에 이르는 선 안
제4구	황해도 옹진군 독순항으로부터 인천광역시 옹진군 대연평도 북부 서단을 연결한 선, 대연평도 남단에서부터 서만도와 대초지도(대초치도)를 지나 덕적도 북단을 연결한 선과 덕적도 남서 끝단에서 문갑도 서단을 연결한 선 및 문갑도 남단에서 장안서 등대를 지나 충청남도 태안군 만대단을 연결하는 선 안
제5구	충청남도 태안군 몽산리 남단에서 외도를 지나 보령시 삽시도 남서단과 죽도를 연결한 선 안
제6구	충청남도 서천군 동백정갑으로부터 전라북도 군산시 방죽도(방축도) 동단을 지나 관리도(관지도) 북단을 연결한 선과 관리도 남단으로부터 부안군 수성단을 연결한 선 안

78) 남북이 분단된 현실에서 북한지역에 위치한 평수구역은 해방 이후 변함이 없다.

제7구 및 제8구	전라남도 영광군 불갑천구부터 신안군 재원도, 자은도, 비금도, 신도 및 하태도 남단을 지나 전라남도 진도군 가사도 서단에 이르는 선, 가사도 남단에서부터 옥도, 주도, 관사도, 소마도를 지나 대마도 서북단을 연결하는 선, 대마도 남단에서 관매도 서단을 잇는 선, 관매도 동단에서 죽항도 동단을 지나 진도 남단의 서망 끝단에 이르는 선, 전라남도 진도군 금호도 북단에서 270도 방향으로 그은 선과 금호도 남단에서 어룡도, 넙도 남서단을 지나 전라남도 완도군 보길도 서단에 이르는 선, 완도군 보길도 동단에서 소안도 서단을 연결하는 선, 소안도 북단에서 대모도 남단을 지나 청산도 서단을 연결하는 선, 청산도 북단에서 생일도 남단, 섭도 남단, 시산도 남단을 지나 고흥군 망지각에 이르는 선 안
제9구	전라남도 고흥군 외나로도 서단으로부터 진방위 330도로 그은 선, 외나로도 동부 북단에서 여수시 금오도 서부 북단을 연결한 선, 금오도 동부 북단에서 돌산도 남단 거마각에 이르는 선, 돌산도 동부 중앙 방죽포에서 경상남도 남해군 남해도 응봉산 남단에 이르는 선, 남해도 장항말부터 통영시 하도, 추도 및 두미도 서단을 지나 욕지도 서부 북단에 이르는 선, 욕지도 동단에서 연화도, 외부지도를 지나 비진도 남단을 거쳐 거제도 망산각에 이르는 선, 거제도 북부 산성산 동단으로부터 북위 34도58.7분 동경 128도50분, 부산광역시 영도구 생도, 북위 35도11분 동경 129도14.6분을 지나 기장군 대변리 동남단에 이르는 선 안
제10구	울산광역시 범월갑으로부터 북위 35도28.6분 동경 129도27.3분을 지나 미포항 북방파제 끝단에 이르는 선 안
제11구	경상북도 포항시 술미부터 여남갑에 이르는 선 안
제12구	강원도 통천군 학룡단으로부터 함경남도 덕원군 여도를 지나 영흥군 호도 대강곶(남각)에 이르는 선 안
제13구	함경남도 정평군 광포강구부터 함흥시 외양도단에 이르는 선 안
제14구	함경남도 북청군 봉수대지부터 마양도를 지나 송도갑에 이르는 선 안
제15구	함경북도 성진군 송오리단으로부터 유진단에 이르는 선 안
제16구	함경북도 청진시 고말산단으로부터 진방위 263도로 그은 선 안
제17구	함경북도 나진시 송목단으로부터 대초도를 지나 이어단에 이르는 선 안
제18구	함경북도 나진시 곽단으로부터 적도를 지나 오포단에 이르는 선 안

나. 연해구역

연해구역은 비교적 육지와 인접한 구역으로서 선박에서 비상상황이 발생할 경우 가까운 육지로 피난하거나, 육지로부터 구조를 받을 수 있는 구역을 말한다. 따라서 연해구역을 항해할 수 있는 선박은 근해나 원양을 항해하는 선박에 비하여 안전설비의 설치가 완화되어 있다. 육지와 가까운 곳의 해안에 대하여 안전설비를 완화하는 규정은 국제협약에서도 찾을 수 있다. 즉, 「SOLAS 협약」은 가장 가까운 육지로부터 20마일을 넘지 아니하는 항로를 항해하는 선박에 대하여 구명설비의 설치에 관한 규정을 완화하여 적용할 수 있도록 허용하고 있다.(부속서 제3장 제2규칙 제1항)

「선박안전법」에서는 연해구역을 ①영해기점으로부터 20해리 이내의 수역과 ②국토해양부령으로 정하는 수역으로 나누어 규정하고 있다.(시행령 제2조 제1항 제3호 나목) 그러나 ①에서 언급한 영해기점이라는 용어는 각종 법률에서 사용되지 않고 있는 바, 여기서의 영해기점은 “통상의 기선”으로 새겨야 할 것이다. 영해의 폭을 측정하기 위한 통상의 기선은 대한민국이 공식적으로 인정한 대축척해도에 표시된 해안의 저조선으로 하며(「영해 및 접속수역법」 제2조 제1항), 섬 등의 존재로 지리적 특수사정이 있는 수역에서는 일정 기점을 연결하는 직선을 기선으로 한다.(동법 제2조 제2항) 따라서 ①의 의미는 영해측정의 기준이 되는 해안의 저조선으로부터 20해리 이내의 수역이 된다. 참고로, 종전의 규정에서는 “한반도와 제주도의 해안으로부터 20마일 이내의 수역”으로 규정하였었다.(구 시행령 제2조 제3호)

②의 국토해양부령으로 정하는 연해구역의 범위는 다음의 표3과 같으며, 이를 해도에 표시한 것은 부록 Ⅲ. B에서 확인할 수 있다.

<표3 > 연해구역의 범위

구분	범 위
1	평안북도 용천군 압록강구부터 마안도를 지나 황해도 장연군 장산곶에 이르는 선 안

2	황해도 옹진군 등산곶으로부터 충청남도 서산군 서격렬비도 및 전라남도 신안군 홍도, 소흑산도를 지나 북위 33도30분 동경 125도50분을 잇는 선과 북위 33도30분 동경 127도20분, 북위 33도30분 동경 129도05분을 연결하는 선 및 북위 34도35분 동경 130도35분과 북위35도14.5분 동경 129도44.5분을 연결하는 선 안
3	강원도 동해시 한진단으로부터 북위 37도51분 동경 130도55분, 북위 37도31분 동경 132도8분, 북위 37도 동경 132도20분, 북위 36도14분 동경 130도의 각 점을 연결하는 선 안
4	강원도 고성군 수원단으로부터 함경북도 성진군 유진단에 이르는 선 안
5	북위 33도30분 동경 129도05분으로부터 일본국 규슈·시코쿠·혼슈 ·홋카이도의 각 해안으로부터 20마일 이내의 선을 연결하고 북위 34도35분 동경 130도35분에 이르는 선 안

우리나라와 일본의 사이에는 대마도 등이 있어 가장 가까운 육지로부터의 거리가 계속 20마일 미만이므로 연해구역을 항해할 수 있는 선박은 그 구역을 벗어나지 않고도 일본의 혼슈까지 항해할 수 있다. 여기에서부터 계속 일본 연안으로부터 20마일을 벗어나지 않으면 홋카이도를 포함한 일본의 거의 모든 지역을 항해할 수 있다. 연해구역의 위치는 부록의 그림에서 확인할 수 있다. 이 그림에서는 일본 전체가 나오지 않아 다소 아쉽다.

한편, 우리나라의 동해안에서 울릉도 및 독도까지의 해역도 연해구역에 포함되고 있다. 그러나 실제 이 해역은 육지와 거리도 멀고 풍랑이 거센 곳으로서 종래에는 근해구역에 포함되어 있었다. 그럼에도 불구하고 1970년 10월 8일 시행령 개정 시 연해구역에 포함된 것은 국내항해라는 점이 정치적으로 고려된 것으로 판단된다.79) 그러나 안전은 정치적으로 타협할 성질이 아닌 바, 이 해역을 운항하는 선박의 안전기준 책정을 위하여 기상상태에 대한 과학적인 조사가 요구된다고 하겠다.

한편, 단순히 육지로부터의 거리를 기준으로 하는 우리의 기준과 달리 유럽은 여객선의 등급과 관련하여 기상과 관련된 확률론을 적극 활용하고 있다. 즉, 유럽은 국내항해 여객선을 A급(Class A: 육지로부터 20마

79) 법제처의 종합법령정보에도 구체적인 개정사유가 나타나 있지 않다.

일 이상 항해), B급(B Class: 20마일 이내 항해), C급(Class C: 피난항으로부터 15마일 이내 또는 육지로부터 5마일 이내로서 파고가 2.5미터를 초과할 확률이 10% 이내인 수역을 연중 또는 해당 기간 동안만 항해) 및 D급(Class D: 피난항으로부터 6마일 이내 또는 육지로부터 3마일 이내로서 파고가 1.5미터를 초과할 확률이 10% 이내인 수역을 연중 또는 해당 기간만 항해)로 나누고 있다.[80] EU 회원국은 관할권 내에서 여객선의 운항해역 및 운항기간을 지정하고 이를 통보할 의무가 있다.[81] 이와 같은 해역분류는 정치적 고려를 배제할 수 있어 선박의 안전확보에 많은 도움이 될 것으로 보인다.

다. 근해구역

근해구역은 동쪽은 동경 175도, 서쪽은 동경 94도, 남쪽은 남위 11도 및 북쪽은 북위 63도의 선으로 둘러싸인 수역을 말하며(시행규칙 제15조 제3항), 이를 지도에 표시한 것은 부록 Ⅲ. C와 같다. 이 구역은 종래 일본이 정한 구역으로서 일본도 현재 동일하게 사용하고 있다. 그 범위를 자세히 보면 해방 전 일본이 주장하던 소위 대동아공영권의 구역과 거의 일치하고 있다.[82] 당시 일본의 입장으로 자국이 지배하는 해역 전체를 아우르는 범위를 정하는 것은 상당한 정치적 의미가 있었을 것이다. 그러나 우리나라 입장으로는 아무런 실익이 있다고 볼 수 없다. 또 선박의 안전과 관련하여 근해구역과 원양구역을 굳이 구분할 실익도 없다. 특히 연해구역을 벗어나 외국에 이르는 항해는 「SOLAS 협약」에 의한 국제항해의 범위에 모두 포함되므로,[83] 향후 근해구역과 원양구역을 통합하는 것이 바람직하다.

---

80) EC Directive 98/18, Article 4.1.

81) EC Directive 98/18, Article 4.2.

82) '대동아'란 동아, 즉 동아시아에 동남아시아를 더한 지역을 가리키는 말로, 아시아 민족이 서양 세력의 식민지배로부터 해방되려면 일본을 중심으로 대동아공영권을 결성하여 아시아에서 서양 세력을 몰아내야 한다는 것이다. 네이버 백과사전, http://100.naver.com/100.nhn?docid=702335[2007.12.30].

83) "국제항해"라 함은 협약이 적용되는 한 국가에서 그 국가의 외부에 있는 항구에 이르는 항해 또는 그 반대의 항해를 말한다. 「SOLAS 협약」 부속서 제1장 제2규칙 (d)

라. 원양구역

원양구역은 평수구역, 연해구역, 근해구역을 포함한 모든 해역을 말한다. 따라서 미국의 오대호나 유럽의 내륙운하의 항해여건은 우리나라의 평수와 비슷하더라도 원양구역에 속한다. 다만, 외국의 동일국가 내의 항구 사이 또는 외국의 호수·하천 및 항구 안에서만 항해하는 선박의 항해구역은 항해하고자 하는 구역의 특성을 고려하여 적절히 지정할 수 있다.(시행규칙 제16조 제2항) 원양구역을 운항하는 선박은 항해구역에 대한 제한이 없기 때문에 가장 날씨가 좋지 않은 구역을 항해할 수 있을 정도의 엄격한 안전기준이 적용된다.

국토해양부장관은 선박소유자의 요청, 선박의 구조 및 선박시설기준 등을 고려하여 선박의 항해구역을 지정하여야 한다.(시행규칙 제16조 제1항) 종래의 규정에서는 항해구역의 지정기준으로서 선박의 길이, 최고속력을 들고 있었으나 최근 선박기술의 발달에 따라 이러한 기준은 그 의미가 많이 퇴색했으므로 삭제하였다. 그러나 국토해양부장관은 선박의 규모, 구조, 설비, 용도, 항로의 상황을 고려하여 선박의 안전상 필요할 경우 지정한 항해구역을 다시 한정할 수 있다. 예컨대 평수구역을 지정한 경우 "평수구역. 다만, 인천항 내에 한함", 연해구역을 지정한 경우 "연해구역. 다만, 국내항해에 한함"으로 한정할 수 있다. 또 필요에 따라 동계에는 평수구역으로, 하계에는 특정구간의 연해구역으로 지정할 수도 있다.[84] 선박은 항해구역에 따라 각종 안전기준에 차이가 많이 생기기 때문에 선박검사관은 항해구역을 변경할 경우 선박의 설비 등에 대한 상세한 확인이 필요하다.

마. 어선의 항해구역

일반선박에 대하여 항해구역을 지정하는 것과는 달리 어선에 대하여는 항해구역을 지정하지 아니한다.(시행규칙 제16조 제1항 단서) 어선은 일반선박과 달리 건조하거나 개조할 경우 국토해양부장관 또는 시장·군수

---

84) 선박검사관의 항해구역 제한은 해역의 상황에 대한 충분한 과학적 근거가 없이 이루어지고 있는 바, 국지적인 기상상황에 대한 종합적인 연구가 필요하다.

·구청장의 허가를 받아야 하며(「어선법」 제8조 제1항), 어업을 하려고 하는 자는 어선에 대하여 수산업면허를 받아야 하기 때문이다. 수산업면허를 받은 어선은 당초 면허를 받은 구역에서 정해진 어법에 따라 조업하여야 하며, 이를 위반할 경우는 면허의 취소(「수산업법」 제48조), 벌칙의 적용(동법 제94조 제1항 제3호) 및 어선의 몰수(동법 제97조 제1항)를 당할 수 있다. 그러나 안전의 관점에서 연근어업에 종사하는 어선이 마주치는 기상상태와 원양어업의 기상상태는 차이가 심하므로 어선에 대하여도 항해구역을 지정하는 방안도 적극 검토해야 할 것이다.

수산업법에 의하여 어선을 이용한 어업면허의 종류로는 크게 구획어업, 연안어업, 근해어업 및 원양어업으로 나눌 수 있다. 구획어업은 일정한 수역을 정하여 무동력어선, 총톤수 5톤 미만의 동력어선을 이용하여 행하는 어업이며, 원양어업은 해외수역에서 행하는 어업이다. 따라서 우리나라 연안에서 흔히 볼 수 있는 어업은 연안어업 및 근해어업이다. 근해어업의 경우 업종의 종류가 가장 많은 바, 업종의 종류 및 그 내용은 다음의 표4와 같다.(수산업법시행령 제33조)

<표4> 근해어업의 종류 및 어업의 내용

근해어업의 종류	어업의 내용
대형기선저인망어업	총톤수 60톤 이상의 동력어선으로 저인망을 사용
중형기선저인망어업	총톤수 20톤 이상의 동력어선으로 저인망을 사용
근해트롤어업	동력어선으로 망구전개판을 장치한 인망을 사용
근해선망어업	총톤수 8톤 이상의 동력어선으로 선망을 사용
근해채낚기어업	총톤수 8톤 이상의 동력어선으로 외줄낚시 또는 채낚기 사용
기선선인망어업	동력어선으로 인망(저인망은 제외한다)을 사용
근해자망어업	총톤수 8톤 이상의 동력어선으로 유자망 또는 고정자망을 사용
근해안강망어업	총톤수 8톤 이상의 동력어선으로 안강망을 사용
근해봉수망어업	총톤수 8톤 이상의 동력어선으로 봉수망·초망 또는 들망을 사용
잠수기어업	동력어선에 잠수기를 설치하여 패류 등의 정착성수산동식물을 포획·채취

근해통발어업	총톤수 8톤 이상의 동력어선으로 통발 또는 문어단지를 사용
근해형망어업	동력어선으로 형망을 사용하여 패류를 포획
근해연승어업	총톤수 8톤 이상의 동력어선으로 주낙을 사용

바. 항해구역의 예외

법 제8조 제3항의 규정에 따라 지정된 항해구역에도 불구하고 선박이 다음 어느 하나에 해당되는 경우에는 지정된 항해구역 외의 구역을 항해할 수 있다.(시행규칙 제17조) 이를 위하여 선박소유자는 법 제10조 제1항 제2호의 규정에 따라 임시검사를 받아야 하며, 임시검사에 합격한 선박에 대하여는 임시변경증이 교부된다.

1. 법 제3조 제3항 제4호에 따라 외국에 선박매각 등을 하기 위하여 예외적으로 단 한 번의 국제항해를 하는 경우
2. 선박을 수리하거나 검사를 받기 위하여 수리할 장소 또는 검사를 받을 장소까지 항해하는 경우
3. 항해구역 밖에 있는 선박을 그 해당 항해구역 안으로 항해시키는 경우
4. 항해구역의 변경을 위하여 변경하려는 항해구역으로 선박을 항해시키는 경우
5. 접적지역(대연평도, 소연평도, 대청도, 소청도 및 백령도 부근 해역을 말한다)을 항해하는 선박으로서 해당 선박의 항해구역 중 일부가 군사목적상 항해금지구역으로 설정되어 있어 그 구역을 우회하기 위하여 일시적으로 항해구역 외의 구역을 항해하는 경우
6. 그 밖에 제1호부터 제4호까지와 비슷한 사유로서 선박이 임시로 항해할 필요가 있다고 인정되는 경우

2. 최대승선인원

선박의 최대승선인원은 선원 및 여객이 승선한 후 만재흘수선을 초과하지 않은 범위 내에서 여객실, 선원실의 수용범위 내에서 산정한다.[85]

85) 종래에는 '최대탑재인원'이라는 일본식의 용어를 사용해 왔으나, '탑재'라는

최대승선인원의 계산 시 사람의 몸무게는 선박의 규모에 비하여 매우 작기 때문에 별로 중요하지 않고, 여객실이나 선원실 등 사람을 수용할 수 있는 시설을 제대로 갖추는 것이 중요하다. 여객실, 선원실 등에 화물을 적재한 경우는 그 화물이 차지하는 장소는 제외하고 승선인원을 계산한다.(시행규칙 제18조 제1항 제2호) 또 국제항해에 취항하지 아니하는 선박의 경우 1세 이상 12세 미만인 자는 2명을 1명으로 산정한다.(동조동항 제3호)[86] 여객선의 최대승선인원은 각각의 여객실에서 산정한 여객정원과 선원실에서 산정한 선원 수를 합하여 구하게 된다. 침대를 설치한 경우 여객정원은 침대 1개에 1명이며, 좌석의 수용인원은 선박의 항해구역과 항해예정시간에 따라 여객실의 면적을 단위면적으로 나누어 구한다. 그 구체적 여객정원 산정기준은 다음의 표5와 같다.(시행규칙 별표 6)

<표5> 여객정원의 산정기준

항해구역	항해예정시간	단위면적(제곱미터)	
		통로를 설비하는 여객실	통로를 설비하지 아니하는 여객실
근해	-	0.85	1.00
연해 및 평수	24시간 이상	0.85	1.00
	6시간 이상 24시간 미만	0.75	0.85
	1.5시간 이상 6시간 미만	0.45	0.55
	1.5시간 미만	0.30	0.35

용어가 물건을 싣는다는 느낌이 강하여 이번에 "최대승선인원'으로 변경하게 되었다.

86) 영국에서는 여객정원 산정시 성인 1명을 수용할 수 있는 공간에 어린이 2명을 수용할 수 있다고 규정하고 있다. para. 12.9.3, Part 12, Guidance of Surveyors. 일본의 경우 국내항해 선박의 경우 1세부터 12세의 어린이의 경우 2인을 여객정원 1인으로 계산하지만 국제항해를 할 경우에는 어린이 1인을 여객정원 1인으로 계산한다. 유마광효 외 2인, 「선박안전법의 해설」(동경: 성산당서점, 2003), 252쪽.

비 고
1. "항해예정시간"이란 출발항에서 최종 도착항에 이르는 기항지의 정박시간을 포함한 총소요시간을 말한다. 2. 단위면적은 3등 여객정원 산정시의 단위면적이며, 2등 여객정원은 3등 여객정원 산정시 단위면적의 5할을, 1등 여객정원은 2등 여객정원 산정시 단위면적의 5할을 각각 더한 단위면적으로 나눈 수를 그 인원수로 한다. 3. 여객실의 높이가 2.0미터 미만인 경우에는 그 높이에 비례한 체감률을 적용하여 그 인원을 줄여야 한다. 4. 특등실 및 1등실(침대를 갖춘 경우로 한정한다)은 1실에 대하여 침대2대(더블침대를 갖춘 경우에는 1대)를 초과하여 비치하여서는 아니 되며, 특등실은 1실에 대하여 부속휴게실과 화장실을 갖추어야 한다. 5. 칸막이가 있는 좌석은 좌석 구분마다 칸막이의 안쪽을 측정한 면적에 따라 좌석의 수용수를 산정한다.

선박소유자는 선박검사증서에 표기된 최대승선인원을 초과하여 승선시켜서는 아니 된다. 그러나 다음의 사람은 승선인원에 포함되지 아니한다.(시행규칙 제18조 제1항 제1호) 국제항해에 종사하지 아니하는 선박의 경우 1세 이상 12세 미만의 어린이는 2명을 1명으로 산정한다.(시행규칙 제18조 제1항 제3호) 이 경우라도 어린이가 착용할 구명동의 등의 구명설비는 2명분을 모두 비치해야 한다.

가. 정박 중에 선내 관람 등을 위하여 승선하는 자, 하역·수리작업 등을 위한 작업원, 선원 교대자 등 해당 항에서만 승선하는 자

나. 선박의 운항과 관련한 업무를 하기 위하여 승선하는 도선사, 운항관리자, 세관공무원 및 검역공무원 등

다. 1세 미만인 유아

선박소유자는 국토해양부장관에게 임시검사를 신청하여 선박검사증서에 표기된 최대승선인원보다 적은 수의 인원을 최대승선인원으로 지정받을 수 있다.(시행규칙 제18조 제2항) 여객선의 경우 비성수기에는 여객이 줄어드는데 최대승선인원에 대한 여객보험을 계속 유지할 필요가 없기 때문이다. 이와 같이 최대승선인원을 줄이는 경우의 임시검사는 늘리는 검사에 비하여 간단하게 진행된다.

제3절 중간검사(제9조)

제9조(중간검사) ① 선박소유자는 정기검사와 정기검사의 사이에 국토해양부령이 정하는 바에 따라 국토해양부장관의 검사(이하 "중간검사"라 한다)를 받아야 한다.

중간검사는 선박검사증서의 유효하다는 것을 확인받기 위하여 선박의 구조, 설비 등 전반에 걸쳐 행하는 간이한 검사를 말한다. 중간검사는 소형선박 등 특별히 면제된 경우를 제외하고 통상 1년에 1회 받는다.

② 중간검사의 종류는 제1종과 제2종으로 구분하며, 그 시기와 검사사항은 국토해양부령으로 정한다.

중간검사는 보다 세밀하게 검사하는 제1종 중간검사와 보다 간이하게 검사하는 제2종 중간검사로 구분된다. 중간검사의 검사사항은 선박시설, 만재흘수선 및 무선설비(선박위치발신장치 포함)이다.(시행규칙 제19조 제4항) 제1종 중간검사와 제2종 중간검사의 가장 큰 차이는 제1종 중간검사의 경우 입거(入渠) 또는 상가(上架)를 하며, 타(rudder)를 들어 올리거나 빼내는 것이다. 입거 또는 상가를 할 경우 선박의 밑바닥까지 자세히 검사할 수는 있으나 이 과정에서 많은 비용이 발생하게 되는 단점이 있다.

그럼에도 불구하고 소형이거나 항해구역이 제한된 다음의 선박에 대하여는 중간검사를 생략하고 5년마다 정기검사만 받도록 한다.(시행규칙 제19조 제3항) 이와 같이 중간검사를 면제해 주는 이유는 이 법의 개정에 따라 종래 검사를 받지 아니하던 소형선박 소유자의 경제적 부담 등을 덜어주기 위한 것이다. 그러나 불특정 다수인 여객을 운송하는 선박은 철저한 안전확보가 요청되는 바, 추후 이러한 선박들도 중간검사를 받도록 법 개정이 필요하다.

1. 총톤수 2톤 미만인 선박
2. 추진기관 또는 범장(帆檣)이 설치되지 아니한 선박으로서 평수구역 안에서만 운항하는 선박. 다만, 제6조 각 호의 선박은 제외한다.

3. 추진기관 또는 범장이 설치되지 아니한 선박으로서 연해구역을 운항하는 선박 중 여객이나 화물의 운송에 사용되지 아니하는 선박
4. 「내수면어업법」 제6조, 제9조 및 제11조에 따른 면허어업, 허가어업 또는 신고어업에 사용되는 선박

선박의 종류에 따른 중간검사의 종류 및 검사시기는 다음의 표6과 같다.(시행규칙 제19조 제2항) 그러나 선박의 장기항해 등 부득이한 사유가 있는 경우에는 중간검사를 검사기준일보다 3개월 이상 앞당겨 받을 수 있다. 이 경우에는 해당 검사완료일부터 3개월이 지난 날을 새로운 검사기준일로 한다.(시행규칙 제19조 제5항) 검사기준일이란 선박검사증서의 유효기간 시작일부터 해마다 1년이 되는 날을 말한다.(시행규칙 제2조 제5호)

<표6> 중간검사의 종류 및 검사시기

구 분	종 류	검 사 시 기
가. 여객선, 원자력선, 잠수선, 고속선 및 선령 30년 이상 선박으로서 선박길이 24미터 이상인 선박(어선은 제외한다)	제1종 중간검사	검사기준일 전후 3개월 이내
나. 다음의 어느 하나에 해당하는 선박 1) 평수구역만을 항해하는 선박길이가 24미터 미만인 선박(가목의 선박은 제외한다) 2) 선박길이가 24미터 미만인 어선 3) 준설토 운반부선 및 부유식 해상구조물 4) 선박길이가 12미터 미만인 범선	제1종 중간검사	정기검사 후 두 번째 검사기준일 전 3개월부터 세 번째 검사기준일 후 3개월까지
다. 가목 및 나목에 해당하지 아니하는 선박	제1종 중간검사	정기검사 후 두 번째 또는 세 번째 검사기준일 전후 3개월 이내. 다만, 선저검사는 지난번 선저검사일부터 3년을 초과하여서는 아니 된다.
	제2종 중간검사	검사기준일 전후 3개월 이내(정기검사 또는 제1종 중간검사를

<table>
<tr><td></td><td></td><td>받아야 하는 연도의 검사기준일은 제외한다)</td></tr>
<tr><td colspan="3">비고
1. “고속선”이란「해상에서의 인명안전을 위한 국제협약」에 따른 고속선을 말한다.
2. “선저검사”란 선박의 밑 부분에 대한 검사를 말한다</td></tr>
</table>

참고로「해상에서의 인명안전을 위한 국제협약」(SOLAS)에 따른 고속선이라 함은 최대속력이 다음 식의 속력(m/s) 이상이 되는 선박을 말한다. 따라서 배수량이 30m3 인 선박의 경우 고속선이 되려면 3.7x 5.001 ≒ 18.5 m/s ≒ 36노트 이상의 속도가 되어야 한다.

3.7 x ▽0.1667

여기에서 ▽는 설계수면(design waterline)에서의 배수량 (volume of displacement: m3)을 말한다.

중간검사시기를 이해하기 쉽도록 그리면 다음의 그림8과 같다. 사각형에 표기된 1종은 제1종 중간검사를, 제2종은 제2종 중간검사를 말한다. 또 1/2종은 제1종 중간검사 또는 제2종 중간검사 중 임의로 선택할 수 있으나, 반드시 적어도 1번은 제1종 중간검사를 받아야 한다. 중간검사는 검사기준일 전후 3개월 이내에 받아야 한다는 것을 알 수 있다.

③ 국토해양부장관은 제1항의 규정에 따른 중간검사에 합격한 선박에 대하여 제8조 제2항의 규정에 따른 선박검사증서에 그 검사결과를 표기하여야 한다.

중간검사에 합격한 경우 국토해양부장관은 선박검사증서의 뒤 쪽에 다음 검사시기와 검사종류 및 선박검사관의 성명(대행검사기관이 대행하는 경우 선박검사원의 성명을 말한다)을 적어야 한다.(시행규칙 제19조 제6항) 그러나 이와 같은 규정은 다음의 검사에 관하여 기재를 할뿐 중간검사에 합격하였다는 구체적인 내용이 없다. 물론 다음의 검사에 대하여 언급한다는 것은 검사에 합격하였다는 것을 암시한다고 설명할 수는 있어

1. 위 표의 가에 해당하는 선박

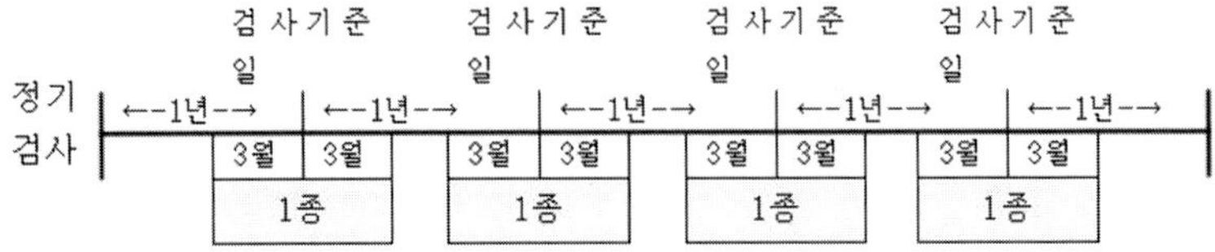

2. 위 표의 나에 해당하는 선박

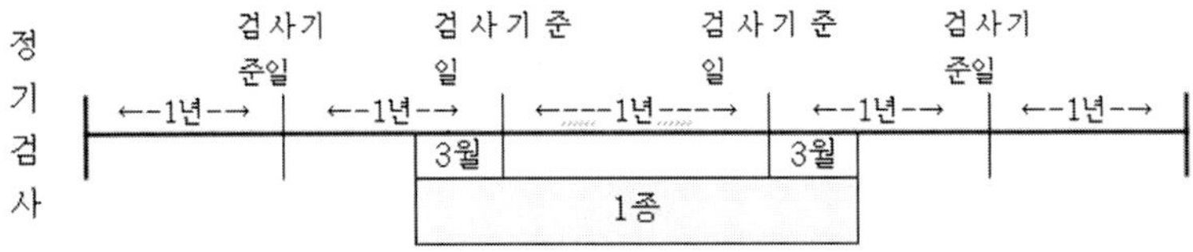

3. 위 표의 다에 해당하는 선박

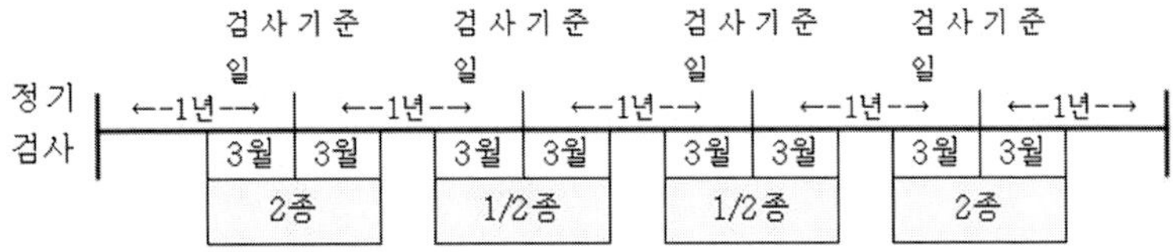

<그림 8> 중간검사의 시기

도 여전히 궁색하다. 따라서 시행규칙에는 "중간검사 결과 이 선박은 「선박안전법」에 의한 모든 규정에 만족함"이라는 구체적인 문구를 선박검사증서에 기재하도록 하는 것이 바람직하다.

한편, 선박검사증서에 선박검사관이 특정 사실을 기재하도록 하는 규정은 「SOLAS협약」의 중간검사 후 화물선안전구조증서에 이서(endorsement)하라는 규정에서 찾을 수 있다.(부속서 제1장 제10규칙 (c)) 여기에서 이서라는 것은 관련 증서의 효력을 증명하기 위하여 서명하는 행위이다. 따라서 중간검사에 합격한 선박에 대하여는 현행 시행규칙의 관련 사항 및 다른 모든 규정에 만족한다는 사항을 기재하고 아울러 선박검사관이 서명하도록 규정하는 것이 타당하다고 판단된다.

④ 해외수역(대한민국의 수역 외의 수역을 말한다. 이하 같다)에서의 장

기간 항해·조업 등 부득이 한 사유로 인하여 중간검사를 받을 수 없는 자는 국토해양부령이 정하는 바에 따라 중간검사의 시기를 연기할 수 있다.

중간검사의 시기가 되어 당해 선박이 우리나라나 외국의 항구에 입항하면 이 때 검사를 받으면 된다. 그러나 원양어선으로서 중간에 항구에 입항하지 않고 바다에서 1년 이상 조업을 계속하는 어선은 중간검사를 받기가 쉽지 않다. 만일 검사를 받기 위하여 어장을 떠나 가까운 항구까지 수천 마일을 왕복할 경우 막대한 비용이 발생하게 된다. 따라서 이러한 장기조업 선박에 대하여는 중간검사의 시기를 연기할 수 있도록 허용하고 있다. 당초 이러한 규정은 법적인 근거 없이 2004년 7월 1일 종래의 시행규칙(제10조 제6항)에서 규정하고 있었으나, 이번의 법령정비 시 법률에 근거규정을 신설하였다.

위의 규정에 따라 중간검사시기를 연기하려는 선박소유자는 중간검사시기연기신청서에 해당 선박의 항해, 조업일정 및 현재의 위치를 나타내는 서류를 첨부하여 국토해양부장관에게 제출하여야 한다.(시행규칙 제20조 제1항) 국토해양부장관은 타당하다고 인정할 경우 해당 검사기준일부터 12개월 이내의 기간을 정하여 그 검사시기를 연기할 수 있으며, 이 경우 다음 검사시기와 검사종류 등을 선박소유자에게 알려야 한다.(동조 제2항) 검사시기의 연기로 인하여 연기된 중간검사와 정기검사가 겹치는 경우에는 정기검사를 실시하고, 제1종 중간검사와 제2종 중간검사가 겹치는 경우에는 제1종 중간검사를 실시한다.(동조 제4항) 그러나 연기 받은 기간 내에 해당 선박이 중간검사를 받을 수 있는 장소에 도착하면 지체 없이 중간검사를 받아야 한다.(동조 제3항) 따라서 이 경우 중간검사를 받을 수 있는 장소에 도착하면 당해 선박의 선박검사증서는 효력이 정지된다고 보아야 한다.

이 규정의 문구 중 "해외수역(대한민국의 수역외의 수역을 말한다. 이하 같다)"은 그 개념이 불분명하므로 알기 쉬운 용어로 바꾸는 것이 바람직하다. 특히 "대한민국의 수역"을 정하는 관련 법령은 없기 때문이다. 우리나라 주변의 수역을 정하는 법으로는 영해 및 접속수역을 설정하는

「영해 및 접속수역법」과 배타적 경제수역(EEZ)을 설정하는 「배타적 경제수역법」이 있을 뿐이다. 그렇다고 이 규정의 첫 부분을 "국제항해를 하는 선박으로서 장기간 항해·조업 등..."으로 고치는 방안도 바람직하지 않다. 국제항해는 "한 나라에서 다른 나라의 항구에 이르는 항해 또는 그 반대의 항해"를 의미하므로(시행규칙 제2조 제4호) 다른 나라의 항구에 입항하지 않는 원양어선에 적용하기는 적합하지 않기 때문이다. 따라서 아예 "해외수역(대한민국의 수역 외의 수역을 말한다. 이하 같다)에서의"를 삭제하는 대신 "제1항의 규정에 불구하고 장기간 항해·조업 등..."으로 변경하는 방안을 제시해 본다. 이 경우 중간검사를 받을 수 없는 자의 구체적인 내용과 절차는 국토해양부령으로 위임해도 별 문제가 없을 것으로 보인다.

제4절 임시검사(제10조)

제10조(임시검사) ① 선박소유자는 다음 각 호의 어느 하나에 해당하는 경우에는 국토해양부령이 정하는 바에 따라 국토해양부장관의 검사(이하 "임시검사"라 한다)를 받아야 한다.

1. 선박시설에 대하여 국토해양부령이 정하는 개조 또는 수리를 행하고자 하는 경우

2. 제8조 제2항의 규정에 따른 선박검사증서에 기재된 내용을 변경하고자 하는 경우. 다만, 선박소유자의 성명과 주소, 선박명 및 선적항의 변경 등 선박시설의 변경이 수반되지 아니하는 경미한 사항의 변경인 경우에는 그러하지 아니하다.

3. 제15조 제2항의 규정에 따라 선박의 용도를 변경하고자 하는 경우

4. 제29조의 규정에 따라 선박의 무선설비를 새로이 설치하거나 이를 변경하고자 하는 경우

5. 만재흘수선의 변경 등 국토해양부령이 정하는 경우

1. 제1항 본문

정기검사 또는 중간검사의 시기가 아닌 시기에 선박의 수리나 설비의 교환 등의 사유로 선박의 감항성을 확인하는 검사를 임시검사라고 한다. 임시검사를 행하는 구체적인 경우는 제1항 각호에서 규정하고 있다. 임시검사를 받으려는 선박소유자는 국토해양부장관에게 선박검사증서, 관련

도면 등을 첨부하여 선박검사신청서를 제출하여야 한다.(시행규칙 제21조 제1항) 정기검사 또는 중간검사를 받을 때에 임시검사사항이 포함되는 경우에는 별도의 임시검사를 받을 필요가 없다.(시행규칙 제21조 제6항) 임시검사에 합격한 경우 국토해양부장관은 선박검사증서의 뒤 쪽에 다음 검사시기, 검사종류 및 선박검사관의 성명을 적어야 한다.(시행규칙 제21조 제7항) 중간검사 결과와 마찬가지로 여기에 선박검사관의 서명을 추가하는 것이 바람직하다.

2. 제1호

제1호에서 선박의 감항성에 중대한 영향을 미치기 때문에 임시검사를 받아야 하는 "국토해양부령이 정하는 개조 또는 수리"란 다음을 말한다.(시행규칙 제21조 제2항) 이러한 개조 또는 수리를 하는 선박소유자는 해당 시설의 개조 또는 수리에 착수한 때부터 검사를 받아야 한다.(시행규칙 제21조 제4항)

1. 선박의 선박길이, 너비, 깊이 또는 다음 각 목의 어느 하나에 해당하는 선체 주요부의 변경으로 선체의 강도, 수밀성(水密性) 또는 방화성에 영향을 미치는 개조 또는 수리
   가. 상갑판 아래의 선체, 선루(船樓) 또는 기관실위벽(圍壁)의 폭로부(暴露部)
   나. 갑판실(승선자가 거주하거나 항상 사용하는 것)의 측벽 또는 정부갑판(頂部甲板)
   다. 선루갑판 아래의 폭로부 외판
   라. 격벽에 설치되어 폐위(閉圍)구역을 보호하는 폐쇄장치(목제창구덮개 또는 창구복포는 제외한다)
2. 선박의 추진과 관계있는 기관 및 그 주요부의 교체·변경 등으로 기관의 성능에 영향을 미치는 개조 또는 수리
3. 타(舵) 또는 조타장치의 변경으로 선박의 조종성에 영향을 미치는 개조 또는 수리
4. 탱크, 펌프실, 그 밖에 인화성 액체 또는 인화성 고압가스가 새거나 축

적될 우려가 있는 곳에 설치되어 있는 전선로를 교체·변경하는 수리

3. 제2호

당초 발급받은 선박검사증서에 기재된 내용을 변경하고자 할 경우 선박소유자는 임시검사를 받아야 한다. 흔히 임시검사를 받는 원인으로는 내항화물선을 임시로 외항에 사용하기 위하여 항해구역을 변경하거나, 최대승선인원을 변경하는 경우이다. 선박시설의 변경을 가져오지 아니하는 선박소유자의 명칭변경, 선명의 변경 등 간이 변경사항에 대하여는 관련 증명자료의 제출을 통하여 간단히 선박검사증서의 개서를 받을 수 있다.

4. 제3호

선박의 용도 변경이란 어선을 상선으로, 화물선을 여객선으로, 산적화물선을 유조선으로 사용하는 등 당초 건조된 선박의 용도를 바꾸어 사용하는 것을 말한다. 선박은 용도에 따라 각종의 안전기준이 다른 바, 대부분의 경우 용도를 변경하려면 개조공사가 필요하여 이 경우 제1호의 규정에 따라 임시검사를 받게 된다. 따라서 제3호의 규정은 개조공사가 없이 용도를 변경하는 경우에 적용되므로 그러한 경우는 매우 드물다. 어선을 예선으로(또는 그 반대의 경우) 용도를 바꾸는 경우 이에 해당한다고 할 수 있다.

5. 제4호

제4호의 규정은 무선설비를 새로 설치하거나 이를 변경할 경우 임시검사를 받도록 규정하고 있다. 무선설비는 선박의 비상통신을 위한 핵심적인 설비로서, 그 비치는 법 제29조를 통하여 의무화 되어 있다. 무선설비는 개별적인 무선특성을 가지고 있어 변경할 경우 그 성능에 변화가 올 수 있다. 따라서 무선특성의 변화를 가져오는 공사를 행한 후에는 반드시 임시검사를 통하여 정상적으로 작동되는지 확인을 받아야 한다. 물론 이 경우 임시검사는 「전파법」에 따른 무선설비에 대한 검사를 받은 후에 시행하게 된다.

6. 제5호

제5호의 규정에 따라 "국토해양부령이 정하는 경우"란 다음의 경우를 말한다.(시행규칙 제21조 제3항) 이 경우 임시검사에 해당되는 사항은 선체, 기관 등 선박의 감항성에 관한 핵심적인 사항은 아니지만 모두 선박의 안전확보상 필요하기 때문에 검사를 의무화하고 있다.

1. 선박시설에 관한 선박용물건 중 선박에 고정 설치되는 것으로서 새로 설치하거나 변경하는 경우. 다만, 여객선 및 선박길이 24미터 이상의 선박이 아닌 선박의 경우에는 선박에 고정 설치되는 것으로서 구명설비, 소방설비, 항해설비 및 하역·작업설비로 한정한다.
2. 만재흘수선을 새로 표시하거나 변경하려는 경우
3. 복원성기준을 새로 적용받거나 그 복원성에 영향을 미칠 우려가 있는 선박용물건을 신설·증설·교체 또는 제거하거나 위치를 변경하려는 경우
4. 원자력선의 원자로에 연료체를 투입하거나 원자로 안에서 연료체의 배치를 바꾸려는 경우
5. 보일러 안전밸브의 봉인을 개방하여 조정하려는 경우
6. 하역설비의 제한하중, 제한각도 및 제한반경을 변경하려는 경우
7. 승강설비의 제한하중 또는 정원을 변경하려는 경우
8. 해양사고 등으로 선박의 감항성(堪航性) 또는 인명안전의 유지에 영향을 미칠 우려가 있는 변경이 발생한 경우
9. 시행규칙 제17조 제1호부터 제4호까지 및 제6호에 해당하는 경우(같은 조 제2호의 경우 검사시설이 없는 섬에서 선박검사를 받기 위하여 검사시설이 있는 장소로 항해하려는 경우는 제외)
10. 선박의 정기검사 또는 중간검사를 하는 때에 선박시설의 보완이 필요하다고 인정되는 등 국토해양부장관이 특정한 사항에 관하여 임시검사를 받을 것을 지정하는 경우. 이 경우 국토해양부장관은 선박검사증서의 뒤 쪽에 검사받을 내용 및 검사시기를 적어야 한다. 임시검사의 시기 이전에 지적된 사항의 보완을 완료하였다면 선박소유자는 지정된

시기를 앞당겨 검사를 받을 수 있다.(시행규칙 21조 제5항)

② 국토해양부장관은 제1항의 규정에 따른 임시검사에 합격한 선박에 대하여 제8조 제2항의 규정에 따른 선박검사증서에 그 검사결과를 표기하여야 한다.

선박이 임시검사에 합격한 경우 국토해양부장관은 선박검사증서의 뒤쪽에 다음 검사시기, 검사종류 및 선박검사관의 성명을 적어야 한다.(시행규칙 제21조 제7항) 그러나 이 경우 선박이 임시검사에 합격하였다는 내용이 정확하게 설명되고 있지 아니하다. 따라서 중간검사 결과와 마찬가지로 여기에 "임시검사 결과 이 선박은 선박안전법에 의한 모든 규정에 만족함"이라는 문구 및 선박검사관의 서명을 이에 추가하여 기재하는 것이 바람직하다.

③ 국토해양부장관은 선박소유자가 제8조 제2항의 규정에 따른 선박검사증서에 기재된 내용을 일시적으로 변경하고자 하는 경우에는 제1항 제2호의 규정에 불구하고 국토해양부령이 정하는 임시변경증을 교부할 수 있다.

선박검사증서에 기재된 사항을 항구적으로 변경할 경우 선박소유자는 선박검사증서를 새로 교부받아야 하지만 일시적으로 변경할 경우에는 추가로 임시변경증을 교부받을 수 있다. 임시변경증은 당해 선박의 항해구역, 최대승선인원 등 임시로 변경된 사항 및 그 유효기간이 지정되어 교부된다. 임시변경증을 교부받은 선박이라도 법제17조의 규정에 의한 선박검사증서의 비치의무가 있으므로 선박검사증서와 함께 임시변경증을 선박에 비치하여야 한다.

제5절 임시항해검사

제11조(임시항해검사) ① 정기검사를 받기 전에 임시로 선박을 항해에 사용하고자 하는 때 또는 국내의 조선소에서 건조된 외국선박(국내의 조선소에서 건조된 후 외국에서 등록되었거나 외국에서 등록될 예정인 선박을 말하며, 이 조에서 같다)의 시운전을 하고자 하는 경우에는 선박소유자 또는 선박의 건조자는 해당선박에 요구되는 항해능력이 있는

지에 대하여 국토해양부령이 정하는 바에 따라 국토해양부장관의 검사(이하 "임시항해검사"라 한다)를 받아야 한다.

선박에 관한 각종의 법률은 완공된 구조물로서의 선박에 적용되고 있다. 그러나 건조에 착수한 선박에 대하여 언제부터 단순한 구조물이 아닌 선박으로 볼 수 있을 것인가에 대하여는 법에 명확한 규정이 없다. 저자는 「선박안전법」에 의한 선박의 완공시점을 선박검사증서가 교부되는 시기로 보아야 한다고 주장한 바 있다.[87)]

선박검사증서가 교부되려면 미준공상태에서 선박의 구조 및 설비가 제대로 작동되는지를 확인하기 위한 시운전(sea trial)이 필요하다. 시운전 시에는 선박의 조종성능과 관련된 선박의 속력, 제동거리, 선회권(turning circle)을 측정하며, 기관 및 조타기의 작동상태 등을 시험하게 된다. 그러나 시운전 당시 선박은 선박으로서의 외관은 갖추었어도 준공된 선박과 같은 각종의 법령이 적용되지는 아니한다. 즉, 시운전하는 선박에는 선원법과 선박직원법의 규정에 따른 법정 선원 및 선박직원이 승무할 의무가 없으며, 도선사의 승무가 강제되지 아니한다. 그러나 시운전하는 선박이라도 감항성 부족으로 인하여 해양사고가 발생하면 인명과 재산에 큰 피해가 발생할 수 있으므로 시운전을 행하기 전 최소한도의 감항성에 대한 확인이 필요하며, 이러한 확인을 위한 검사가 임시항해검사이다.

외국에서 매입한 선박으로서 아직 정기검사를 받지 아니한 선박을 임시로 항해에 사용하는 경우도 역시 감항성에 대한 확인이 이루어지지 아니한 상태이므로 임시항해검사를 받아야 한다. 임시항해검사를 받고자 하는 선박소유자 또는 선박의 건조자는 선박검사신청서에 선박의 운항계획서를 첨부하여 국토해양부장관(국내에서 건조된 후 외국에서 등록할 예정인 선박의 경우는 지방해양청장)에게 제출하여야 한다.(시행규칙 제22조 제1항)

② 국토해양부장관은 제1항의 규정에 따른 임시항해검사에 합격한 선박에 대하여 국토해양부령이 정하는 임시항해검사증서를 교부하여야 한다.

---

87) 박영선, "선박의 완공시점에 관한 소고," 「해양한국」, 1990년 8월호, 55쪽.

국토해양부장관(선박검사관)은 선박의 상태와 선박의 운항계획서를 확인한 후 임시항해에 지장이 없다고 판단할 경우 당해 선박에 대하여 임시항해검사증서를 교부하여야 한다. 이 경우 선박검사관은 현장에 나가 선박의 건조상태 및 시운전에 필요한 감항성의 확인을 행하게 된다.

제6절 국제협약검사(제12조)

제12조(국제협약검사) ① 국제항해에 취항하는 선박의 소유자는 선박의 감항성 및 인명안전과 관련하여 국제적으로 발효된 국제협약에 따른 국토해양부장관의 검사(이하 "국제협약검사"라 한다)를 받아야 한다.

「SOLAS 협약」 등의 국제협약에 따라 국제항해에 취항하는 선박은 당해 선박이 국제협약의 제반 안전기준을 준수하고 있다는 증명서로서 국제협약검사증서를 비치하고 있어야 한다. 이 규정은 선박소유자로 하여금 국제협약검사증서 교부를 위한 검사를 받도록 의무화하고 있다. 국제협약검사증서 교부를 위하여 국제협약에 따라 국토해양부장관으로부터 받는 검사가 국제협약검사이다.

「선박안전법」은 국제협약의 내용을 거의 대부분 수용하였으므로 「선박안전법」에 의한 검사와 국제협약검사는 내용이 거의 동일하다. 따라서 「선박안전법」에 따른 검사를 마치면 선박검사증서와 함께 국제협약검사증서도 같이 교부될 수 있다. 그러나 양 검사가 완벽하게 일치하지 않기 때문에 이 법에서는 선박검사증서와 별도로 국제협약검사증서의 교부에 관한 규정을 두고 있다.

한편, 「선박안전법」과 국제협약의 기준이 다를 경우 국제항해를 하는 선박에 대하여는 법 제5조의 규정에 따라 국제협약이 우선하여 적용된다. 따라서 국제항해를 하는 선박은 이 법에 의한 기준보다 미달하더라도 국제협약의 기준을 만족시키는 경우 국제협약검사증서를 교부받을 수 없다.

② 국토해양부장관은 국제협약검사에 합격한 선박에 대하여 국토해양부령이 정하는 국제협약검사증서를 교부하여야 한다.

국제항해에 취항하는 선박의 종류에 따라 선박에 비치해야 하는 국제협약검사증서는 다음의 표7과 같다. 선박 구조상의 특성 또는 단일의 국제항해를 할 경우 등으로 인하여 국제협약의 요건이 면제된 선박은 국제협약검사증서 대신 면제증서 또는 국제만재흘수선면제증서를 교부받아 비치하여야 한다.(시행규칙 제23조 제1항)

<표7> 선박의 종류에 따른 국제협약검사증서

선박의 종류	국제협약검사증서
여객선(원자력 여객선 제외)	여객선안전증서
원자력 여객선	원자력여객선안전증서
총톤수 300톤 이상 500톤 미만의 화물선	화물선안전무선증서
총톤수 500톤 이상의 화물선	화물선안전무선증서 화물선안전구조증서 화물선안전설비증서
원자력화물선	원자력화물선안전증서
액화가스산적운송선	국제액화가스산적운송적합증서(1986. 7. 1. 이후 건조) 액화가스산적운송적합증서(1986. 6. 30. 이전 건조)
위험화학품산적운송선	국제위험화학품산적운송적합증서(1986.7.1. 이후 건조) 위험화학품산적운송적합증서(1986.6.30. 이전 건조)
위험물을 포장된 형태나 산적고체형태로 운송하는 선박	위험물운송적합증서
여객선 및 총톤수 500톤 이상의 화물선 중 고속선안전코드의 적용을 받는 고속선	고속선안전증서 및 고속선운항허가증
국제방사능핵연료화물운송코드에서 규정하는 핵연료를 운송하는 선박	국제방사능핵연료화물운송적합증서
총톤수 500톤 이상의 선박 중 특수목적선안전코드의 요건에 적합한 선박	특수목적선안전증서
여객선이나 화물선으로서 선박의 길이가 24미터 이상인 선박	국제만재흘수선증서

국제협약검사증서에는 대한민국정부의 권한으로 발행한다는 내용이 포함되어 있다. 또 협약증서를 정부대행기관이 발행하는 경우에는 대한민국정부의 권한을 위임받아 발행한다는 내용이 포함되어야 한다.(시행규칙 제23조 제4항) 국제협약검사가 끝난 후 종전의 국제협약검사증서의 유효기간이 남아있어 새로운 국제협약검사증서를 발행하지 아니하는 경우에는 해당 증서에 국제협약검사가 완료되었다는 내용을 적어 선박소유자에게 발급하여야 한다.(시행규칙 제23조 제5항) 이러한 행위를 국제협약검사증서에 대한 이서(endorsement)라고 한다. 국제협약에 따른 주관청(Administration)인 대한민국은 정부, 선급, 공단 등 발행의 주체에 관계없이 국내법에 따라 발행되거나 이서된 국제협약검사증서에 대하여 전적으로 책임을 지게 된다.(「SOLAS협약」 부속서 제1장 제12규칙 (a)(viii))

③ 국토해양부장관은 제2항의 규정에 따라 교부한 국제협약검사증서의 소유자가 제1항에서 규정된 국제협약을 위반한 경우에는 해당증서를 회수하거나 효력정지 또는 취소할 수 있다.

선박소유자는 국제협약검사증서를 교부받은 후에 필요한 검사를 받고, 검사 후 상태유지 등 협약에서 요구하는 요건을 준수하여야 한다. 그러나 선박소유자가 이를 지키지 아니하는 경우 실질적으로 선박의 상태와 협약증서의 내용 사이에 불일치가 발생하게 된다. 발행한 국제협약검사증서에 대하여 전적인 책임을 지는 국토해양부장관은 이러한 불일치를 해소하기 위하여 해당 증서를 회수할 수 있으며, 선박소유자가 이에 응하지 않을 경우 해당증서의 효력을 정지시키거나 취소할 수 있다. 유효한 국제협약검사증서를 비치하지 아니한 선박은 항해에 사용할 수 없으며(법 제17조 제1항), 외국에서 항만국통제에 의하여 출항정지 등의 불이익을 당할 수 있다.

④ 국토해양부장관은 외국정부로부터 국제협약검사증서의 교부요청이 있는 때에는 해당외국선박에 대하여 제1항의 규정에 따른 국제협약검사를 한 후 국제협약검사증서를 교부할 수 있다.

「SOLAS 협약」 등 IMO의 국제협약에서는 당사국이 발행한 증서를 다른 국가에서도 인정하도록 정하고 있다.(「SOLAS 협약」 부속서 제1장 제13규칙 등) 따라서 국제협약검사증서 당사국 정부는 다른 국가에 대하여 자국을 대신하여 검사를 요청할 수도 있고, 다른 국가의 요청에 따라 검사를 대신 행할 수도 있다. 검사결과 국제협약의 모든 규정을 만족시킬 경우 국제협약검사증서를 발행하거나 이서하게 된다. 증서가 발행될 경우 이 증서에는 선박의 선적국 정부의 요청에 따라 발행되었다는 사실을 기재하여야 한다.(시행규칙 제28조) 따라서 외국정부의 요청이 있을 경우 국토해양부장관은 해당 검사를 행하고 국제협약검사증서를 교부하게 된다.

참고로 세계에 170여 개국의 IMO 회원국이 있어도 해당 국가의 정부가 직접 검사를 행하고 국제협약검사증서를 발행할 수 있는 기술력과 행정력을 갖춘 나라는 30-40개국에 불과하다. 우리나라에는 세계적인 조선소가 많이 있어 여기에서 건조되는 선박에 대한 외국정부의 국제협약검사 요청이 많이 들어오고 있다. 국제협약검사증서의 발행을 위한 검사는 국토해양부장관의 지정에 따라 공단이나 한국선급이 대행하고 있다.

⑤ 제1항 내지 제3항의 규정에 따른 국제협약검사의 종류, 국제협약검사증서의 교부·회수·효력정지·취소 및 국제협약 위반에 대한 조사방법 등에 관하여 필요한 사항은 국토해양부령으로 정한다.

위 규정에 따른 국제협약검사의 종류는 다음과 같다.(시행규칙 제24조) 검사의 명칭은 국제협약의 체제에 따랐지만 실질적으로 최초검사는 이 법에 따른 제1회 정기검사와, 중간검사는 제1종 중간검사와 같다. 또 연차검사는 제2종 중간검사와 같다.

1. 최초검사 : 최초로 국제항해에 사용하는 경우 받게 되는 검사
2. 정기검사 : 국제협약검사증서의 유효기간이 끝난 경우 받게 되는 검사
3. 중간검사 : 국제협약검사증서의 두 번째 검사기준일 또는 세 번째 검사기준일 전후의 3개월 이내에 받게 되는 검사
4. 연차검사 : 국제협약검사증서의 매 검사기준일 전후의 3개월 이내(제3호의 중간검사를 받는 연도의 검사기준일은 제외)에 받게 되는 검사
5. 임시검사 : 국제항해에 취항하는 선박으로서 이 법에 의한 임시검사의 사유가 발생하여 받게 되는 검사

국제협약검사를 받고자 하는 자는 선박검사증서, 선박의 구조 및 설비를 확인할 수 있는 도면 등을 첨부하여 국제협약검사신청서를 국토해양부장관에게 제출하여야 한다. 이 경우 다른 선박검사와 함께 국제협약검사를 받을 경우에는 관련 서류의 제출을 생략할 수 있다.(시행규칙 제25조 제1항) 또 국제항해에 종사하지 아니하는 선박의 소유자라도 그 구조 및 설비가 해당 국제협약에서 정하는 요건에 적합한 경우 신청에 따라 제1항에 따른 국제협약검사를 받을 수 있다.(시행규칙 제25조 제2항) 내항선박이 운송계약에 따라 갑자기 국제항해를 위한 국제협약검사증서를 교부받으려면 많은 어려움이 따르기 때문에 미리 준비할 수 있도록 하기 위함이다.

이미 교부된 국제협약검사증서일지라도 지정된 날짜에 검사를 받지 아니하거나 검사에 합격하지 못한 경우에 해당 국제협약검사증서는 그 효력이 정지된다.(시행규칙 제26조) 선박의 국적이 변경된 경우는 국제협약검사증서에 관련된 국가의 책임관계가 소멸되므로 국적이 변경된 날로부터 자동적으로 효력이 정지된다. 국제협약검사증서의 유효기간 중 국제협약 위반 선박에 대한 조사방법은 외국선박에 대하여는 항만국통제(법 제68조), 대한민국 선박에 대하여는 특별점검(법 제69조)을 말한다.(시행규칙 제27조)

제7절 도면의 승인

제13조(도면의 승인 등) ① 제7조 내지 제10조의 규정에 따라 건조검사·정기검사·중간검사·임시검사를 받고자 하는 자는 해당선박의 도면에 대하여 국토해양부령이 정하는 바에 따라 미리 국토해양부장관의 승인을 얻어야 한다. 승인을 얻은 사항에 대하여 변경하고자 하는 경우에도 또한 같다.

종래의 「선박안전법」에서는 국민에 대한 규제완화의 차원에서 선박건조시나 선박의 검사 시 도면승인에 대한 의무사항이 없었다. 따라서 도면이 없이도 자유롭게 선박을 건조하거나 수리하고, 최종단계에서 검사를 신청할 수 있었다. 그러나 선박이라는 것은 상당한 규모의 구조물로서 초기단계의 조립이나 용접에 대한 관리가 부실하면 그 이후에 완성된 구조물의 안전도 확보하기 어렵다. 그러나 국민의 입장에서 보면 선박은 다 완성되었는데 검사단계에서 갑자기 결함이 있다고 검사에 불합격되고, 이 결함을 고치려면 새로 건조하는 정도의 비용이 소요된다고 하면 매우 난감할 것이다. 또 민원인 입장으로 보면 선박검사관이 혹시 다른 생각(?)을 가지고 의도적으로 불합격시킨 것이 아닌가 하는 의심을 가지는 경우도 발생할 수 있다. 이 경우 선박검사관이 민원인의 압력이나 회유에 굴복하지 않을 경우 해당 선박은 운항할 수도 해체할 수도 없는 처지에 놓이게 된다.

따라서 이번의 법 개정 시 선박을 건조하거나 수리할 경우에는 반드시 사전에 도면승인을 받도록 제도화하였다. 이에 따라 위의 문제점이 해소되었을 뿐만 아니라 도면준비 과정에서 충분한 검토가 이루어질 수 있기 때문에 건조·수리공사의 품질도 향상될 수 있을 것으로 예상되고 있다. 참고로 모든 선진국 및 세계 주요 선급은 모두 이러한 도면승인제도를 이미 시행하고 있다.

② 국토해양부장관은 제1항의 규정에 따라 승인요청을 받은 도면이 제26조 내지 제28조의 규정에 따른 기준에 적합한 때에는 이를 승인하고 국토해양부령이 정하는 바에 따라 해당도면에 승인되었다는 표시를 하여야 한다.

국토해양부장관은 제출된 도면을 검토하여 각종의 설비기준, 만재흘수선기준, 복원성기준 등에 적합한지를 확인하여야 한다. 기준에 적합하지 아니할 경우에는 반려하거나 수정을 요청할 수 있다. 기준에 적합한 경우에는 해당도면의 적절한 곳에 승인되었다는 증인을 날인하여 제출된 3부 중 1부는 자체에서 보관하고 2부는 선박소유자에게 돌려준다.(시행규칙 제29조 제1항 및 제2항) 선박소유자는 2부 중 1부는 선박에 보관하고, 1부는 자체에서 보관하게 된다.

③ 제1항의 규정에 따라 국토해양부장관의 승인을 얻은 자는 승인을 얻은 도면과 동일하게 선박을 건조하거나 개조하여야 한다.

국토해양부장관의 승인을 받은 자는 해당 도면을 선박의 건조자 또는 개조자에게 제공하여 이에 따라 선박을 건조하거나 개조하여야 한다. 선박검사관은 공사과정에서 이 도면에 맞게 공사가 이루어지는지를 확인하게 된다.

④ 선박소유자는 제1항의 규정에 따라 승인을 얻은 도면을 국토해양부령이 정하는 바에 따라 선박에 비치하여야 한다.

선박에서 선원은 수시로 교대되기 때문에 새로 승선한 선원은 선박에 대한 정보를 얻고자 도면을 확인할 필요가 있다. 또 해양사고로 선박에 손상이 발생하면 선박의 안전성 확인이나 수리를 위하여 도면을 확인해야 할 경우가 있다.[88] 이러한 경우를 대비하여 선박소유자는 승인받은 도면을 선장이나 선원이 즉시 꺼내어 확인할 수 있는 선박내의 적당한 장소에 갖추어 두어야 한다.(이 규정 및 시행규칙 제29조 제3항 본문) 그러나 소형선박의 경우 조타실의 공간이 작아 도면을 보관할 장소가 없는 경우도 많다. 따라서 장소가 좁아 도면을 비치할 수 없는 선박으로서 선박소유자, 공단 또는 선급법인을 통하여 도면을 즉시 공급받을 수 있는 경우에는 비치의무를 면제하였다.(시행규칙 제29조 제3항 단서)

제8절 검사의 준비(제14조)

제14조(검사의 준비 등) ① 건조검사 또는 정기검사・중간검사・임시검사・임시항해검사(이하 "선박검사"라 한다)를 위하여 필요한 준비사항에 대하여는 해당검사별로 국토해양부령으로 정한다.

선박검사를 위한 준비사항은 이 규정에 따라 시행규칙 별표에 각각 상세하게 규정되어 있는 바, 그 개략적인 내용은 다음과 같다. 상세한 내용은 부록Ⅳ에서 확인할 수 있다.

---

88) 2003년 12월 23일 광양만 안에서 발생한 유조선 정양호・승해호의 충돌사고에서 정양호의 탱크가 파손되어 해양오염사고가 발생하였다. 이 때 정양호의 다른 탱크에 있는 기름을 부선으로 이적할 경우 정양호의 안전을 확보할 수 있는지 확인하기 위하여 도면검토 등에 상당한 시간이 소요된 바 있다.

1. 건조검사 및 별도건조검사 : 선박이 제대로 건조되었는지를 확인하는 검사이므로 검사대상이 선체, 기관, 배수설비, 조타・계선・양묘설비 및 전기설비에 국한되며, 재료시험, 비파괴검사, 압력시험, 효력시험 등을 행할 수 있도록 준비하여야 한다.
2. 정기검사 : 5년마다 선박전반에 걸쳐 행하는 정밀한 검사이며, 수선하부를 확인할 수 있도록 선박을 입거 또는 상가시켜야 한다. 선체 및 주요 설비의 주요 부분을 분해하거나 해체하여 재료시험, 비파괴검사, 효력시험 등을 행할 수 있도록 준비하여야 한다.
3. 중간검사 : 제1종 중간검사의 경우 입거 또는 상가한다는 점은 정기검사의 경우와 같으나 전반적으로 정기검사에 비하여 비교적 준비할 사항이 적다. 제2종 중간검사의 경우 입거나 상가를 할 필요가 없으며, 각종 설비의 기능이 적절히 작동하는지에 대한 상태를 선박검사관이 간이하게 확인할 수 있도록 필요한 준비를 하여야 한다.
4. 임시검사 : 임시검사를 받게 되는 해당 선박시설에 대한 확인을 할 수 있도록 준비하여야 한다.
5. 임시항해검사 : 정기검사 준비사항 중 국토해양부장관(선박검사관)이 지정하는 사항을 준비하여야 한다. 국토해양부장관이 지정하는 사항은 선체, 기관, 각종 안전 및 항해설비 등 선박의 감항성을 전반적으로 확인할 수 있는 사항을 말한다.

② 선박소유자는 제1항의 규정에 따른 검사의 준비로서 국토해양부령이 정하는 바에 따라 국토해양부장관으로부터 선체두께의 측정을 받아야 한다.

선체는 건조 당시 충분한 두께를 가지고 있으나 선박이 운항하면서 염분, 습도, 파랑의 충격에 의한 영향을 계속 받아 부식이 진행되어 유효두께가 점점 얇아진다. 선박이 건조 당시와 동일한 두께를 유지하고 있다고 하더라도 강판에 쌓인 피로가 누적되면 외력에 대하여 쉽게 변형이 생길 수 있다. 선박의 피로도 측정은 쉽지 않지만 선박의 두께 측정은 선체의 부식상태를 판단할 수 있는 좋은 방법이다. 따라서 이번 법령정비 시 선박검사의 준비사항으로서 선박소유자는 선체의 두께에 대한 측정을 받도록 의무화하였다. 두께측정의 결과 철판의 부식이 일정한도를 넘어서면 해당 부분을 교환하든지 보강을 해야 한다.

시간의 경과에 따른 철판의 두께 감소는 다음의 그림9에서 쉽게 알 수 있다. 선박의 안전확보를 위한 철판의 최소 두께는 그림의 Unacceptable에서 결정되지만 안전여유(safety margin)를 고려하여 Required까지 두껍게 해야 한다. 그러나 다음의 검사까지 부식에 의한 두께의 감소를 고려하여 신조선의 철판두께는 Attained가 된다. 부식에 의하여 철판이 점점 얇아져 Required 이하로 내려가면 기준미달(substandard)이 된다. 기준미달이 되면 검사에 합격할 수 없으므로 선박의 운항을 계속 할 수 없게 된다. 결론 적으로 어떠한 경우에 있어서도 철판의 두께는 Required 이상이 되어야 한다.[89]

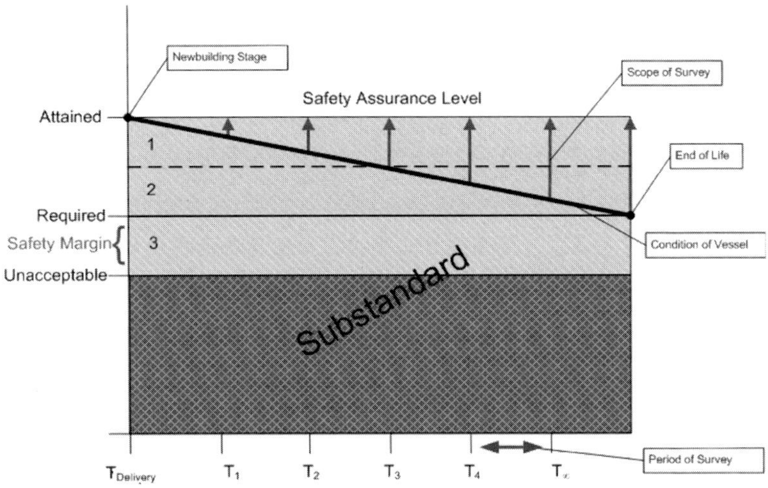

<그림 9> Structural Safety Assurance Criteria

출처: Roberto P. Cassulo & Andrew M. Alderson, "Goal Based New Ship Construction Standards: Concepts of design and service life and related safety assurance criteria," Expert Meeting on Goal-Based Standards, Long-Term and High Priority Agenda in IMO, 2005.3.24.

89) 여기에서는 이해하기 쉽도록 철판의 두께로서 설명을 했으나 선박의 다른 모든 안전설비의 안전도도 언제나 Required 이상이 되어야 한다.

신조선은 Required에서 Attained만큼의 여유가 있으니 굳이 선체두께를 확인할 필요가 없다. 따라서 우리나라에서는 선령 10년 이상의 강선으로서 여객선 및 길이 24미터 이상의 선박에 대하여만 정기검사 시에 선체두께를 측정하도록 하고 있다.(시행규칙 제30조 제2항) 선체두께 측정을 위하여 선체에 직접 구멍을 뚫을 경우 해당 부위의 강도 및 수밀성 유지에 문제가 생길 수 있으므로 방사선 투과를 통하여 두께를 측정하는 비파괴검사(non-destructive inspection)방법을 활용하고 있다. 비파괴검사의 방법으로는 방사선투과법, 초음파탐상법, 자분탐상법이 있으나, 선박에서는 대부분 방사선투과법을 사용하고 있다. 또 모든 부위의 두께를 측정하는 것은 낭비적 요소가 크므로 표본조사를 활용하고 있다. 두께측정의 구체적 범위 및 방법은 다음과 같다.(시행규칙 별표 12)

1. 두께측정의 범위

가. 선령 10년 이상 20년 미만의 선박 : 선수부, 기관구역 및 선체중앙부 0.4L 간의 각각의 1단면에 대하여 선체 주요부재의 판 두께를 측정한다.

나. 선령 20년 이상 30년 미만의 선박 : 선수부 및 기관구역의 1단면과 선체중앙부 0.4L 간의 3단면에 대하여 선체 주요부재의 판 두께를 측정한다.

다. 선령 30년 이상의 선박 : 위의 나목의 측정범위에 선미부 1단면을 추가하여 측정한다.

2. 두께측정방법

가. 두께측정 실시 전에 선박검사관, 선박소유자 및 두께측정업체가 참석한 회의를 개최하여 두께측정 준비사항, 두께측정의 범위, 두께측정 요원의 자격, 장비의 검·교정 및 그 밖의 세부사항 등을 결정하여 다음 사항이 포함된 두께측정 회의록을 작성(선박검사관이 두께를 측정하는 경우를 포함한다)한다.

1) 회의일정 및 참석자

2) 측정일정, 조건 및 범위
3) 쇠모한도
4) 검사원, 두께측정 요원 및 선박소유자와의 연락 체계
5) 두께측정업자가 제공하여야 할 서류
6) 특기사항 등

나. 두께측정은 각 단면당 10포인트 이상을 측정하여야 하며, 측정 점의 수는 선박의 규모에 따라 적절히 증가시킬 수 있다. 이 경우 선체중앙부 0.4L 간의 측정범위에 기관구역 길이의 100분의 50 이상이 중첩될 경우 기관구역은 선체중앙부 0.4L 간에 포함된 것으로 간주한다.

다. 유조선산적화물선 또는 산적액체위험물운송선에 대하여는 화물구역에 있는 밸러스트흘수선과 만재흘수선 사이의 모든 선측 외판에 대하여 나목에 따른 측정점수의 100분의 30 이상을 추가하여 측정한다.

라. 두께측정업체가 실시하는 경우 선박검사관은 두께측정의 전 과정에 대하여 통제 및 현장감시를 실시하고 전 측정과정의 100분의 50 이상을 입회하여야 하며, 입회하지 않는 나머지 측정부위에 대하여는 최소한 100분의 30을 무작위로 확인하여 100분의 10 이상이 기록치와 다를 경우 전체 측정치에 대하여 확인한다.

3. 쇠모한도

선체 주요부재의 쇠모한도는 다음의 표8에 따른다. 다만, 쇠모한도를 초과한 경우로서 측정두께가 규정두께 이상인 경우에는 그러하지 아니하다.

<표8> 주요부재의 쇠모한도

부재명칭	쇠모한도
1. 외판, 강력갑판, 강력갑판 및 현측 후판상의 종통부재, 디프탱크의 격벽판, 내저판	원래 두께의 20퍼센트 + 1밀리미터 이내
2. 이중저늑판, 거더, 큰 골재의 웨브 및 면재	원래 두께의 25퍼센트 이내
3. 작은 골재의 웨브면재 및 브래킷, 수밀격벽판, 유효갑판, 창구덮개, 창구보	원래 두께의 30퍼센트 이내
4. 창내늑골의 웨브 및 브래킷	원래 두께의 25퍼센트 또는 2.5밀리미터 중 큰 값 이내

비고 1. 작은 골재란 다른 보강재를 지지하지 아니하는 골재부재를 말한다. 2. 원래두께는 도면상의 두께를 말하며, 도면상의 두께와 본선의 두께가 다를 경우 본선의 두께를 말한다.

4. 두께측정 결과의 조치 및 기록 등

가. 두께측정 결과가 제3호에 따른 선체 주요부재의 쇠모한도를 초과하거나 과도한 부식이 발견된 부분에 대하여는 신환 등 수리하여 쇠모한도 이내가 되도록 조치한다. 이 경우 "과도한 부식"이란 과도한 부식이 있다고 의심되는 부위의 측정치와 의심되는 부위가 아닌 구역의 가장 큰 측정치를 비교하여 그 차이가 제3호에 따른 쇠모한도를 초과한 경우를 말한다.

나. 측정 결과는 측정자 및 담당검사관이 서명한 기록으로 남겨야 한다.

③ 국토해양부장관은 제1항의 규정에 불구하고 해당선박의 구조·시설·크기·용도 또는 항해구역 등을 고려하여 국토해양부령이 정하는 바에 따라 검사준비·서류제출 등에 대하여 전부 또는 일부를 완화하거나 면제할 수 있다.

법 제14조 제3항에 따라 원자력설비 및 잠수설비 등 특수한 구조나 설비를 가진 선박에 대한 검사의 준비사항은 시행규칙의 별표 13에서 정하고 있다.(시행규칙 제31조 제1항) 즉, 이러한 선박들은 선체의 변형에 대비하여 정기검사나 중간검사 시 내압동체의 두께 및 형상을 측정하도록 하고 있다. 그러나 이러한 선박들은 정기검사 준비사항(별표 10)이나 중간검사 준비사항(별표 11)이 면제되는 것이 아니라 선박의 특수한 성질에 따라 별표 13의 준비사항을 추가로 받는다고 보아야 한다. 따라서 시행규칙 제31조 제1항은 검사준비 등을 완화하는 법 제14조 제3항과 잘 어울리지 않으며, 제31조 제2항 내지 제9항의 검사준비를 완화하는 규정과도 내용상 차이가 있다. 규정의 정비를 위하여 이 규정의 근거 규정을 법 제14조 제1항으로 바꾸어 시행규칙 제30조 제2항으로 옮겨서 규정함이 바람직하다. 이 경우 현행의 시행규칙 제30조 제2항은 제3항이 된다.

시행규칙 제31조에서 규정하는 검사준비 등의 완화내용은 다음과 같다.

1. 정기검사나 중간검사일 전 6개월 이내에 부분적인 수리나 정비를 하고 임시검사에 합격한 사항에 대하여는 해당 정기검사나 중간검사의 준비사항을 면제할 수 있다.(제31조 제2항)
2. 총톤수 2톤 미만 선박에 대하여는 배수설비의 효력시험, 닻·계선용 로프 등의 진열 및 효력시험, 구명·소방설비의 효력시험 또는 현상검사, 항해설비의 효력시험 이외의 검사준비를 면제한다.(제31조 제3항)[90]
3. 부유식 해상구조물의 정기검사 및 중간검사 시 선체의 입거 또는 상가준비를 잠수부에 의한 수중검사준비로 갈음할 수 있고, 정기검사 및 제1종 중간검사 시 기관·배수설비·조타, 계선 및 양묘설비의 검사준비사항을 면제할 수 있다.(제31조 제4항)
4. 선령 30년 이상인 선박은 제1종 중간검사 시 기관에 관한 준비사항 중 효력시험 및 도기시험을 제외한 모든 시험을 면제할 수 있다. 그러나 연속해서 3회를 면제할 수 없다.(제31조 제5항)
5. 내수면에서만 항해하는 선박 및 여객선을 제외한 선령 15년 미만의 선박은 제1종 중간검사 시 선체의 입거 또는 상가준비를 수중검사로 갈음할 수 있으며, 정기검사 시 타를 들어 올리거나 빼내고, 선체외판의 청소, 선체보호용 포판의 일부를 떼어내는 등의 준비는 면제할 수 있다. 다만, 여객선에 대하여는 연속해서 3회를 갈음하거나 면제할 수 없다.(제31조 제6항)

이 밖에도 시행규칙에서는 프로펠러 축계의 발출검사, 기관개방검사에 관한 완화사항을 규정하고 있으며, 각종 검사준비·서류제출의 완화나 면제사항을 정하고 있다.(시행규칙 제31조 제9항 및 별표15) 특히 여기에서는 기관개방검사에 대한 특례로서 기관계속검사제도(continuous machinery survey)를 도입하여 검사의 효율성을 높이고 있다. 종래에는 정기검사 시 기관의 분해 및 조립에 시간이 많이 필요하여 선박의 검사가 지연되는 경우가 많았다. 기관계속검사제도에서는 선박의 기관장이 계

---

90) 「선박안전법」 개정으로 새로 검사대상이 된 선박소유자의 부담을 고려하여 검사준비를 대폭적으로 완화하였다.

획에 따라 정기검사 검사사항을 직접 검사하고 관련 기록을 남기면, 선박검사관은 검사 시 해당 기관의 상태 및 이 기록을 확인하게 된다. 물론 선박소유자는 사전에 기관계속검사수검계획서를 국토해양부장관에게 제출하여 승인을 받아야 한다. 이러한 검사의 완화 및 면제에 관한 구체적인 내용은 부록 V에서 확인할 수 있다.

입거 또는 상가에 따른 비용은 비싸기 때문에 선박검사를 받는 선박소유자는 가급적 입거 또는 상가를 대신할 수 있는 수중검사를 선호한다. 그러나 수중검사는 선체의 바닥 등을 육안으로 관찰하는 것이 아니고 수중촬영을 통하여 관찰하는 것이다 보니 잠수부의 수중 체류시간, 촬영이 가능한 시간 및 장소 등에 제약이 따른다. 또 영상이 깨끗하지 못한 경우도 많으며, 렌즈를 통한 영상은 현실과 다소 다르게 나올 확률이 크다. 따라서 수중검사를 할 경우 그 준비사항과 검사방법은 철저한 관리가 필요하여 시행규칙에서 다음과 같이 구체적으로 정하고 있다.(별표14) 또 국토해양부장관은 수중검사의 결과 부식 또는 손상 등으로 인하여 입거 또는 상가가 필요하다고 판단되는 경우 입거 또는 상가를 하도록 지시할 수 있다.(시행규칙 제31조 제7항 및 제8항)

1. 수중검사준비

가. 선박은 가능한 한 경하(輕荷)상태를 유지하여야 한다.

나. 검사장소는 조류가 약하고 파고가 낮으며 수면 밑의 시계가 양호한 장소로서 잠수부가 수중검사를 원활하게 수행하기에 충분한 수심을 유지할 수 있는 곳이어야 한다.

다. 선박검사관은 다음의 도면을 준비하여 선박소유자와 수중검사에 대한 사항을 협의하여야 한다. 다만, 내수면에서만 항해하는 선박은 도면의 준비를 생략할 수 있다.

1) 일반배치도

2) 외판전개도(강제 선박 및 알루미늄 합금제 선박으로 한정)

2. 수중검사방법

가. 수중검사는 다음 부위에 대하여 하여야 한다.

1) 만재흘수선하의 선체외판
2) 시체스트(sea chest), 개구, 선미재 및 빌지킬(bilge keel)
3) 프로펠러축 스트럿(strut), 타(rudder) 및 부착품
4) 프로펠러 및 로프가드(rope guard)
5) 스러스터(thruster)
6) 선미관 베어링 틈새(해수윤활) 및 타의 베어링 틈새

나. 선박검사관은 수중검사 전에 검사준비 사항, 사용 장비의 작동상태, 각종 측정 장비의 검정·교정 상태 및 잠수부의 자격 적합 여부 등을 확인하여야 한다.

다. 선박검사관은 본선에 대한 상황을 사전에 청취하고 잠수부가 잠수하기 전에 확인하여야 할 사항 및 측정사항 등 필요한 검사사항에 대하여 협의하여야 한다.

라. 잠수부는 선박검사관 입회하에 수중검사를 하여야 하며, 선박소유자(선박소유자의 대리인을 포함한다. 이하 같다)는 해당 수중검사에 참여하여야 한다.

마. 잠수부는 수중검사 시 선박검사관과 서로 통신을 할 수 있는 통신수단을 갖추어야 한다.

바. 선박검사관은 수중사진 촬영, 수중비디오 촬영 또는 모니터 등에 따라 검사사항을 확인하여야 한다.

사. 잠수부는 수중검사가 끝나면 다음 사항이 포함된 수중검사 결과보고서를 작성하여 선박소유자와 선박검사관에게 제공하여야 하며, 선박검사관은 검사결과를 선박소유자에게 알려주어야 한다.

1) 일반사항
가) 선박 요목
나) 검사 일정
2) 선박 상태
3) 해상 상태
4) 수중검사업체 및 수중검사자
5) 수중검사장비 명칭
6) 검사 내용
7) 검사 결과

3. 수중검사를 수행하는 요원의 자격

한국산업인력공단으로부터 잠수기능사자격을 받은 자로써 수중검사를 수행하는 보조원으로 1년 이상의 경력(최소 10회 이상의 수중검사를 수행한 것을 말한다)이 있는 자.

제9절 검사 후 상태유지(제15조)

제15조(선박검사 후 선박의 상태유지) ① 선박소유자는 건조검사 또는 선박검사를 받은 후 해당선박의 구조배치·기관·설비 등의 변경을 하여서는 아니 되며, 선체·기관·설비 등이 정상적으로 작동·운영되도록 상태를 유지하여야 한다.

감항성 확보를 위한 검사를 마친 후 선박의 구조배치 등에 대하여 변경을 하게 되면 당초 확보된 감항성의 유지는 어려워진다. 따라서 검사를 받은 후 그 상태의 변경을 금지하는 것은 당연하다. 또 선체·기관·설비 등이 정상적으로 작동될 수 있는 상태를 선박운항 중 계속 유지하는 것도 매우 중요하다. 따라서 현재 사용하지 않는 여분의 설비, 유효기간이 경과한 신호탄 등의 안전설비는 정상적으로 작동·운영되지 않으면 모두 제거하여야 한다. 혹시 비상사태 발생 시 이러한 설비를 신뢰함으로써 사고가 발생할 우려가 있기 때문이다.

이 규정은 「SOLAS 협약」의 내용을 수용하고 있다.(부속서 제1장 제11규칙) 이 규정에서 선박 및 설비는 선박 또는 승선자에게 위험을 미치지 아니하도록 협약규칙에 적합하도록 유지되어야 하며, 선박소유자는 검사 후 변경을 하지 말도록 하고 있다. 또 선박에 사고가 발생하거나 결함이 발견되어 선박의 안전 등에 영향을 주게 될 경우 선장이나 선박소유자는 주관청이나 대행검사기관에 보고하도록 규정하고 있다.

② 제1항의 규정에 불구하고 선박소유자는 선박의 길이·너비·깊이 및 국토해양부령이 정하는 선박의 용도를 변경하고자 하는 경우에는 국토해양부령이 정하는 바에 따라 국토해양부장관의 허가를 받아야 한다.

선박은 당초 검사받은 상태를 유지해야 하는 것이 원칙이지만 선박소유자의 사정변경에 따라 선박의 규모나 용도를 변경할 수 있다. 그러나 선박의 길이·너비·깊이와 같은 주요 치수의 변경은 선박의 감항성에도 변화가 있게 되므로 반드시 필요한 검사를 받아야 한다. 또 위에서 "국토해양부령이 정하는 선박의 용도를 변경하고자 하는 경우"는 해당선박의 용도가 변경됨에 따라 법 제26조에 따른 선박시설의 기준 등의 적용이 다르게 되는 경우를 말한다.(시행규칙 제32조 제1항) 따라서 여객선이 아닌 선박을 여객선으로 개조하게 되면 선박시설의 적용기준이 변경되므로 허가를 받아야 한다.

법 제15조 제2항에 따라 변경허가를 받으려는 선박소유자는 선박구조등변경허가신청서에 변경사항을 표시하는 도면을 첨부하여 지방해양항만청장(이하 "지방해양청장"이라 한다)에게 제출하여야 한다. 다만, 어선의 경우는 「어선법」 제8조 제1항에 따라 개조허가 또는 개조변경허가를 받고 있기 때문에 「선박안전법」에 따라 별도의 허가를 받을 필요가 없다.(시행규칙 제32조 제2항) 지방해양청장은 선박구조 등 변경허가의 신청이 있는 경우에는 그 타당성을 검토하고 관련 규정에 적합하다고 인정되는 경우에는 선박구조등변경허가서를 신청인에게 발급하여야 한다.(시행규칙 제32조 제3항) 선박소유자는 선박검사신청 시 선박구조등변경허가서를 첨부하여 선박의 개조나 용도변경이 적합하게 이루어졌음을 증명할 수 있다. 또 선박의 구조등변경허가와 관련하여 도면의 승인 등이 필요한 바, 이에 관하여는 명확히 규정되지 않았다. 이에 관하여 법 제13조의 규정을 준용토록 하는 보완조치가 필요하다고 판단된다.

제10절 증서의 유효기간(제16조)

제16조(선박검사증서 및 국제협약검사증서의 유효기간 등) ① 제8조 제2항의 규정에 따른 선박검사증서 및 제12조 제2항의 규정에 따른 국제협약검사증서의 유효기간은 5년 이내의 범위에서 대통령령으로 정한다.

이 규정은 선박검사증서 및 국제협약검사증서의 유효기간을 정하고 있다. 당초 유효기간이 제각각이던 국제협약검사증서의 유효기간은 1988년 관련협약 개정으로 통일되면서 최장 5년으로 연장되었다.(「SOLAS 협약」 부속서 제1장 제14규칙) 이에 따라 정부는 1991년 「선박안전법」을 개정하면서 선박검사증서와 국제협약검사증서의 유효기간도 최장 5년으로 연장하였다. 이후 1997년 법 개정 시에는 유효기간을 5년 이내의 범위에서 대통령령으로 정하도록 하고, 대통령령에서 선박검사증서의 유효기간을 5년으로 정하였다.(시행령 제5조 제1항)

국제협약검사증서 중 여객선안전검사증서·원자력여객선안전검사증서 및 원자력화물선안전검사증서의 유효기간은 1년이며, 그 밖의 국제협약검사증서는 5년이다. 다만, 해당 선박에 대하여 법 제10조 제3항에 따른 임시변경증 또는 법 제11조 제2항에 따른 임시항해검사증서를 발급받은 경우 그 유효기간은 해당 임시변경증 또는 임시항해검사증서에 기재된 유효기간으로 한다.(시행령 제5조 제2항) 면제증서의 경우도 유효기간까지만 효력을 가진다.(「SOLAS 협약」 부속서 제1장 제14규칙 (a)항)

선박검사증서의 유효기간은 다음에 규정된 날부터 기산(起算)한다. 국제협약검사증서의 경우도 이를 준용한다.(시행령 제5조 제3항 및 제4항)

1. 최초로·정기검사를 받은 경우 : 해당 선박검사증서를 발급받은 날
2. 선박검사증서의 유효기간이 끝나기 전 3개월이 되는 날 이후에 정기검사를 받은 경우 : 종전 선박검사증서의 유효기간 만료일의 다음 날
3. 선박검사증서의 유효기간이 끝나기 전 3개월이 되는 날 전에 정기검사를 받은 경우 : 해당 선박검사증서를 발급받은 날
4. 선박검사증서의 유효기간이 끝난 후에 정기검사를 받은 경우 : 종전 선박검사증서의 유효기간만료일의 다음 날. 다만, 계선(시행령 제2조 제2항에 따라 서류를 제출한 경우로 한정한다) 그 밖에 국토해양부령으로 정하는 사유로 인하여 종전 선박검사증서의 유효기간 만료일의 다음 날부터 계산하는 것이 부당하다고 인정되는 경우 정기검사를 받고 해당 선박검사증서를 발급받은 날부터 계산한다.

위의 4호에서 "국토해양부령으로 정하는 사유"란 다음 각 호의 사유를 말한다.(시행규칙 제33조) 이와 같은 경우 선박검사증서를 발급받은 날부터 유효기간을 인정하는 이유는 상속, 파산 등으로 이미 1년 이상 선박검사를 받지 아니한 선박이라도 검사가 완료되면 바로 선박을 운항할 수

있도록 하기 위함이다.

1. 1년 이상 선박검사를 받지 아니한 선박을 상속하거나 매수한 경우
2. 선박소유자의 파산 등의 사유로 1년 이상 선박검사를 받지 아니한 경우

한편, 「민법」에서는 "기간을 일, 주, 월 또는 년으로 정한 때에는 기간의 초일은 산입하지 아니한다"라고 규정하여(제157조 본문) 초일은 산입하지 않는 것이 원칙이다. 그러나 이 규정에 따라 당일 선박검사증서를 교부받았는데도 유효기간 때문에 항해를 못하고 다음 날까지 기다려야 한다면 선박소유자에게 너무 가혹하다. 따라서 이 법에서는 민원인의 편의를 위하여 선박검사증서를 발급받은 날로부터 유효기간이 시작되도록 하는 특례를 두고 있다. 또 선박검사증서의 유효기간 만료일은 기산일로부터 5년이 경과한 날의 전일이 된다.(「민법」제160조 제1항 및 제2항) 기간의 말일이 토요일 또는 공휴일에 해당하는 때에는 그 다음날이 종료한 때 만료한다.(「민법」 제161조) 그러나 기간의 초일이 공휴일인 것은 기간계산에 영향을 미치지 않는다고 한다.[91]

② 국토해양부장관은 제1항의 규정에 따른 선박검사증서 및 국제협약검사증서의 유효기간을 5개월 이내의 범위에서 대통령령이 정하는 바에 따라 연장할 수 있다.

선박은 예상치 못한 정박기간의 연장, 악천후로 인한 항해계획의 변경 등으로 선박검사증서나 국제협약검사증서의 유효기간 내에 선박검사를 받지 못할 수 있다. 이 경우 선박검사증서의 유효기간이 지났다고 하여 법 제17조의 규정에 따라 선박이 더 이상 항해할 수 없다면 매우 불합리하다. 따라서 이 법에서는 다음과 같이 1회에 한하여 유효기간 연장을 허용하고 있다.(시행령 제6조 제1항) 다만, 국제협약검사증서 중 국제방사능핵연료화물운송적합증서의 경우 특별한 사유가 없는 한 그 유효기간은 자동으로 연장된다.(시행령 제6조 제2항)

1. 해당 선박이 정기검사를 받기 곤란한 장소에 있는 경우 : 3개월 이내

91) 대판 1982.2.23., 81누204.

다만, 연장기간 내에 해당 선박이 정기검사를 받을 장소에 도착하면 지체 없이 그 정기검사 또는 국제협약검사를 받아야 한다.[92]

2. 해당 선박이 외국에서 정기검사를 받았으나 선박검사증서 또는 국제협약검사증서를 선박에 갖추어 둘 수 없는 사유가 발생한 경우 : 5개월 이내
3. 해당 선박이 짧은 거리의 항해(항해를 시작하는 항구로부터 처음으로 도착하는 항구까지의 항해거리가 600해리를 넘지 아니하는 항해를 말한다)에 사용되는 경우(국제협약검사증서로 한정한다) : 1개월

선박검사증서 및 국제협약검사증서의 유효기간을 연장 받으려는 선박소유자는 시행규칙 별지 제34호서식의 선박검사증서(국제협약검사증서) 유효기간연장신청서에 다음의 해당 서류를 첨부하여 국토해양부장관에게 제출하여야 한다.(시행규칙 제34조 제2항) 국토해양부장관은 위의 신청을 받은 경우 선박검사증서(국제협약검사증서)유효기간연장승인서 또는 연장승인된 유효기간이 적혀 있는 현재의 선박검사증서 및 국제협약검사증서를 교부하게 된다.(시행규칙 제34조 제3항) 국제협약검사증서를 재발급할 수 없을 경우 선박검사관이 기존의 증서에 이서하여 유효기간을 연장할 수도 있다.(「SOLAS 협약」 부속서 제1장 제14규칙(d)항)

1. 선박이 검사받을 장소에 있지 아니하여 검사를 받을 수 없는 경우 : 해당 선박의 현재의 위치를 나타내는 서류
2. 새로운 선박검사증서 및 국제협약검사증서를 선박에 갖추어 둘 수 없는 경우 : 현재 비치하고 있는 선박검사증서 및 국제협약검사증서
3. 짧은 거리의 국제항해에 취항하는 선박 : 현재 비치하고 있는 국제협약검사증서

---

92) 「SOLAS 협약」에서는 바로 검사를 받도록 규정하지 않고 새로운 증서를 발급받지 않으면 그 항구를 출항할 수 없다고 하여 내용상 다소 차이가 있다.(부속서 제1장 제14규칙 (e)항)

제11절 증서 미소지 선박의 항해금지(제17조)

제17조(선박검사증서등 미소지 선박의 항해금지) ① 누구든지 제8조 제2항의 규정에 따른 선박검사증서, 제10조 제3항의 규정에 따른 임시변경증, 제11조 제2항의 규정에 따른 임시항해검사증서, 제12조 제2항의 규정에 따른 국제협약검사증서 및 제43조 제2항의 규정에 따른 예인선항해검사증서(이하 "선박검사증서등"이라 한다)를 소지하지 아니하거나 그 효력이 정지된 선박검사증서등을 비치한 선박을 항해에 사용하여서는 아니 된다.

선박검사증서나 국제협약검사증서는 선박이 관련 법령에 따라 감항성을 갖추고 있다는 중요한 증거자료가 된다. 그러나 선박이 유효한 증서를 가지고 있다는 것만으로 감항성을 갖추고 있다고 말할 수는 없다. 유효한 증서를 가지고 있어도 검사 후 상태유지가 되지 않거나, 운항 중 해양사고로 인하여 당초 확보했던 감항성이 훼손되었을 수 있기 때문이다. 또 선박이 유효한 증서를 비치하고 있지 아니한다고 하여 감항능력이 결여되었다고 단정할 수도 없다. 감항성을 갖춘 선박이 영업상의 이유 등으로 검사를 받지 아니하고 계선 중인 경우도 있을 수 있기 때문이다.

영국에서 로이드선급협회가 발행한 증명서를 받았다는 것은 선박의 감항성에 대한 추정적 증거(prima facie evidence)는 되지만 결정적 증거(conclusive evidence)는 아니라고 한다.[93] 또 선급협회가 발행한 증서가 당사자 간 감항능력의 담보로 인정되지도 아니한다.[94] 그러나 반증이 없는 한 유효한 증서의 소지는 선박의 감항성을 입증하는 좋은 증거가 된다. 따라서 항만국통제(PSC)를 시행할 경우 항만국은 선박 또는 설비의 상태가 실질적으로 국제협약검사증서의 기재사항과 일치하지 아니하거나 검사 후 상태유지가 되고 있지 아니하다는 명확한 근거(clear ground)가 없는 한 유효한 협약증서는 인정되어야 한다.(「SOLAS 협

---

93) Chorly & Giles, Shipping Law, 6th ed. (London: Issac Pitman and Sons, 1970), p. 132.

94) Sundance Cruises Corp. v. American Bureau of Shipping, 7 F. 3d 1077, 1083-84, 1994 AMC 1 (2d. Cir. 1993), cert. denied, 114 S. Ct. 1339 (1994)

약」 부속서 제1장 제19규칙 (b)항)

국토해양부장관의 검사를 받지 않아 유효한 증서를 비치하지 못하고 있는 선박은 감항성에 관한 확인이 이루어졌다고 할 수 없다. 따라서 이 규정은 선박과 여기에 승선한 사람의 생명을 보호하기 위하여 유효한 증서를 소지하지 아니한 선박의 항해를 금지하고 있다. 국제협약검사증서를 비치하고 있지 아니한 외국선박은 역시 감항성에 대한 확인이 이루어졌다고 볼 수 없으므로 항만국통제를 통하여 출항이 정지될 수도 있다.

② 누구든지 선박검사증서등에 기재된 항해와 관련한 조건을 위반하여 선박을 항해에 사용하여서는 아니 된다.

선박검사증서에 기재된 선박의 항해구역, 항해시간, 최대승선인원 등 항해와 관련된 각종 조건을 어길 경우 선박의 감항성을 확보할 수 없으므로 이 규정은 이를 위반하여 선박을 항해에 사용할 수 없도록 규정하고 있다. 이를 위반하여 선박을 항해에 사용할 경우 1년 이하의 징역 또는 1천만 원 이하의 벌금에 처한다.(법 제84조 제1항 제5호 및 제6호)

제3장 선박용물건 또는 소형선박의 형식승인 등

선박 자체에 대하여 건조 중에는 건조검사, 제조가 완료된 후에는 정기검사, 중간검사, 임시검사 등 제2장에서 규정하는 선박검사가 집행된다. 한편, 선박용물건이나 소형선박은 개별적인 선박이라기보다는 선박의 일부분을 형성하기 때문에 이러한 제품이 설치·비치된 선박의 검사와 함께 검사되는 경우가 대부분이다. 그러나 이러한 제품들은 설치 또는 비치될 선박이 특정되지 아니한 채 제조·정비되는 경우도 많다. 따라서 제2장에 규정하는 선박검사체제로는 이러한 제품에 대한 검사가 이루어지기 어려워 대체검사(alternative inspection)가 활용되고 있다. 대체검사는 선박검사관에 의해 직접 모든 것이 확인되는 정상적인 선박검사체제와는 다른 검사체제를 의미한다. 이 법에서 인정하는 대체검사의 종류로는 형식승인 및 검정, 우수사업장 지정 및 예비검사가 있다. 이러한 검사에 합격한 제품에 대하여는 이후 최초로 받는 선박검사는 합격한 것으로 보아 민원인의 편의를 도모하고 있다.

제1절 형식승인 및 검정(제18조)

제18조(형식승인 및 검정) ① 국토해양부장관이 정하여 고시하는 선박용물건 또는 소형선박을 제조하거나 수입하고자 하는 자가 해당 선박용물건 또는 소형선박에 대하여 제6항의 규정에 따라 검정을 받고자 하는 때에는 미리 국토해양부장관의 형식에 관한 승인(이하 "형식승인"이라 한다)을 얻어야 한다.

형식승인은 기술, 안전 등 최소한도의 기준에 적합한 제품에 대하여 부여하는 증명제도이다. 특히 동일한 공정과 품질관리에 의하여 대량생산되는 공산품은 제품의 품질이 균일하므로 개별 제품에 대하여 검사를 행하는 것은 낭비적 요소가 많다. 따라서 형식승인을 받은 제품은 개별 제품에 대한 검사를 생략하고 표본검사(검정)에 의하여 합격여부를 결정하고 있다. 우리나라는 일본에서 활용되던 형식승인제도를 1982년에「선박안전법」에 수용하였다. 이러한 형식승인제도는 선박분야에만 사용되는 것이 아니고 자동차, 휴대폰, 의료장비, 소방용 기계 등에서도 폭 넓게 활용되고 있다.「산업표준화법」에 따른 인증표시제도(KS)와「전기용품안전관리법」에 따른 안전인증제도는 이 법에 따른 형식승인제도와 매우 유사한 제도이다.

이 법에 따라 형식승인을 받을 수 있는 대상은 대량생산이 가능한 선박용물건이나 소형선박이다. 소형선박은 길이 12미터 미만의 선박을 말한다.(법 제2조 제11호) 따라서 길이 12미터 소형선박이라고 하여도 대량생산체제가 아니고 단품으로 생산되는 선박은 생산 공정상의 품질관리를 신뢰할 수 없으므로 형식승인을 받을 수 없다.

형식승인을 받을 수 있는 자는 선박용물건이나 소형선박을 제조하거나 수입하는 자이다. 따라서 직접 제조를 하지 않더라도 외국의 제품을 수입하여 판매하는 자도 형식승인을 받을 수 있다. 형식승인을 받은 자는 제조 또는 수입한 제품에 대하여 간이한 검사인 검정을 받을 수 있다. 검정은 국토해양부장관의 고시로 정하는 검정기준에 따라 해당 선박용물건별로 정하는 표본의 수를 발췌하여 행한다. 발췌방법은 총 4가지가 있으며, 그에 따른 구체적인 발췌방법은 다음의 표9와 같다.(「선박및선박용물건의형식승인시험및검정에관한기준」별표2)

<표9> 검정을 위한 발췌방법

N \ 발췌검사방식	K	A	B	S
1~20까지	전수	전수	n_1 = 15 n_2 = 15, C = 0, 1	n=2 C=0
1~50까지	전수	n=20 C=0	n_1 = 15 n_2 = 15, C = 0, 1	n=2 C=0

1~100까지	전수	n=20 C=0	n_1 = 15 n_2 = 15, C = 0, 1	n=3 C=0
1~200까지	전수	n=20 C=0	n_1 = 15 n_2 = 15, C = 0, 1	n=5 C=0
1~500까지	전수	n=20 C=0	n_1 = 15 n_2 = 15, C = 0, 1	n=7 C=0
1~1,000까지	전수	n=30 C=0	n_1 = 20 n_2 = 20, C = 0, 1	n=10 C=0
1~2,000까지	전수	n=40 C=0	n_1 = 25 n_2 = 25, C = 0, 1	n=15 C=0
1~3,000까지	전수	n=50 C=0	n_1 = 35 n_2 = 45, C = 0, 1	n=15 C=0
1~4,000까지	전수	n=60 C=0	n_1 = 35 n_2 = 45, C = 0, 1	n=15 C=0
1~5,000까지	전수	n=70 C=0	n_1 = 35 n_2 = 45, C = 0, 2	n=20 C=0
5,001개 이상	전수	n=80 C=0	n_1 = 35 n_2 = 45, C = 0, 3	n=25 C=0

비고 :

1. 발췌검사방식란중, K는 전수검사방식, A, S는 1회 발췌검사방식, B는 2회 발췌검사방식임.

   N : 롯드(lot)[95]의 크기, n : 발췌수(시료수), C : 불합격판정계수

2. 발췌수가 롯드의 크기보다 많을 때에는 전수검사를 한다.

위 표에서 A 및 S방식은 1회 검사방식으로서, 제1시료에서 C=0이면 합격으로 하고 C=1이면 불합격으로 한다. B방식은 2회 검사방식이다. 예를 들어 N=100의 B방식은 제1시료(n1) 15개를 발췌하여 검사결과 C=0이면 합격으로 하고, C=1인 때는 다시 제2시료(n2) 15개를 발췌하여 검사결과 C=0이면 합격으로 하고 C=1(합계 C=2가 됨)이면 불합격이 된다. 또한 제1시료의 검사결과 C=2이상인 경우에는 그 롯드를 곧바로 불합격으로 하고 제2시료를 발췌할 필요가 없다. 선박검사관은 불합격된 롯드가 전량 폐기처분되는지 확인하는 한편, 형식승인을 받은 자의 품질관리에 문제가 있을 수 있으므로 다음의 검정에 참고할 수 있도록 관련 기록을 남겨 놓아야 한다.

95) lot는 1회에 한 덩어리로 생산되는 특정한 수의 제품단위를 말한다.

② 제1항의 규정에 따른 형식승인을 얻고자 하는 자는 형식승인시험을 거쳐야 한다. 다만, 「산업표준화법」에 따른 검사에 합격한 선박용물건 또는 소형선박을 생산하는 등 국토해양부령이 정하는 경우에는 형식승인시험을 생략할 수 있다.

형식승인을 받고자 하는 자는 제작되거나 수입된 시제품(prototype)에 대하여 국토해양부장관이 지정한 지정시험기관의 시험을 받아 합격하여야 한다. 그러나 「산업표준화법」에 따른 검사에 합격한 제품 등 「선박안전법」에서 시행하는 시험과 동등 이상의 시험을 받아 합격한 제품에 대하여 다시 시험을 요구하는 것은 불합리하므로 다음의 구분에 의하여 시험의 전부 또는 일부를 면제할 수 있도록 하고 있다.(시행규칙 제35조)

1. 형식승인시험의 전부 면제
 가. 형식승인 신청일 전 2년 동안 매년 1회 이상 법 제22조 제1항에 따른 예비검사에 합격한 선박용물건
 나. 「산업표준화법」 제18조 제4항에 따른 인증[96]을 받은 선박용물건으로서 선박시설기준에 적합한 선박용물건
2. 지정시험기관이 인정하는 경우 형식승인시험의 전부 또는 일부 면제
 가. 해당 형식승인시험 항목에 대하여 「국가표준기본법」 제23조에 따라 인정을 받은 시험·검사기관의 시험에 합격한 경우
 나. 해당 형식승인시험 항목에 대하여 국제공인시험기관으로 인정받은 시험·검사기관의 시험에 합격한 경우
 다. 형식승인을 받은 선박용물건의 일부 요건을 변경하여 추가로 형식승인을 받거나 형식을 변경하는 경우

형식승인시험을 받으려는 자는 형식승인시험신청서와 함께 형식승인시험을 받으려는 선박용물건 또는 소형선박을 지정시험기관이 지정하는 장소에 제출하고, 형식승인시험에 필요한 비용을 내야 한다.(시행규칙 제38조 제1항 및 제2항) 신청을 받은 지정시험기관은 형식승인시험의 기준에

---

96) 「산업표준화법」에 의한 인증에 합격한 제품이란 통상 KS표시를 한 제품을 말한다.

따라 이를 실시하고 합격할 경우 형식승인시험합격증서 및 시험성적서를 신청인에게 발급한다. 또 형식승인시험합격증서 및 시험성적서 각 1부를 관할 지방해양청장과 선박용물건 또는 소형선박의 검정업무를 대행하는 공단 또는 선급법인에 제출한다.(시행규칙 제38조 제4항) 이와 같이 지정시험기관이 관련 서류를 지방해양청과 검정기관에 직접 제출하도록 하는 것은 형식승인을 받은 자가 위조하거나 변조하는 것을 예방하기 위해서이다.

③ 국토해양부장관은 제2항의 규정에 따른 형식승인시험을 담당하는 시험기관(이하 "지정시험기관"이라 한다)을 대통령령이 정하는 바에 따라 지정·고시하여야 한다.

시제품의 품질시험을 담당하는 지정시험기관의 지정기준은 다음과 같다.(시행령 제7조 제1항) 그러나 많은 시험항목에 필요한 시설과 장비를 반드시 갖추도록 의무화할 경우 값 비싼 시설과 장비의 효율성이 문제가 될 수 있으므로 국토해양부장관의 사전 승인을 받을 경우 시설 또는 장비의 일부를 임차하거나 다른 시험기관에게 위임하여 처리할 수 있다.(시행규칙 제39조)

1. 형식승인시험 업무를 수행할 수 있는 전담 부서가 있을 것.
2. 형식승인시험대상 선박용물건 또는 소형선박을 직접 제조 또는 판매하거나 제조자에게 해당 제품을 납품하는 자가 아닐 것.
3. 형식승인시험의 특정 시험항목에 대하여 국제적으로 인정받으려는 경우 「국가표준기본법」 제23조에 따라 인정받은 시험·검사기관에 해당할 것.
4. 해당 형식승인시험에 필요한 시설과 장비(「국가표준기본법」 또는 「계량에 관한 법률」에 따라 검정·교정을 받은 기기를 포함한다) 및 인력을 갖추고 있을 것.

지정시험기관으로 지정을 받으려는 자는 선박용물건 및 소형선박의 지정시험기관신청서(전자문서로 된 신청서를 포함한다)를 국토해양부장관에게 제출하여야 한다. 국토해양부장관은 시험설비를 확인하고 신청 품목의 지정시험기관으로 적합하다고 인정하는 경우에는 지정시험기관지정서를 발급하여야 한다. 이 경우 해당 지정시험기관의 시험능력 등을 고려하여 신청한 품목 중 일부 품목으로 한정하여 지정할 수도 있다. 국토해양부장관은 지정시험기관을 지정하거나 그 지정을 취소한 경우에는 그 사실을 고시하여야 한다.(시행령 제7조 제3항)

④ 형식승인을 얻은 자가 그 내용을 변경하고자 하는 경우에는 국토해양부장관으로부터 변경승인을 얻어야 한다. 이 경우 선박용물건 또는 소형선박의 성능에 영향을 미치는 사항을 변경하는 때에는 해당변경 부분에 대하여 제2항의 규정에 따른 형식승인시험을 거쳐야 한다.

형식승인을 얻었다 하더라도 사정의 변경에 따라 당초 받은 형식승인을 변경할 필요가 생길 수 있다. 예컨대 형식승인을 받을 당시와 달리 상호가 변경될 수도 있고, 공정의 개선에 따라 외관에 간단한 변화도 생길 수 있다. 따라서 위의 규정은 이와 같은 경미한 사항의 변경에 따른 변경승인에 대하여 규정하고 있다. 형식승인을 받은 내용을 변경하려는 자는 형식승인변경승인신청서를 지방해양청장에게 제출하여야 하고, 지방해양청장은 관련 서류를 살펴보아 이상이 없는 경우 형식승인사항변경승인서를 발급한다.(시행규칙 제37조 제1항 및 제2항) 제품의 성능에 영향을 미치는 중대한 변경에 대하여는 해당 변경부분에 대하여 형식승인시험을 다시 받아야 한다.

⑤ 제1항의 규정에 따른 형식승인을 얻은 자와 제3항의 규정에 따른 지정시험기관은 형식승인시험에 합격한 선박용물건을 보관하여야 한다. 이 경우 제4항의 규정에 따른 변경승인을 얻은 경우에도 또한 같다.

형식승인을 받은 선박용물건은 당초 형식승인을 받을 당시의 제조공법과 품질관리를 통하여 제조되어야 한다. 그러나 형식승인을 받은 제품에 대하여는 국토해양부장관의 검사가 생략되기 때문에 형식승인을 받은 자가 이를 임의로 변경하여도 확인하기 어렵다. 따라서 형식승인을 얻은 자 및 지정시험기관은 시험에 합격한 선박용물건 중 품질관리가 요구되는 구명조끼, 방수복 등 총 5종의 선박용물품을 보관하도록 의무화하고 있다.(시행규칙 제43조) 국토해양부장관은 불시에 무작위로 형식승인을 받은 제품을 수거하여 보관된 제품과 비교하면 제조공법과 품질관리가 제대로 유지되고 있는지를 확인할 수 있다.

⑥ 제1항 및 제4항의 규정에 따라 형식승인 또는 변경승인을 얻은 자는 당해 선박용물건 또는 소형선박에 대하여 국토해양부장관이 정하여 고시하는 검정기준에 따라 국토해양부장관의 검정을 받아야 한다. 이 경우 검정에 합격한 당해 선박용물건 또는 소형선박에 대하여는 건조검사 또는 선박검사 중 최초로 실시하는 검사는 이를 합격한 것으로 본다.

시제품(prototype)에 대하여 형식승인(변경승인을 포함한다)을 받은 자는 시제품과 동일한 공정과 품질관리를 통하여 대량생산된 선박용물건 또는 소형선박에 대하여 국토해양부장관의 검정을 받아야 한다. 검정은 위의 발췌표에 따라 표본을 추출하여 검사한다. 검정에 합격한 제품이 선박에 비치 또는 설치된 경우 이에 대하여는 건조검사 또는 최초의 선박검사에서는 합격한 것으로 보아 검사를 행하지 않는다. 이미 검정을 통하여 성능이 확인되었는데 바로 이어서 다시 검사를 받는 것은 낭비이기 때문이다. 그러나 이후에 받게 되는 검사에서는 형식승인을 받은 제품에 대하여도 검사를 받아 합격하여야 한다.

형식승인을 받고 검정에 합격한 제품에 대하여 최초로 실시하는 선박검사는 합격한 것으로 본다. 따라서 검정에 합격하지 않은 제품이거나 검정에 합격한 후 변경이 이루어진 것이 확인된 경우는 동 제품이 선박검사에 합격한 것으로 볼 수 없다. 따라서 선박에 설치·비치되려면 예비검사 등 별도의 검사를 받아야 한다.

⑦ 국토해양부장관은 검정에 합격한 선박용물건 또는 소형선박에 대하여 검정증서를 교부하고, 당해 선박용물건에는 검정에 합격하였음을 나타내는 표시를 하여야 한다.

검정을 받으려는 자는 해당 선박용물건 또는 소형선박에 대한 검정신청서를 국토해양부장관에게 제출하여야 한다. 이 경우 받은 형식승인의 내용 및 제품의 제조연월일 및 표시 일련번호 등을 명확하게 밝혀야 한다.(시행규칙 제44조 제1항) 국토해양부장관은 해당 선박용물건 또는 소형선박이 형식승인을 받은 제조공정, 부품, 자재 및 각 부품의 시험성적서를 확인하여 제조사양서대로 제조되었는지와 검정기준에 적합한지 여부를 확인하여야 한다.(동조 제2항) 확인결과 요건에 적합하면 검정증서를 교부하며, 해당 물품에 대하여는 검정에 합격하였다는 다음 그림10에 따른 표시를 하게 된다.(동조 제3항)

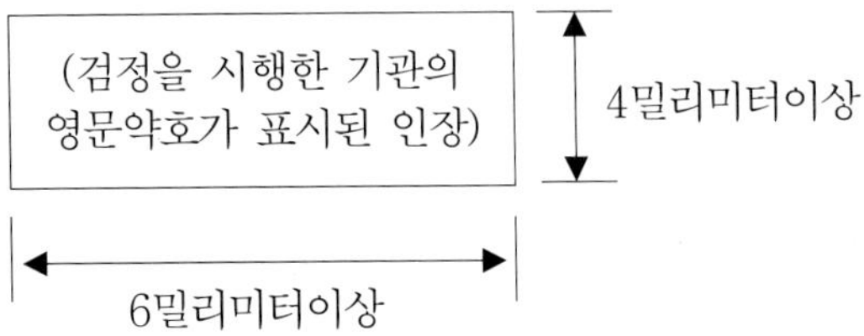

<그림 10> 검정의 합격표시

⑧ 제1항 내지 제7항의 규정에 따른 형식승인의 절차, 형식승인을 얻은 자 및 지정시험기관에 대한 지도·감독, 선박용물건의 보관범위, 검정증서의 서식·교부 등에 관한 사항은 국토해양부령으로 정하고, 제2항의 규정에 따른 형식승인시험의 기준은 국토해양부장관이 정하여 고시한다.

1. 형식승인의 개요

위 규정에 따라 형식승인 및 검정의 절차는 국토해양부령으로 정하고 있으며, 구체적인 내용은 위에서 설명한 바와 같다. 이러한 형식승인 및 검정의 절차를 정리하면 다음의 그림 11과 같다.

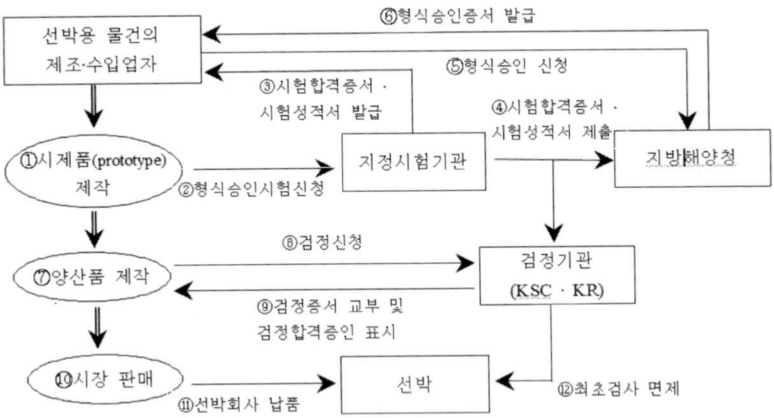

<그림 11> 선박용물건의 형식승인 및 검정절차

한편, 위의 지도·감독규정에 따라 지방해양청장은 지정시험기관의 시험성적서를 검토하여 적합하지 아니하다고 인정하는 경우에는 국토해양부장관에게 보고하여야 한다.(시행규칙 제45조 제1항) 이 경우 국토해양부장관은 해당 지정시험기관을 방문하여 시험방법 및 절차 등을 확인하고 필요한 경우 개선·보완을 요청할 수 있다.(시행규칙 제45조 제2항) 형식승인을 얻은 자에 대한 지도·감독에 관한 규정은 아직 정해져 있지 아니하지만 국토해양부장관은 형식승인제품을 불시에 무작위 수거하여 형식승인시험을 받는 등의 구체적인 사항을 규정하는 방안도 검토할 수 있을 것이다.

국토해양부장관이 정하여 고시하는 형식승인시험의 기준으로는 「선박용물건의 형식승인 시험 및 검정에 관한 기준」(2007. 08. 24 해양수산부 고시 제2007-60호)이 있다.

2. 외국의 사례

선박용물건 등의 형식승인제도는 나라마다 차이가 있다. 일본은 대체로 우리와 유사하지만 형식승인신청이 있을 경우 국토교통대신(장관)이 제조자의 제조능력을 직접 확인하는 점에 있어 차이가 있다.[97] 영국은 제조자가 형식승인시험을 행할 시험기관(notified body)을 스스로 선택할 수 있어 우리와 차이가 있다.(The Merchant Shipping (Marine Equipment) Regulations 1999, Regulation 15(1)) 또 품질관리방법과 관련하여 영국은 정부가 시장이나 선박에서 직접 해당 물품을 수거하여 시험을 행하는 사후 확인방법을 택하고 있다.

미국에서 제조자는 독립시험기관(independent laboratory)을 선정하여 해안경비대(USCG)의 승인을 받아 이 시험기관이 정하는 생산공정과 시험방법에 따라 제조하여야 한다.(46 CFR §159.007-5 및 §159.007-9) 또 제조자는 제조과정에서 독립시험기관의 상세한 검사내용을 매년 해안경비대(USCG)에 보고하여야 하고, 이 보고서를 5년간 보존해야 한

97) 有馬光孝 등, 「船舶安全法の解説」-法と船舶検査の制度-, 3정판, (東京: 成山堂書店, 2003), 284쪽.

다.(§159.007-11) 한편, 독립시험기관은 해안경비대와 제조자의 감독에 관하여 양해각서(MOU)를 체결하여야 한다.(§159.010-7) 해안경비대는 품질확인을 위하여 제조자와 독립시험기관에 대한 지도·감독을 행한다.

3. 형식승인제도의 개선방안

우리나라의 경우 형식승인을 받을 수 있는 자를 제조자 외에 수입하고자 하는 자도 포함시키고 있다. 이러한 규정은 대량생산을 하는 제조자에 대한 품질관리를 통하여 제품의 균질성을 확보하고자 하는 당초의 형식승인제도의 목적과 차이가 있다. 일본이나 영국도 제조자에게만 형식승인을 인정하고 있다.[98] 이와 같이 수입하고자 하는 자도 형식승인을 받을 수 있도록 한 것은 과거 우리나라가 필요한 선박용물건 등을 제대로 제조하지 못하여 불가피하게 대상에 포함시킨 것으로 알려져 있다. 그러나 이제는 관련업계의 성장으로 생산에 큰 문제가 없는 바, 향후 수입하고자 하는 자는 형식승인을 받을 수 있는 자에서 제외함이 바람직하다.[99]

아울러 우리나라 선박용물건 등의 품질관리제도에 대하여도 전반적인 개선이 필요하다고 판단된다. 2006년 불량 방수복[100]의 유통사례[101]에서 보았듯이 제조자가 원가절감을 위하여 당초 형식승인을 받은 제품과 다른 재료로 제품을 생산할 경우 정부에서 바로 그 사실을 확인하기 매우 어렵다. 따라서 선진국의 사례를 벤치마킹하여 제조사업장에 대한 임검이나 불시 제품의 수거분석 등 제조자의 품질관리를 지도·감독할 수 있는 체제를 갖추어야 한다.[102] 또 현재는 형식승인에 대한 유효기간도 없는데 세

98) 미국은 설비 등의 판매자는 물론 자기나 남을 위해 사용하고자 하는 자에게도 형식승인을 인정하고 있다. 46 CFR § 2.75-1(b)

99) 해당 제품을 생산하는 공장에서 우리나라 정부의 지도·감독을 받겠다고 할 경우에는 형식승인을 인정하는 방안도 검토 할 수 있을 것이다.

100) 방수복(immersion suit)은 사람이 물속에서도 체온을 유지하고 물에 떠 있도록 하기 위한 선박의 안전설비 중의 하나이다.

101) 2006년 6월 불량 방수복이 유통된다는 언론보도에 따라 정부는 시중에 유통되는 방수복을 회수하여 형식승인시험을 하였으며, 그 결과 형식시험기준에 미달되는 2개의 업체에 대하여 형식승인을 취소하고 불량품을 회수하도록 조치한 바 있다.

102) 「산업표준화법」에서는 인증을 받은 자 등에 대한 정기심사(제19조), 시판품

월이 흐름에 따라 공정의 변화가 있을 수 있음을 고려할 때 유효기간을 정하는 방안도 검토할 수 있을 것이다.103) 아울러 개별품목에 대한 공정관리를 통한 품질관리보다 우수사업장제도(이 법 제20조에 규정되어 있음)를 활용하여 공장 전체의 품질관리체제로 유도하는 것이 바람직하다.

제2절 형식승인의 지도감독(제19조)

제19조(형식승인의 취소 등) ① 국토해양부장관은 형식승인을 얻은 자가 다음 각 호의 어느 하나에 해당하는 때에는 그 형식승인을 취소하거나 6개월 이내의 기간을 정하여 그 효력을 정지시킬 수 있다. 다만, 제1호 내지 제3호에 해당하는 때에는 이를 취소하여야 한다.

1. 거짓 그 밖의 부정한 방법으로 형식승인 또는 그 변경승인을 얻은 때

2. 거짓 그 밖의 부정한 방법으로 검정을 받은 때

3. 제조 또는 수입한 선박용물건 또는 소형선박이 제26조의 규정에 따른 선박시설기준에 적합하지 아니하게 된 때

4. 정당한 사유 없이 2년 이상 계속하여 해당 선박용물건 또는 소형선박을 제조하거나 수입하지 아니한 때

5. 제75조의 규정에 따른 보고·자료제출명령을 거부한 때

이 규정은 형식승인을 얻은 자에 대한 불이익처분에 대하여 규정하고 있다. 특히 이 규정에서는 형식승인을 "취소"할 수 있는 근거를 마련하고 있다. 취소란 일단 유효하게 성립한 법률행위의 효력을 행위 시에 소급하여 무효로 하는 취소권자의 의사표시이다.104) 따라서 형식승인을 얻은 자의 부당한 행위에 대하여 그의 형식승인을 취소할 경우 소급효가 발생하여 과거에 정상적으로 제작하고 검정을 받은 선박용물건까지 모두 회

조사(제20조) 등의 사후관리제도를 규정하고 있는 바, 이 법에서도 형식승인 제품에 대한 사후관리제도를 도입하는 것이 바람직하다.

103) 당초 형식승인의 유효기간은 3년이었으나 선박 및 선박용물건을 제조·수입하는 자의 부담을 경감하기 위하여 1993년 7월 이를 폐지하고 대신 5년마다 그 성능·구조 및 재료에 관한 시험을 받도록 하였다.(종래의 「선박및선박용물건의형식승인등에관한규칙」) 그러나 1997년 1월 규제완화의 차원에서 이를 폐지함으로써 형식승인은 무기한이 되었다. 미국의 경우 형식승인증서의 유효기간은 5년으로 정해져 있다. 46 CFR § 2.75-5 (d)

104) 김준호, 「민법강의」, 신정5판, (서울: 법문사, 2006), 335쪽.

수하여 폐기하여야 하는 문제가 발생하게 된다. 과거의 제품에 문제가 있었는지의 여부를 제대로 확인하지 아니하고(실질적으로 확인이 불가능하기도 하다) 현재 확인된 제품의 문제를 이유로 소급하여 모든 제품에 문제가 있다고 보는 것은 논리적으로 타당하지 않다고 판단된다. 그러므로 이 규정의 "취소"는 장래에 대하여만 효과를 가지는 "철회"로 해석함이 타당하다. 따라서 형식승인이 취소된 경우 취소의 원인이 되는 행위(형식승인에 적합하지 아니한 제품의 생산 등) 이전에 제작·검정·유통되던 선박용물건은 취소의 영향을 받지 아니한다.

② 국토해양부장관은 제18조 제3항의 규정에 따른 지정시험기관이 다음 각 호의 어느 하나에 해당하는 때에는 그 지정을 취소하거나 6개월 이내의 기간을 정하여 그 효력을 정지시킬 수 있다. 다만, 제1호 내지 제3호에 해당하는 때에는 이를 취소하여야 한다.

1. 거짓 그 밖의 부정한 방법으로 지정을 받은 때

2. 시험에 관한 업무를 더 이상 수행하지 아니하는 때

3. 제18조 제3항의 규정에 따른 지정시험기관의 지정기준에 미달하게 된 때

4. 형식승인시험의 오차·실수·누락 등으로 인하여 공신력을 상실하였다고 인정되는 때

5. 정당한 사유 없이 형식승인시험의 실시를 거부한 때

6. 형식승인시험과 관련하여 부정한 행위를 하거나 수수료를 부당하게 받은 때

이 규정은 지정시험기관에 대한 지도·감독 규정으로서, 위의 제1항과 마찬가지로 여기에서의 "취소"는 "철회"로 해석하는 것이 타당하다.

한편, 제4호의 경우 지정시험기관의 오차·실수·누락 등의 과실에 대하여 강력한 행정처분을 할 수 있도록 하고 있는 바, 이를 문언적으로 해석하면 지정시험기관의 경미한 과실에 대하여도 행정처분이 가능하다. 일반적으로 "고의 또는 중대한 과실"에 대하여 처벌하는 관행에 비추어 이 경우에도 중대한 과실에 대하여만 처벌하도록 하는 제도개선이 바람직하다고 판단된다. 또 과실의 내용에 있어서도 오차·실수·누락 등을 열거하고 있으나 이들 모두 일반적인 과실의 범주에 포함된다. 따라서 제4호는 "형식승인시험시험을 행함에 있어 중대한 과실로 인하여..."로 바꾸는 방안이 바람직하다고 판단된다.

③ 제1항 및 제2항의 규정에 따른 형식승인의 취소·정지 및 지정시험기관의 취소·정지의 절차 등에 관한 사항은 국토해양부령으로 정한다.

과거에는 행정처분을 행할 경우 그 절차와 기준을 행정청 자체의 훈령으로 정하는 것이 일반적이었으나 최근에는 국민의 권익보호, 행정절차의 투명화 등을 위하여 이 규정과 같이 법령에서 직접 정하고 있다. 이와 같이 행정절차를 법령으로 정하는 근거로는 「헌법」의 "모든 국민은 ... 법률과 적법한 절차에 의하지 아니하고는 처벌·보안처분 또는 강제노역을 받지 않는다"는 규정을 들 수 있다.(제12조 제1항) 여기서의 "적법한 절차"는 행정절차에도 적용된다고 한다.[105] 이에 근거하여 제정된 법이 「행정절차법」이다. 따라서 행정청에서 이 법 위반에 따른 행정처분을 할 경우 이 법 및 「행정절차법」에 규정된 모든 절차를 따라야 한다. 그러므로 「행정절차법」에서 정하는 불이익처분의 사전통지규정(제21조 제1항)은 이 법에서 정하고 있지 아니하여도 지켜야 한다.[106] 두 법의 절차가 상충될 경우는 특별법 우선의 원칙에 따라 이 법의 절차가 우선한다.

위반행위에 따른 형식승인 및 지정시험기관의 취소와 효력정지 처분의 기준은 각각 다음의 표10 및 표11과 같다.(시행규칙 제46조 제1항) 처분을 행하는 행정청(형식승인에 관한 경우는 지방해양청장, 지정시험기관에 관한 경우에는 국토해양부장관)은 위반행위의 동기, 내용 및 횟수 등을 고려하여 효력정지의 기간을 2분의 1의 범위에서 가중하거나 감경할 수 있다. 그러나 가중한 기간을 합산한 기간은 6개월을 초과할 수 없다.(제46조 제2항) 행정청이 취소 또는 효력정지 처분을 한 경우에는 지체 없이 그 사실을 고시하여야 한다.(제46조 제3항)

---

105) 김도창, 「일반행정법(상)」(서울 : 청운사, 1993), 537쪽 및 홍성욱, 「헌법」학, 420쪽을 정하중, 「행정법개론」(서울: 법문사, 2007), 375쪽에서 재인용.

106) 「행정절차법」제21조 제1항은 다음과 같다[각호의 내용은 생략) ①행정청은 당사자에게 의무를 과하거나 권익을 제한하는 처분을 하는 경우에는 미리 다음 각호의 사항을 당사자 등에게 통지하여야 한다.

<표10> 형식승인의 취소 등 처분기준

위반행위	해당 법조문	처분내용
1. 거짓 그 밖의 부정한 방법으로 형식승인 또는 그 변경승인을 얻은 경우	제19조 제1항 제1호	형식승인 취소
2. 거짓 그 밖의 부정한 방법으로 검정을 받은 경우	제19조 제1항 제2호	형식승인 취소
3. 제조 또는 수입한 선박용물건 또는 소형선박이 법 제26조에 따른 선박시설기준에 적합하지 아니하게 된 경우	제19조 제1항 제3호	형식승인 취소
4. 정당한 사유 없이 2년 이상 계속하여 해당 선박용물건 또는 소형선박을 제조하거나 수입하지 아니한 경우	제19조 제1항 제4호	효력정지 6개월
5. 법 제75조에 따른 보고·자료제출명령을 거부한 경우	제19조 제1항 제5호	효력정지 2개월

<표11> 지정시험기관의 취소 등의 처분기준

위반행위	해당 법조문	처분내용
1. 거짓 그 밖의 부정한 방법으로 지정을 받은 경우	제19조 제2항 제1호	지정취소
2. 시험에 관한 업무를 더 이상 수행하지 아니하는 경우	제19조 제2항 제2호	지정취소
3. 제18조 제3항에 따른 지정시험기관의 지정기준에 미달하게 된 경우	제19조 제2항 제3호	지정취소
4. 형식승인시험의 오차·실수·누락 등으로 인하여 공신력을 상실하였다고 인정되는 경우	제19조 제2항 제4호	효력정지 6개월
5. 정당한 사유 없이 형식승인시험의 실시를 거부한 경우	제19조 제2항 제5호	효력정지 3개월
6. 형식승인시험과 관련하여 부정한 행위를 하거나 수수료를 부당하게 받은 경우	제19조 제2항 제6호	효력정지 2개월

제3절 우수사업장의 지정(제20조)

제20조(우수사업장의 지정) ① 국토해양부장관이 정하여 고시하는 선박용물건 또는 소형선박을 제조 또는 정비하는 자는 해당사업장에 대하여 국토해양부장관으로부터 우수제조사업장 또는 우수정비사업장(이하 "우수사업장"이라 한다)으로 지정받을 수 있다.

우수사업장의 지정제도는 검사의 합리화 및 효율적 운용을 도모할 목적으로 도입된 제도로서, 우리나라는 일본의 제도도입에 자극받아 1982년 형식승인제도와 함께 도입되었다. 우수한 시설, 품질관리 능력 및 자체검사에 필요한 조직과 인력을 갖춘 사업장에서 자체기준에 따라 제조 또는 정비된 제품은 품질이 우수하다고 인정될 수 있다. 이와 같이 품질이 우수한 제품에 대하여 다시 국가의 검사를 받도록 하는 것은 국가행정력의 낭비라고도 할 수 있다. 따라서 이러한 제품에 대하여는 사업장 자체의 검사에 합격하면 국가의 검사에 합격한 것으로 인정하는 제도가 우수사업장 지정제도이다.

무엇보다도 이 제도는 불신을 바탕으로 하는 현행의 검사제도와 달리 상호신뢰를 바탕으로 하기 때문에 큰 의의가 있다고 할 수 있다. 현행과 같이 국가와 민간이 소위 '갑'과 '을'의 관계에 있는 검사제도에는 부정부패, 형식주의 등 많은 낭비적 요소가 있다. 그러나 이 제도를 통하여 안전확보라는 공동의 목표를 위하여 국가와 민간이 상호 신뢰할 경우 전반적인 안전수준이 향상될 수 있으며, 경제적으로도 큰 이득이 있다. 국가는 선박의 안전을 훼손당하지 않으면서도 민간의 능력을 활용하여 국가의 업무량을 감축할 수 있다. 또 기업은 검사일정을 자체 실정에 맞게 조절할 수 있으며, 자체 검사과정에서 발견된 문제점을 바로 품질향상에 반영시킬 수 있는 장점이 있다. 따라서 정부로서는 우수사업장 인정제도를 한층 더 발전시킬 필요가 있다고 하겠다. 이러한 제도가 더욱 발전하여 국가와 민간의 신뢰가 더욱 높아질 경우 선박관리가 우수한 선박소유자가 소유하고 있는 선박에 대하여는 자체검사를 인정하여 정부검사를 면제할 수 있는 정도로까지 확대될 수도 있을 것이다.[107)]

이러한 장점에도 불구하고 우수사업장 지정제도는 별로 활용되고 있지 못하다. 우수제조사업장의 경우 2007년 12월 현재 내연기관 1개소, 신호탄류 2개소, 소화설비 2개소, 기적(whistle) 1개소 등 총 6개소에 불과하다. 우수정비사업장도 구명뗏목정비사업장만 전국에 30여개로 활성화되

107) 정부에서는 기업을 믿고 각종 검사에 특례를 인정하는 반면에 이를 악용하는 자에 대하여는 강력한 처벌이 필요하다고 판단된다.

고 있을 뿐 강하식 탑승장치 정비사업장 10여개소, 소화기정비사업장이 3~4군데에 불과하다. 이와 같이 우수사업장의 지정제도가 활성화되지 못한 데에는 우선 선박용물건 등을 제조·정비하는 사업장이 영세하기 때문에 우수사업장으로 지정받기 위한 요건을 제대로 맞출 수 없기 때문인 것으로 판단된다. 이 제도의 활용도를 높이기 위한 홍보 및 정책적 지원이 필요하다고 판단된다.

우수제조사업장이나 우수정비사업장으로 지정되려면 당해 사업장에서 제조하거나 정비하는 제품이 국토해양부장관이 정하여 고시하는 선박용물건이나 소형선박이어야 한다. 우수제조사업장 및 우수정비사업장으로 지정받기 위한 선박용물건 및 소형선박의 내용은 각각 다음과 같다.(「우수사업장의 설비 및 확인대상 선박용물건 등에 관한 기준」(해양수산부고시 제2007-122, 2007.11.22.) 별표 1)

1.우수제조사업장으로 지정받기 위한 제품

가. 특수재질선체(길이가 12미터미만인 선박의 선체에 한한다)

나. 창구복포(覆布)

다. 내연기관(연속최대출력 600마력미만인 것에 한한다)

라. 팽창식 구명뗏목(inflatable life raft)

마. 구명부환(life ring)

바. 구명동의(life jacket)

사. 구명줄발사기(발사체 및 구명줄을 포함한다)

아. 로켓낙하산신호

자. 신호홍염

차. 발연부신호

카. 자기발연신호

타. 자기점화등

파. 고압가스용기의 밸브

하. 소화펌프

거. 소화기

너. 소화제
더. 소화호스·노즐 및 국제육상시설연결구
러. 탄산가스용기
머. 매니폴드(manifold)
버. 제어밸브
서. 선등 또는 그 부품(전구·유리)
어. 음향신호장치(기적·호종 및 동라 등)
저. 국제협약 또는 기타 국토해양부장관이 법 제26조에 따라 시설기준으로 정하는 설비나 그 부품

2. 우수정비사업장으로 지정받기 위한 제품

가. 내연기관(연속최대출력 600마력미만인 것에 한한다)
나. 팽창식 구명뗏목
다. 팽창식 구명부기
라. 강하식 탑승장치
마. 소화기
바. 국제협약 또는 기타 국토해양부장관이 법 제26조에 따라 시설기준으로 정하는 설비나 그 부품

② 제1항의 규정에 따라 우수사업장으로 지정받고자 하는 자는 그 시설·설비, 제조·정비의 기준, 자체검사기준 및 인력 등에 대하여 국토해양부령이 정하는 기준에 따라 국토해양부장관의 승인을 얻어야 한다. 승인을 얻은 사항을 변경하고자 하는 때에도 또한 같다.

우수제조사업장 또는 우수정비사업장으로 지정 받으려면 국토해양부령으로 정하는 지정기준에 적합해야 한다.(시행규칙 제47조 제1항) 즉, 필요한 시설을 구비해야 하며, 검사 및 제조·정비에 필요한 인력을 확보하는 한편, 이에 관한 자체규정을 보유해야 한다. 또 우수사업장으로 지정 받으려면 시설, 인력, 조직, 자체기준 등을 갖추고, 우수사업장으로 인정 받으려는 해당 품목에 대하여 예비검사 또는 2년 이상 검정을 받은 실적이 있어야 한다. 우수사업장으로 지정받기 위한 구체적인 기준에 관하여는 부록 VI을 참조할 수 있다.

이 밖에 우수사업장이 갖추어야 하는 설비는 절삭가공기계, 용접기 등 제조 또는 정비설비 및 인장시험기 등 시험・검사설비로서 제조 또는 정비하는 선박용물건의 종류별로 국토해양부장관의 고시로 정하고 있다.(시행규칙 제42조 제2항) 예컨대 구명줄발사기 등 구명설비를 제조하는 사업장이 갖추어야 하는 설비는 화약의 배합작업에 필요한 설비, 화약의 성형작업 또는 충전작업에 필요한 설비, 그 밖에 해당 설비의 제조에 필요한 설비이다.(「우수사업장의 설비 및 확인대상 선박용물건 등에 관한 기준」 별표 2) 그러나 외주 또는 구매하는 부분에 대하여는 굳이 해당 설비를 갖출 필요가 없으며, 시험・검사설비의 경우 다른 사람의 시험・검사설비를 3년 이상 사용할 수 있는 사용권이 있음을 증명하는 때에는 이를 갖춘 것으로 본다.(시행규칙 제47조 제2항 단서)

한편, 이 규정의 문구는 다소 불분명한 부분이 있는 바, 이를 명확히 할 필요가 있다. 즉, 이 규정에 따르면 사업장은 국토해양부장관으로부터 우수사업장으로 "지정"받을 수 있다.(법 제20조 제1항) 또 우수사업장으로 지정받고자 하는 자는 시설・설비를 갖추고 제조・정비의 기준, 자체검사기준 및 인력 등에 대하여 국토해양부령이 정하는 기준에 따라 국토해양부장관의 승인을 얻어야 한다.(동조 제2항) 이 법에서 의미하는 "지정"의 의미는 행정법 상 분명하지 않으나 일정한 기준을 갖추면 특정한 법률행위를 할 수 있도록 허용하는 등록의 의미와 유사하다. 그럼에도 불구하고 이 규정에서는 요건을 갖춘 후 다시 국토해양부장관의 "승인"을 받도록 하고 있는 바, 결국 제1항의 지정행위와 제2항의 승인행위가 경합되게 된다. 모든 규정이 각각의 의미가 있다는 전제 하에 위의 규정을 원만하게 해석하는 방안으로는 사업장의 지정기준으로서 개별 기준에 대하여는 국토해양부장관의 "승인"을 받고, 모든 기준이 만족할 경우 "지정"을 받는다고 할 수 있다. 그러나 이러한 해석에도 불구하고 현행 규정의 어색함은 피할 수 없는 바, 입법과정에서의 착오가 발생한 것으로 판단된다. 추후 개정작업 시 우수사업장 "지정"의 법적 성격이 명확해 지도록 적절히 수정할 필요가 있다.

우수사업장으로 지정받고자 하는 자는 우수사업장지정신청서에 다음 각 호의 서류를 첨부하여 지방해양청장에게 제출하여야 한다.(시행규칙 제48조 제1항) 지방해양청장은 위의 신청을 받으면 해당 사업장이 지정·설비기준에 적합한지의 여부를 서류 및 현장심사(이미 지정받은 품목과 같은 품목인 경우에 현장심사는 생략)를 통하여 확인하고, 그 기준에 맞으면 우수사업장지정서를 신청인에게 발급하여야 한다.(동조 제2항) 이 경우 지방해양청장은 확인을 위하여 관련 분야 전문가의 의견을 들을 수 있다.(동조 제3항)

1. 사업장의 연혁·조직 및 업무분장의 개요
2. 우수사업장의 지정 및 설비기준에 적합함을 증명하는 서류
3. 다음 각 목의 요건이 포함된 선박용물건 또는 소형선박의 제조에 관한 설명서(우수제조사업장의 인정을 받으려는 자에 한함)
   가. 인정을 받으려는 선박용물건 또는 소형선박(이하 "인정대상물건"이라 한다)의 구조
   나. 인정대상 물건의 성능 및 주된 재료
   다. 제조공정
   라. 품질관리
   마. 시험 및 검사체계
4. 다음의 요건이 포함된 선박용물건의 정비에 관한 설명서(우수정비사업장의 인정을 받으려는 자에 한함)
   가. 분해 및 조립방법과 사용공구
   나. 부품 또는 부재별 점검 및 정비방법
   다. 부품 또는 부재별 사용시간과 손상정도 등에 의한 사용한도의 판정기준
   라. 조립 후의 조정방법
5. 선박용물건 또는 소형선박에 대한 자체검사기준

우수사업장의 지정은 「선박안전법」에 의한 정부의 검사를 민간에 맡겨 시행한다는 매우 중요한 의의를 가지고 있다. 따라서 새로 우수사업장을 지정했을 경우는 그 사실을 국민에게 널리 알릴 필요가 있다. 그러나 이

에 관한 내용은 별도로 정하고 있지 아니한 바, 향후 우수사업장을 지정한 경우 지방해양청장이 그 내용을 고시하도록 하는 내용을 시행규칙에 반영할 필요가 있다. 특히 지정취소 또는 효력정지 처분을 한 경우 그 사실을 고시하도록 하는 현행 시행규칙의 규정(제53조 제3항)과도 균형을 이룰 필요가 있다고 하겠다.

③ 제1항의 규정에 따라 국토해양부장관이 지정한 우수사업장에서 제조 또는 정비하여 제2항의 규정에 따른 자체검사기준에 합격한 선박용물건 또는 소형선박에 대하여는 건조검사 또는 선박검사 중 최초로 실시하는 검사는 이를 합격한 것으로 본다. 다만, 국토해양부장관이 정하여 고시하는 선박용물건 또는 소형선박에 대하여는 국토해양부장관으로부터 직접 확인을 받은 경우에 한하여 동 검사에 합격한 것으로 본다.

우수사업장에서 제조 또는 정비된 선박용물건 또는 소형선박에 대하여는 사업장 자체의 품질검사를 인정하여 이러한 제품이 선박에 설치된 후 최초의 검사는 합격한 것으로 본다. 그러나 국토해양부장관이 정하여 고시하는 다음의 제품에 대하여는 직접 확인을 받아야 한다.(「우수사업장의 설비 및 확인대상 선박용물건 등에 관한 기준」 제4조) 이와 같이 직접 확인을 받도록 하는 것은 그 대상이 특수한 재질로 되어 있거나 대용량의 내연기관으로서 사업장 자체의 품질관리가 쉽지 않은 제품이기 때문이다.

1. 우수제조사업장 확인대상
   가. 소형선박의 선체로서 다음의 어느 하나에 해당하는 것
      (1) 강화플라스틱제 선체
      (2) 알루미늄합금제 선체
   나. 연속최대출력 600마력 미만의 내연기관
2. 우수정비사업장 확인대상 : 연속최대출력 600마력 미만의 내연기관
3. 우수사업장으로 지정받은 자가 확인을 받고자 희망하는 선박용물건 등

법 제20조 제3항의 단서규정에 따라 국토해양부장관에게 직접 확인받으려는 자는 해당 선박용물건 또는 소형선박에 다음의 사항을 표시(크기

또는 모양을 고려하여 표시할 수 없는 경우는 제외)하고 확인신청서를 국토해양부장관에게 제출하여야 한다.(시행규칙 제50조 제1항) 국토해양부장관은 확인신청을 받은 경우 해당 선박용물건 또는 소형선박이 제조설명서 또는 정비설명서에 적합하게 제조 또는 정비되었는지 여부를 확인하여야 한다.(동조 제2항)

1. 우수사업장의 명칭, 지정번호 및 지정일자
2. 지정 품명·형식 및 규격(규격이 있는 경우로 한정)
3. 제조 또는 정비일자
4. 제조번호 또는 정비번호

④ 제3항의 규정에 따라 자체검사기준에 합격한 선박용물건 또는 소형선박에 대하여 우수사업장이 직접 합격증서를 발행하고, 해당 선박용물건에는 자체검사에 합격하였음을 나타내는 표시를 하여야 한다. 다만, 제3항 단서의 규정에 따라 국토해양부장관으로부터 직접 확인을 받아야 하는 선박용물건 또는 소형선박에 대하여는 국토해양부장관이 확인서를 교부하고, 해당 선박용물건에는 확인을 나타내는 표시를 하여야 한다.

우수사업장에서 자체 검사기준에 합격한 제품에 대하여는 사업장이 직접 합격증서를 발행하고, 이후의 최초의 선박검사 시에 선박검사관은 이 증서를 확인하고 이 제품에 대한 검사를 생략한다. 아울러 우수사업장은 해당 제품에 자체검사에 합격하였다는 확인을 나타내는 표시를 하여야 하는 바, 그 표시는 다음의 그림 12와 같다.

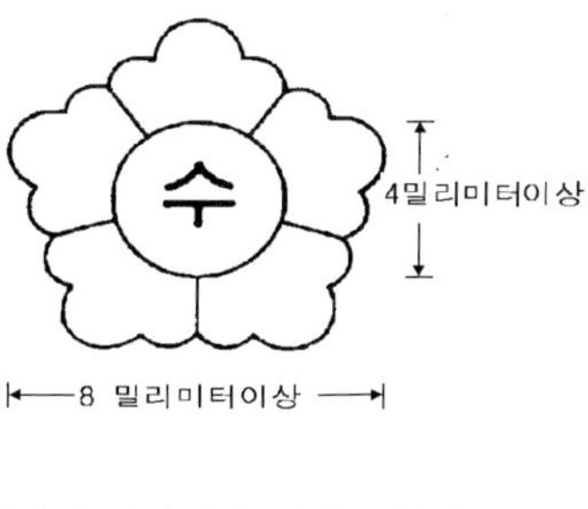

<그림 12> 우수사업장 자체검사 합격표시(시행규칙 제51조)

국토해양부장관의 직접 확인을 받은 제품에 대하여는 다음 그림 13의

확인표시를 한다.(시행규칙 제50조 제3항) 국토해양부장관의 검사는 공단(KST)이나 한국선급(KR)에 대행을 주고 있으므로 확인표시에 대한민국 정부(KG) 대신에 해당 대행검사기관의 영문약어를 사용한다.

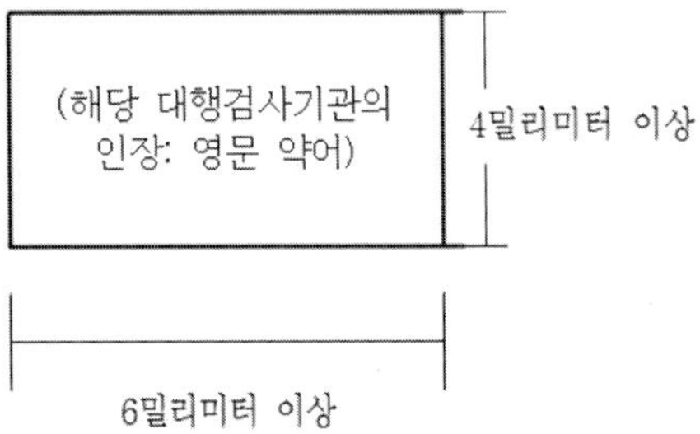

<그림 13> 선박용물건 또는 소형선박의 확인 표시

⑤ 국토해양부장관은 제1항의 규정에 따라 우수사업장을 지정한 때에는 제2항의 규정에 따라 승인을 얻은 내용대로 제조・정비 및 운용・관리되고 있는지 지도・감독하여야 한다.

우수사업장에서 제조 또는 정비된 물건에 대하여 검사를 면제하는 것은 해당 우수사업장에서 철저한 품질관리를 통하여 우수한 제품이 나온다는 것을 전제로 하는 것이다. 따라서 국토해양부장관은 일단 우수사업장을 지정했으면 사업장의 품질관리가 제대로 이루어지도록 적절히 지도・감독 할 책임이 발생하게 된다. 만일 이 사업장에서 제조・정비된 제품의 하자로 인하여 인명이나 재화의 손실이 발생한다면 정부는 우수사업장을 지정하고 제대로 감독하지 못한 도의적 및 민사적 책임(국가배상책임)을 져야 하는 경우도 발생할 수 있다. 이에 따라 국토해양부장관(지방해양청장에 위임)은 우수사업장의 제조・정비 및 운용에 대한 지도・감독을 연 1회 이상 하여야 한다.(시행규칙 제52조)

지도・감독은 횟수보다는 실제 어떻게 하였는지가 중요하다. 국가배상책임과 관련한 소송에서 국가의 책임을 면하려면 지도・감독에 소홀하지 않았음을 입증할 수 있어야 한다. 따라서 지도・감독을 할 경우 관련 증빙서류를 많이 남겨두는 것이 유리하다.

⑥ 제1항 내지 제5항의 규정에 따른 우수사업장의 지정절차, 우수사업장의 적합 여부에 대한 확인절차, 합격증서·확인서의 서식·교부 및 우수사업장에 대한 지도·감독 등에 관하여 필요한 사항은 국토해양부령으로 정한다.

위 규정에 따라 우수사업장의 지정절차는 국토해양부령으로 정하고 있으며, 구체적인 내용은 위에서 설명한 바와 같다. 이러한 우수사업장의 운영절차는 다음의 그림14와 같다.

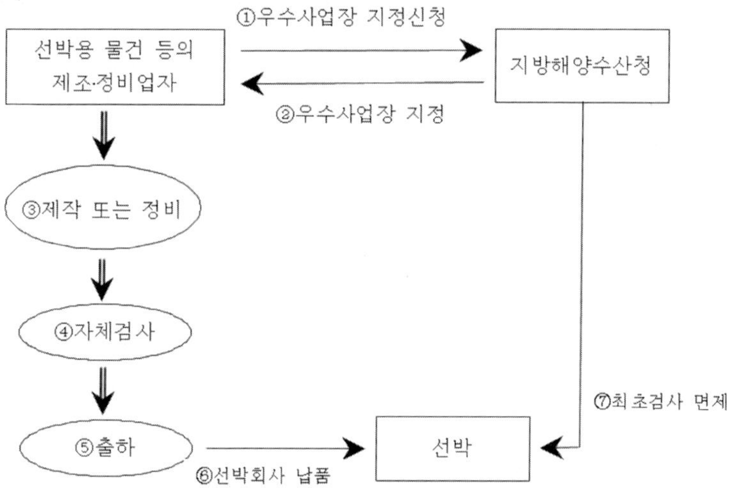

<그림 14> 우수사업장의 운영절차

위의 그림에서 본 것처럼 우수사업장제도는 사업장의 자체 검사를 정부검사를 받은 것으로 보아 납품 후 최초검사를 면제함으로써 업무가 매우 단순한 것이 장점이다. 그러나 우수사업장이 이익의 극대화를 노려 불량 제품을 판매할 경우 이를 단속하기가 쉽지 않다. 따라서 우수사업장에 대하여는 제품의 제작·정비단계에서 품질관리가 이루어질 수 있도록 철저한 지도·감독이 필요하다. 특히 우수제조사업장의 경우 제품에 대한 시험절차가 생략되어 있어 외부의 제3자는 실제 제품의 안전성을 확인할 방법이 없다. 물론 지방해양청장이 우수제조사업장의 지정신청시 현장심사를 한다고 해도(시행규칙 제48조 제2항), 이는 사업장 현장의 확인이지 제품의 성능시험이 아니기 때문이다. 또 좋은 공장시설과 철저한 품질관

리를 통해 생산된 제품이라도 이 법이 요구하는 성능기준을 맞추지 못할 수도 있기 때문이다. 추후 이 법의 개정 시 우수사업장의 지정신청시 생산된 제품에 대한 시험을 받도록 하는 등 이에 대한 적절한 개선방안이 요구된다고 하겠다.

또 현행 제도에서는 국토해양부장관의 고시로 사업장의 설비까지 상세하게 규정하고 있는바(시행규칙 제42조 제2항), 이는 다소 현실에 맞지 않아 보인다. 이러한 체제는 1970년대 일본에서 개발한 체제로서 이후 기술의 발전에 따라 생산 공정에도 많은 변화가 이루어졌는데 이를 그대로 따라 운영함은 현실에 잘 맞지 않기 때문이다. 특히 규정된 설비 중 특정 공구는 특정한 방식의 제조공정에만 적합할 뿐 새로운 공정에 모두 적합하다고 할 수 없다. 또한 생산 공정에 외주(outsourcing)가 보편화된 현재 사업장이 갖추어야 할 설비까지 세세하게 규정하는 것은 지나친 규제로 보인다. 궁극적으로 정부가 바라는 것은 제품의 품질확보이다. 따라서 향후 이 법에서는 제품의 품질을 확보할 수 있도록 생산과정에 국제표준화기구(ISO)의 품질인증제도를 도입하도록 하고, 정부는 필요시 사업장의 품질관리체제를 확인하도록 하는 선진국형 지도·감독이 더 바람직하다고 하겠다. 참고로 우리의 우수사업장 인정제도와 유사한 EC의 생산품질보증절차(production quality assurance procedures)에서는 사업장의 설비보다는 품질관리에 대해 확인하고 있으며, 정기적으로 시험기관(notified body)이 사업장을 방문하여 품질에 대한 감사를 하도록 하고 있다.(The Merchant Shipping (Marine Equipment) Regulations 1999, Regulation 14)

제4절 우수사업장의 지도·감독(제21조)

제21조(우수사업장의 지정취소 등) ① 국토해양부장관은 우수사업장의 지정을 받은 자가 다음 각 호의 어느 하나에 해당하는 때에는 그 지정을 취소하거나 6개월 이내의 기간을 정하여 그 효력을 정지시킬 수 있다. 다만, 제1호 및 제2호에 해당하는 때에는 이를 취소하여야 한다.

1. 거짓 그 밖의 부정한 방법으로 우수사업장의 지정을 받은 때

2. 제조하거나 정비한 선박용물건 또는 소형선박이 제26조의 규정에 따른 선박시설기준에 적합하지 아니하게 된 때
3. 유효기간이 경과한 선박용물건을 판매한 때
4. 정당한 사유 없이 1년 이상 계속하여 당해 선박용물건 또는 소형선박을 제조하거나 정비하지 아니한 때
5. 당해 사업장이 제20조 제2항의 규정에 따른 지정기준에 미달하게 된 때
6. 부정한 방법으로 제20조 제3항 단서의 규정에 따른 확인을 받은 때
7. 제75조의 규정에 따른 보고·자료제출명령을 거부한 때

이 규정은 우수사업장의 지정을 받은 자에 대한 불이익처분에 대하여 규정하고 있다. 형식승인제도와 마찬가지로 이 규정의 "취소"는 철회로 새겨야 한다. 제4호와 같이 1년 이상 제조하거나 정비하지 아니한 경우 지정을 취소하는 이유는 장기간 제조·정비를 하지 아니하면 제품에 대한 품질관리능력이 저하되어 더 이상 이를 신뢰할 수 없기 때문이다.

② 제1항의 규정에 따라 우수사업장의 지정이 취소된 자는 지정이 취소된 날부터 1년간 우수사업장으로 지정될 수 없다.

우수사업장의 지정이 취소되었다고 하더라도 바로 다시 우수사업장으로 지정되면 우수사업장 지정취소의 실효성을 확보하기 어렵다. 따라서 행정처분의 실효성확보를 위하여 한번 우수사업장 지정이 취소된 경우 1년간은 다시 지정될 수 없도록 하였다.

③ 제1항의 규정에 따른 우수사업장의 지정취소 및 그 절차 등에 관하여 필요한 사항은 국토해양부령으로 정한다.

우수사업장의 지정취소 및 효력정지 처분의 기준은 다음의 표12와 같다.(시행규칙 제53조 제1항) 처분을 할 경우 지방해양청장은 위반행위의 동기, 내용 및 횟수 등을 고려하여 제1항에 따른 효력정지기간을 2분의 1의 범위에서 가중하거나 감경할 수 있다. 이 경우 가중한 기간을 합산한 기간은 6개월을 초과할 수 없다.(동조 제2항) 지정취소 또는 효력정지 처분을 한 경우 지방해양청장은 지체 없이 그 사실을 고시하여야 한다.(동조 제3항)

<표12>우수사업장의 지정취소 및 효력정지 처분의 기준

위반행위	해당 법조문	처분내용
1. 거짓 그 밖의 부정한 방법으로 우수사업장의 지정을 받은 경우	제21조 제1항 제1호	지정취소
2. 제조하거나 정비한 선박용물건 또는 소형선박이 법 제26조에 따른 선박시설기준에 적합하지 아니하게 된 경우	제21조 제1항 제2호	지정취소
3. 유효기간이 경과한 선박용물건을 판매한 경우	제21조 제1항 제3호	효력정지 6개월
4. 정당한 사유 없이 1년 이상 계속하여 해당 선박용물건 또는 소형선박을 제조하거나 정비하지 아니한 경우	제21조 제1항 제4호	효력정지 3개월
5. 해당 사업장이 법 제20조 제2항에 따른 지정기준에 미달하게 된 경우	제21조 제1항 제5호	효력정지 6개월
6. 부정한 방법으로 법 제20조 제3항 단서에 따른 확인을 받은 경우	제21조 제1항 제6호	효력정지 6개월
7. 법 제75조에 따른 보고·자료제출명령을 거부한 경우	제21조 제1항 제7호	효력정지 2개월

제5절 예비검사(제22조)

제22조(예비검사) ① 국토해양부장관이 지정하여 고시하는 선박용물건 또는 소형선박의 선체를 제조·개조·수리·정비 또는 수입하고자 하는 자는 선박용물건이 선박에 설치되기 전에 국토해양부장관이 정하여 고시하는 기준에 따라 국토해양부장관의 검사(이하 "예비검사"라 한다)를 받을 수 있다. 이 경우 예비검사의 절차에 관하여 필요한 사항은 국토해양부령으로 정한다.

기본적으로 「선박안전법」은 선박의 감항성 확보를 위하여 선박의 소유자 또는 선박의 건조자로 하여금 선박의 검사를 받도록 하는 법이다. 그러나 공장에서 각종 선박용물건을 제조할 당시 제조자는 이 제품들이 어떤 선박에서 사용될 지 알 수 없다. 또 중고의 선박용 기관을 수리하거나 정비하는 자도 수리·정비된 기관이 어떤 선박에서 사용될지 알 수 없다. 한편, 이러한 제품의 제조자·정비업자·수입업자는 검사를 받아야 하는 법적 의무가 있는 것도 아니다. 그러나 일단 선박이 설치·비치된 다음에 이러한 선박용물건 등에 대하여 검사를 받으려면 너무나 번거롭다. 이러한 애로점을 해소하기 위하여 이 법에서는 아직 선박검사의 의무가 없는 선박용물건 등의 제조자·수입자 등으로 하여금 선박이 특정되기 전이라도 검사를 받을 수 있도록 허용하고 있는 바, 이러한 검사가 예비검사이다.

예비검사는 모든 선박용물건에 허용되는 것이 아니고 국토해양부장관이 정하여 고시하는 것에 한한다. 이에 관한 고시는 「예비검사의 대상 및 기준」(해양수산부고시 제2007-121호, 2007년 11월 22일)으로서, 예비검사의 대상품목은 다음의 표13과 같다.(예비검사의 대상 및 기준 제2조 제1항)

<표13> 예비검사의 대상품목

구분	주요 내용	구분	주요 내용
선체	선체구조용 재료, 소형선박 선체 등 12종	거주설비	기계식 통풍장치 등 4종
기관	내연기관, 가스터빈 등 24종	항해용구	항해등, 레이다 등 12종
배수설비	빌지펌프, 선외펌프	하역 기타 작업설비	크레인 등 3종
조타·계선 및 양묘설비	유압조타장치, 닻 등 9종	전기설비	정격출력 1킬로와트 이상의 전동기 등 8종
구명설비	구명정, 구명뗏목 등 26종	기타 설비	잠수설비, 냉동설비 등 4종
소방설비	소화펌프, 화재탐지장치 등 16종	국제협약 또는 기타 국토해양부장관이 법 제26에 따라 시설기준으로 정하는 설비나 그 부품	-

위에서 정한 예비검사 대상품목에도 불구하고 여객선이 아닌 소형선박에 탑재하는 선박용물건 등, 국제협약당사국 정부 또는 국토해양부장관이

인정하는 선급법인의 검사를 받은 제품, 국내에서 생산되지 아니하는 제품, 총톤수 2톤 미만 선박에 설치하는 기관 등은 예비검사를 하지 않도록 규정하고 있다.(「예비검사의 대상 및 기준」 제2조 제1항) 이는 간이하고 규모가 작은 설비는 예비검사보다 현장에서의 간단한 현상검사가 편리할 것으로 예상되기 때문이다. 또 이번에 새롭게 검사대상으로 편입된 2톤 미만의 선박소유자에게 편의를 보장하기 위함이다. 그러나 예비검사는 실질적으로 선박소유자의 편의를 도모하기 위한 것으로서 제조업자 등이 만일 예비검사를 원치 않으면 예비검사를 신청하지 않고 나중에 선박에 설치된 후 선박검사를 받으면 된다. 따라서 현행과 같이 예비검사 대상에서 제외하는 것 보다는 일단 예비검사 대상에 포함시킨 후 예비검사의 수검 여부는 당사자의 의사에 맡기는 것이 더 타당하다고 할 수 있다.

② 제1항의 규정에 따른 예비검사를 받고자 하는 자는 국토해양부령이 정하는 바에 따라 해당 선박용물건 또는 소형선박의 선체의 도면에 대하여 국토해양부장관의 승인을 얻어야 한다. 이 경우 제13조 제2항의 규정은 예비검사의 도면에 대한 승인의 표시에 관하여 이를 준용한다.

이 규정은 이번에 신설된 사항으로서, 예비검사를 받고자 하는 자는 반드시 사전에 국토해양부장관으로부터 해당 제품에 대한 도면승인을 받도록 하고 있다. 종래 도면도 제대로 없이 예비검사를 집행하다 보니 선박검사관이 선박의 안전을 확인할 방법이 없었던 데에 대한 반성으로서 채택된 수단이다. 도면의 승인절차는 선박검사를 받을 경우와 같다.(시행규칙 제54조 제5항) 이제 선박검사관은 충분한 시간을 두고 도면으로 해당 선박용물건 등의 설계특성을 검토하여 도면승인을 하고, 현장에서는 도면대로 제작·정비되고 작동되는 지를 확인할 수 있게 되었다. 이와 같은 제도개선으로 안전은 물론 검사의 효율성도 향상될 수 있을 것으로 기대되고 있다.

예비검사를 받으려는 자는 예비검사신청서에 승인받은 도면을 첨부하여 국토해양부장관에게 제출하여야 한다.(시행규칙 제54조 제1항) 이에 따른 예비검사는 해당 선박용물건 또는 소형선박의 선체에 대하여 제조·개조·수리 또는 정비에 착수한 때부터 검사를 받아야 한다.(동조 제2

항) 선박용물건등에 관한 성능을 확인하기 위한 기준은 법 제26조에 따른 선박시설기준을 적용하며, 필요한 경우 「선박용물건의 형식승인시험 및 검정에 관한 기준」(이하 "형식승인시험기준"이라 한다)을 적용할 수 있다.(「예비검사의 대상 및 기준」(「예비검사의 대상 및 기준」 제3조 제1항) 그러나 다음의 어느 하나에 해당하는 경우에는 한국산업규격(KS), 국제표준규격(ISO) 또는 국제협약을 적용할 수 있다.(동조 제2항)

1. 법 제26조에 따른 선박시설기준에 규정되어 있으나 형식승인시험기준에는 규정되지 아니한 경우
2. 협약이 채택되어 시행될 예정인 경우
3. 협약이 시행되었으나 국내기준에 수용되지 아니한 경우

예비검사의 장소는 해당 선박용물건 등의 제조 또는 정비사업장에서 수행한다. 다만, 같은 사업장에서 검사를 할 수 없는 항목은 규칙 제40조에 따른 지정시험기관 또는 국제공인시험기관(이하 "지정시험기관등"이라 한다)에 의뢰하거나 해당 검사에 필요한 설비가 있는 장소에서 검사할 수 있다.(「예비검사의 대상 및 기준」 제4조 제1호) 예비검사 시 시험을 하는 항목에 대하여는 담당 검사원이 입회하여 실시한다. 다만, 지정시험기관등에 의뢰하는 시험은 그러하지 아니하다.(동조 제2호)

팽창식구명설비의 수리 또는 정비에 따른 예비검사는 팽창식구명설비 정비시설 등의 기준에 적합하다고 지방해양청장의 확인을 받은 곳에서 수리 또는 정비에 착수한 때부터 검사를 받아야 한다.(시행규칙 제54조 제2항 후단) 지방해양청장의 확인을 받으려는 자는 부록 Ⅶ에 포함된 팽창식구명설비의 수리 또는 정비에 따른 시설 등의 기준(시행규칙 별표 24)을 갖추고 팽창식구명설비정비시설등확인신청서를 지방해양청장에게 제출하여야 한다.(시행규칙 제54조 제3항) 지방해양청장은 당해 팽창식구명설비 정비시설 등이 기준에 적합하다고 인정되면 팽창식구명설비정비시설등확인서를 발급하고 이를 고시하여야 한다.(동조 제4항)

팽창식 구명설비의 정비 및 수리에 관한 위의 절차, 시설기준 등 시행규칙의 내용은 법 제20조의 규정에 따른 우수정비사업장의 운영제도와

별도로 운영됨을 알 수 있다. 그러나 이 법의 규정에서는 그러한 내용을 정확히 언급하지 않고 시행규칙에서 각각의 제도를 별도로 규정하고 있어 혼란의 소지가 있다. 특히 팽창식 구명설비의 정비 및 수리를 하는 업체는 법 제20조의 규정에 의한 우수사업장이 아니므로 법 제22조의 규정에 의한 예비검사를 받아야 한다. 이와 같이 법과 시행규칙간의 괴리를 없애려면 법 제20조의 우수사업장에서 팽창식 구명설비정비의 정비에 관한 사항은 제외하는 것이 바람직하다.

③ 국토해양부장관은 제1항의 규정에 따라 예비검사에 합격한 선박용물건 또는 소형선박의 선체에 대하여 국토해양부령이 정하는 예비검사증서를 교부하여야 한다. 이 경우 당해 선박용물건에 대하여는 합격을 나타내는 표시를 별도로 하여야 한다.

예비검사에 합격한 제품에 대하여는 예비검사증서를 교부하며, 아울러 해당 제품에는 다음 그림15와 같이 합격을 나타내는 표시를 하게 된다. 팽창식 구명설비의 수리 또는 정비에 따른 검사의 경우에는 예비검사증서를 갈음하여 정비기록부에 선박검사관이 서명하는 것으로 한다.(시행규칙 제54조 제6항)

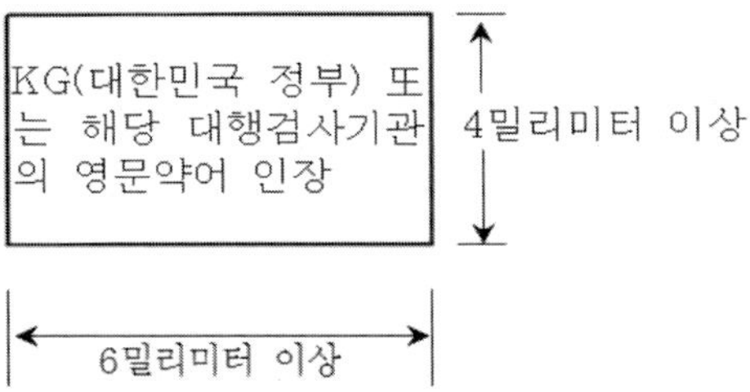

<그림 15> 예비검사 합격을 나타내는 표시

④ 제1항의 규정에 따른 예비검사에 합격한 선박용물건 또는 소형선박의 선체에 대하여는 건조검사 또는 선박검사 중 최초로 실시하는 검사는 이를 합격한 것으로 본다.

예비검사에 합격한 제품은 일단 그 안전성이 입증되었으므로 선박에 비치·설치하고 다시 검사를 하는 것은 이중검사가 되어 불합리하다. 따라서 예비검사 합격 이후 최초로 시행하는 검사에서 동 제품은 검사에 합격한 것으로 본다.

⑤ 제14조 제1항의 규정은 예비검사의 준비에 관하여 이를 준용한다. 이 경우 제14조 제1항 중 "건조검사 및 선박검사"는 "예비검사"로 본다.

법 제14조 제1항의 규정은 각종 선박검사의 준비에 관한 사항으로서, 위 규정은 이를 준용함으로써 예비검사 준비사항도 국토해양부령으로 정하게 된다. 국토해양부령으로 정한 예비검사의 준비사항은 다음과 같다. (시행규칙 제54조 제7항)

1. 선체에 설치할 선박용물건에 관한 준비 : 재료시험, 압력시험, 비파괴검사 및 하중시험의 준비를 할 것.
2. 기관에 설치할 선박용물건에 관한 준비 : 재료시험, 비파괴검사, 용접시공시험, 평형시험, 압력시험, 효력시험, 축기시험, 도기시험 및 육상시운전의 준비를 할 것.
3. 배수설비, 조타·계선·양묘설비, 구명·소방설비 및 거주설비에 설치할 선박용물건에 관한 준비 : 재료시험, 압력시험 및 효력시험의 준비를 할 것.
4. 항해용구에 설치할 선박용물건에 관한 준비 : 효력시험의 준비를 할 것.
5. 하역 그 밖의 작업설비에 설치할 선박용물건에 관한 준비 : 재료시험, 비파괴검사, 하중시험, 압력시험 및 효력시험의 준비를 할 것.
6. 전기설비에 설치할 선박용물건에 관한 준비 : 재료시험, 방수시험, 방폭시험, 완성시험, 절연저항시험 및 효력시험의 준비를 할 것.
7. 승강설비에 설치할 선박용물건에 관한 준비 : 재료시험, 하중시험 및 효력시험의 준비를 할 것.
8. 컨테이너에 설치할 선박용물건에 관한 준비 : 재료시험 및 하중시험의 준비를 할 것.
9. 냉동설비에 설치할 선박용물건에 관한 준비 : 재료시험, 방수시험, 압력시험, 기밀시험, 진공시험 및 효력시험의 준비를 할 것.
10. 잠수설비의 내압동체 그 밖에 국토해양부장관이 정하는 설비에 설치할 선박용물건에 관한 준비 : 국토해양부장관이 인정하는 검사준비를

할 것.

11. 수리 또는 정비에 따른 예비검사를 받으려는 선박용물건에 관한 준비 : 시행규칙 별표 10 정기검사 준비사항 중 해당 선박용물건에 관한 검사준비를 할 것.

예비검사에 관한 절차를 개략적으로 나타낸 것은 다음의 그림16과 같다.

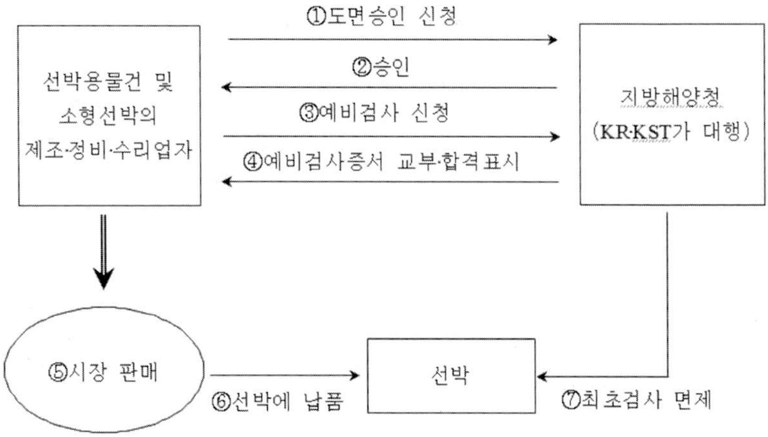

<그림 16> 예비검사의 절차

제4장 컨테이너의 형식승인 등

제4장에서는 「안전한 컨테이너에 관한 국제협약(CSC)」의 내용을 수용하여 컨테이너의 안전관리에 관한 사항을 정하고 있다. 종래의 「선박안전법」에서는 컨테이너의 안전에 관한 규정을 규정하지 아니하였고, 안전에 필요한 사항은 국제협약인 「CSC 협약」에 직접 근거를 둔 「안전한 콘테이너를 위한 국제협약에 의한 콘테이너의 형식승인 등에 관한 규칙」을 제정하여 사용하였다. 그러나 이와 같은 체제는 국제협약을 국내법에 수용하고, 이 국내법에 따라 하위법령을 만드는 국내 법체제와 잘 맞지 않았었다. 따라서 이번의 법 개정시 「CSC 협약」의 주요 내용을 모두 이 법에 직접 수용하였다. 이에 따라 종래 시행규칙의 내용은 모두 이 법 시행규칙에 포함되었고 종래의 시행규칙은 폐지되었다.

이 법에서 규정하는 컨테이너 안전관리의 주요내용은 다음과 같다. 즉, 「CSC 협약」의 기본원칙에 따라 해상화물운송에 사용되는 모든 컨테이너는 국토해양부장관으로부터 형식승인 및 검정을 받아야 한다.(제23조) 이러한 컨테이너 형식승인·검정제도는 제3장의 선박용물건 등의 형식승인·검정제도와 거의 비슷하다. 다만, 컨테이너제조자는 검정에 합격한 컨테이너에 형식승인판을 부착하여야 한다. 한편, 컨테이너 소유자는 컨테이너가 수송에 적합하다는 것을 확인하기 위한 안전점검을 실시하여야 하며(제24조), 안전점검을 받지 않은 컨테이너는 해상화물운송에 사용할 수 없다.(제25조)

제1절 컨테이너의 형식승인 및 검정(제23조)

제23조(컨테이너의 형식승인 및 검정 등) ① 선박에 적재되어 화물운송에 사용되는 컨테이너의 경우 그 바닥의 면적이 국토해양부령이 정하는 면적 이상인 컨테이너를 제조하고자 하는 자는 국토해양부장관으로부터 형식에 관한 승인(이하 "컨테이너형식승인"이라 한다)을 얻어야 한다.

원래 컨테이너는 물건을 담는 그릇이나 용구를 말한다. 그러나 해상운송에 적합하도록 특별히 설계된 금속제 컨테이너가 등장하여 운송비를 현저히 절감시킴에 따라 컨테이너에 의한 화물의 운송은 계속 증가하고 있다.[108] 특히 국제표준화기구(ISO)에 의한 컨테이너 규격의 국제적인 통일은 비용절감 효과를 극대화시켰다. 그 결과 세계에서 운송되는 화물(곡물, 유류, 광석 등 포장되지 아니한 채 운송되는 산적화물(bulk cargo)을 제외) 중 90퍼센트 이상이 컨테이너에 실려 운송되고 있다. 뿐만 아니라 컨테이너는 이제 선박은 물론 도로, 철도, 항공을 포함하는 국제복합운송에 널리 사용되고 있다.

이 법에서 컨테이너는 "선박에 의한 화물의 운송에 반복적으로 사용되고, 기계를 사용한 하역 및 겹침방식의 적재가 가능하며, 선박 또는 다른 컨테이너에 고정시키는 장구가 부착된 것으로서 밑 부분이 직사각형인 기구"로서 정의되고 있다.(법 제2조 제14호) 즉, 컨테이너 제조자는 바닥면적이 7 제곱미터(윗부분에 모서리끼움쇠가 없는 컨테이너인 경우에는 14제곱미터) 이상인 컨테이너(시행규칙 제55조)로서 향후 해상 화물운송에 사용될 예정의 컨테이너에 대해 국토해양부장관으로부터 형식승인을 얻어야 한다. 따라서 바닥 면적이 일정 면적 이상이 된다고 하더라도 선박의 화물운송에 사용되지 아니한다면 형식승인을 얻을 필요가 없다. 한편, 「CSC 협약」에서는 국제운송에 사용되는 컨테이너에 적용되며, 항공운송에 사용되는 컨테이너는 협약적용이 제외된다고 명시하고 있어(본문

108) 컨테이너를 누가 최초로 사용했는가에 대하여는 여러 가지 주장이 있으나 표준화한 컨테이너를 사용하여 미국의 Malcom McLean이 1956년 4월 뉴욕에서 휴스턴항까지 운항한 것이 최초라고 한다.
http://www.wired.com/wired/archive/7.10/ports.html [2008.1.23.].

제3조 제1항), 「선박안전법」과는 다소 차이가 있다.

참고로 선박용물건 등의 형식승인제도에서는 형식승인을 받지 않아도 선박검사 시 개별검사를 받아 합격하면 선박에서 사용할 수 있으나 컨테이너의 경우 이러한 개별검사가 허용되지 않는다. 컨테이너는 대량생산이 되어 품질이 균일하기 때문에 개별검사를 할 경우 검사의 효율성이 현저히 떨어지기 때문이다.

② 제1항의 규정에 따른 컨테이너형식승인을 얻고자 하는 자는 국토해양부장관이 지정하여 고시하는 시험기관(이하 "컨테이너지정시험기관"이라 한다)의 형식승인시험을 거쳐야 한다.

선박용물건 등과 마찬가지로 컨테이너의 형식승인을 받고자 하는 자는 먼저 시제품(prototype)에 대해 지정시험기관으로부터 컨테이너의 품질에 관한 형식승인시험을 거쳐야 한다. 지정시험기관은 국토해양부장관이 지정하여 고시한다. 지정시험기관이 되고자 하는 자의 요건으로는 공단 또는 선급법인이어야 하며, 조직 내에 컨테이너형식승인시험·검사를 담당할 검사원이 있어야 한다.(시행규칙 제61조 제1항) 또 지정시험기관으로 지정받으려는 자는 신청서를 국토해양부장관에게 제출하여야 한다.(동조 제2항) 국토해양부장관은 해당 컨테이너지정시험기관이 대행할 업무의 범위와 기간을 정하여 신청인에게 통지하고 그 사실을 고시하여야 한다.(동조 제3항)

컨테이너의 형식승인시험을 받으려는 자는 컨테이너형식승인시험신청서에 ①컨테이너의 제조사양서, 구조도면 및 사용방법에 관한 설명서와 ②컨테이너의 제조 및 검사설비개요서를 첨부하여 컨테이너지정시험기관에 제출하여야 한다.(시행규칙 제58조 제1항) 또 형식승인시험을 받으려는 시제품 컨테이너 및 재료를 컨테이너지정시험기관이 지정하는 장소에 제출하고, 컨테이너형식승인시험에 필요한 비용을 컨테이너지정시험기관에 내야 한다.(동조 제4항)

컨테이너지정시험기관은 시험신청을 받은 경우 국토해양부장관이 정하여 고시하는 컨테이너형식승인시험기준에 따라 시험을 하여야 한다.(동조 제2항) 시험의 결과 컨테이너형식승인시험에 합격한 컨테이너에 대하여 컨테이너지정시험기관은 컨테이너형식승인시험합격증서, 컨테이너형식승인시험성적서 및 신청서에 첨부되었던 서류에 컨테이너지정시험기관이 날인 또는 각인한 서류를 신청인에게 발급하여야 한다. 이 때 동일한 내용의 서류 각 1부를 관할 지방해양청장에게도 제출하여야 한다.(동조 제4항)

컨테이너지정시험기관의 시험에 합격한 후 컨테이너의 형식승인을 받으려는 자는 컨테이너의 형식(type) 별로 형식승인신청서를 지방해양청장에게 제출하여야 한다.(시행규칙 제56조 제1항) 지방해양청장은 이미 컨테이너지정시험기관으로부터 받은 시험합격증서 등을 확인하여 이상이 없으면 컨테이너형식승인증서를 신청인에게 발급하여야 한다.(동조 제2항)

③ 제1항 및 제2항의 규정에 따라 컨테이너형식승인을 얻은 자가 그 내용을 변경하고자 하는 경우에는 국토해양부장관으로부터 변경승인을 얻어야 한다. 이 경우 컨테이너의 성능에 영향을 미치는 사항을 변경하는 때에는 해당변경 부분에 대하여 제2항의 규정에 따른 별도의 형식승인시험을 거쳐야 한다.

컨테이너의 형식승인을 얻은 자는 그 형식과 동일한 제품을 생산해야 검정에 합격할 수 있다. 그러나 제품의 공정개선이나 사용상의 결함개선을 위하여 당초 형식승인 받은 형식(design type)을 변경하고자 할 경우에는 국토해양부장관으로부터 변경승인을 받아야 한다. 변경승인을 받은 형식은 다른 형식이 된다. 이 때 경미한 사항의 변경에 대하여는 형식승인시험이 필요하지 않지만 성능에 영향을 미치는 중대한 설계변경인 경우에는 해당 변경부분에 대하여 별도의 형식승인시험을 받아야 한다.

④ 제1항 및 제3항의 규정에 따라 컨테이너형식승인 또는 그 변경승인을 얻은 자는 당해 컨테이너에 대하여 국토해양부장관이 정하여 고시하는 검정기준에 따라 국토해양부장관의 검정(이하 "컨테이너검정"이라 한다)을 받아야 한다. 이 경우 국토해양부장관은 컨테이너검정에 합격한 컨테이너에 대하여는 컨테이너검정증서를 교부하여야 한다.

컨테이너의 형식승인을 받은 자(변경승인을 얻은 자를 포함한다)는 형식승인을 받은 제품과 동일한 공정과 품질관리를 통하여 생산된 컨테이너의 검정을 받아야 한다. 이를 위하여 그는 컨테이너검정신청서를 국토해양부장관에게 제출하여야 한다.(시행규칙 59조 제1항) 이에 따라 국토해양부장관은 해당 컨테이너가 컨테이너검정기준에 적합한지 여부를 확인하고 합격할 경우 컨테이너검정증서를 발급하여야 한다.(동조 제2항)

컨테이너의 검정기준은 다음의 표14와 같다.(「컨테이너의 형식승인 및 검정기준」(해양수산부 고시 2004-41호, 2004.7.12.) 별표6) 이 검정기준에 전수검사를 할 경우 불합격되는 컨테이너만 불합격되고, 50개마다 1개의 표본검사를 할 경우 당해 컨테이너가 불합격되면 50개 전체가 불합격되는 것으로 해석해야 할 것이다.

<표14> 컨테이너 검정기준

컨테이너의 종류	검정항목	검정수량
일반 컨테이너	외관검사, 치수검사, 풍우밀검사	전수
	질량계측, 상부 달아올리기검사, 마루검사	50개마다 1개
방열컨테이너	외관검사, 치수검사, 풍우밀검사, 기밀성능검사, 냉동 또는 가열장치에 대한 운전작동검사	전수
	질량계측, 상부 달아올리기검사, 마루검사, 단열 및 냉동장치 성능검사	50개마다 1개
탱크컨테이너	외관검사, 치수검사, 풍우밀검사, 내압검사	전수
	질량계측, 상부 달아올리기검사, 마루검사	50개마다 1개

한편, 위의 법 규정에서는 "당해 컨테이너"에 대하여 검정을 받도록 정하고 있는 바, 이는 형식승인을 받은 컨테이너에 대해 다시 검정을 받도록 하는 것으로 오해될 소지가 있다. 형식승인을 받은 컨테이너에 다시 검정을 받는 것은 검사를 이중으로 받게 되므로 당연히 불합리하다. 따라서 여기의 "당해 컨테이너"는 "당해 형식승인을 받은 컨테이너와 동일한 방식으로 제작된 컨테이너(type-series containers)"로 새겨야 한다. 이 규정은 입법과정의 실수로 보이는 바, 추후 법 개정 시 문구를 적절하게 수정하는 것이 바람직하다.

⑤ 컨테이너의 제조자는 제3항의 규정에 따라 컨테이너검정에 합격한 컨테이너에 컨테이너형식승인을 얻었음을 나타내는 형식승인판(이하 "컨

테이너형식승인판"이라 한다)을 부착하여야 하며, 국토해양부장관은 동 컨테이너형식승인판에 컨테이너검정에 합격하였음을 나타내는 확인표시를 하여야 한다.

검정에 합격한 컨테이너는 이제 화물의 운송에 사용될 수 있다. 이 컨테이너가 선박에 적재되려면 컨테이너 제조자는 여기에 국제협약에 따른 형식승인판(CSC Type Approval Plate)을 부착하여야 한다. 형식승인판은 가로 20센티미터, 세로 10센티미터 이상이어야 하며, 영구성, 내식성 및 내화성을 가지는 것으로서 컨테이너에 영구적으로 부착되어야 한다. 국토해양부장관은 형식승인판에 검정에 합격하였다는 확인표시를 하여야 한다. 컨테이너형식승인판은 다음 그림17과 같으며,[109] 검정에 합격하였다는 표시는 예비검사에 합격한 경우에 표시하는 방법과 같다.

CSC TYPE APPROVAL
컨테이너형식승인판

[1]~[2]		검사증인	
DATE MANUFACTURED			
IDENTIFICATION NO.			
MAXIMUM OPERATING GROSS MASS	Kg		1b
ALLOWABLE STACKING LOAD FOR 1.8g	Kg		1b
RACKING TEST LOAD VALUE		N	
FIRST MAINTENANCE EXAMINATION DATE			
SUBSEQUENT EXAMINATION DATE			

<그림 17> 컨테이너형식승인판 양식

형식승인판의 첫째 줄 [1]은 승인국가의 식별부호를 표시하며, [2]는 승인식별번호를 표시한다. 승인국가는 국제도로교통에 사용하는 자동차 등록국가(country of registration of motor vehicles in international road traffic)의 표시방법을 활용한다. 자동차 등록국가는 라틴어 대문자

109) 시행규칙 별지 65호 서식에는 검사관련 사항이 포함되어 있지 않아 저자가 맨 아래 2줄에 이를 추가하였다.

1-3자(one to three letters in capital Latin characters)로 표시해야 한다.(「Convention on Road Traffic 1968」, Reg. 36 및 부속서 3)[110] 구체적으로 어떤 문자로 표시할지는 외국 자동차의 운항을 허용하는 국가 간에 협정을 맺어 결정하고 있다. 그러나 우리나라는 다른 나라와 특별히 협정을 맺지 않았으므로 통상 대한민국의 공식표기인 Republic of Korea의 약자인 ROK를 사용하고 있다.

CSC TYPE APPROVAL 문자의 크기는 8㎜ 이상, 다른 문자 및 숫자의 크기 5㎜ 이상으로 하고 판 위에 각인 또는 부각시키든가, 다른 영구적이면서 보기 쉬운 방법으로 표시한다. 컨테이너 소유자는 컨테이너의 보수점검일을 형식승인판이나 그 가까이에 표시하여야 한다.(「CSC 협약」 부속서 I 제2조 제3항) 만일 형식승인판에 최초 보수점검일 및 그 이후의 보수점검일을 기입하고자 할 경우에는 마지막 두 줄의 내용과 같이 다음 보수점검일을 기입할 공백을 남겨 두어야 한다.(동 부속서 I 제1조 제2항(b))

참고로 국제협약에서는 "안전승인판(CSC Safety Approval Plate)"이란 명칭을 사용하고 있다. 컨테이너에 부착하는 안전승인판이 형식승인에 관한 사항은 물론 안전점검기록 등에도 사용되기 때문이다. 국제간을 운항하는 컨테이너의 표기는 국제적으로 통일되어야 하는 바, 조속한 시일내에 수정이 필요하다.

⑥ 국토해양부장관은 제1항의 규정에 따라 컨테이너형식승인을 얻은 자가 다음 각 호의 어느 하나에 해당하는 때에는 그 형식승인을 취소하거나 6개월 이내의 기간을 정하여 그 효력을 정지시킬 수 있다. 다만, 제1호에 해당하는 때에는 이를 취소하여야 한다.

1. 거짓 그 밖의 부정한 방법으로 컨테이너형식승인 또는 그 변경승인을 얻은 때

2. 거짓 그 밖의 부정한 방법으로 컨테이너검정을 받은 때

3. 컨테이너형식승인 또는 그 변경승인을 얻은 후 2년 이상 계속하여 컨테이너를 제조하지 아니한 때

---

110) 우리나라는 Vienna에서 체결된 1968년 협약 당사국이 아니고 Geneva에서 체결된 1948년 협약의 당사자이다.

이 규정은 컨테이너 형식승인을 얻은 자에 대한 불이익 처분에 관하여 정하고 있다. 제3호의 경우 장기간 컨테이너를 제조하지 아니하면 해당 제조자의 품질관리체제를 신뢰할 수 없으므로 적절한 행정처분을 하도록 한 것이다.

위의 규정에 따른 컨테이너형식승인의 취소 및 효력정지 처분의 기준은 다음의 표15와 같다.(시행규칙 제60조 제1항) 지방해양청장은 위반행위의 동기, 내용 및 횟수 등을 고려하여 효력정지기간을 2분의 1의 범위에서 가중하거나 감경할 수 있다. 이 경우 가중한 기간을 합산한 기간은 6개월을 초과할 수 없다.(시행규칙 제60조 제2항) 지방해양청장은 승인취소 또는 효력정지 처분을 한 경우 지체 없이 그 사실을 고시하여야 한다.(동조 제3항)

<표15> 컨테이너형식승인의 취소 및 효력정지 처분의 기준

위반행위	해당 법조문	처분내용
1. 거짓 그 밖의 부정한 방법으로 컨테이너형식승인 또는 그 변경승인을 얻은 경우	제23조 제6항제1호	형식승인 취소
2. 거짓 그 밖의 부정한 방법으로 컨테이너검정을 받은 경우	제23조 제6항제2호	형식승인 취소
3. 컨테이너형식승인 또는 그 변경승인을 얻은 후 2년 이상 계속하여 컨테이너를 제조하지 아니한 경우	제23조 제6항제3호	효력정지 6개월

⑦ 제1항 내지 제6항의 규정에 따른 컨테이너형식승인 및 그 변경승인의 절차, 컨테이너지정시험기관의 지정기준 및 절차, 형식승인시험의 기준, 컨테이너형식승인을 얻은 자 및 컨테이너지정시험기관에 대한 등에 관하여 필요한 사항은 국토해양부령으로 정한다.

컨테이너지정시험기관의 지도·감독과 관련하여 지방해양청장은 컨테이너시험성적서를 검토하여 적합하지 아니하다고 인정하면 국토해양부장관에게 보고하여야 한다.(시행규칙 제62조 제1항) 이에 대하여 국토해양부장관은 해당 컨테이너지정시험기관을 방문하여 시험의 방법 및 절차 등을 확인하고 필요한 경우에는 개선·보완을 요청할 수 있다.(동조 제2항)

그러나 이 규정은 컨테이너지정시험기관에 대하여 개선·보완을 요구할 수 있으나 이를 듣지 아니할 경우 그 지정을 취소하거나 정지할 수 있는 규정이 없다. 물론 현행 컨테이너 지정시험기관 요건으로서 공단이나 선급만 지정할 수 있으며, 이들에 대하여는 다른 규정에 의하여 적절히 감독할 수 있다는 믿음이 있기 때문이라고 판단된다. 그러나 행정기관이 관련된 사안이 아니고 다른 사안에 관한 규정을 가지고 행정처분을 하는 것은 행정의 기본원칙 중의 하나인 '부당결부 금지의 원칙'에 저촉될 우려가 있다. 아울러 한번 지정된 시험기관에 대해 취소할 수 없도록 하는 체제는 대단히 불합리하다.

또 위의 규정과 관련하여 컨테이너형식승인을 얻은 자에 대한 지도·감독규정은 제대로 없다는 것을 알 수 있다. 물론 이 법 제75조 제1항의 규정에 따라 보고·자료제출 등을 통한 구체적인 처분을 할 수 있으나 이는 이 법의 적용대상 모두에 대한 것으로서 위의 규정에 따른 지도·감독규정이라고 보기 어렵다. 「CSC 협약」에서는 주관청이 컨테이너의 제작 중의 어느 과정에도 입회하여 검사하거나 시험할 수 있으며(제6조), 제작자는 새로운 형식의 컨테이너(each new series of containers)를 제작하고자 할 때 작업 시작 전 주관청에 통보하도록 규정하고 있다.(제7조) 향후 관련규정에 대한 적절한 보완이 필요하다고 판단된다.

한편, 우리나라에서는 컨테이너의 형식승인시험기관의 지정요건으로서 공단이나 선급만 인정함으로써 결국 지정시험기관인 이들이 대행검사기관으로서 검정도 함께 집행하는 형태로 운영되고 있다. 원래 형식승인제도에서 시험기관과 검정기관을 따로 지정하는 것은 서로 견제와 균형을 유지하도록 하기 위함이다. 따라서 시험이나 검정과정에서 잘못된 부분이 발견되면 정부에 보고하여 결함을 시정하여야 한다. 그러나 현행의 컨테이너의 형식승인제도처럼 시험과 검정을 동일한 기관에서 시행하게 되면 주어진 권한이 너무 많으며, 그 과정에서 부정이나 과실이 발생해도 은폐될 소지가 높다. 또 실질적으로 현재 공단이나 선급이 시험을 위한 시험장비를 제대로 갖춘 것도 아니고, 제조업체의 시험장비를 활용하는 실정에 있기도 하다. 견제와 균형을 유지하기 위하여 시험과 검정의 분리에 대한 종합적인 검토가 필요하다고 판단된다.

컨테이너형식승인제도의 절차는 다음의 그림18과 같다.

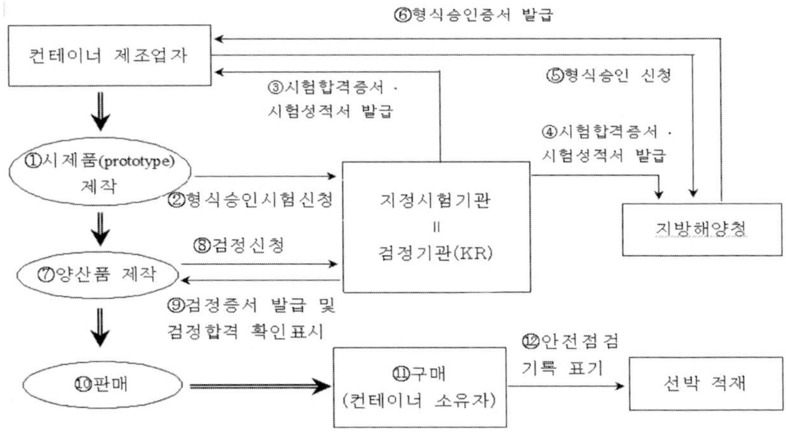

<그림 18> 컨테이너 형식승인제도의 절차>

⑧ 선박소유자 또는 선장은 제5항의 규정에 따른 컨테이너형식승인판이 부착되지 아니한 컨테이너를 선박에 적재하여서는 아니 된다.

안전이 확보되지 아니한 컨테이너의 사용을 금지하기 위하여 「CSC 협약」에서는 여러 가지 규정을 두고 있다. 즉, 주관청은 컨테이너의 시험, 형식승인 및 검정을 하여야 하며(본문 제4조 제1항), 컨테이너가 안전하다는 증거인 형식승인판에 관한 사항은 부속서 I에 규정되어 있다. 또 주관청은 컨테이너가 부속서 I의 기준을 준수하지 않을 경우 필요한 조치를 취할 수 있다.(본문 제4조 제5항) 이밖에도 주관청은 항만국(port State)으로서 외국선박에 실린 컨테이너에 형식승인판이 부착되어 있지 아니하면 적절한 제재를 할 수 있다.(본문 제6조) 이와 같은 「CSC 협약」을 수용한 이 법에서는 컨테이너 형식승인판이 부착되지 아니한 컨테이너의 선박적재를 금지하고 있다. 이를 위반한 자에 대하여는 1년 이하의 징역 또는 1천만 원 이하의 벌금에 처한다.(법 제84조 제1항)

참고로 이 규정은 특정한 행위의 금지에 관한 것으로서 절차에 관하여 규정하고 있는 다른 규정들과 다소 어울리지 않는다. 금지행위를 규정하고 있는 제25조 제1항과 함께 위치를 적절히 조정하는 것이 바람직해 보인다.

제2절 컨테이너의 안전점검(제24조)

제24조(컨테이너의 안전점검) ① 컨테이너의 소유자는 국토해양부장관으로부터 자체 안전점검방법의 승인을 얻어 스스로 안전점검을 실시하여야 한다. 이 경우 컨테이너의 소유자는 안전점검업무를 수행하는 안전점검사업자로 하여금 이를 대행하게 할 수 있다.

「CSC 협약」 부속서 제2조는 컨테이너의 보수(maintenance)에 관하여 규정하고 있으며, 이 규정은 이를 수용한 것이다. 즉, 컨테이너의 소유자는 컨테이너를 안전하게 유지할 의무가 있으며(제1항), 체약당사국의 승인이나 지시에 따라 운항조건에 따라 적절한 간격으로 점검해야 한다.(제2항) 또 다음 점검기일을 컨테이너에 표시해야 하며(제3항), 제조 후 최초검사는 5년 이내, 그 이후의 점검은 30개월 이내 또는 계속검사방식에 의하여야 한다.(제4항)[111] 따라서 컨테이너의 소유자는 어떠한 방법으로 안전점검(검사)을 할 것인지 선택하여 국토해양부장관으로부터 승인을 받아야 한다.

컨테이너의 안전점검은 컨테이너의 소유자가 하는 것이 원칙이다. 그러나 최근 기업경영에서 외주(outsourcing)가 점차 활성화되는 경향을 반영하여 이 법에서는 안전점검을 업으로 하는 자로 하여금 대행할 수 있는 제도를 도입하였다. 당초 저자의 계획으로는 컨테이너 안전점검을 위한 공익법인(협회 등)을 설립하고자 하였다. 안전문제를 업으로 할 경우 안전점검 업체 간에 서로 수주를 위하여 경쟁이 벌어질 수 있으며, 이 경우 안전확보는 소홀해 질 수 있기 때문이다. 그러나 법제처 심사과정에서 민

---

111) 당초 협약에서는 제조 후 5년 이내의 최초검사 후 24개월마다 정기적인 검사를 규정하였으나 1983년의 개정을 통하여 최초 검사 후 컨테이너 소유자는 30개월마다의 정기적인 검사 또는 계속점검방법(continuous examination program) 중 선택할 수 있도록 하였다. 이 개정안은 1984년 1월 1일부터 적용되고 있다.

간으로 위임하는 것이 좋겠다는 의견에 따라 이 규정으로 바뀌게 되었다. 그 결과 현행의 체제에서는 여전히 안전소홀의 가능성이 남아있는 바, 향후 안전점검사업자에 대한 철저한 지도·감독이 필요하다고 판단된다.

② 제1항 후단의 규정에 따라 안전점검업무를 대행하는 자는 국토해양부령이 정하는 바에 따른 자격을 갖추어야 한다.

컨테이너 안전점검 대행업이 신설되었다고 해도 아무나 이 업을 할 수는 없다. 적어도 컨테이너 안전업무를 수행할 수 있으려면 해당 업체의 조직, 직원의 기술력 등 최소한도의 안전기준이 필요하기 때문이다. 따라서 안전점검업무를 대행하고자 하는 자는 다음 각 호의 요건에 적합한 자격을 갖추어야 한다.(시행규칙 제63조) 다만, 현행 기준에는 안전점검업무에 대한 내부 품질관리사항이 누락되어 있는 바, 향후 보완이 필요하다고 판단된다.

1. 안전점검업무를 수행하기 위한 주된 사무소 및 분사무소를 가지고 있을 것
2. 안전점검을 하기 위한 국내외 조직을 갖추고 있을 것
3. 안전점검에 필요한 시설 및 설비를 갖추고 있을 것
4. 다음의 어느 하나에 해당하는 점검인력이 있을 것

가. 대학의 조선·항해·기계·기관·용접·금속재료 등에 관한 학과(이하 이 조에서 "관련학과"라 한다)를 졸업하고 컨테이너의 제조 또는 검사업무(이하 이 조에서 "관련업무"라 한다)에 6개월 이상 종사한 자

나. 대학의 관련학과 외의 이공계 학과를 졸업한 자 또는 전문대학의 관련학과를 졸업한 자로서 관련업무에 1년 이상 종사한 자

다. 공업계고등학교의 관련학과를 졸업하고 관련업무에 2년 이상 종사한 자

라. 기타의 자로서 관련업무에 3년 이상 종사한 자

③ 제1항의 규정에 따른 안전점검의 기준・방법・승인절차, 안전점검사업자의 기준 및 안전점검사업자에 대한 지도・감독 등에 관하여 필요한 사항은 국토해양부령으로 정한다.

컨테이너의 소유자는 정기점검방법이나 계속점검방법 중 어느 하나를 골라 지방해양청장의 승인을 받은 후 그 방법에 따라 컨테이너를 점검하여야 한다.(시행규칙 제64조 제1항) 컨테이너의 점검방법의 승인을 받으려는 자는 컨테이너정기(계속)점검방법승인신청서를 첨부하여 관할 지방해양청장에게 제출하여야 한다.(시행규칙 제65조 제1항) 컨테이너 점검을 안전점검사업자에게 위임할 경우는 그 내용도 함께 알려야 한다. 지방해양청장은 점검방법이 안전점검의 기준에 적합한지 여부를 확인하고 적합한 경우에는 컨테이너정기(계속)점검방법승인서를 발급하여야 한다.(동조 제2항)

지방해양청장은 안전점검방법의 승인을 받은 자가 승인 받은 대로 점검하고 있는지에 대한 지도・감독을 연 1회 이상 하여야 한다.(시행규칙 제66조)

제3절 안전하지 아니한 컨테이너의 처리(제25조)

제25조(컨테이너의 사용금지 등) ① 누구든지 제24조의 규정에 따른 컨테이너의 안전점검을 실시하지 아니한 컨테이너를 선박에 적재하여 해상화물운송에 사용하여서는 아니 된다.

「CSC 협약」은 모든 컨테이너가 부속서 I의 규정에 따라 안전한 상태로 유지되어야 한다고 규정하고 있으며(본문 제4조 제3항), 부속서 I에서는 안전점검에 관하여 규정하고 있다.(부속서 제2조) 또 주관청은 컨테이너가 부속서 I의 기준을 준수하지 않을 경우 필요한 조치를 취할 수 있다고 규정하고 있다.(본문 제4조 제5항) 이에 따라 이 법에서는 안전점검을 실시하지 아니한 컨테이너를 해상화물운송에 사용할 수 없도록 강력하게 규제하고 있다. 이를 위반할 경우는 200만원 이하의 과태료에 처한다.(이 법 제89조 제1항제6호)

② 누구든지 파손·부식 또는 균열이나 유해한 변형 등으로 인하여 인명과 선박의 안전에 위협이 될 수 있는 컨테이너를 발견하면 지체 없이 국토해양부장관에게 신고하여야 한다.

컨테이너가 파손되거나 균열이 발생하여 충분한 강도를 유지할 수 없게 되면 하역이나 운송과정에서 이를 다루는 사람에게 위험이 발생할 수 있다. 특히 유독성이나 유해성이 높은 위험물이 실린 컨테이너는 파손에 따라 큰 피해가 발생할 수도 있다. 따라서 선원, 하역인부, 대리점 직원 등 누구라도 파손 등으로 위험한 컨테이너를 발견하면 국토해양부장관에게 신고하도록 하였다. 이는 일종의 훈시사항으로서 이를 위반하여도 처벌하지 아니한다.

③ 국토해양부장관은 제2항의 규정에 따른 컨테이너를 발견하거나 또는 신고를 받은 때에는 해당컨테이너를 개방하고 이를 수리하거나, 컨테이너에 적재된 화물의 이적(移積) 또는 폐기 등 안전에 필요한 조치를 취할 수 있다.

원래 컨테이너는 일관수송에 사용되기 때문에 일단 화물이 실리고 봉인되면 목적지까지 도달하기 전까지는 함부로 개방할 수 없다. 특히 운송도중에 운송계약의 당사자가 아닌 정부가 아무런 권한 없이 컨테이너를 개방하여 필요한 조치를 취하게 되면 당해 컨테이너의 이해당사자 사이에 복잡한 법률적 문제가 발생할 소지가 높다. 이를 대비하여 이 규정은 국토해양부장관에게 컨테이너의 개방, 수리, 적재된 화물의 이적, 폐기 등 안전에 필요한 조치를 할 권한을 부여하고 있다.

국토해양부장관의 권한위임에 따라 지방해양청장이 법 제25조 제6항에 따라 컨테이너의 안전에 필요한 조치를 하려는 경우에는 「행정대집행법」 제3조, 제5조 및 제6조와 같은 법 시행령 제1조 및 제3조부터 제5조까지의 규정을 준용한다.(시행규칙 제67조 제1항) 이 경우 해당 컨테이너의 소유자, 점유자 또는 이해관계인을 알 수 없거나 소재를 모르는 경우에는 다음 사항을 해당 컨테이너가 방치된 현장에 7일간 공고한 후 법 제25조 제3항에 따른 조치를 할 수 있다.

1. 컨테이너의 종류 및 화물의 내용

2. 컨테이너가 소재하는 위치
3. 제거일시
4. 제거방법

④ 국토해양부장관은 제3항의 규정에 따른 조치에 소요된 비용을 컨테이너의 소유자에게 청구할 수 있다.

운송 중 컨테이너에 파손 등이 발생하면 수리 등에 필요한 조치는 컨테이너의 소유자가 담당하는 것이 원칙이다. 따라서 긴급한 사유로 인하여 국토해양부장관이 소유자를 대신하여 필요한 조치를 한 경우 그 비용 문제가 발생하게 된다. 이 규정에서 국토해양부장관은 소요된 비용을 컨테이너의 소유자에게 청구할 수 있음을 명확히 정하고 있다.

지방해양청장이 소요비용을 청구하려는 경우에는 컨테이너안전조치비용납부고지서를 첨부하여 컨테이너안전조치비용납부통지서를 컨테이너의 소유자에게 발송하여야 한다.(시행규칙 제68조 제1항) 컨테이너의 소유자는 컨테이너안전조치비용납부고지서에 명시된 고지일부터 15일 이내에 해당 금액을 내야 한다.(동조 제2항) 지방해양청장은 소속 공무원으로 하여금 컨테이너안전조치비용의 청구 및 수납사항을 컨테이너안전조치비용수납관리대장에 기록·관리하게 하여야 한다.(동조 제3항)

⑤ 국토해양부장관은 제4항의 규정에 따른 컨테이너의 소유자를 알 수 없거나 소재를 모르는 경우 해당컨테이너 및 적재된 화물을 공매하여 제3항의 규정에 따른 조치에 소요된 비용에 충당할 수 있다. 이 경우 비용에 충당하고 남은 금액이 있는 때에는 이를 공탁하여야 한다.

국토해양부장관이 컨테이너의 소유자에게 소요된 비용을 전액 회수하면 모든 문제는 해결된다. 그러나 세상 일이 모두 행복한 결말을 가져오는 것은 아니다. 특히 컨테이너운송과 같이 수많은 이해관계자·국가가 관련된 경우 컨테이너 소유자를 알 수 없거나, 그의 소재를 모르거나, 소재를 알아도 연락이 안 되거나, 연락이 되어도 비용을 회수할 수 없는 등 여러 가지 상황이 발생할 수 있다. 이러한 경우를 대비하여 이 규정은 비용회수방법으로서 컨테이너 및 이에 적재된 화물의 공매를 제시하고 있다. 물론 화물의 소유자로서는 컨테이너 소유자가 부담해야 할 금액을 부담하는 다소 억울한 면이 있으나, 이러한 비용은 추후 컨테이너 소유자에게 구상할 수 있을 것이다.

지방해양청장은 컨테이너 및 적재된 화물을 공매하려는 경우에는 다음 각 호의 사항을 14일 이상 공고하여야 한다.(시행규칙 제67조 제2항)

1. 공매할 컨테이너 및 적재화물의 종류 및 내용
2. 공매의 장소 및 일시
3. 입찰보증금을 받는 경우에는 그 금액

공매를 통하여 확보된 금액이 소요된 비용보다 적을 때에는 확보된 금액 전체를 국고에 납입하고 모자라는 금액은 결손처분하면 된다. 그러나 공매금액이 소요된 비용보다 많을 때 국가는 소요된 비용만 국고에 납입하고 남은 금액은 컨테이너 소유자에게 돌려주어야 한다. 돌려줄 소유자를 알 수 없거나 소재를 모르는 경우 이 금액은 공탁하여야 한다.

여기서의 공탁은 채권의 소멸원인으로서의 변제공탁을 의미하는 것으로 보인다. 이에 따라 국토해양부장관은 컨테이너소유자에게 반환하여야 할 채무를 공탁을 통하여 면하게 된다. 「민법」에서는 "채권자가 변제를 받지 아니하거나 받을 수 없을 때에는 변제자는 채권자를 위하여 변제물을 공탁하여 그 채무를 면할 수 있다. 변제자가 과실 없이 채권자를 알 수 없는 경우도 같다"고 규정하고 있다.(제487조) 공탁은 채무이행지의 공탁소에서 행하고(제488조 제1항), 공탁사무는 지방법원장의 감독 하에 그가 지정하는 법원서기관 또는 법원사무관이 공탁사무를 집행한다.(「공탁법」 제2조) 따라서 국토해양부장관은 컨테이너의 소재지를 관할하는 법원의 공탁소에 가서 공탁서를 제출하여야 한다.(공탁사무처리규칙 제19조) 공탁공무원이 공탁을 수리할 것으로 인정한 때에는 공탁금납입서와 함께 공탁서의 정본을 공탁자인 국토해양부장관에게 교부한다.(동 규칙 제25조) 국토해양부장관이 납입기일까지 남은 금액을 납입하면 채무가 소멸한다.

한편, 시행규칙에서 지방해양청장은 공탁하는 경우에는 「공탁법」에 따라야 한다고 규정하고 있으나(제67조 제3항), 동 법은 공탁의 절차 및 공탁물의 효율적인 관리·운영에 관한 법으로서 공탁할 경우 당연히 따라야 하는 법이므로 굳이 규정하지 않아도 무방해 보인다.

⑥ 제3항 내지 제5항의 규정에 따른 컨테이너 안전에 필요한 조치, 비용의 청구절차 및 충당절차 등에 관하여 필요한 사항은 국토해양부령으로 정한다.

훼손된 컨테이너의 안전조치에 관한 사항은 위에서 이미 설명하였으며, 그 절차는 다음의 그림19와 같이 요약할 수 있다.

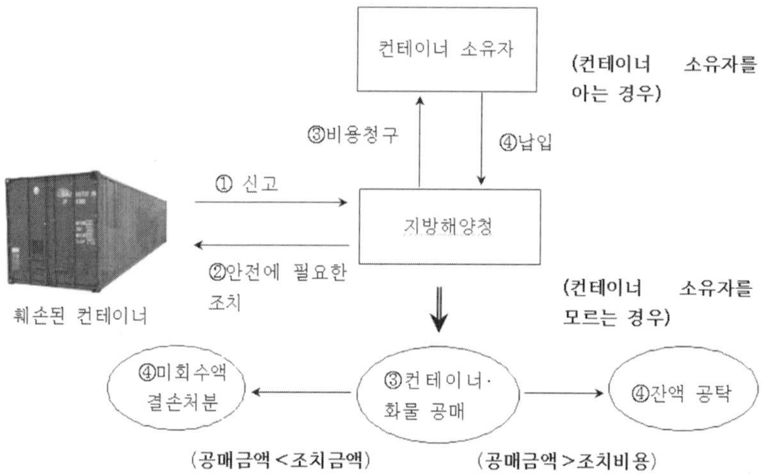

<그림 19> 훼손된 컨테이너의 처리절차

제5장 선박시설의 기준 등

제5장은 「선박안전법」의 가장 중요한 부분으로서, 선박의 시설기준, 만재흘수선의 표시, 선박의 복원성, 무선설비, 선박위치발신장치 등을 다루고 있다. 이 법에서는 이러한 시설을 다루는 규정이 5개 조문에 불과하지만 상세한 규정은 국토해양부장관이 정하여 고시하는 기준에 따르도록 되어 있기 때문에 실제 그 내용은 대단히 방대하다. 또 선박의 종류는 대단히 다양하기 때문에 고시에서도 일관된 기준을 정할 수 없는 경우는 국토해양부장관이 사안에 따라 지침으로 정할 수 있도록 규정하고 있다. 따라서 여기에서는 선박시설기준의 주요 흐름만을 소개하고자 한다.

제1절 선박시설의 기준(제26조)

제26조(선박시설의 기준) 선박시설은 국토해양부장관이 정하여 고시하는 선박시설기준에 적합하여야 한다.

이 규정에 따라 선박의 시설에 관한 기준은 국토해양부장관이 정하여 고시하는 기준에 따라야 한다. 종래에 선박의 안전기준은 시행규칙으로 정하였으나 내용이 너무 전문적이고, 안전기준의 적용대상이 일반대중이 아니며, 국제협약의 잦은 개정에 따라 신속한 개정이 필요하다는 이유 등으로 인하여 1986년 12월 31일 이 법의 개정 시 고시로 하향 조정되었다. 고시는 시행규칙과 달리 법제처의 심사를 받지 아니하고 내부 결재과정이 종료되면 바로 시행될 수 있어 간편하다. 그러나 법제처의 심사는 받지 않더라도 고시의 내용이 규제를 신설하거나 강화할 경우에는 「행정규제기본법」에 따라 규제영향분석 및 심사를 받아야 한다.(제7조) 규제의 심사·정비를 종합적으로 추진하기 위한 기관으로는 대통령 소속 하에 규제개혁위원회가 있다.(제23조)

이 규정에 따라 많은 규정이 국토해양부장관(종래의 해양수산부장관)의 고시로 탄생하였는바, 주요 고시는 다음과 같다.

1. 선박의 구조에 관한 기준 : 「강선의 구조기준」, 「강화플라스틱(FRP)선박의 구조기준」, 「목선의 구조기준」, 「선박구획기준」, 「선박방화구조기준」, 「알미늄선의 구조기준」
2. 선박의 구조 및 설비에 관한 기준 : 「범선의 구조 및 설비 등에 관한 기준」, 「부선의 구조 및 설비 등에 관한 기준」, 「소형선박의 구조 및 설비에 관한 기준」, 「카페리선박의 구조 및 설비 등에 관한 기준」
3. 선박의 설비에 관한 기준 : 「선박설비기준」, 「선박구명설비기준」, 「선박소방설비기준」, 「선박기관기준」, 「선박전기설비기준」, 「선박기관기준」, 「자동화선박설비기준」, 「산적액체위험물운송선박의 시설 등에 관한 기준」
4. 선박의 전반적인 안전기준 : 「고속선기준」, 「방사성물질 운송선박의 안전기준」, 「소형선박안전기준」, 「소형어선안전기준」, 「잠수선기준」

이와 같은 고시의 양은 대단히 방대하여 선박의 안전기준은 사전과 같이 두꺼운 책 2권에 달하고 있다. 이러한 각종 안전기준의 정비 및 관리에는 많은 전문인력, 시간 및 노력이 필요함은 물론이다. 이러한 안전기준들은 국제협약이나 국내 안전환경의 변화에 따라 계속적으로 최신화가 이루어져야 하나 정부 내 인력부족 및 잦은 인사이동으로 인하여 상당한 어려움이 있다.[112] 특히 이러한 업무는 소위 '빛이 나는 업무'가 아니기 때문에 정부업무의 통폐합 얘기만 나오면 우선적으로 삭감대상이 되곤 한다.

112) 국토해양부에서 각종 기준을 관리하는 조직의 인원은 팀장을 포함하여 10명에 불과하다. 기술기준은 단순한 상식에 근거하여 제·개정되는 것이 아니라 과학적 증명이 필요하다는 상식(?)이 무시되는 현실이 아쉽다.

그럼에도 불구하고 대한민국의 안전기준은 국가의 기본 인프라로서 꼭 있어야 하고, 정부 외에는 아무도 관리할 사람이 없는 업무이기도 하다.

선진국 정부의 특징은 영업활동에 대한 규제는 거의 하지 않고, 안전, 환경, 보건, 노동 등 사회적 규제에 집중하는 점이다. 따라서 이들 국가의 밑바탕이 되는 것은 각종의 '기준'들이다. 그러나 아직도 우리나라는 면허나 등록관리 등 영업활동에 대한 규제에 집착하는 면이 강하다. 각종 안전·환경기준 등에 관심을 별로 기울이지 않다 보니 우리나라는 선진국의 기준을 쫓아가기에도 버거운 실정에 있다고 판단된다.[113] 선진국의 문턱에 선 우리나라로서는 차분하게 이러한 기준 인프라의 중요성을 인정할 필요가 있다. 이 분야에 대한 인력과 예산이 충분히 지원될 수 있도록 많은 분들의 관심을 기대해 본다.

제2절 만재흘수선(제27조)

제27조(만재흘수선의 표시 등) ① 다음 각 호의 어느 하나에 해당하는 선박소유자는 국토해양부장관이 정하여 고시하는 기준에 따라 만재흘수선의 표시를 하여야 한다. 다만, 잠수선 및 그 밖에 국토해양부령이 정하는 선박에 대하여는 만재흘수선의 표시를 생략할 수 있다.

1. 국제항해에 취항하는 선박
2. 국토해양부령으로 정하는 방법에 따른 선박의 길이(이하 "선박길이"라 한다)가 12미터 이상인 선박
3. 선박길이가 12미터 미만인 선박으로서 다음 각 목의 어느 하나에 해당하는 선박

가. 여객선

나. 제41조의 규정에 따른 위험물을 산적하여 운송하는 선박

만재흘수선은 선박이 안전하게 항해할 수 있는 최대 적재한도의 흘수선으로서 선박의 과적을 예방하는데 중요한 역할을 하고 있다. 항만의 안전관리자는 선박의 양현에 표시되어 있는 만재흘수선이 물에 잠겨있는지

113) 기술표준은 국제경쟁력의 원천이 되고 있다. 선진국의 경우 자국기준을 국제 표준화하여 시장을 선점하고 있으나, 우리나라에서 제안한 기술기준이 국제표준으로 채택된 사례는 겨우 손꼽을 정도이다.

의 여부만 확인하면 간단히 선박의 과적 여부를 확인할 수 있기 때문이다. 만일 선박이 과적한 사실이 확인된 경우 지방해양청장은 이 법 제74조 제2항 등의 규정에 따라 선박의 출항을 정지시키는 등 선박의 안전을 확보하기 위한 적절한 조치를 취할 수 있다.

종래의 규정에서 만재흘수선의 적용대상은 원칙적으로 길이 24미터 이상의 선박으로 하고, 여객선과 위험물을 산적하여 운송하는 선박은 12미터 이상으로 정하였었다. 이와 같이 길이 24미터를 기준으로 한 것은 「국제만재흘수선협약」의 적용기준이 국제항해를 하는 선박으로서 길이 24미터 이상이기 때문이다.(「LL 협약」 본문 제5조) 그러나 국제항해를 하지 아니하는 선박에 대하여는 그 적용기준을 자국 정부가 임의로 정할 수 있는 바, 이번 개정을 통하여 우리나라는 적용기준을 선박길이 12미터 이상으로 강화하였다. 아울러 불특정 다수를 운송하는 여객선과 기름 등 유출에 따라 해양환경에 심각한 피해가 예상되는 위험물 운송선박에 대하여는 길이에 관계없이 모두 만재흘수선을 표기하도록 하였다. 이러한 안전강화에 따라 그간 항상 과적의 위험에 노출되어 있던 많은 소형어선이 이 규정의 적용을 받게 될 수 있을 것이다. 만재흘수선의 표시에 관한 세부적인 기술기준은 국토해양부 고시인「만재흘수선기준」에서 정하고 있다.

위 규정의 단서에서 "국토해양부령이 정하는 선박"이란 다음의 어느 하나에 해당하는 선박을 말한다.(시행규칙 제69조)

1. 수중익선, 공기부양선 및 부유식 해상구조물(이동식 시추선 및 수상호텔 등 13인 이상을 수용하는 해상구조물은 제외)
2. 운송업에 종사하지 아니하는 유람 범선(帆船)
3. 국제항해에 종사하지 아니하는 선박으로서 선박길이가 24미터 미만인 예인·해양사고구조·준설 또는 측량에 사용되는 선박
4. 법 제11조 제2항에 따라 임시항해검사증서를 발급받은 선박
5. 시운전을 위하여 항해하는 선박
6. 만재흘수선을 표시하는 것이 구조상 곤란하거나 적당하지 아니한 선박으로서 국토해양부장관이 인정하는 선박

위의 제1호와 제3호는 실질적으로 여객이나 화물을 싣지 아니하는 선박으로서 과적에 대한 위험이 없어 만재흘수선의 표시를 면제한 것이다. 특히 수중익선과 공기부양선은 수면 위에 약간 떠서 운항하기 때문에 만재흘수선 표시의 의의가 약하다. 제2호의 경우는 국제협약「(LL협약」 본문 제5조(d)항)에서 적용을 제외하는 "운송업에 종사하지 않는 유람용 요트(pleasure yachts not engaged in trade)"를 수용하면서 유람용 범선에 대하여 만재흘수선 표시를 면제하였다. 따라서 유람용 기선은 만재흘수선을 표시해야 한다. 한편, 요즘 나오는 대부분의 요트는 돛을 달고 있어도 바람이 없을 경우를 대비하여 기관을 함께 달고 있다. 기관과 돛을 모두 설치한 선박은 범선이 아니고 기선으로 분류된다. 제4호와 제5호의 선박은 아직 완공되지 아니하여「선박안전법」이 전면적으로 적용되지 아니하기 때문에 면제해도 별 문제가 없다. 제6호의 경우는 예외적인 선박에 대한 규정이다. 예컨대 WIG선이 운항될 경우 여기에 해당될 수 있다.

만재흘수선 표시를 비롯한 많은 해사법령의 기준은 선박의 길이를 사용하고 있다. 일견 쉬워 보이는 선박의 길이는 자동차나 항공기와 달리 단순하지 않다. 우선 길이측정 시 어디를 재어야 하는 문제가 있다. 선박은 파도 등에 의한 외력의 영향을 줄이기 위하여 선수 쪽에는 선수루, 선미 쪽에는 선미루라는 상갑판 상의 구조물이 있어 과연 어느 부위를 선박의 길이로 보아야 하는지 불분명하다. 특히 선미루의 경우 선박길이 측정의 기준이 되는 타(舵)보다도 뒤쪽에 있는 경우가 많아 이러한 선미루를 길이에 포함시킬 것인가는 논란이 되어왔다. 또 선박은 길이방향 경사의 정도에 따라 측정 시 길이에 변화가 있을 수 있다. 이러한 문제를 해결하고자「국제톤수측정에 관한 협약」에서는 국제적으로 선박의 길이를 통일시켰다. 1982년 우리나라는 이러한 국제기준을「선박법」에 수용한 바 있다.

「선박법」에서 선박의 길이는 선박의 최소 형깊이(mould depth)의 85퍼센트의 위치에서 계획만재흘수선에 평행한 흘수선 전장(length overall)의 96퍼센트와 그 흘수선상의 선수재(船首材) 전면으로부터 타두재(舵頭材) 중심선까지의 거리 중 큰 것을 말한다.(「선박법시행규칙」 제

11조 제9호) 이 길이는 국제적인 해사공법의 기준이 되는 선박의 길이이다. 한편, 어선의 경우 길이 24미터 이상은 「선박법」의 기준과 동일하지만 상갑판 보의 상면의 선수재 전면으로부터 선미외판 후면까지의 수평거리가 24미터 미만인 어선에 있어서는 상갑판 보의 상면에서 선수재 전면으로부터 타주가 있는 경우에는 타주의 후면까지, 타주가 없는 경우에는 타두재의 중심까지의 수평거리를 말한다.(「어선법시행규칙」 제2조 제1호 단서) 이러한 선박의 길이는 선박의 총톤수 측정에 이용되는 길이이다. 이와 같이 「선박법」과 「어선법」이 선박의 길이를 다르게 정의함으로써 우리나라의 선박의 길이는 ①전장 24미터 미만의 어선과 ②기타의 모든 선박에 대해 각각 다른 기준이 적용되고 있다.

종래의 「어선법」에서는 1969년 제정된 「국제톤수측정에 관한 협약」의 규정과 유사하게 선박의 길이를 정하였으나 1981년의 「어선법시행령」 개정 시 선박의 길이를 "배의 상갑판 양상의 선수재 전면으로부터 선미재 후면까지의 길이(선미가 없는 경우에는 타축의 중심까지의 길이)"로 변경하였다.(제2조 제2호) 아마도 선박의 길이가 많으면 복잡해지므로 단순하게 총톤수 측정에 사용된 거리를 선박의 길이로 통일한 듯하다. 그 후 1994년 「어선법시행규칙」의 전부개정 시 길이 24미터 이상의 어선은 「선박법」 에 의한 선박의 길이와 통일시켜 오늘에 이르고 있다.

선박의 길이의 종류를 자세히 나타내면 다음의 그림20과 같다. 참고로 전장(length overall: Loa)은 선수로부터 선미 끝부분까지의 수평거리로서 선박의 조선(ship handling)에 필요한 길이이고, 국제해상충돌규칙에 의한 선박의 길이이기도 하다.[114] 측정길이(tonnage length: Lt)는 상갑판의 하면에서 선수재의 전면으로부터 선미외판의 하면에 이르는 수평거리로서 선박의 총톤수 측정의 기준이 되는 길이를 말한다. 또 등록길이(registered length: Lr)는 각종 공식서류에 기재되는 길이로서, 「선박안전법」에 의한 선박의 길이가 된다.

114) 박경현, 「선박법규해설」 (서울: 한국해사문제연구소, 1985), 32쪽.

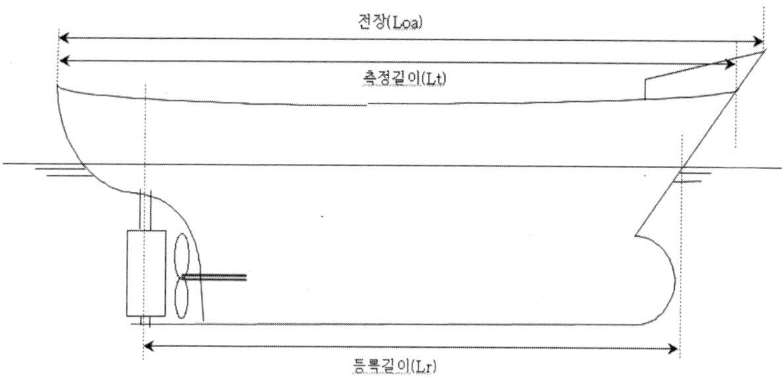

<그림 20> 선박의 길이

② 누구든지 제1항의 규정에 따라 표시된 만재흘수선을 초과하여 여객 또는 화물을 운송하여서는 아니 된다.

이 규정은 선박에 만재흘수선 표시를 하게 하는 목적에 따라 이를 초과하여 여객 또는 화물의 적재를 금지하는 규정이다. 특정행위를 금지하지 아니하고 처벌할 수는 없기 때문이다. 이 금지규정을 위반하는 자는 1년 이하의 징역 또는 1천만 원 이하의 벌금에 처해진다.(법 제84조 제1항 제9호)

제3절 선박의 복원성(제28조)

제28조(복원성의 유지) ① 다음 각 호의 어느 하나에 해당하는 선박소유자는 국토해양부장관이 정하여 고시하는 기준에 따라 복원성을 유지하여야 한다. 다만, 예인·해양사고구조·준설 또는 측량에 사용되는 선박 등 국토해양부령이 정하는 선박에 대하여는 그러하지 아니하다.

1. 여객선

2. 선박길이가 12미터 이상인 선박

종래의 「선박안전법」에서 선박은 복원성 등 감항성을 확보하여야 하고(제12조의2 제1항), 그 기준은 국토해양부장관이 정하여 고시하도록 규정하였었다.(동조 제2항) 이에 따라 국토해양부장관은 「선박복원성기준」을 정하여 고시하고, 이 기준에서 선박의 길이 24미터 이상인 선박은 이 기준을 만족시키도록 하였었다. 그러나 선박 복원성은 선박의 감항성에 가장 핵심적인 사항으로서 그 기술적인 세부사항을 고시로 정하는 것은 이해할 수 있다고 하더라도 적용대상마저도 국토해양부장관의 고시에서 정하는 것은 다소 지나치다는 의견이 지적되었다. 「선박복원성기준」의 적용대상 여부는 선박소유자의 권리·의무와 밀접한 관련이 있는데(복원성기준을 만족시키려면 추가 비용이 발생한다) 이를 법률이 아닌 행정규칙으로 정하는 것은 헌법상의 원칙과 상충될 수 있기 때문이다.[115] 따라서 이 법의 개정 시에는 적용대상을 법률에서 구체적으로 정하는 한편, 복원성의 중요성을 감안하여 적용대상 선박을 종래의 24미터에서 12미터로 대폭 확대하였다.

「선박복원성기준」에서는 선박의 종류를 크게 여객선, 어선, 여객선 및 어선을 제외한 선박, 특수형 선박 및 부유식 해상구조물로 나누어 각각의 복원성 기준을 정하고 있다. 특수형 선박이란 쌍동형 선박 등 선박의 몸체가 두 개 이상인 선박을 말한다. 여객선에는 불특정 다수의 많은 인원을 승선하고, 이들은 선박 내에서 움직일 수 있으므로 다른 종류의 선박에 비하여 복원성에 관한 요건이 엄격하다.[116] 최대승선인원이 13인 이상의 낚시어선은 분류상 어선임에도 불구하고 여객선에 적용되는 경사우력정 기준 등이 추가로 적용된다.(「선박복원성기준」 제18조 제1항제4호)

이 규정의 단서에 따라 복원성 기준의 적용이 제외되는 선박은 다음과 같다.(시행규칙 제71조) 이러한 선박들은 비교적 선박의 폭이 넓어 통상 충분한 복원성을 확보하고 있는 경우가 대부분이며, 항해구역이 비교적 안전한 지역이기 때문이다. 그러나 선박의 복원성은 선박의 감항성에 매우 중요한 요소이며, 선박 건조시의 복원성이 선박의 거의 모든 일생을

---

115) 「헌법」 제37조 제2항에서 국민의 모든 자유와 권리는 공공복리 등을 위하여 필요한 경우에 한하여 법률로써 제한할 수 있도록 하고 있다. 따라서 법률에서 적용대상 등 그 구체적인 한계를 정하지 아니하고 고시에 포괄적으로 위임할 경우 위헌의 소지가 있다고 할 것이다.

116) 여객선의 승객들은 관람을 위하여 선박의 한 쪽으로 쏠리거나 맨 위쪽의 갑판으로 올라갈 수 있는데 이러한 이동은 선박의 복원성을 약화시킨다.

좌우하는 점을 감안할 때 향후 「선박복원성 기준」의 적용대상을 모든 선박으로 확대하는 것이 바람직하다고 판단된다.117)

1. 국제항해에 종사하지 아니하는 선박으로서 선박길이가 24미터 미만인 다음의 선박
   가. 예인 · 해양사고구조 · 준설 또는 측량에 사용되는 선박
   나. 부선
2. 여객선이 아니거나 카페리선이 아닌 선박으로서 호수 · 하천 · 항만 안에서만 항해하는 선박
3. 부유식 해상구조물(이동식 시추선과 다중이용 해상구조물을 제외)

② 선박소유자는 제1항의 규정에 따른 선박의 복원성과 관련하여 그 적합 여부에 대하여 복원성자료를 제출하여 국토해양부장관의 승인을 얻어야 하며, 승인을 얻은 복원성자료를 당해 선박의 선장에게 제공하여야 한다.

「선박복원성기준」의 적용대상이 되는 선박의 소유자는 복원성 자료를 국토해양부장관(대행검사기관)에게 제출하여 승인을 얻어야 한다. 선박의 복원성 자료는 복원성시험결과를 기초로 하여 당해 선박의 복원성을 용이하고 확실하게 평가할 수 있도록 작성되어야 하며 다음의 사항이 포함된 것이어야 한다.(「선박복원성기준」 제26조)

1. 선박의 주요제원
2. 자료의 사용에 관한 안내
3. 수밀구획, 개구의 위치 및 폐쇄상태, 해수유입각, 고정밸러스트, 갑판의 허용하중 및 건현표시를 나타내는 일반배치도면(해당 사항에 한 한다)
4. 배수량등곡선도 또는 표
5. 복원력교차곡선도 또는 표

---

117) 국민소득의 증가에 따라 요트 대중화시대가 도래될 것으로 예상되는 바, 요트이용자의 안전을 위하여 요트에 대한 복원성 확인은 제도적으로 꼭 필요하다고 판단된다.

6. 화물(어획물을 포함한다)적재장소의 용적 및 중심위치를 나타내는 용적도 또는 표
7. 각 탱크의 용적, 중심위치 및 자유표면에 대한 자료를 나타내는 용적도 또는 표
8. 재화상태를 계산하기 위한 안내 및 계산에 관한 사항
9. 복원성계산시의 가정에 관한 사항
10. 기타 안전운항을 위한 필요한 지침
11. 복원성시험결과서

복원성시험은 선박을 횡경사시켜 선박의 무게중심위치 산정에 필요한 사항을 측정하는 경사시험과 선박을 동요시켜 선박의 횡요주기 산정에 필요한 사항을 측정하는 동요시험의 2종류가 있다.(「선박복원성기준」 제4조 제1항) 복원성의 계산은 선박이 여객·화물을 적재하지 아니한 상태(light ship)와 표준재화상태로 나누어 계산하며(제5조 제1항), 횡요주기(rolling period)의 계산이 추가된다.(동조 제2항) 선박의 탱크에 연료유나 청수가 가득 실리지 않은 경우는 액체가 선박의 경사에 따라 이동하므로 이러한 자유표면효과(free surface effect)를 고려하여 복원성계산을 하여야 한다.(제7조 제1항)

선박소유자는 국토해양부장관의 승인을 받은 복원성자료를 선장에게 제공하여 선박의 운항에 참고할 수 있도록 하여야 한다. 이 규정을 위반한 자는 200만 원 이하의 과태료에 처한다.(법 제89조 제1항 제7호)

③ 제2항의 규정에 따른 승인에 있어서 복원성 계산을 위하여 컴퓨터프로그램을 사용한 때에는 국토해양부장관이 정하여 고시하는 복원성 계산방식에 따라야 한다.

각종 계산에 있어 컴퓨터의 사용은 보편화되고 있으며, 선박의 복원성 계산도 예외가 될 수 없다. 이 규정은 컴퓨터프로그램을 이용할 경우 그 계산방식 및 작성방법을 표준화시키기 위하여 도입되었으며, 「선박복원성기준」에 상세히 규정되어 있다.(제27조 및 별표5)

④ 제2항 및 제3항의 규정에 따른 복원성과 관련된 승인의 기준·절차, 복원성자료 및 복원성 계산용 컴퓨터프로그램의 작성요령 등에 관하여 필요한 사항은 국토해양부장관이 정하여 고시한다.

이 규정은 선박복원성자료의 작성 및 승인에 관한 절차 및 복원성 계산의 기술적 기준의 근거 규정으로서, 구체적인 내용은 국토해양부장관의 고시인 「선박복원성기준」에 규정되어 있다.

제4절 무선설비(제29조)

제29조(무선설비) ① 다음 각 호의 어느 하나에 해당하는 선박소유자는 「해상에서의 인명안전을 위한 국제협약」에 따른 세계 해상조난 및 안전제도의 시행에 필요한 무선설비를 갖추어야 한다. 이 경우 무선설비는 「전파법」에 따른 성능과 기준에 적합하여야 한다.

1. 국제항해에 취항하는 여객선

2. 제1호의 선박 외에 국제항해에 취항하는 총톤수 300톤 이상의 선박

1. 무선통신의 중요성

선박은 육지와 멀리 떨어져 항해하기 때문에 충분한 감항성을 갖추고 해상고유의 위험을 극복하여야 한다. 그럼에도 불구하고 선박은 기상악화, 다른 선박과의 충돌, 좌초, 기관고장 등으로 인하여 해양사고를 일으킬 수 있으며, 승선한 여객이나 선원이 물에 빠지거나 질병이나 부상으로 도움이 필요한 경우가 생길 수 있다. 무선설비는 이러한 비상시에 인근 선박이나 육지에 도움을 요청할 수 있는 유일한 수단으로서 선박의 안전 확보를 위하여 매우 중요한 설비이다.

2. 무선통신의 역사

선박에 무선설비를 설치하기 전까지 선박의 신호는 시각신호인 깃발과 청각신호인 호각(whistle)이나 호종(bell)을 이용하였다. 이러한 신호는 날씨에 영향을 많이 받았으며, 그 도달거리도 매우 제한되어 있었다. 이러한 시각신호를 이용하는 방법은 국제신호서(International Code of Signals)에 남아 있으며, 청각신호를 사용하는 방법은 「국제충돌예방규칙

(Convention on the Regulations for Preventing Collision at Sea, 1972)」에 수용되어 있다. 그러다가 19세기 말에 발명된 무선전신(radiotelegraphy)은 선박통신에 혁명을 가져왔다. 최초로 무선통신을 이용하여 선박으로부터 인명을 구조한 것은 1899년 3월 3일이었으며, 마르코니(Guglielmo Marconi)는 이로 인하여 국제적인 명성을 얻게 되었다.[118] 선박의 무선통신에 관한 최초의 협약은 1906년 독일의 베를린에서 체결된「국제무선통신협약(International Wireless Telegraph Convention)」이다. 이 협약에서 비상신호로서 SOS(••• ––– •••)가 탄생하였다. 일반적으로 SOS는 'Save Our Souls'의 약자로 잘못 알려져 있으나 SOS는 모르스부호(Morse Code)[119]로 나타낼 경우 명확하였기 때문이다.[120] 미국은 이 협약을 수용하지는 않았으나 1910년 대형선박에는 무선설비의 설치를 의무화하는「선박법(Ship Act)」을 제정하였다.[121] 1912년 4월 15일에 발생한 여객선 타이태닉(Titanic)호의 침몰사고에서 무선통신은 700여명의 인명구조에 결정적인 역할을 하였다. 이후 세계 각국은 선박 무선통신의 중요성을 인식하고 1914년「해상인명안전협약(SOLAS)」을 제정하면서 여객선의 무선설비 설치 및 통신사 당직을 의무화하였다. 이러한 선박의 무선통신체제는 큰 변화 없이 1980년대까지 유지되었다.

---

118) Bev Parker, *The History of Radio,* http://www.localhistory.scit.wlv.ac.uk/Museum/Engineering/Electronics/history/radiohistory.htm [2008. 2. 5.].

119) '모르스부호'라는 명칭은 이를 발명하고 1844년 이를 사용한 새뮤얼 모르스(Samuel Morse)의 이름에서 시작되었다. http://en.wikipedia.org/wiki/Global_Maritime_Distress_Safety_System [2008.4.http://en.wikipedia.org/wiki/Global_Maritime_Distress_Safety_System14.].

120) Lewis Coe, *Wireless Radio: A Brief History,* (McFarland, 1996), p. 16, http://books.google.com/books?hl=ko&lr=&id=gJFHewocLcMC&oi=fnd&pg=PP11&dq=%22Coe%22+ %22Wireless+ Radio:+ A+ Brief+ History%22+ &ots=kF2lJV772o&sig=DitBPVEIpOBw5-LvFZMeNxQRU7s#PPA16,M1 [2008. 2. 5.].

121) http://earlyradiohistory.us/sec023.htm [2008. 2. 5.].

그러나 이와 같은 단파무선에 의한 선박통신은 계절, 시간, 선박의 위치에 따라 사용할 수 있는 최적 주파수에 한계가 있기 때문에 통신시간이 1주일에 2-3시간으로 제한되었고, 통신량의 증가에 따라 특정시간대에 폭주가 심하여 통신에 많은 시간이 소요되었다. 이러한 문제점을 인식한 각국은 국제해사기구(IMO)를 중심으로 논의를 계속하였으며, 1988년 세계 해상조난 및 안전제도(Global Maritime Distress and Safety System: GMDSS)를 도입하기 위하여 「SOLAS 협약」을 개정하게 되었다. 이 개정내용은 1991년 8월 1일부터 1997년 2월 1일까지 단계적으로 시행되었다.

3. GMDSS

GMDSS의 기본개념은 선박에 조난사고가 발생하였을 때 최소한의 소요시간으로 육상의 구조기관과 부근의 선박에 조난경보를 보내도록 하는 것이다. 아울러 선박이 위험에 빠지는 것을 예방할 수 있도록 해상안전정보도 함께 제공한다. 이를 위하여 이 제도에서는 종래 송신과 수신에 많은 시간과 숙련된 기술이 필요하던 모르스부호를 폐지하였고, 모든 설비를 자동화하거나 조작이 간단하도록 하였다.[122] 또 위성통신기술, 디지털 선택호출(digital selective calling: DSC), 고급집단호출(enhance group calling), 위성비상위치지시용 무선표지설비(satellite emergency position-indicating radio beacon: satellite EPIRB)[123] 등 신기술을 대폭적으로 수용하였다. 또한 선박의 항해구역을 무선설비의 도달구역에 따라 부록과 같이 A1, A2, A3, A4의 4개 해역으로 나누고, 이에 따라 선박에 비치해야 할 설비를 정하였다.[124] 대략적으로 A1 해역의 경우 해안

122) 모르스부호의 폐지에 따라 모든 해상조난통신은 음성통화 또는 자동발신으로 바뀌게 되었고, 선박에 통신사가 승선할 필요성이 사라지게 되었다. 따라서 선박 내에서 무선전화의 사용은 항해사가 담당하게 되었다.

123) 위성 EPIRB는 위급 시 바다에 투척하거나 선박이 침몰하면 자동적으로 떠올라 무선으로 조난신호를 보내는 장치이다. 무선신호의 내용에는 조난선박의 정보 및 EPIRB의 위치정보도 포함되어 있으며, 인공위성을 통하여 가까운 구조조정본부(RCC)에 전달된다.

124) 한국전기통신공사, 「범세계해상조난안전제도에 관한 연구」, 1989, 7-8쪽.

국으로부터 20-30해리, A2해역의 경우 해안국으로부터 100해리, A3해역의 경우 북위 70도에서 남위 70도 사이의 해역을 말한다.[125)]

GMDSS에 의한 해역구분 및 이 해역을 항해하는 선박이 갖추어야 할 무선설비는 부록Ⅷ의 표에서 확인할 수 있다.

4. 개선방안

이 규정에서는 국제항해에 취항하는 일부 선박에 대하여 세계 해상조난 및 안전제도(GMDSS)의 시행에 필요한 설비를 갖추도록 하고 있으나, 과연 이러한 제도의 내용은 무엇이며, 그 시행에 필요한 설비에 대하여 침묵하고 있다. 따라서 그 구체적인 내용을 알려면 「SOLAS 협약」 제4장을 보아야 한다. 또 이 협약에 따라 주관청은 선박의 무선설비설치에 필요한 각각의 해역을 지정하여야 하는 바, 아직 구체적으로 지정되지 않았다. 주관청은 선박의 설비를 관할하는 국토해양부가 될 것으로 판단되는 바, 이에 대한 적절한 보완이 필요하다고 판단된다.[126)] 아울러 「선박안전법」은 「SOLAS 협약」을 수용하는 법이므로 부록Ⅷ의 표에 따라 국제항해를 하는 선박이 설치해야 하는 무선설비도 이 법의 규정으로 수용해야 할 것이다.

5. 무전설비에 대한 「전파법」과의 관계

선박에 설치해야 하는 무선설비의 종류 및 수량은 「선박안전법」에서 정한다 하더라도 그 성능과 기준은 「전파법」에 적합하여야 한다. 선박의 각종 무선설비 등이 선원의 생명과 밀접한 관련이 있는 것은 사실이나 다른 육상의 무선통신 및 주파수에 관한 통일성 유지를 위하여 「전파법」의 기준을 따르는 것이 바람직하기 때문이다. 실제 선박검사관들은 전파에 관하여 고도의 전문성이 있다고 할 수도 없다. 한편, 「전파법」에 따라 전파를 보내거나 받는 전기적 시설은 모두 무설설비에 해당하므로(제2조 제5호), 위에서 규정하는 조난신호용 무선설비는 물론 레이다.(radar),

125) 상게서, 7쪽.

126) GMDSS에 의한 해역은 단순히 육지로부터 지리적 거리가 아니고, 선박과 해안무선국과의 교신가능여부에 따라서 결정되는 점에 유의할 필요가 있다.

음향측심기(echo-sounder)[127] 등도 모두 무설설비에 해당된다. 따라서 이러한 설비들은 모두 「전파법」의 기준에 적합한지 여부에 관하여 검사를 받아야 한다.

② 제1항 각 호의 규정에 따른 선박 외에 국토해양부령이 정하는 선박에 대하여는 국토해양부령이 정하는 기준에 따른 무선설비를 갖추어야 한다. 이 경우 무선설비는 「전파법」에 따른 성능과 기준에 적합하여야 한다.

국제항해에 취항하는 선박들은 제1항의 규정에 따라 GMDSS의 시행에 필요한 설비를 갖추어야 하고, 나머지 선박들은 이 규정에 의하여 무선설비를 갖추어야 한다. 국제항해에 취항하는 선박소유자들은 비교적 자본력을 가지고 있기 때문에 국제협약기준에 따라 무선설비를 비치함에 별 문제가 없다. 그러나 그 이외의 선박들은 선박의 규모가 비교적 작고, 따라서 소유자들도 자본력이 약하기 때문에 정부의 무선설비의 설치방침에 저항하는 경우도 있다. 특히 어선의 경우 어족자원의 감소에 따라 소득이 점차 감소하고 있기 때문에 어선선주들은 비용이 수반되는 무선설비의 설치에 비판적이다.

선박의 무선통신과 관련하여 우리나라 어선들은 어선이 아닌 다른 선박과 통신을 할 수 없다는 문제점을 가지고 있다. 또 어선의 대부분을 차지하는 총톤수 5톤 미만은 무선설비의 설치가 면제되어 있다. 설사 무선설비를 설치한 선박이라고 하여도 원양어업을 제외한 면허어업, 연안어업, 근해어업 어선들은 단측파대(single side band : SSB) 무선전화만을 가지고 있을 뿐 20-30마일 이내의 근거리 통신에 사용하는 초단파대(very high frequency : VHF)무선전화를 가지고 있지 않다. 더욱이 어선은 SSB의 주파수가 27MHz대이고, 상선은 2MHz대를 사용하여 SSB를 통한 상호교신도 불가능하다. 따라서 어선이 위험에 빠졌을 경우 인근의 대형 상선 등에 조난신호를 보낼 수 없으며, 항해중 상선과 충돌위험 상

127) 음향측심기는 초음파를 이용해 바다의 깊이를 재는 기계이다. 선박의 바닥에 설치된 음향측심기에서 바다 밑으로 쏜 초음파가 바닥에 반사되어 오기까지의 시간을 측정하여 바다의 깊이를 계산한다.

황에서도 상대 선박을 호출할 수 없다. 이 문제를 개선하기 위하여 정부는 2005년 10월 26일 이 법 시행규칙을 개정하여 총톤수 5톤 이상의 모든 어선에 대하여 VHF통신기를 설치하도록 하였다. 그러나 기존 선박에 대하여는 설치의무를 영구면제 함으로써 이러한 어선과 상선간의 무선통신이 원활하게 이루어려면 모든 기존 어선이 신조선으로 대체되는 20여년의 세월이 더 지나야 할 것이다.

이 규정 앞 쪽의 "국토해양부령이 정하는 선박"이란 다음 각 호의 선박을 제외한 선박을 말한다.(시행규칙 제72조 제1항) 특히 제1호에 따르면 2006년 말 현재 전체 어선 86,113척 중 약 86.7%에 해당하는 74,645척의 5톤 미만 어선은 무선설비를 설치할 필요가 없음에 유의할 필요가 있다.128) 바다에서 안전을 위하여 무선전화의 의무설치 대상을 연차적으로 확대할 필요가 있다고 하겠다.

1. 총톤수 5톤 미만의 어선
2. 추진기관을 설치하지 아니한 선박
3. 호수·하천 안에서만 항해하는 선박
4. 「유선 및 도선사업법」에 따른 도선으로서 출발항으로부터 도착항까지의 항해거리(경유지를 포함한다)가 2해리 이내인 선박

또 이 규정 뒤쪽의 "국토해양부령이 정하는 기준에 따른 무선설비"는 어선의 무선설비와 그 밖의 선박의 무선설비로 나눌 수 있으며 각각의 설치기준은 다음의 표16 및 표17과 같다.(시행규칙 제72조 제2항)

---

128) 어선통계는 해양수산부 2006년 말 통계를 사용하였다.
http://badasori.momaf.go.kr/matrix/momaf/yeonbo/body_yeonbo.jsp?yearData=2007&yeonbo=2&pdfname=2-4/08 [2008.2.6.].

<표16> 어선의 무선설비 설치기준

무선설비의 종류 / 적용 선박	초단파대 무선설비(무선전화 및 디지털선택호출장치)	중단파대 무선전화	중단파대 및 단파대무선설비(무선전화 및 디지털선택호출장치)	네비텍스 수신기	위성비상위치지시용무선표지설비(EPIRB)	레이더 트랜스폰더(SART)	양방향초단파대무선전화장치(2-way VHF)
가. 면허어업 또는 연안어업 어선	1	1					
나. 근해어업 어선							
1) 길이 24미터 미만	1	1					
2) 길이 24미터 이상	1	1			1		
다. 원양어업 어선	1		1	1	1	1	1

비고

1. 면허어업・연안어업・근해어업・원양어업이란 각각 「수산업법」 제8조 및 제43조에 따른 면허어업・연안어업・근해어업・원양어업을 말한다.
2. 면허어업, 연안어업 또는 선박 길이 24미터 미만의 근해어업에 종사하는 어선은 중단파대무선전화에 갈음하여 27메가헤르츠대 무선전화를 설치할 수 있다.
3. 다음 각 목의 어선은 무선전화 및 디지털선택호출장치의 설치를 생략할 수 있다.
   가. 면허어업의 어장관리선으로 지정받은 어선
   나. 기선권현망어업 또는 소형선망어업에 종사하는 어선 중 본선과 운반선을 제외한 부속선
   다. 서해 특정해역에 출어하는 근해자망어업에 종사하는 본선을 제외한 부속선
4. 원양어업에 종사하는 어선은 입어국의 관계 규정에 따른 무선설비를 설치할 수 있다.
5. 외국의 같은 국가내의 항구간 또는 외국의 호수・하천 및 항내만을 항해하는 선박으로서 해당 국가의 무선국허가를 받은 선박은 해당 국가의 관계규정에 따른 무선설비를 설치할 수 있다.
6. 중단파대 및 단파대무선전화를 설치한 선박은 중단파대 무선전화의 설치를 생략할 수 있다.
7. 법 제30조 제2항에 따라 선박위치발신장치의 기능을 갖춘 무선설비란 위의 무선설비가 통신망으로 제어되어 각 단말기끼리 신호의 충돌 없이 자동으로 위치가 보고되는 기능을 갖춘 것을 말한다.

<표17> 그 밖의 선박의 무선설비 설치기준

무선설비의 종류 / 적용 선박	초단파대 무선설비 (무선전화 및 디지털 선택호출 장치)	중단파대 또는 중단파대 및 단파대무선설비 (무선전화 및 디지털선택 호출장치)	네비텍스 수신기	위성비상위치 지시용 무선표 지설비 (EPIRB)	레이더 트랜스폰더 (SART)	양방향 초단파 대무선 전화장치 (2-way VHF)
가. 평수구역 선박	1					
나. 연해구역 선박						
1) 국제항해에 취항하지 아니하는 총톤수 300톤 미만	1			1		
2) 국제항해에 취항하는 총톤수 300톤 미만	1	1		1		
3) 총톤수 300톤 이상	1		1	1	1	1

비고
1. 외국에서 같은 국가 내의 항구 간 또는 외국의 호수·하천 및 항내만을 항해하는 선박으로서 해당 국가의 무선국허가를 받은 선박은 해당 국가의 관계 규정에 따른 무선설비를 설치할 수 있다.
2. 중단파대 및 단파대무선전화를 설치한 선박은 중단파대무선전화의 설치를 생략할 수 있다.
3. 「해운법」 제4조 제1항에 따라 해상여객운송사업에 사용되는 여객선이 초단파대무선설비를 이용하여 위치보고 등을 하는 것이 곤란한 경우에는 초단파대무선설비 외에 중단파대무선전화를 설치하여야 한다.
4. 법 제30조 제2항에 따라 선박위치발신장치 기능을 갖춘 무선설비란 위의 무선설비가 통신망으로 제어되어 각 단말기끼리 신호충돌 없이 자동으로 위치가 보고되는 기능을 갖춘 것을 말한다.

한편, 최근 정보통신분야는 혁명적인 발전을 거듭하고 있다. 따라서 선박에 종래의 무선설비를 설치하도록 강제함은 무리라는 주장이 힘을 얻고 있다. 특히 소형선박의 경우 운항거리가 짧고, 가까운 연안에서는 휴대폰에 의한 긴급신고가 가능하기 때문에 조난신호용 무선설비를 별도를 설치하지 말고 휴대폰을 사용한 조난신고체제로 가야한다는 주장도 있다. 선박에 출력증폭장치를 설치할 경우 육지로부터 20-30마일까지도 휴대폰 통화가 가능하며, 주파수 공용통신(Trunked Radio Service : TRS)을 이용할 경우 육지로부터 70-80마일 떨어진 곳까지도 통화가 가능하다고 한다. 다만, 이러한 시스템이 제대로 작동하려면 통신수단인 무선 전화기의 전원을 계속 유지하기 위한 충전시스템이 갖추어져야 하고, 해양사고 긴급번호(122번)와 체계적인 연결시스템을 구축하여 통화중 신호 없이 상시 통화할 수 있어야 한다. 정보통신 강국인 우리나라로서는 특히 소형 선박의 조난통신체제에 휴대폰 등 최신형 통신설비의 채택방안을 적극 검토할 필요가 있다고 하겠다.

③ 누구든지 제1항 및 제2항의 규정에 따른 무선설비를 갖추지 아니하고 선박을 항해에 사용하여서는 아니 된다. 다만, 임시항해검사증서를 가지고 1회의 항해에 사용하는 경우 또는 시운전을 하는 경우에는 그러하지 아니하다.

이 규정에서는 무선설비를 갖추지 아니한 선박의 항해를 금지하고 있다. 다만, 임시항해검사증서를 소지하거나 시운전을 하는 경우는 아직 선박의 검사가 종료되지 아니한 상태로서 무선설비를 설치하지 않았을 수도 있으므로 예외적으로 항해를 허용하고 있다.[129] 이 규정에 위반한 자에 대하여는 1년 이하의 징역 또는 1,000만원 이하의 벌금에 처한다.(법 제84조 제1항제10호)

제5절 선박위치발신장치(제30조)

제30조(선박위치발신장치) ① 선박의 안전운항을 확보하고 해양사고 발생 시 신속한 대응을 위하여 국토해양부령이 정하는 선박의 소유자는 국토해양부장관이 정하여 고시하는 기준에 따라 선박의 위치를 자동으로 발신하는 장치(이하 "선박위치발신장치"라 한다)를 갖추고 이를 작동하여야 한다.

이 규정은 2005년 5월 15일 경기도 화성에서 발생한 레저보트의 침몰사고 이후 선박위치발신장치의 중요성을 인식하여 신설되었다. 당시 이 선박은 양식장의 로프에 걸리면서 침몰하였다. 이 선박이 제때 귀항하지 않자 가족들은 해양경찰에 실종신고를 하였으나 해양경찰은 침몰한 선박

---

129) 실질적으로 시운전을 할 경우 대부분 무선설비를 갖추고 있다.

의 위치를 제대로 파악할 수 없어 효과적인 구조활동을 펼칠 수 없었다. 그 결과 이 선박에 타고 있던 8명 중 7명이 사망하였다. 이를 개선하고자 안병엽 국회의원의 대표발의로 2005년 8월 9일 이 법 개정안이 국회 농림해양수산위원회에 제출되었으며, 2006년 3월 2일 국회 본회의에서 최종 개정안이 의결되었다.

선박위치 자동발신장치는 인공위성통신장치(Inmarsat, Argos 등), 선박위치식별장치(Automatic Identification System : AIS) 등 선박의 위치를 자동으로 발신할 수 있는 장치를 말한다. 특히 AIS는 선박교통량 폭주해역에서 개별 선박이 일일이 자신의 위치를 구두로 보고하지 않아도 육상의 해상교통관제센타(Vessel Traffic Service Center : VTS Center)나 인근의 다른 선박의 화면에 이 선박의 선명, IMO 식별번호[130], 속도, 침로, 적재화물의 내용 등이 표시됨으로써 해상교통관리의 효율성을 제고하고, 선박간의 충돌사고 예방에도 기여할 수 있다. 따라서 「SOLAS 협약」에서는 국제항해에 취항하는 총톤수 300톤 이상의 모든 선박, 국제항해에 취항하지 않는 500톤 이상의 화물선, 모든 여객선은 AIS를 설치하도록 하고 있다.(제5장 제19규칙 제2.4항) 한편, 이 규정에서 선박위치발신장치를 설치해야 하는 “국토해양부령이 정하는 선박”이란 다음의 선박을 말한다. 다만, 호수·하천 안에서만 항해하는 선박의 경우 선박위치정보를 수신하고 관리할 체제가 갖추어지지 아니하였으므로 설치대상에서 제외하고 있다.(시행규칙 제73조)

1. 총톤수 2톤 이상의 다음 각 목의 선박
   가. 「해운법」에 따른 여객선
   나. 「유선 및 도선사업법」에 따른 유선
   다. 「낚시어선업법」에 따른 낚시어선

130) 잦은 소유자·국적·선급의 변경에도 불구하고 해당 선박의 안전관리상태를 추적하기 위하여 IMO가 선박에 부여한 식별번호이다. 따라서 100톤 이상의 모든 여객선 및 300톤 이상의 화물선은 모두 이 번호를 부여받아야 한다. (「SOLAS 협약」 부속서 제11-1장 제3규칙)

2. 여객선이 아닌 선박으로서 국제항해에 취항하는 총톤수 300톤 이상의 선박
3. 여객선이 아닌 선박으로서 국제항해에 취항하지 아니하는 총톤수 500톤 이상의 선박
4. 연해구역 이상을 항해하는 총톤수 50톤 이상의 예선, 유조선 및 위험물산적운송선
5. 선박길이 45미터 이상의 어선

정당한 사유 없이 선박위치발신장치를 작동하지 아니한 선박의 선장에 대하여는 1백만 원 이하의 과태료에 처한다.(법 제89조 제2항)

② 제29조 제1항 또는 제2항의 규정에 따른 무선설비가 선박위치발신장치의 기능을 가지고 있는 때에는 선박위치발신장치를 갖춘 것으로 본다.

무선통신분야는 계속적인 발전이 이루어지고 있으며, 지상파를 이용함은 물론 인공위성을 활용한 무선통신도 점차 활성화되고 있다. 따라서 통신을 위하여 선박에 설치한 무선설비가 선박위치발신장치의 기능도 함께 가지고 있을 경우는 중복적인 설치를 하지 않아도 된다.

③ 선박의 선장은 해적 또는 해상강도의 출몰 등으로 인하여 선박의 안전을 위협할 수 있다고 판단되는 경우 선박위치발신장치의 작동을 중단할 수 있다. 이 경우 선장은 그 상황을 항해일지 등에 기재하여야 한다.

선박위치발신장치는 선박의 안전을 위한 장치이다. 그러나 해적 또는 해상강도 등이 이 장치를 구입하거나 또는 불법적으로 VTS Center를 해킹(hacking)하여 선박운항정보를 획득한다면 공격대상선박을 선택할 수 있는 등 악용의 소지가 많다. 따라서 선장이 선박의 안전이 위험하다고 판단할 경우에는 작동을 중단할 수 있는 예외조항을 두고 있다. 그러나 선장이 임의로 이 장치를 끄면 이 제도의 실효성이 훼손되므로 끄게 될 경우는 그 상황을 항해일지 등에 기재하도록 하고 있다.

제6장 안전항해를 위한 조치

제6장은 선박의 안전과 관련하여 선박자체의 안전성이라는 하드웨어(hardware)적 문제를 다루는 것이 아니라 선박을 어떻게 안전하게 운영할 것인가 하는 소프트웨어(software)적인 문제를 다루고 있다. 여기에는 선장에게 선박운항에 관한 충분한 재량권을 부여하여야 하고(제31조), 선박의 사관들이 항해에 관한 정보를 활용할 수 있도록 항해용 간행물을 선박에 비치해야 한다.(제32조)는 규정 등이 포함되어 있다. 이밖에도 선박소유자는 운송되는 화물의 종류를 선장에게 제공하여야 하고(제36조), 산적화물·위험물을 운송할 경우 국토해양부령으로 정하는 안전한 방법에 따르도록 규정하고 있다.(제40조 및 제41조)

제1절 선장의 재량권 인정(제31조)

제31조(선장의 권한) 누구든지 선박의 안전을 위한 선장의 전문적인 판단을 방해하거나 간섭하여서는 아니 된다.

전통적으로 선박은 육지로부터 멀리 떨어져 해상고유의 위험에 맞서 운항했기 때문에 선장은 현장의 최고 책임자로서 선박운항에 관한 한 거의 모든 권한을 행사해 왔다. 또한 선장은 선박공동체의 안전확보를 위하여 「선원법」에 따라 지휘명령권(제6조), 해원에 대한 징계권(제24조), 위험물 등에 대한 조치권(제25조), 행정기관에 대한 원조요청권(제26조) 등의 각종 권력을 부여받고 있다. 이밖에도 선장은 선박소유자의 대리인으로서 광범위한 대리권을 행사하는 지위에 있다.

그러나 선박통신기술의 발전에 따라 선장의 권한은 점차 해상에서 육상으로 이동하고 있다. 즉, 육상의 선박소유자는 무선전화, 인터넷 등을 통하여 선장과 계속 연락하면서 수시로 지시할 수 있기 때문에 선장의 재량권은 점차 축소되고 있다. 그 결과 일부 선박소유자는 선박의 운항에 관한 거의 모든 결정을 스스로 내리고, 선장은 현장에서 이를 집행하는 단순 보조자의 역할로 전락시켜 버리는 경우도 있다고 한다.[131]

이 규정은 선박운항에 관한 선장의 재량권을 확보하기 위하여 규정된 「SOLAS 협약」의 내용(부속서 제5장 제34-1규칙)을 수용한 것이다.[132] 협약에서는 선주, 용선자, 선박회사 등은 선장이 전문적인 판단(professional judgement)에 따라 해상에서 인명안전과 해양환경보호에 관하여 필요한 결정을 내리는 것을 방해하거나 제한하지 말도록 규정하고 있다. 이 규정은 탬퍼호(MV Tampa)사건에 따라 해상에서의 인명구조에 관한 복잡한 법률적 문제를 해결하는 과정에서 관련 국가들의 타협의 결과로 신설되었다. 이 규정은 선장이 선박운항 중 겪는 여러 가지 상황에 있어 전문가로서 스스로 판단을 내릴 수 있는 재량권을 국제법적으로 인정하고 있다는 데 큰 의의가 있다고 할 것이다.

한편, 이 규정을 위반하여 선장의 전문적인 판단을 방해하거나 간섭한 자는 200만 원 이하의 과태료에 처한다.(법 제89조 제1항제8호)

탬퍼호 사건

2001년 8월 26일 노르웨이 선적의 화물선 탬퍼호(MV Tampa)는 호주령인 크리스마스 섬(Christmas Island) 북쪽 140킬로미터 해상에서 침몰하는 선박에서 438명을 구조하였다. 이 해역은 인도네시아의 구조조정본부(RCC) 관할 구역 이였으나 육상의 구조업무는 제대로 이루어지지 않았다. 구조된 사람들은 아프가니스탄 난민으로서 호주로 망명을 원하였기 때문에 탬퍼호의 Arne Rinnan선장은 이들을 하선시

131) 이와 같이 선장에게 권한을 주지 않으면 혁신을 통한 선박단위의 생산성 향상은 거의 불가능하다. 주인의식이 없는 자는 혁신할 수 없기 때문이다.

132) 선박보안에 관한 사항이지만 「SOLAS 협약」 부속서 제11-2장 제8규칙에도 선장의 재량권을 보장하는 규정이 있다.

키기 위하여 크리스마스 섬으로 항해하였다. 그러나 선박에 의한 난민이 대량유입이 정치적 문제가 되고 있던 호주 정부는 탬퍼호의 영해진입을 허용하지 않았다. 그러나 구조된 사람 중에는 시급한 치료가 필요한 환자와 임신부가 있었고, 다수 인원의 승선으로 인하여 더 이상 탬퍼호는 감항성이 없다고 판단한 Rinnan 선장은 영해진입 시 기소하겠다는 호주정부의 위협에도 불구하고 크리스마스 섬 4마일까지 접근하여 묘박하였다.

이후 이 난민을 어떻게 처리할 것인가는 국제적으로 큰 쟁점이 되었다. 처음에 호주, 인도네시아, 노르웨이는 모두 난민의 망명을 거부하였다. 더욱이 며칠 후 뉴욕에서 9.11 테러사태까지 발생하여 이슬람 국가에서 온 이들의 처리문제는 각국의 뜨거운 감자가 되었다. 결국 이들 중 약 150명은 뉴질랜드로 망명이 허용되었으며, 나머지는 인근의 섬나라인 나우루(Nauru)에 수용되었다가 나중에 대부분 호주로 망명이 허용되었다. 이 과정에서 각국의 협상지연으로 탬퍼호는 출항하지 못하여 선주는 경제적으로 큰 피해를 입었다. 이후 Rinnan 선장은 이와 같이 어려운 상황을 잘 처리했다고 하여 민간인으로서 노르웨이 정부 최고의 훈장(highest civil honour in Norway)을 받았으며, 국제적으로도 많은 상을 받았다.

국제협약상 선장은 구조요청이 있을 경우 구조의무가 있다. 그러나 구조된 사람에 대한 처리절차는 제대로 마련되어 있지 아니하였다. 특히 많은 나라들이 선박에 의한 난민 때문에 골머리를 앓고 있기 때문에 이들의 입국을 불허하는 형편에 있었다. IMO에서는 이와 같은 문제를 개선하기 위하여 「SOLAS 협약」과 「수색 및 구조에 관한 협약(SAR)」을 개정하여 조난자 발생 시 선장의 권리와 의무를 명확히 하는 한편, 구조자의 처리문제는 구조자를 발견한 구조조정본부(RCC)가 구조자의 상륙에 가장 적합한 장소를 수배하도록 하였다. 이와 같은 국제협약 개정안은 2004년 5월 20일 채택되었으며 2006년 7월 1일부터 시행되고 있다.

제2절 항해용간행물의 비치(제32조)

제32조(항해용 간행물의 비치) 선박소유자는 국토해양부령이 정하는 해도(海圖) 및 조석표(潮汐表) 등 항해용 간행물을 국토해양부령이 정하는 바에 따라 선박에 비치하여야 한다.

종래 항해용 간행물은 국토해양부장관의 고시인 「선박설비기준」에 의한 항해용구(제3편 제3장)로서 분류되었다. 또, 연해구역이상을 항행구역으로 하는 선박 및 배의 길이 20미터이상의 어선에는 항해하여야 할 해역 및 항만의 해도(charts) 기타 항해용 간행물을 비치하여야 하며, 이 경우 해도는 최근의 것이어야 한다.(제93조 제1항) 그러나 해도 등의 항해용 간행물이 과연 '설비'인지 '항해용구'인지도 다소 불투명하고, 무엇보다도 이러한 항해용 간행물을 비치해야 하는 선박소유자의 의무를 법적 근거 없이 고시에 의하여 정하고 있었다. 이러한 법적 체제가 우리의 「헌법」체제와 맞지 않음은 물론이다. 이에 따라 이번에는 선박소유자의 의무를 법률에서 구체적으로 수용하였다.

위 규정에서 "국토해양부령이 정하는 해도(海圖) 및 조석표(潮汐表) 등 항해용 간행물"이란 해도(승인된 전자해도를 포함한다), 조석표, 등대표 및 항로고시의 항해도서를 말한다.(시행규칙 제74조) 또 항해용 간행물은 법 제26조에 따른 선박시설기준에 따라야 하며, 수로정보에 따른 최신의 것이어야 한다.(시행규칙 제75조 제1항)[133] 또한 선장이나 선원이 즉시 꺼내어 확인할 수 있도록 선박의 적당한 장소에 비치하여야 한다.(동조 제2항)

한편, 이 규정의 국제법적인 근거는 「SOLAS 협약」에서 찾을 수 있다. 즉, 크기에 관계없이 모든 선박은 예정항해를 계획하고, 표시하고, 항해 전반에 걸쳐 위치를 기입하고 감시하기 위한 해도 및 항해도서(전자해도표시 및 정보시스템(ECDIS)으로 대체 가능)를 비치하여야 한다.(부속서

133) 항해용 간행물이 선박시설기준을 따라야 하는 것은 다소 어색하다. 선박시설은 선체・기관・돛대・배수설비 등 선박에 설치되거나 설치될 설비로서 해양수산부령이 정하는 것을 말하며(법 제2조 제2호), 해양수산부령이 정하는 것(시행규칙 제4조)에도 각종 설비는 있어도 항해용 간행물은 없기 때문이다.

제5장 19.2.1.4규칙) 해도 또는 항해도서는 특수목적의 지도나 책 또는 이러한 데이터베이스를 말하며, 주관청 등에 의하여 공식적으로 발행된 것을 말한다.(제5장 2.2규칙) 또 항해용 지침서, 등대표, 항로고시, 조석표 및 기타 예정항해에 필요한 모든 항해용 간행물과 같은 해도 및 기타 모든 항해도서는 적절하고 최신화(up to date) 되어야 한다.(제5장 제27규칙) 참고로 영국의 경우 우리나라의 4종에 비하여 훨씬 더 많은 항해용 간행물을 요구하고 있는 바, 외국에서 불이익을 입지 않도록 현행 기준의 적절한 보완이 필요하다고 판단된다.[134)]

제3절 조타실의 시야확보(제33조)

제33조(조타실의 시야확보 등) ① 선박소유자는 당해 선박의 조타실에 대하여 국토해양부장관이 정하여 고시하는 기준에 따른 충분한 시야를 확보할 수 있도록 필요한 조치를 하여야 한다.

선박이 안전한 항해를 위하여 항해중에는 항상 선박의 진행방향인 앞쪽을 잘 관찰하여야 한다. 마주 오는 선박에 대한 정보를 가급적 빠른 시간 내에 확보하여 만일 본선과 충돌의 위험이 있다면「해상교통안전법」에 규정된 항법 규정에 따라 적절한 피항동작을 취하여야 한다. 그러나 선박의 마스트(mast), 화물탱크 등의 구조물이나 적재된 화물로 인하여 선박의 항해선교(navigation bridge)에서 앞쪽을 바라볼 수 없다면 선박은 매우 위험한 상태에 빠질 수 있다. 특히 대형 콘테이너 선박의 경우 선수 앞쪽까지 가득 적재된 컨테이너는 선수 바로 밑의 맹목구간(blind

---

134) 영국에서 요구하는 항해용 간행물은 국제신호서(International Code of Signals), 국제항공해양수색구조지침서 제3권(International Aeronautical and Maritime Search and Rescue (IAMSAR) Manual, Vol III), 무선신호목록(Lists of Radio Signals), 천측력(Nautical Almanac), 조류도(Tidal Stream Atlases) 등 13종에 달하고 있다.(국제신호서 및 지침서 제3권은「SOLAS 협약」 제5장 21규칙에서 별도 규정됨) 이 규정은 영국선박은 물론 영국의 영해 내에 있는 외국선박에 대하여도 적용된다.
Carriage of Nautical Charts and Nautical Publications - Regulations, http://www.ukho.gov.uk/content/amdAttachments/2007/annual_nms/ANM18%202007.pdf [2008.2.11.].

sector)을 증가시켜 충돌의 위험 등에 적절히 조치하기 어렵다. 따라서 이 규정에서는 선박건조 및 운항단계에서 맹목구간을 최소화시켜 충분한 시야를 확보할 수 있도록 하고 있다. 다음의 그림21은 선박이 화물을 적재함에 따라 조타실에서 확인할 수 없는 맹목구간이 BC에서 AC로 증가하고 있음을 보여주고 있다.

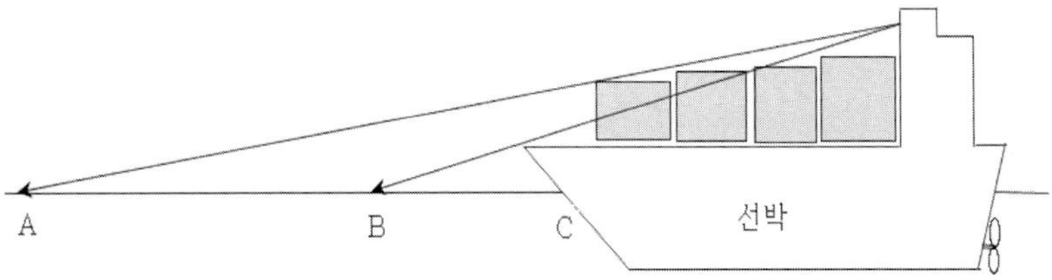

<그림 21> 화물적재에 따른 맹목구간의 변화

이 규정도 종래 법적 근거 없이「선박설비기준」에 포함되어 있었으나(제109조 및 제110조) 이번에 법률에 근거를 두게 되었다. 이 규정의 국제법적 규정은「SOLAS 협약」부속서 제22규칙에서 찾을 수 있다. 이에 따르면 1998년 7월 1일 이후 건조된 길이 55미터 이상의 선박(어선 제외)은 항해선교의 시야확보에 관한 각종의 기준을 준수해야 한다. 이 기준은 조종위치, 양쪽 브릿지 윙(bridge wing)[135], 주 조타위치 등에서 선교시야에 대하여 규정하고 있으며, 브릿지 윙의 요건, 반사광을 방지하기 위한 선교 창문의 각도 등을 규정하고 있다. 특히 맹목구간과 관련하여 선박은 선박운항의 모든 상태에서 선박의 조종위치에서 선수 방향으로 정선수를 기준으로 좌우 10도까지의 해면의 시야가 선박의 길이의 2배 또는 500미터 중 작은 수의 거리까지 가려져서는 아니 된다.

한편,「선박설비기준」에서는 어선을 제외한 길이 45미터 이상의 선박에 대하여 적용하도록 규정하고 있다. 그러나 통발어업을 하는 어선의 경우 통발을 가득 적재하여 조타실의 시야를 가리는 경우도 있는 바, 안전

---

135) 브릿지 윙은 선교로부터 선박의 측면까지 연장한 공간으로서, 선박의 접안 및 이안작업 시 육지와 선박과의 간격확인 등 선박의 조종에 널리 사용되는 공간이다.

확보의 차원에서 일정한 길이 이상이면 모든 어선에 대하여 이 규정을 적용할 필요가 있다고 판단된다.

② 선박소유자는 당해 선박의 조타실과 조타기(操舵機)가 설치된 장소 사이에 국토해양부장관이 정하여 고시하는 기준에 따라 통신장치를 설치하여야 한다.

이 규정도 종래 법적 근거 없이「선박설비기준」에 규정되어 있던 현실을 개선하기 위하여 이번에 법적 근거를 만들게 되었다.「SOLAS 협약」에도 유사한 내용이 규정되어 있다.(부속서 2-1장 29.10규칙) 당초 개정안에서는 선박의 구조, 기관실 설비, 기관실과 조타실과의 통신장치, 조타장치 등의 설치에 관하여 모두 법률에 근거를 두고자 하였으나 법제처 심사과정에서 이러한 설비들은 모두 법 제 26조의 규정에 의한 "선박시설기준"에 포함되어 버리고 그 흔적으로서 이 규정만 남게 되었다. 선박에서 조타설비가 중요하다고는 해도 선박의 구조나 기관보다 중요하다고는 할 수 없다. 더욱이 조타실과 조타기가 설치된 장소 사이의 통신장치는 그 중요도가 더 떨어진다. 따라서 이와 같이 덜 중요한 설비가 법률에서 직접 규정되고, 더 중요한 설비가 고시에서 규정되는 것은 바람직하지 못하다. 향후 법 개정시 선박설비의 중요도를 감안하여 법률에 근거를 둘 설비를 조정할 필요가 있다.

조타기는 선박의 조선(ship handling)에 매우 중요한 설비로서, 운항 중 고장이 나면 선박의 침로를 조종할 수 없어 다른 선박이나 방파제 등을 향하여 돌진할 우려가 있다. 따라서 대형 선박에는 고장에 대비하여 주조타장치에 추가하여 보조조타장치를 별도로 설치하고 있으며, 전원설비도 2중으로 하고 있다. 아울러 선박에서는 모든 전원설비가 고장 날 경우를 대비하여 3개월마다 1회 이상의 비상조타훈련을 행해야 한다. 이 훈련에는 타기실(steering gear compartment) 내에서 조타기의 직접조종, 조타실과 조타기실 사이의 통신절차 등이 포함된다.(「SOLAS 협약」부속서 제5장 제26.4규칙)

위 규정에 따라「선박설비기준」에서 정하는 조타실과 조타기실 간의 통신장치로는 전용전화, 공전식(共電式) 전화, 전성관(傳聲管), 일반전화 및 트랜시버(transceiver), 일반전화 및 토크백(talk-back) 중 하나를 설치해야 한다.(제104조 제1호) 다만, 육성으로 연락할 수 있는 경우는 통신장치를 설치할 필요가 없다.

제4절 하역설비의 안전(제34조)

제34조(하역설비의 확인 등) ① 하역장치 및 하역장구(이하 "하역설비"라 한다)를 갖춘 선박의 소유자는 국토해양부령이 정하는 기준에 따라 제한하중・제한각도 및 제한반경(이하 "제한하중등"이라 한다)의 사항에 대하여 국토해양부장관의 확인을 받아야 한다.

하역설비는 선박의 다른 설비와 달리 IMO에서 제정한「SOLAS 협약」등에 근거를 두고 있지 않고, 국제노동기구(ILO)의「제152호 협약(부두작업에서의 작업상 안전과 보건에 관한 협약(1979년))」에 근거를 두고 있다.[136] 이 협약에 따라 선박의 모든 하역장치(lifting appliance) 및 하역장구(loose gear)는 최초검사를 받아 증서를 교부받아야 하며(제22조), 매년 확인검사도 받아야 한다.(제23조) 이러한 증서는 하역설비가 안전하다는 추정적 증거(prima facie evidence)가 되며, 이 증서는 선박에 비치되어야 한다. 하역설비에 관한 기록부(Register)의 양식은 ILO가 제정한 표본양식을 감안하여 만들어야 한다.(제25조) 또 모든 하역장치에는 제한하중(safe working load)이 명확하게 표시되어야 한다.(제27조) 외국에서 이러한 증서를 선박에 비치하지 않거나 하역장치에 제한하중 표시가 되어있지 않을 경우 하역에 선박의 하역장치를 사용할 수 없고 값 비싼 육상 크레인을 써야 하는 경우도 있다.

한편, 종래의 법에서는 하역설비의 안전에 관하여 직접 규정하지 않고 시행규칙에서 법적 근거 없이 임의로 규정해 왔던 바, 이번에 이를 법률로 옮겨 규정하였다.[137] 또 하역설비의 안전을 확인할 수 있는 하역설비 검사기록부 등의 서류도 새롭게 규정하였다. 그러나 현행의 우리나라 서

136) 이 협약의 정식 명칭은 Occupational Safety and Health (Dock Work) Convention, 1979 이다.

137) 우리나라는 관행적으로 일본의「선박안전법」을 차용하여 사용해 왔는바, 일본의 법이 이러한 형식으로 되어 있어 우리나라도 이를 따른 것으로 보인다.

류는 영문으로 되어 있지도 않고, 그 내용도 ILO의 표본양식과 다소 차이가 있다. 이 법에 따른 하역설비에 관한 서류를 국제기준에 맞출 필요가 있다고 하겠다.[138)]

이 규정에 따라 1톤 이상 화물의 하역에 사용되는 다음의 하역설비에 대하여 제한하중 등의 확인을 받으려는 선박소유자는 제한하중등신청서를 국토해양부장관에게 제출하여야 한다.(시행규칙 제77조)

1. 데릭(Derrick)장치 : 제한하중 및 제한각도
2. 지브크레인(Jib Crane) : 제한하중 및 제한반경
3. 그 밖의 하역장치 : 제한하중
4. 하역장치에 처음으로 사용되는 하역장구와 용접 등에 의하여 수리를 한 하역장구 : 제한하중

또 선박의 하역설비에 대한 제한하중등을 확인하기 위한 기준은 시행규칙 별표 31에서 정하고 있는바(시행규칙 제76조), 그 중 하역장치에 적용하는 시험하중은 다음의 표18과 같다.

<표18> 하역장치의 시험하중

제 한 하 중 (safe working load)	시 험 하 중(test load)
20톤 미만	제한하중의 1.25배의 하중
20톤 이상 50톤 미만	제한하중에 5톤을 가한 하중
50톤 이상 100톤 미만	제한하중의 1.1배의 하중
100톤 이상	국토해양부장관이 적당하다고 인정하는 하중

138) 2008년 1월 말 현재 우리나라는 ILO 제152호 조약을 가입하고 있지 않고, 국제적으로도 이에 가입한 국가가 26개국에 불과하다. 하지만 1982년 5월 12일부터 국제적으로 발효되었고, 미국, 일본, 영국, 호주 등 주요 해운국가들은 이 협약에 가입하지 않았어도 국내법에 이를 수용하고 있다. 외국에서 우리나라 선박의 불편을 해소하기 위하여 조속히 이 협약에 가입하고 그 내용을 적극적으로 수용할 필요가 있다. 이 법에서 이 협약의 주요 내용을 수용하였으므로 협약가입에 큰 쟁점사항은 없다고 할 수 있다.

② 국토해양부장관은 제1항의 규정에 따라 제한하중등의 확인을 한 때에는 국토해양부령이 정하는 제한하중등확인서를 교부하여야 한다.

이 규정은 시험하중을 걸어 하역설비의 상태를 확인한 후 합격하였을 경우의 행정절차에 관하여 규정하고 있다. 제한하중등확인서의 서식은 다음의 그림 22와 같다.

<table>
<tr><td colspan="6">제 호
제 한 하 중 등 확 인 서</td></tr>
<tr><td>①선 명</td><td colspan="2"></td><td>②선박번호</td><td colspan="2"></td></tr>
<tr><td>③종류·위치 및 번호</td><td>④하중시험을 할 때 붐의 각도(지브크레인의 선회반경)</td><td>⑤시험하중 (톤)</td><td>⑥제한하중 (톤)</td><td>⑦제한각도 (제한반경)</td><td>⑧비고</td></tr>
<tr><td></td><td></td><td></td><td></td><td></td><td></td></tr>
<tr><td colspan="6">「선박안전법 시행규칙」 제77조 제2항에 따라 위와 같이 이 확인서를 발급합니다.

년 월 일

국 토 해 양 부 장 관 인
(선 박 안 전 기 술 공 단 이 사 장)
(선 급 법 인 의 장)</td></tr>
</table>

<그림 22> 제한하중등확인서 서식

③ 제1항의 규정에 따라 확인을 받은 선박소유자는 해당하역설비에 국토해양부령이 정하는 바에 따라 확인받은 제한하중등의 사항을 표시하여야 한다.

제한하중등확인서를 교부받은 선박소유자는 해당 하역설비에 제한하중·제한각도 및 제한반경의 사항을 표시하여야 한다. 이 때 표시는 하역설비의 잘 보이는 곳에 금속제 판을 고정시키거나 용접 등 항구적인 방법으로 하여야 한다.(시행규칙 제77조 제3항)

④ 제1항의 규정에 따라 확인을 받은 선박소유자는 확인받은 제한하중등의 사항을 위반하여 하역설비를 사용하여서는 아니 된다.

이 규정은 하역의 안전을 위하여 제한하중 등의 사항에 대한 위반금지를 규정하고 있다. 그러나 실제 하역설비를 사용하는 사람은 선박소유자나 그의 대리인인 선원보다는 부두의 하역근로자이다. 미국의 일부 항만에서는 하역근로자를 제외하고는 아예 하역설비에 손을 대지 못하도록 하고 있기도 하다. 따라서 이 규정에서 금지대상은 선박소유자보다 선박소유자를 비롯한 모든 사람이 더 정확하다고 할 수 있다. 그러므로 이 규정은 "누구라도 제1항의 규정에 따라 확인받은 ...아니 된다"로 바꾸는 것이 바람직하다. 이 금지규정을 어긴 자에 대하여는 200만원 이하의 과태료에 처한다.(법 제89조 제1항제13호)

제5절 하역설비의 검사기록(제35조)

제35조(하역설비검사기록 및 비치) ① 국토해양부장관은 하역설비에 대하여 정기검사 또는 중간검사를 한 때에는 국토해양부령이 정하는 바에 따라 하역설비검사기록부를 작성하고 그 내용을 기재하여야 한다.

하역설비는 이 규정에 따라 5년마다의 정기검사 및 그 중간에 중간검사를 하고 하역설비기록부를 작성·기록하여야 한다. 정기검사의 준비사항(시행규칙 별표 10)에는 하역설비에 대한 준비로서 윈치의 분해, 효력시험을 하도록 하고 있으며, 하중시험·재료시험·압력시험은 제1회 정기검사 시에만 하고 있다. 또 하역설비에 대한 중간검사의 검사준비사항은 규정되어 있지 않다.(시행규칙 별표 11) 따라서 이러한 규정은 법 제14조의 규정에 의한 검사의 준비사항과 잘 맞지 않는다. 검사준비 없이 검사할 수 없으며, 검사 없이 하역설비기록부의 작성·기록은 불가하기 때문이다. 또 이러한 규정은 5년마다 1회 정기검사를 하고, 매년 검사를 하는 ILO 제152호 협약의 규정(제22조 및 23조)과도 맞지 않는다. 하역설비의 경우 IMO의 검사체제와는 다소 차이가 있음을 인식하고 적절한 보완이 요청된다고 하겠다.

② 선박소유자는 제1항의 규정에 따른 하역설비검사기록부 등 하역설비에 대한 검사와 관련된 국토해양부령이 정하는 서류를 선박에 비치하여야 한다.

하역설비기록부는 시행규칙 별지 제73호 서식으로 정하고 있다.(시행규칙 제78조 제1항) 이와 같은 서식은 종래의 시행규칙에서 정하던 서식(별지 24호 서식)을 대폭 간소화한 것이다. 그러나 이러한 간소화에 따라 현행의 서식은 ILO의 표준서식과 더 많은 차이가 발생하게 되었다.

또 국토해양부령에 따라 선박에 비치해야 하는 서류로서는 제한하중등확인서와 하역설비검사기록부를 규정하고 있다.(시행규칙 78조 제2항) 그러나 이러한 서류의 서식과 종류는 위에서 언급한 바와 같이 ILO 표준서식에 맞추어 정비할 필요가 있다. 선박소유자나 선장은 이 서류를 필요시 제시할 수 있도록 적절한 장소에 보관하여야 한다.(동조 제3항)

제6절 화물정보(제36조)

제36조(화물정보의 제공) ① 선박 또는 그 승선자에게 위해를 미칠 수 있는 화물을 운송하고자 하는 화주(貨主)는 해당화물을 적재하기 전에 그 화물에 관한 정보를 선장에게 제공하여야 한다.

이 규정은 이번에 신설된 규정으로서 「SOLAS 협약」 부속서 제6장 제2규칙의 내용을 수용하고 있다. 특정한 화물은 화물의 적재 및 운송에 특별한 안전조치가 필요하다. 예컨대 곡물이나 수분을 포함한 분말형태의 광석(예컨대 동선광(copper concentrates))은 선박의 동요에 따라 액체와 같이 화물창 내에서 흘러 이동하기 때문에 선박의 복원성을 해칠 수 있으며, 일부 유연탄은 운송과정에서 자연 발화가 일어나기도 한다.

그러나 선박을 통하여 운송되는 화물의 종류는 엄청나게 많으며, 그 특성도 모두 다르기 때문에 선장이 다 파악할 수는 없다. 따라서 화물을 운송하고자 하는 화주는 화물의 특성에 관한 정보를 적재 전에 선장에게 제공하여 운송 중 적재 및 운송에 관하여 적절한 안전조치가 행해질 수 있도록 하여야 한다. 화주가 정보를 제공하지 아니할 경우 200만원 이하의 과태료에 처한다.(법 제89조 제1항제15호) 아울러 화주가 정보제공을 하지 않아 화물손상 등의 사고가 발생한 경우 선박소유자는 손해배상책임의 면책을 주장할 수도 있을 것이다. 공법상의 의무위반은 매우 중대한 과실로 인정되는 경우가 많기 때문이다.

② 제1항의 규정에 따라 정보를 제공하여야 하는 화물의 종류 및 제공되는 정보의 내용은 국토해양부령으로 정한다.

이 규정에서는 제1항의 내용을 보다 구체적으로 정하고 있다. 제공하는 정보는 화물의 종류에 따라 다음과 같이 3가지로 구분한다.(시행규칙 제79조)

1. 일반화물과 화물유니트에 의하여 운송되는 화물 : 화물명세, 화물중량 및 화물의 특성
2. 산적화물
   가. 제1호의 정보
   나. 화물의 적하계수(무게 1톤에 대하여 세제곱미터로 표시된 부피를 말한다) 및 짐 고르기 방법
   다. 선적 후 화물표면 경사각도를 포함한 화물 이동의 특성
   라. 응집되거나 액화될 수 있는 화물의 경우 화물 수분량 및 운송허용 수분값
3. 해를 입힐 수 있는 화학성질을 가진 산적화물 : 위의 모든 정보 및 화물의 화학적 성질에 관한 정보

제1호의 화물유니트(cargo unit)란 팰릿(pallet), 용기(container), 이동용 탱크(portable tank) 등 화물의 적재에 활용되는 것으로서 선박에 고정되지 아니한 것을 말한다. 참고로 화물운송구(cargo transport unit)는 차량(freight vehicle), 기차, 컨테이너(freight container), 탱크차량(road tank vehicle) 등 화물을 적재하여 직접 운송에 사용하는 것을 말한다. 제3호의 "해를 입힐 수 있는 화학성질을 가진 산적화물"이란 운송 중에 화학적 반응을 일으켜 선원 및 선박에 위험이 초래될 수 있는 산적화물을 말한다.

제7절 유해성가스 농도측정기(제37조)

제37조(유독성가스 농도측정기의 제공 등) 선박소유자는 유독성가스를 발생하거나 또는 산소의 결핍을 일으킬 수 있는 화물을 산적(散積)하여 운송하는 경우에는 국토해양부장관이 정하여 고시하는 바에 따른 유독성가스 또는 산소의 농도를 측정할 수 있는 기기(機器) 및 그 사용설명서를 선장에게 제공하여야 한다.

이 규정도 이번에 신설된 규정으로서 「SOLAS 협약」 부속서 제6장 제3규칙의 내용을 수용하고 있다. 종래는 법적 근거 없이 국토해양부령인 「특수화물선박운송규칙」에 이와 유사하게 규정하고 있었다.(제2조의3)

유연탄의 경우 운송 중 자연발화로 일산화탄소가 발생되며, 곡물의 경우 자체의 호흡으로 화물창 내의 산소가 결핍되게 된다. 따라서 화물상태의 확인 등을 위하여 별다른 주의를 하지 않고 화물창을 출입하는 선원은 위험에 빠질 수도 있다. 따라서 이 규정에서는 선박소유자에게 유독성가스 또는 산소의 농도를 측정할 수 있는 기기와 사용설명서를 제공할 의무를 부과하고 있다. 이 의무를 위반할 경우 200만 원 이하의 과태료에 처해진다.(법 제89조 제1항제16호) 또 선박소유자가 이 의무를 위반하고 이와 관련하여 선원이 사망한 경우 선박소유자는 「민법」에 의한 불법행위책임(제750조)을 면하기 어렵다.[139]

---

139) 불법행위는 고의 또는 과실로 인한 위법행위로 타인에게 손해를 가한 행위로서 가해자는 피해자에 대해 손해를 배상할 책임이 있다. 특히 여기에서의 불법행위는 법령을 위반하였다는 개념보다는 남에게 손해를 입혔다는 점에 주

제8절 소독약품(제38조)

제38조(소독약품 사용에 따른 안전조치) 선장은 선박의 소독을 위하여 살충제 등 소독약품을 사용하는 경우에는 국토해양부장관이 정하여 고시하는 바에 따라 안전조치를 하여야 한다.

이 규정은「SOLAS 협약」부속서 제6장 제4규칙의 내용을 수용하고 있다. 전염병을 예방하기 위하여「검역법」이 제정되었으며, 이에 따라 전염병의 매개물이 되는 쥐나 곤충의 유입은 철저히 통제하고 있다. 검역을 받으려는 선박은 노란색 기를 게양하고 검역장소에 닻을 내린 후 검역조사를 받아야 한다.(「검역법」제6조 제1항) 검역조사는 선박의 모든 사람 및 물품에 대하여 행해지지만 특히 검역전염병을 옮기는 쥐·벌레의 유무와 번식상태에 대해 조사한다.(제8조 제1항제4호) 검역조사 결과 검역전염병에 전염되었거나 전염이 의심되는 경우 소독하거나 필요한 조치를 취할 수 있다.(제10조 제1항)

소독은 선박 내의 모든 공간을 완전히 밀폐한 후 그 내부에 살충제 등 맹독성의 소독약품을 뿌리거나 훈증(fumigation)시켜 쥐나 곤충을 박멸시킨다. 소독시간은 소독약품의 종류·농도에 따라 다르지만 곡물소독에 메틸 브로마이드(methyl bromide)를 사용할 경우 5일 이상의 많은 시간이 소요된다. 소독작업이 끝난 후에는 밀폐되었던 공간을 완전 개방하여 독성 가스를 방출시켜야 한다. 이 기간 동안 모든 선원은 하선하여야 하고, 선박에는 소독관계자의 승선만 허용된다.

한편, 쥐는 인간과 같이 살아온 역사가 매우 긴 동물로서 인간에게 많은 질병을 옮기는 매개물의 역할을 해왔다. 선박과 같이 좁은 공간에서 인간과 공존할 경우 전염의 가능성이 매우 높아지므로 각국의 방역당국은 쥐의 박멸에 노력하고 있다. 그럼에도 불구하고 쥐는 영리하고 이동능력이 탁월하여 부두에 접안중인 선박의 밧줄을 타고 쉽게 이 배에서 저 배로 건너갈 수 있다. 따라서 대부분의 국가에서는 선박이 부두접안 중 접안용 밧줄에 쥐막이(rat guard) 설치를 의무화하고 있다. 그러나 쥐는

안점이 있음에 유의할 필요가 있다.

쥐막이에 조그마한 틈이 있어도 이를 통해 이동할 수 있기 때문에 쥐잡이 소독 후 교부하는 쥐잡이 소독증명서의 유효기간은 6개월에 불과하다.(「검역법」 제24조 제1항)

「SOLAS 협약」 규정에서는 IMO에서 제정한 「선내 살충제의 안전한 사용에 관한 IMO 권고(IMO Recommendation on the Safe Use of Pesticides in Ships)」를 참고하도록 하고 있다.(부속서 제6장 제4규칙) 이 권고에서는 곤충과 쥐의 서식방지방법, 살충제의 사용에 관한 규정, 안전상의 주의사항, 선박에서 자주 사용하는 살충제의 종류 등에 대하여 자세히 규정하고 있다. 국토해양부장관이 정하여 고시하여야 할 사항은 이 권고의 내용을 수용하면 될 것으로 보인다.

제9절 화물의 적재 및 고박(제39조)

제39조(화물의 적재·고박방법 등) ① 선박소유자는 화물을 선박에 적재(積載)하거나 고박(固縛)하기 전에 화물의 적재·고박의 방법을 정한 자체의 화물적재고박지침서를 마련하고, 국토해양부령이 정하는 바에 따라 국토해양부장관의 승인을 얻어야 한다.

이 규정은 「SOLAS 협약」 부속서 제6장 제5.6규칙에 규정된 사항을 수용하고 있다. 이 규정에서는 개품운송 화물의 적부(stowage) 및 고박(securing)과 관련하여 「화물적부 및 고박을 위한 안전실무코드(Code of Safe Practice for Cargo Stowage and Securing)」와 「화물고박지침서 작성지침(Guidelines on the Preparation of the Cargo Securing Manual)」을 참고하도록 하고 있다. 산적화물의 운송에 관하여는 이 법 제40조에서 다루고 있다. 종래 「특수화물선박운송규칙」에서는 이 협약규정과 유사하게 규정하면서 법적 근거 없이 선박소유자에게 의무를 부과하였었다.(제2조의5) 따라서 이번의 법 개정 시 이 규칙의 내용을 법률에서 직접 규정하였다.

② 선박소유자는 화물과 화물유니트(차량 및 이동식탱크 등과 같이 선박에 부착되어 있지 아니하는 운송용 기구를 말한다) 및 화물유니트 안에 실린 화물을 적재 또는 고박하는 때에는 제1항의 규정에 따라 승인

된 화물적재고박지침서에 따라야 한다.

선박은 외력의 영향을 받아 끊임없이 동요하므로 화물을 안전하게 적재하고, 단단히 고박(securing)하지 않으면 화물이 이동하여 선박과 인명에 큰 피해를 줄 수 있다. 원목선의 경우 갑판 위에 적재된 원목의 한쪽이 붕괴되면 무게중심의 균형이 깨져 선박이 한쪽으로 경사되는 매우 위험한 상황이 올 수 있다.[140] 이와 같은 사고를 미리 예방하기 위하여 선박소유자는 미리 국토해양부장관의 승인을 얻은 화물적재고박지침서(Cargo Securing Manual)를 마련하고, 화물적재 시에는 이 지침서에 따라야 한다.[141]

한편, 위의 규정 중 "국토해양부령"은 「선박안전법시행규칙」이 아니고, 별도로 제정된 국토해양부령인 「특수화물선박운송규칙」임에 유의할 필요가 있다. 이 규정에 따라 화물적재고박지침서의 작성기준 등에 필요한 사항은 국토해양부장관이 정하여 고시하도록 하고 있다.(「특수화물선박운송규칙」 제2조의5) 이에 따른 「화물고박등에관한기준」(1996. 12. 31, 해양수산부고시 제1996-22호)에서는 지침서에 포함될 일반요건, 고박장치의 종류 및 명세, 고박방법의 기준을 정하고 있다. 이에 따라 컨테이너와 이동식 탱크는 선박의 선수미방향과 평행하게 적재되어야 하며, 적재된 컨테이너와 이동식 탱크가 선체 외부로 노출되어서는 아니 된다. 또 자동차와 같이 바퀴달린 화물의 적재를 위한 고박개소(securing points)는 충분한 강도를 가지고 명확히 표시되어야 하며, 바퀴는 움직이지 않도록 고정시켜야 한다.(별표2)

화물적재고박지침서의 승인을 얻고자 하는 선박소유자는 위의 기준에 맞추어 화물적재고박지침서를 작성한 후 화물적재고박지침서승인신청서에 동 지침서 2부를 첨부하여 지방해양청에 제출하여야 한다.(동 규칙 제

---

140) 실제로 2006년 1월 23일 동해를 항해하던 러시아 원목선 Tyumen호는 기상악화로 갑판 한쪽의 적재원목 2,000여개가 유실되면서 선체가 기울어져 구조요청을 한 바 있었다. 다행히 이 선박은 자체 작업을 통하여 안정을 되찾았으나 이후 유실된 원목의 처리비용 문제로 우리나라 정부와 법적 다툼을 벌인 바 있다.

141) 종래의 규정에서는 이 지침서의 명칭을 '화물고박지침서"로 사용해 왔었다.

2조의6제1항) 지방해양청은 제출된 화물적재고박지침서가 작성기준에 적합하다고 인정하는 때에는 이를 승인하고, 승인된 화물적재고박지침서 1부를 신청인에게 교부하여야 한다.(동조 제2항) 선장은 승인을 얻은 화물적재고박지침서를 선박 안에 비치하고, 당해 항해의 전 기간에 걸쳐서 이 화물적재고박지침서에 따라 화물을 선적·적부 및 고박하여야 한다.(동조 제3항)

이 규정은 화물 및 적재에 사용되는 화물유니트를 승인된 화물적재고박지침서에 따라 적재 또는 고박하도록 하고 있다. 그러나 화물유니트 안에 화물을 실을 경우에도 이 지침서에 따르도록 함은 다소 무리가 있어 보인다. 화물유니트에 화물을 적재하는 것은 선박이 아닌 공장이나 부두에서 이루어지기 때문이다. 「SOLAS 협약」에서는 화물유니트의 화물적재에 관하여 이 지침서를 따르도록 규정하고 있지 않음은 물론이다.

③ 선박소유자는 차량 등 운반선박(육상교통에 이용되는 차량 등을 적재·운송할 수 있는 갑판이 설치되어 있는 선박을 말한다)에 차량 및 화물 등을 적재하는 경우에는 제1항의 규정에 따라 승인된 화물적재고박지침서에 따르되, 국토해양부령이 정하는 바에 따라 필요한 안전조치를 하여야 한다.

이 규정은 로로(roll-on, roll-off: ro-ro)선박에 차량 및 화물을 적재할 경우에 대한 규정이다. 로로선박은 일반적으로 자동차나 트럭 등의 차량이 선박의 경사로(ramp way)를 따라 선박에 들어와 적재되거나 양하될 수 있도록 설계된 선박을 말한다. 그러나 선박안전관리의 관점에서 로로선박이란 차량을 적재할 수 있는 별도의 구역을 가진 선박을 말한다. 따라서 자동차 전용선(pure car carrier)은 물론 자동차를 싣도록 설계된 여객선도 로로선박이다. 로로선박은 크레인 등의 하역장치를 별도로 사용하지 않으므로 신속한 하역이 가능하다. 위의 문구 중 "차량 등 운반선박(육상교통에 이용되는 차량 등을 적재·운송할 수 있는 갑판이 설치되어 있는 선박을 말한다)"은 당초 원안의 "로로선박"이 너무 어렵다고 하여 법제처 심사과정에서 쉽게 풀었는데 아직도 어색하다는 느낌이 든다.

로로선박으로 화물단위체(unit)를 운송하는 경우 선장은 당해 화물단위체를 당해 선박에 고박할 수 있는 고박장치의 성능과 고박개소(securing points) 및 결색(lashing)의 강도에 대하여 특히 주의하여야 한다.(「특수화물선박운송규칙」제2조의4 제4항) 이와 유사한 규정은「SOLAS 협약」부속서 제6장 5.4규칙에서 찾을 수 있다.

④ 선박소유자는 컨테이너에 화물을 수납·적재하는 경우에는 제1항의 규정에 따라 승인된 화물적재고박지침서에 따르되, 컨테이너형식승인판에 표시된 최대총중량을 초과하여 화물을 수납·적재하여서는 아니 된다.

이 규정의 뒷부분은「SOLAS 협약」부속서 제6장 5.5규칙에 따라 컨테이너의 안전승인판에 표시된 최대 총중량(maximum gross weight)을 초과하여 화물을 적재해서는 아니 된다는 내용을 수용한 것이다. 컨테이너의 표준 최대 총중량은 30.48톤으로서, 이를 초과하게 되면 컨테이너의 겹침적재(stacking)시 맨 아래쪽의 컨테이너는 무리한 힘을 받아 찌그러지는 등의 변형이 생길 수 있다. 또 모든 컨테이너 크레인의 제한하중(safe working load)은 이 중량에 맞추어 설계되어 있는 바, 이를 초과하게 되면 크레인에도 무리가 갈 수 있다. 이를 위반한 자에 대하여는 200만원 이하의 과태료에 처한다.(법 제89조 제1항제20호)

한편, 이 규정의 앞부분은 다소 논란의 소지가 있다. 컨테이너에 수납·적재는 해당 물건을 제조한 공장이나 보세창고(container freight station : CFS)에서 이루어지기 때문에 선박소유자의 의무로 보기 어렵다. 또한 화물적재고박지침서의 내용에도 컨테이너에 화물의 수납·적재에 관한 사항은 포함되어 있지 않기 때문이다. 추후 적절한 보완이 필요하다고 판단된다.

⑤ 제1항 내지 제4항의 규정에 따른 화물의 적재·고박방법 등에 관하여 필요한 사항은 국토해양부령으로 정한다.

화주(shipper)는 화물을 화물유니트에 수납하여 운송하는 경우 당해 항해의 전 기간에 걸쳐서 인명 및 선박이 위험에 처하지 아니하도록 화물을 화물단위체에 수납 및 고박하여야 한다.(「특수화물선박운송규칙」제2

조의4 제1항) 선장은 당해 항해의 전 기간에 걸쳐서 인명 및 선박이 위험에 처하지 아니하고 화물이 유실되지 아니하도록 화물을 선적·적부 및 고박하여야 한다.(동조 제2항) 또 선장은 중량화물 또는 특수한 형태의 화물을 운송하는 경우 당해 항해의 전 기간에 걸쳐서 선체가 손상되지 아니하고 충분한 복원성이 유지되도록 적절한 사전조치를 하여야 한다.(동조 제3항)

제10절 산적화물(제40조)

제40조(산적화물의 운송) ① 선박소유자는 산적화물을 운송하기 전에 당해 선박의 선장에게 선박의 복원성·화물의 성질 및 적재방법에 관한 정보를 제공하여야 한다.

이 규정은 산적화물을 운송하기 전에 화물운송과 관련된 정보를 숙지하고 있어야 한다는「SOLAS 협약」부속서 제6장 6.1규칙을 수용한 것이다. 선장이 정보를 숙지할 수 있도록 하기 위한 수단으로서 이 규정에서는 선박소유자가 그 정보를 제공하도록 하였다. 그러나 화물의 성질 및 적재방법에 관한 정보는 화주(shipper)가 가장 잘 알고 있다고 할 것이다. 실제 화주는 선장에게 화물정보를 제공할 의무가 규정되어 있기도 하다.(법 제36조 2항 및「SOLAS 협약」부속서 제6장 제2규칙) 따라서 선박소유자는 화물정보가 선장에게 제공되지 아니할 경우 화주로부터 이러한 정보를 받아 선장에게 제공하여야 하는 것으로 해석해야 할 것이다. 이를 위반한 자에 대하여는 200만원 이하의 과태료에 처해진다.(법 제89조 제1항21호)

화물정보제공에 관하여「SOLAS 협약」의 해당 규칙에서 정하는 서식은 다음의 그림 23과 같다.(MSC/Cir. 663, Form for cargo information)

Annex A

Form for cargo information
(Recommended layout)

Note: This form is not applicable if the cargo to be loaded requires a declaration under the requirements of SOLAS 1974, chapter VII, regulation 5; MARPOL 73/78, Annex III, regulation 4; and the IMDG Code, General Introduction, section 9.

<table>
<tr><td colspan="2">Shipper</td><td>Reference number(s)</td></tr>
<tr><td colspan="2">Consignee</td><td>Carrier</td></tr>
<tr><td>Name/means
of transport</td><td>Port/place
of departure</td><td rowspan="2">Instructions or other matters</td></tr>
<tr><td colspan="2">Port/place of destination</td></tr>
<tr><td colspan="2">General description of the cargo
(Type of material/particle size)*

*For solid bulk cargo</td><td>Gross mass (kg/tonnes)

❒ General cargo
❒ Cargo unit(s)
❒ Bulk cargo</td></tr>
<tr><td colspan="3">Specification of bulk cargo*
Stowage factor
Angle of repose
Trimming procedures
Chemical properties† if potential hazard

* If applicable
† e.g., IMO class, UN No. or BC No. and EmS No.</td></tr>
<tr><td colspan="2">Relevant special properties of the cargo</td><td>Additional certificate(s)*
❒ Certificate of moisture content and transportable moisture limit
❒ Weathering certificate
❒ Exemption certificate
❒ Other (specify)
* if required</td></tr>
<tr><td colspan="2">DECLARATION

I hereby declare that the consignment is fully and accurately described and that the given test results and other specifications are correct to the best of my knowledge and belief and can be considered as representative for the cargo to be loaded.</td><td>Name/status, company/organisation of signatory

Place and date

Signature on behalf of shipper</td></tr>
</table>

As an aid to paper documentation, Electronic Data Processing (EDP) or Electronic Data Interchange (EDI) techniques may be used.

This form meets the requirements of SOLAS 1974, chapter VI, regulation 2; the BC Code and the CSS Code.

<그림 23> 화물정보에 관한 서식

② 산적화물을 운송하고자 하는 선박소유자는 필요한 안전조치를 하여야 한다.

철광석, 석탄 등 무거운 화물을 적재하는 산적화물선(bulk carrier)은 화물중량이 적절하게 잘 배분되지 아니할 경우 선체 일부에 과도한 응력(stress)이 작용하여 선체가 절단되는 사고가 발생할 수 있다. 이를 예방하기 위하여 「SOLAS 협약」 제12장(산적화물선에 대한 추가안전조치)에서는 산적화물선의 손상복원성 요건(damage stability requirement), 구조강도(structural strength), 구조요건을 강화하고, 적하기기(loading instrument) 및 수위감지기(water level detectors)의 설치 등을 의무화하고 있다.

이 규정은 이러한 내용을 수용하면서 지극히 당연한 내용을 규정할 뿐 "필요한 안전조치"에 대한 구체적인 내용이 포함되어 있지 않다. 사실 이 규정의 초안은 위의 협약 내용을 수용하기 위하여 "선박소유자는 선체에 과도한 응력이 가하여지는 것을 방지하기 위하여 국토해양부장관이 정하여 고시하는 기준에 따라 안전조치를 취하여야 한다"였다. 그러나 문구가 지나치게 어렵다는 법제처의 지적에 따라 수정하면서 구체적인 내용이 없는 현재의 문구로 변하고 말았다. 향후 적절한 보완이 필요하다.

③ 제1항 및 제2항의 규정에 따른 선박의 복원성·화물의 성질 및 적재방법의 내용, 안전조치 등에 관하여 필요한 사항은 국토해양부령으로 정한다.

이 규정은 제1항 및 제2항의 내용이 불분명하다 보니 필요한 사항을 국토해양부령으로 정하도록 규정하고 있다. 그러나 업무의 폭주로 아직은 제대로 정하지 못하고 있다. 향후 적절한 보완이 필요하다고 하겠다.

제11절 위험화물(제41조)

제41조(위험물의 운송) ① 선박으로 위험물을 적재·운송하거나 저장하고자 하는 자는 항해상의 위험방지 및 인명안전에 적합한 방법에 따라 적재·운송 및 저장하여야 한다.

이 규정은 「SOLAS 협약」 부속서 제7장(위험물의 운송)을 수용하고 있다. 이 협약에서는 (누구라도) 위험물을 운송할 경우 관련 안전규정에 따르도록 하고 있다. 그러나 이 규정에서는 적재, 운송 및 저장에 관하여 규정하고 있다. 따라서 적재는 운송을 하기 위한 준비작업이므로 운송에 포함시킨다고 하더라도 이 법은 국제협약과 비교하여 저장에 관하여 추가로 규정하고 있음을 알 수 있다. 실제 위험물의 적재검사 및 컨테이너의 수납검사 등은 국제협약에서 규정하고 있지 아니하지만 우리나라에서는 안전확보를 위하여 이 법에 따라 의무적으로 검사를 받도록 규정하고 있다.

「SOLAS 협약」에서는 당초 포장된 형태의 위험물운송(A편)만 다루고, 산적고체형태(A-1편), 위험액체화학물(B편), 액화가스(C편), 핵연료 등(D편)에 대하여는 별도의 강행규칙(mandatory Code)이 적용되다가 이 Code가 모두 제7장으로 포함되게 되었다. 이러한 위험물의 종류 및 그에 적용되는 각각의 국제규칙은 다음의 표19와 같다.

<표19> 위험물의 종류 및 관련 국제규칙

위험물의 종류	관련 국제규칙
포장된 형태의 위험물	국제해상위험물규칙(International Maritime Dangerous Goods Code: IMDG Code)
산적고체형태의 위험물	산적고체화물의 안전실무규칙(Code of Safe Practice for Sold Bulk Cargoes: BC Code)
위험액체화학물	국제산적화학물규칙(International Code for the Construction and Equipment of Ships Carrying Dangerous Chemicals in Bulk: IBC Code)
액화가스	국제가스운송선규칙(International Code for the Construction and Equipment of Ships Carrying Liquefied Gases in Bulk: IGC Code)
포장된 형태의 핵연료, 플루토늄 및 고준위 방사성 폐기물	핵연료 등의 안전한 운송을 위한 국제규칙(International Code for the Safe Carriage of Packaged Irradiated Nuclear Fuel, Plutonium and High-Level Radio Active Wastes on Board Ships: INF Code)

② 제1항의 규정에 따라 위험물을 적재·운송하거나 저장하고자 하는 자는 그 방법의 적합 여부에 관하여 국토해양부장관의 검사를 받거나 승인을 얻어야 한다.

위험물이 아닌 화물의 경우는 그 위험성이 낮기 때문에 그 운송을 자유롭게 행할 수 있다. 그러나 위험물은 사고가 발생하면 불특정 다수인에게 큰 피해를 입힐 수 있으므로 적재·운송·저장방법에 관하여 국토해양부장관의 검사나 승인을 얻도록 엄격한 관리를 하고 있다.

③ 제1항 및 제2항의 규정에 따른 위험물의 종류와 그 용기·포장, 적재·운송 및 저장의 방법, 검사 또는 승인 등에 관하여 필요한 사항은 국토해양부령으로 정한다.

이 규정은 제1항 및 제2항의 내용을 집행하기 위하여 구체적인 사항을 국토해양부령으로 정하도록 하는 위임규정이다. 위험물은 그 종류도 많고, 안전관리에 관한 사항이 방대하므로 이러한 내용은 이 법 시행규칙에서 규정하지 않고 별도의 국토해양부령인「위험물선박운송 및 저장규칙」(이하 "「위험물규칙」"이라 한다)을 두고 있다.

「위험물규칙」에서는 위험물을 다음의 표20과 같이 크게 9종류로 대분류한다.(제3조) 화약류의 경우 그 위험성이 매우 크기 때문에 매우 자세하게 소분류하고 있음을 알 수 있다.

<표20> 위험물의 분류

대분류	소분류
제1급 화약류	제1.1급 : 대폭발 위험성이 있는 폭발성 물질 및 폭발성 제품 제1.2급 : 대폭발 위험성은 없으나 분사[142]위험성이 있는 폭발성 물질 및 폭발성 제품 제1.3급 : 대폭발 위험성은 없으나 화재 위험성 또는 폭발 위험성·분사 위험성이 있는 폭발성 물질 및 폭발성 제품 제1.4급 : 대폭발 위험성·분사 위험성 및 화재 위험성은 적으나 민감한 폭발성 물질 및 폭발성 제품 제1.5급 : 대폭발 위험성이 있는 매우 둔감한 폭발성 물질

	제1.6급 : 대폭발 위험성이 없는 극히 둔감한 폭발성 제품
제2급 고압가스	제2.1급 : 인화성 가스 제2.2급 : 비인화성·비독성 가스 제2.3급 : 독성가스
제3급 인화성액체류	
제4급 가연성물질류	제4.1급 : 가연성 물질 제4.2급 : 자연발화성 물질 제4.3급 : 물반응성 물질
제5급 산화성물질류	제5.1급 : 산화성 물질 제5.2급 : 유기과산화물
제6급 독물류	제6.1급 : 독물 제6.2급 : 병독을 옮기기 쉬운 물질
제7급 방사성물질	
제8급 부식성물질	
제9급 유해성물질	

선박에 의하여 위험물을 운송하는 경우에 화주는 위험물별로 그 용기·포장 및 표찰이 국토해양부장관이 정하는 기준에 적합하여야 한다.(「위험물규칙」 제6조 제1항) 또 당해 운송이 국제항해에 관련되는 경우에는 위험물의 용기 또는 포장에 위험물의 품명 및 국제연합번호(화약류에 대하여는 품명·국제연합번호·정미질량 및 총질량)를 표시하여야 한다.(동조 제2항) 또한 위험물의 운송위탁을 하기 전에 위험물에 대한 상세한 정보가 포함된 위험물명세서를 선박소유자 또는 선장에게 제출하여야 한다.(제16조 제1항)

선장은 위험물의 적재방법에 대하여 위험물별로 국토해양부장관이 정하는 기준에 따라야 한다.(제6조 제1항) 또 위험물의 선적, 양육 기타의 하역을 할 경우에는 입회하여야 하며(제17조), 특히 선적할 경우 그 용기, 포장 및 표찰이 이 규칙에 적합하고 또한 위험물 명세서의 기재사항과 일치하고 있다는 것을 확인하여야 한다.(제18조 제1항) 또한 선장은 호천 및 항내에서 화약류, 인화성액체류, 독물, 고압가스, 방사성물질 또는 유기과산화물을 적재한 때에는 주간에는 적기(red flag)를, 야간에는 적등(red

142) "분사"란 발화시 당해 폭발성 물질 또는 폭발성 제품이 연소되면서 빠른 속도로 가스를 내뿜는 것을 말한다.

light)을 마스트 기타 보기 쉬운 장소에 게양하여야 한다.(제22조)

선장은 화약류, 고압가스, 독물, 유기과산화물을 운송하고자 하는 경우에는 위험물의 적재방법, 당해 위험물에 적합한 용기・포장의 사용여부와 표시 및 표찰의 적합여부에 관하여 지방해양청장(한국해사위험물검사원에서 대행)의 검사를 받아야 한다.(제204조 제1항) 또 화주 또는 선박소유자는 위험물을 컨테이너에 수납하여 운송하고자 하는 경우에는 컨테이너 수납방법, 당해 위험물에 적합한 용기・포장의 사용여부와 표시 및 표찰의 적합여부에 관하여 지방해양청장(한국해사위험물검사원에서 대행)의 수납검사를 받아야 한다. 한편, 위험물을 운송하는 용기 및 포장은 그 용기 및 포장의 안전성에 대하여 지방해양청장(한국선급에서 대행)의 검사를 받아야 한다.

④ 제1항 내지 제3항의 규정에 불구하고 방사성물질을 운송하는 선박과 액체의 위험물을 산적하여 운송하는 선박의 시설기준 등은 국토해양부장관이 정하여 고시한다.

위험물운송과 관련하여 액체의 위험물, 가스운송선에 관한 사항은「산적액체위험물운송선박의시설등에관한기준」(해양수산부고시 제2002-80호 2002. 10.1.)에 규정되어 있다. 그러나 방사성물질의 운송에 관한 고시는 아직 준비되지 않았다. 우리나라에 INF Code 적용을 받는 선박은 없는 것으로 알려져 있으며, 있을 경우 이 선박은 국제항해에 취항할 가능성이 높다. 이 경우 이 법 제5조의 규정에 의하여 국제협약 규정이 우선 적용되기 때문에 국내 규정이 없어도 INF Code가 직접 적용될 수 있다. 그러나 장기적으로 이러한 선박의 등장 가능성을 완전히 배제할 수는 없으므로 INF Code를 수용한 국내규칙을 만들어 두는 것이 바람직할 것이다.

아울러 이 규정 맨 앞부분의 “제1항 내지 제3항의 규정에 불구하고”는 불필요한 문구로 보인다. 만일 위험물운송에 관하여 국토해양부령으로 정하다는 문구가 제1항 내지 제3항에 포함되어 있었다면 그 문구가 필요하지만 실제로는 그렇지 않다. 자세한 검토를 요한다.

제12절 강화된 검사(제42조)

제42조(유조선 등에 대한 강화검사) ① 유조선·산적화물선 및 위험물산적운송선(액화가스산적운송선을 제외한다)의 선박소유자는 건조검사 및 선박검사 외에 선체구조를 구성하는 재료의 두께확인 등 국토해양부령이 정하는 사항에 대하여 국토해양부장관의 검사(이하 "강화검사"라 한다)를 받아야 한다. 다만, 국제항해를 하지 아니하는 선박으로서 국토해양부령이 정하는 선박은 그러하지 아니하다.

이 규정은「SOLAS 협약」제11-1장 제2규칙에 규정된 강화검사(enhanced surveys)를 수용하기 위하여 신설되었다.「SOLAS 협약」규정에서는 유조선과 선적화물선을 적용대상으로 하고 있으나, 이 법에서는 위험액체화학물이 누출될 경우의 위험성을 감안하여 이를 산적으로 운송하는 선박도 적용대상으로 추가하였다. 강화검사와 관련된 국제규정은 산적화물선과 유조선의 강화검사지침(Guidelines on the Enhanced Programme of Inspections during Surveys of Bulk Carriers and Oil Tankers, IMO Res. A. 744(18))이 있다.

강화검사지침은 산적화물선을 위한 부속서 A와 유조선을 위한 부속서 B로 구성된 방대한 양의 문서이다. 부속서 A의 경우 정기검사, 중간검사시 행할 강화검사의 내용을 자세히 정하고 있으며(2-4장), 화물창 주변의 두께 측정의 결과 허용마모 한도를 경과한 철판이 발견되면 신속한 교체를 하도록 규정하고 있다.(제6장) 선박소유자는 강화검사를 위하여 검사보고철 등의 서류를 비치하고 제공하여야 한다.(제7장) 또 두께 측정업체의 인정을 위한 자격요건, 두께측정의 절차 및 보고서의 내용에 대하여 규정하고 있으며(제8장), 검사관은 검사의 결과 상태평가보고서(condition evaluation report)를 작성하여 선박소유자에게 교부하여야 한다.(제9장)

그러나 강화검사와 관련하여 강화검사를 받아야 하는 사항, 검사의 방법 및 절차에 대하여 국토해양부장관이 고시하도록 하고 있다.(시행규칙 제80조 제2항) 그러나 아직은 이 고시가 정비되어 있지 않으며, 정기검사의 준비사항으로서 유조선·산적화물선· 또는 위험물산적운송선에 대하여 추가의 준비를 하도록 하고 있을 뿐이다.(시행규칙 별표10의 1.너

이하) 강화검사지침의 내용을 조속히 고시로 수용해야 할 것이다.

이 규정 단서에 의하여 강화검사가 면제되는 선박은 선령 5년 미만의 선박과 선령 5년 이상으로서 총톤수 300톤 미만의 선박이다.(시행규칙 80조 제3항)

② 국토해양부장관은 강화검사에 합격한 유조선 등에 대하여는 제8조 제2항의 규정에 따른 선박검사증서에 그 검사결과를 표기하여야 한다.

강화검사에 합격한 경우 선박검사관은 선박검사증서의 뒤쪽에 검사사항 및 선박검사관의 성명을 적어야 한다.(시행규칙 제80조 제4항)

③ 제1항의 규정에 따른 강화검사의 방법과 절차는 국토해양부령으로 정한다.

이 규정에서는 강화검사의 방법과 절차를 “국토해양부령”으로 정하도록 하고 있다. 그러나 국토해양부령에서는 다시 “강화검사의 방법 및 절차 등에 관한 사항에 대하여는 국토해양부장관이 정하여 고시하는 바에 따른다”고 정하고 있다.(시행규칙 제80조 제2항) 결국 국토해양부령에서는 거의 아무 것도 정하지 않고 다시 고시로 위임하는 소위 ‘포괄위임’이 이루어진 것으로 보인다. 이러한 체제는 바람직하지 않은 바, 국토해양부령에서 방법과 절차에 대한 큰 줄기를 정하고 나머지 세세한 사항에 대해 고시로 위임하는 것이 바람직하다.

제13절 예인선항해검사(제43조)

제43조(예인선에 대한 예인선항해검사) ① 예인선의 선박소유자가 부선 및 구조물 등을 예인하고자 하는 때에는 국토해양부령이 정하는 바에 따라 국토해양부장관의 검사(이하 "예인선항해검사"라 한다)를 받아야 한다.

추진기가 설치되지 아니한 부선이나 구조물은 예인선의 지원을 받아야 이동할 수 있다. 예인선이 부선이나 구조물을 예인하는 방법으로는 ①부선이나 구조물에 밧줄(예인삭)을 걸어 예인선이 끌고 나가는 방법(선미예인), ②밧줄을 짧게 하여 부선이나 구조물의 옆에서 밀고 나가는 방법(정횡예인), ③예인선이 부선의 뒤쪽에서 밀고 나가는 방법(압항예인)이 있다. 압항예인을 위하여 전용의 예인선과 기계식으로 결합되어 운항하는 부선을 압항부선(pusher barge)이라고 한다. 이 중 선미예인이 가장 널리 사용되고 있다.

예인방법의 종류는 다음의 그림 24와 같다.

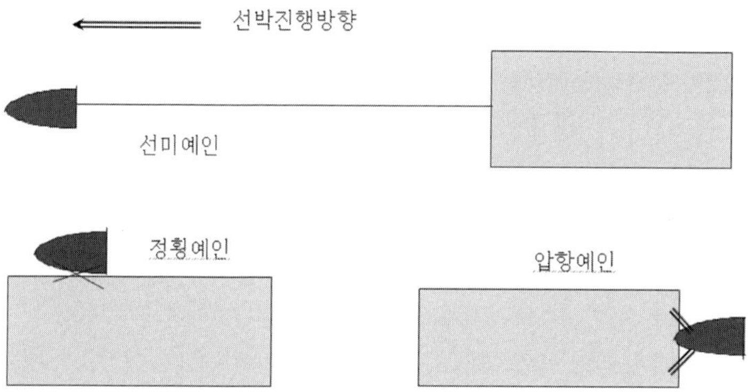

<그림 24> 예인방법의 종류

선미예인은 방법이 간편하고, 예인에 별 다른 장비가 필요 없어 널리 이용되고 있지만 그간 예인방법이나 예인설비에 대한 아무런 규제 없이 운항되다 보니 많은 사고가 발생하고 있다. 선미예인에 사용되는 밧줄의 길이는 200-300미터 정도로서 운항에 너무 많은 공간을 차지하여 주변 해상교통에 방해가 되고 있다. 또 바람이나 파도와 같은 외력이 작용하거나 예인선의 추진력에 비하여 부선의 중량(mass)이 너무 큰 경우는 예·부선의 조종성능은 현저하게 떨어지게 된다. 이럴 경우 예·부선은 해상의 장애물이나 다른 선박을 피할 수 없다. 또한 예인선과 부선간 거리가 멀다 보니 주변의 선박들은 이들 선박의 진행방향이나 결합여부를 정확히 파악할 수 없어 부선 또는 예인삭(towing rope)에 부딪히는 사고도 많이 발생하고 있다. 그 결과 예인선의 충돌사고 발생률은 일반선박에 비하여 40%가 높다고 한다.[143] 최근에는 해상공사 및 조선산업 활황으로

143) 해양수산부 안전정책기획단, 「안전정책 제도개선 백서」, 2004.6., 137쪽.

조종성능이 떨어지는 예·부선의 운항이 증가하고 있으며('01년 1,630척 → '07년 2,053척), 예·부선의 해양사고 중 충돌사고가 49.7%(전체 평균 29.1%)로서 충돌에 매우 취약함을 보이고 있다.[144]

이 규정은 이와 같은 예·부선 운항의 문제점을 해결하기 위하여 신설되었다. 즉, 예인작업을 하고자 하는 예인선의 선박소유자는 국토해양부장관의 예인선항해검사를 받도록 하였다. 예인에는 예인선과 부선이 모두 관련되지만 예·부선이 결합된 경우 운항에 관한 모든 결정은 예인선에서 내리는 점을 감안하여 검사의무자를 예인선의 선박소유자로 하였다. 따라서 예인설비는 예인선에 갖추고 검사를 받지만 부선에 예인에 필요한 설비가 전혀 갖추어지니 아니할 경우 예인이 불가능하므로 예인선항해검사에 합격할 수 없음은 물론이다. 또 예인선의 추진력에 비하여 과도하게 큰 부선이나 구조물은 예인할 수 없다. 다만, 평수구역에서만 운항하는 예인선은 예인선항해검사를 받지 않아도 된다.(시행규칙 제81조 제1항 단서) 평수구역의 경우 파도 등 외력의 영향이 적고, 해상교통관제센타 등 지방해양청의 적절한 안전관리가 가능하기 때문이다.

예인선항해검사를 받으려는 예인선의 소유자는 예인선항해검사신청서를 작성하여 국토해양부장관에게 제출하여야 한다. 이에 따라 국토해양부장관은 다음의 표21에서 정하는 예인설비에 대하여 검사하는 한편, 부선에 걸리는 마찰저항, 조파저항, 공기저항 등의 총저항(total resistance)을 계산하여 예항설비에 걸리는 절단하중 등과 비교하여 예항설비의 적합성 여부를 판단하게 된다.(시행규칙 별표 32) 예인선항해검사를 받지 아니하고 부선 등을 예인한 자는 200만원 이하의 벌금에 처한다.(법 제86조 제2호)[145]

---

144) 해양수산부 해양사고 예방 종합대책, 국무회의 자료, 2008.2.12., 1쪽.

145) 예인선항해검사의 검사의무자는 선박소유자이며, 검사를 받지 않고 예인한 자는 선장일 개연성이 높다. 따라서 선박소유자의 지시에 따라 선장이 검사를 받지 않은 예인선으로 부선을 예인한 경우 의무위반자와 실제 처벌을 받는 자가 다른 경우가 발생할 수 있다.

<표21> 검사대상 예인설비

예인설비의 명칭		비고
예인장구	예인삭(강삭 또는 로프)	예인하려는 부선에 비치된 경우에는 생략할 수 있다.
	예인삭 연결용 체인(chain)	
	삼각판	예인방식에 따라 필요시 비치
	연결용 섀클(shackle)	
예인장치	예인 훅(hook)	훅으로 선체에 고정하는 경우로 한정한다.
	볼라드(bollard), 비트(bitt) 또는 페어리더(fair leader)	
	예인용 캡스턴(capstan)	설치되어 있는 경우로 한정한다.

한편, 예인선항해검사와 유사한 검사로는 해상보험의 목적에서 받는 예항검사(towing survey)가 있다. 이 검사에서는 예삭에 걸리는 장력(bollard pull) 등을 확인하여 예항의 안전성을 파악한 후 보험부보를 인정하고 있다. 이러한 검사는 매 항해마다 시행하고, 강행검사가 아닌 자발적인 검사라는 차이가 있다. 따라서 예항검사를 받지 아니하더라도 항해는 가능하지만 예인선항해검사를 받지 아니하면 공법상의 제재를 받게 된다.

② 국토해양부장관은 예인선항해검사에 합격한 예인선에 대하여 국토해양부령이 정하는 예인선항해검사증서를 교부하여야 한다.

이 규정은 절차규정으로서 예인선항해검사증서 교부에 관하여 규정하고 있다. 부선 또는 구조물 등을 예인하기 위하여 갖추어 둔 예인설비 등이 적합하면 국토해양부장관은 유효기간 1년의 예인선항해검사증서를 교부하며, '항해와 관련한 조건'란에 예인할 수 있는 부선의 명칭 또는 구조물을 지정할 수도 있다. 예인선의 소유자는 동 증서의 유효기간이 끝나는 날 전후 3개월 이내에 검사를 받아야 한다.(시행규칙 제81조 제1항) 그러나 이러한 조건은 전과 동일한 부선 또는 구조물을 예인할 경우에 한한다. 다른 예선 등을 예인할 경우는 새로 예인선항해검사를 받아야 하기 때문이다.

한편, 실무적으로 예인선은 다양한 종류의 부선 또는 구조물을 예인할 개연성이 높다. 그러나 부선이나 구조물이 바뀔 때마다 새로 예인선항해검사를 받아야 한다면 매우 번거로울 수 있다. 예인선 소유자의 이러한 불편을 해소하기 위하여 예인선항해검사증의 '항해와 관련한 조건'란에 예인할 수 있는 모든 부선을 기재하는 방법이 있을 수 있다. 검사 시 장력이 최대로 걸리는 부선에 대한 검사에 합격할 수 있다면 이보다 장력이 적게 걸리는 부선 또는 구조물의 예인은 별 문제가 되지 않기 때문이다. 물론 예인선의 소유자가 장력이 적게 걸리는 부선 또는 구조물에 대한 정보를 국토해양부장관에게 제공하여야 함은 물론이다.

예인선항해검사증의 서식은 다음의 그림 25와 같다.

<table>
<tr><td colspan="4">제 호
Certificate No.:
예 인 선 항 해 검 사 증 서
TOWING CERTIFICATE</td></tr>
<tr><td>①선 명
Name of Ship</td><td></td><td>②선 박 번 호
Official Number</td><td></td></tr>
<tr><td>③선 적 항
Port of Registry</td><td></td><td>④선 질
Ship's Material</td><td></td></tr>
<tr><td>⑤총 톤 수
Gross tonnage</td><td>톤
tons</td><td>⑥용 도
Type of Ship</td><td></td></tr>
<tr><td>⑦추 진 기 관
Main Engine</td><td colspan="2">기관 [kW] [PS]
기관 [kW] [PS]
Type Output</td><td>대
Number of Units</td></tr>
<tr><td>⑧선 박 길 이
Ship's Length</td><td>미터
m</td><td>⑨무 선 설 비
Radio Equipment</td><td></td></tr>
<tr><td>⑩항 해 구 역
Navigation Area</td><td colspan="3"></td></tr>
<tr><td>⑪최대승선인원
Max. Number of Allowable Persons on board</td><td colspan="3">명(여객: 명, 선원: 명, 임시승선자: 명)
Total p(Passenger: p, Crew: p, Special Personnel: p)</td></tr>
<tr><td>⑫항해와 관련한 조건
Condition for Navigation</td><td colspan="3"></td></tr>
<tr><td>⑬유 효 기 간
Validity</td><td colspan="3">년 월 일부터 년 월 일까지
This certificate is valid from . . . until . . .</td></tr>
<tr><td colspan="4">「선박안전법」 제43조제2항 및 같은 법 시행규칙 제81조제5항에 따라 대한민국 정부의 권한으로 이 증서를 발급합니다.
This certificate is issued under Article 43.2 of Ship Safety Act. and Article 81.5 of Enforcement Decree of Ship Safety Act. Issued under the authority of the Government of Republic of Korea.

년 월 일
Y M D

국 토 해 양 부 장 관 [인]
Minister of Ministry of Maritime Affairs and Fisheries
(선 박 안 전 기 술 공 단 이 사 장)
(Chief Director of Korea Ship Safety Technology Authority)
(선 급 법 인 의 장)
(President of Classification Society)</td></tr>
</table>

<그림 25> 예인선항해검사증의 서식

③ 예인선의 선박소유자는 제2항의 규정에 따른 예인선항해검사증서를 당해 예인선에 비치하여야 한다.

이 규정은 예인선이 적법하게 부선이나 구조물을 예인하고 있는지를 쉽게 확인하기 위하여 예인선항해검사증서의 선박 내 비치를 의무화하고 있다. 이를 위반할 경우 200만원 이하의 과태료에 처한다.(법 제89조 제1항제26호)

④ 제15조 제1항의 규정은 제1항의 규정에 따라 예인선항해검사를 받은 예인선에 대하여 이를 준용한다. 이 경우 "건조검사 또는 선박검사"는 "예인선항해검사"로 본다.

이 규정은 검사 후 상태유지에 관한 규정을 준용하고 있다. 따라서 예인선항해검사를 받은 후 선박소유자는 해당 선박의 구조배치 등에 대한 변경을 해서는 아니 되며, 선체·기관·설비 등이 정상적으로 작동·유지되도록 상태를 유지해야 한다.

한편, 제15조 제1항의 규정을 위반한 경우 200만원 이하의 과태료에 처하나(제89조 제1항제3호), 이 규정에 의하여 준용한 경우는 처벌규정이 규정되어 있지 아니하다. 다른 강행규정과 형평의 차원에서 처벌이 필요하므로 제89조 제1항 제3호를 다음과 같이 변경하는 방안을 제시해 본다.

"3. 제15조 제1항의 규정(제43조 제4항의 규정에 따라 준용한 경우를 포함한다)을 위반하여 선박의 구조배치·기관·설비 등을 변경한 자"

제14절 연료유의 사용제한(제44조)

제44조(고인화성 연료유 등의 사용제한) 누구든지 선박에서는 국토해양부장관이 정하여 고시하는 인화성이 높은 연료유·윤활유 등을 사용하여서는 아니 된다.

이 규정은 「SOLAS 협약」 부속서 제2-2장 제4.2.1규칙을 수용한 것이다. 인화점이 매우 낮은 연료는 누설되면 높은 기관실의 온도에 따라 쉽게 화재가 발생할 수 있는 바, 아예 인화점이 낮은(인화성이 높은) 연료는 사용을 금지하고 있다. 기관실의 온도는 각종 기계에서 나오는 열로 인하여 섭씨 50도는 쉽게 넘어갈 수 있다. 「SOLAS 협약」에 따라 원칙적으로 인화점이 섭씨 60도 미만의 연료유는 사용할 수 없으며, 비상발전기의 경우는 인화점이 섭씨 43도인 연료까지 허용된다.(2.1.1 및 2.1.2규칙) 기관실 내에 연료유의 누출에 의한 화재를 방지하기 위하여 연료유장치는 결함이나 누설을 즉시 확인할 수 있는 위치에 설치되어야 하며, 충분한 조명이 이루어져야 한다.(2.2.1규칙)

한편, 「SOLAS 협약」에 의한 연료유 규정은 다소 현실과 안 맞는다. 인화점 60도는 한국산업규격(KS) 상 선박용 발전기 등에 사용하는 A연료유(Bunker A)에 해당한다. 그러나 일부 천연가스운송선(LNG선)은 인화점이 매우 낮은 천연액화가스를 연료로 사용하고 있기도 하다. 또 고속기관의 경우 인화점이 낮은 휘발유나 항공유를 사용하기도 한다. 따라서 국토해양부장관의 고시를 정할 때에는 이와 같은 현실을 충분히 반영할 필요가 있다고 할 것이다.

제7장
선박안전기술공단

제7장은 공단의 설립 및 운영에 관한 사항을 정하고 있다. 이 법에서 정하는 각종의 검사, 승인 등 대부분의 업무는 국토해양부장관이나 지방해양청이 직접 행하는 것이 아니고 공단이 대행하고 있다. 공단은 국가의 업무를 대행하기 위하여 이 법의 규정에 따라 설립된 특수법인으로서 국가의 예산지원을 받는 단체이다. 따라서 선박검사를 통하여 선박의 안전을 확보하면서 행정의 서비스를 제고시키려면 공단의 효율적인 운영이 이루어져야 한다. 이를 위하여 이 장에서는 공단의 설립, 운영 및 지도·감독에 관한 많은 규정을 두고 있다.

제1절 공단의 설립(제45조)

제45조(선박안전기술공단의 설립) ① 국토해양부장관의 업무를 위탁받거나 대행하여 선박의 항해와 관련한 안전을 확보하고 선박 또는 선박시설에 관한 기술을 연구·개발 및 보급하기 위하여 선박안전기술공단(이하 "공단"이라 한다)을 설립한다.

이 규정은 선박안전기술공단의 법률상 설립근거이다 공단의 전신은 어선의 검사를 위하여 1979년 설립된 한국어선협회이다. 한국어선협회는 「어선법」에 설립근거를 두고 수산청장의 지도·감독을 받아왔다. 1996년 해양수산부가 설립되면서 한국어선협회의 어선검사업무가 해양수산부로 이관되었다. 이에 따라 해운항만청이 직접 시행하던 소형선박의 정부검사업무와 어선검사업무를 통합하여 시행하기 위하여 1998년에 「어선법」과 「선박안전법」을 개정하여 설립근거를 「선박안전법」으로 변경하였다.(제7조 제1항) 이 당시에는 한국선박안전기술원으로 명칭을 바꾸었으나 명칭이 별로 좋지 않다는 지적에 따라 1999년에는 다시 선박검사기술협회로 개칭하였다. 그러나 선박검사기술협회의 명칭에 '협회'가 들어있어 이익단체로 오해받는 경우도 많았고, 직원들의 사기도 저하되었다. 따라서 이번의 법 개정 시 이 단체의 공익적인 업무성격을 정확히 표현할 수 있도록 '공단'이라는 단어가 들어가도록 개정하였다. 공단이라는 명칭을 사용하는 공익단체로는 교통안전공단, 한국산업안전공단, 근로복지공단 등이 있다.

공단이 검사를 시행하는 선박은 약 33,000척에 달하며, 어선이 약 2만 9천척, 어선 이외의 선박이 약 5천척이다.[146] 공단은 인천에 본부를 두고 있으며 17개 국내 지부 및 1개 해외사무소를 두고 있다. 전체 임직원의 수는 약 400명이며, 2007년의 지출예산 규모는 193억원이다.

② 공단은 법인으로 한다.

우리나라의 법 체제상 권리·의무의 주체가 될 수 있는 것은 자연인(自然人: 우리가 통상 말하는 사람)과 법인(法人)이 있다. 법인은 실제 사람이 아니지만 법률의 규정에 의하여 권리·의무의 주체로서 인정하는 단체를 말한다. 우리나라에서 법인은 법률의 규정에 의해서만 설립할 수 있다. (「민법」 제32조)

법인의 분류방법으로는 여러 가지가 있으나 크게 ①「민법」에 의한 비영리법인(사단법인·재단법인), ②「상법」에 의한 상사법인(유한회사, 합명회사, 합자회사, 주식회사), ③「민법」·「상법」 이외의 법률의 규정에 의한 특수법인으로 나눌 수 있다. 따라서 「민법」의 규정에 의한 조합(제703조)이나 동창회·학술단체 등은 법인이 아니다. 반면에 한국해운조합과 같이 「한국해운조합법」에 의하여 설립된 조합은 그 명칭에 '조합'이

---

146) 이러한 통계는 2톤 미만의 선박에 대한 검사제도가 없을 당시의 것이다. 연차적으로 모든 선박이 선박검사를 받게 되면 검사대상 선박의 척수는 향후 8만 척 이상이 될 것으로 예상되고 있다.

들어있어도 특수법인으로서 권리·의무의 주체가 될 수 있다.

이 규정은 개별법에 의한 법인으로서 공단의 설립근거이다. 이 규정에 따라 공단은 법인으로서 등기가 가능해지고, 각종 권리·의무의 주체가 될 수 있다.

제2절 공단의 사업(제46조)

제46조(공단의 사업) 공단은 다음 각 호의 사업을 행한다.

1. 선박 또는 선박용물건의 도면승인 업무의 대행
2. 선박 또는 선박용물건에 대한 검사업무의 대행
3. 우수사업장에서 제조 또는 정비된 선박용물건 또는 소형선박에 대한 확인업무의 대행
4. 선박용물건 또는 소형선박·컨테이너에 대한 검정업무의 대행
5. 화물의 적재·고박 등에 관한 승인업무의 대행
6. 선박의 감항성 확보와 해상에서의 인명의 안전확보를 위한 조사·시험·연구 및 이와 관련한 기술의 개발과 보급
7. 선박안전에 관한 국제협약에 따른 기술기준의 연구 및 분석
8. 선박의 설계·건조감리 등 용역의 수탁업무
9. 해양사고방지를 위한 연구·교육 및 홍보활동
10. 법령에 따라 정부 또는 지방자치단체가 대행하게 하거나 위탁하는 업무
11. 그 밖에 공단의 설립목적을 달성하기 위하여 필요한 사업으로서 공단의 정관으로 정하는 사업

이 규정은 설립된 공단의 업무를 규정하고 있다. 여기에 열거된 업무는 제45조 제1항에 규정된 공단의 설립목적 달성을 위하여 수행하는 업무들이다. 공단은 선박의 안전이라는 공익의 달성을 위하여 설립되었는바, 설립목적을 벗어난 업무는 허용될 수 없다. 제11호의 경우 이 규정에 유연성을 두기 위하여 마련되었다. 따라서 공단의 정관을 변경하고, 이 법 제47조 제2항의 규정에 따라 주무관청의 인가를 받으면 필요한 사업을 추가로 행할 수 있다.

제3절 공단의 정관(제47조)

제47조(정관) ① 공단의 정관에는 다음 각 호의 사항을 기재하여야 한다.

1. 목적
2. 명칭
3. 주된 사무소 및 분사무소에 관한 사항
4. 임원 및 직원에 관한 사항
5. 이사회에 관한 사항
6. 사업에 관한 사항
7. 조직 및 운영에 관한 사항
8. 예산 및 결산에 관한 사항
9. 자산 및 회계에 관한 사항
10. 정관의 변경에 관한 사항
11. 공고의 방법에 관한 사항
12. 내부규정의 제정·개정 및 폐지에 관한 사항

정관은 법인의 조직 ·활동을 정한 근본규칙으로서, 한 국가의「헌법」에 해당하는 문서이다. 법인은 법률의 규정에 좇아 정관으로 정한 목적의 범위 내에서 권리와 의무의 주체가 되므로(「민법」 제34조), 자체의 정관을 두고 이에 따라 활동해야 한다. 일반적인 재단법인의 경우 정관의 필수적 기재사항은 목적, 명칭, 사무소의 소재지, 자산에 관한 규정, 이사의 임면에 관한 규정의 5가지에 불과하지만(「민법」 제43조), 공단의 경우 공익적 성격을 반영하여 필수적 기재사항이 훨씬 더 많은 것을 알 수 있다.

② 공단의 정관은 국토해양부장관의 인가를 받아야 한다. 정관을 변경하고자 하는 때에도 또한 같다.

공단의 정관을 제정하거나 변경할 경우 국토해양부장관의 인가를 받아야 한다.「민법」에 의한 사단법인 및 재단법인의 정관은 주무관청의 허가를 얻지 아니하면 그 효력이 없다.(제42조 제2항 및 제45조 제2항) 인가는 요건을 갖추면 인가권자가 반드시 인가하여야 하므로, 허가와 차이가 있다. 따라서 국토해양부장관은 공단의 정관 제정이나 변경에 관한 인가 신청이 있을 경우 관련 법령에 저촉되지 않고 공익에 현저히 반하지 않는 한 이를 인가하여야 한다.

제4절 공단의 임원(제48조)

제48조(임원) ① 공단의 임원은 이사장 1인과 6인 이내의 이사 및 감사 1인으로 한다. 이 경우 이사 6인 중 3인과 감사는 비상임으로 한다.

종래 공단의 임원의 수에 관한 사항은 대통령령에서 규정하고 있었으나(제6조 제1항), 다른 특수법인의 경우 법률에서 직접 반영하고 있는 사례에 비추어 이번에 법률에서 직접 규정하도록 하였다. 또 이 법 개정에 따라 2톤 미만 선박, 선외기를 추진한 선박 등 선박검사업무의 확대에 따라 이사의 수를 종래의 “5인 이내”에서 “6인 이내”로 확대하였다.

공단의 임원이 업무를 집행함에 있어서 선량한 관리자의 주의의무를 다하지 못하여 회사에 손해가 생기게 되면 계약위반에 대한 손해배상책임을 져야 한다. 또 임원의 행위가 법에서 규정한 불법행위의 성립요건을 충족하게 되면 회사 또는 제3자에 대하여 손해배상책임을 지게 된다.

② 이사장과 상임이사는 「정부산하기관 관리기본법」 제6조의 규정에 따른 공개선임절차를 거쳐 이사장은 국토해양부장관이, 상임이사는 국토해양부장관의 승인을 거쳐 이사장이 각각 임명한다.

이 규정은 당초 「정부산하기관 관리기본법」 제6조의 규정을 수용하기 위하여 신설되었다. 그러나 2007년 1월 19일 「공공기관의 운영에 관한 법률」(이하 “「공운법」”이라 한다)이 제정되면서(2007년 4월 1일 시행) 임원의 공개선임절차에 관한 「정부산하기관 관리기본법」이 폐지되며 무효화되었다. 「공운법」에 따라 공단은 공공기관에 해당되고, 공공기관에 관하여는 동 법이 「선박안전법」보다 우선하여 적용된다.(동법 제2조 제2항) 공단은 공공기관 중 준정부기관에 해당된다.(동법 제5조 제3항 제2호) 따라서 이사장은 임원추천위원회가 복수로 추천한 사람 중에서 국토해양부장관이, 상임이사는 임원추천위원회가 복수로 추천한 사람 중에서 이사장의 제청으로 국토해양부장관이 임명하게 된다.(동법 제26조 제1항 및 제2항)

③ 감사는 국토해양부장관이, 비상임이사는 이사장이 각각 임명한다. 다만, 국토해양부장관 또는 이사장은 감사 또는 비상임이사가 그 직무를

담당하기 곤란하다고 인정되는 때에는 그 임기 중이라도 각각 해임할 수 있다.

이 규정 중 감사의 임명에 관한 사항은「공운법」이 우선 적용된다. 따라서 공단의 감사는 임원추천위원회가 복수로 추천하여 운영위원회의 심의·의결을 거친 사람 중에서 기획재정부장관이 임명하게 된다.(제26조 제4항) 비상임이사의 경우 동법의 절차에 따라야 하나 다른 법령에서 별도의 추천 절차를 규정하고 있는 경우에는 그 추천 절차에 따르도록 하는 단서규정(제26조 제3항)에 따라 공단의 이사장이 임명할 수 있다.

감사와 비상임이사의 해임과 관련하여도「공운법」이 우선 적용되므로 이 규정은 적용될 수 없다. 동 법에 따라 기획재정부장관은 비상임이사 및 감사가 직무를 이행하지 아니하거나 이를 게을리 할 경우 운영위원회의 심의·의결을 거쳐 비상임이사 및 감사를 해임하거나 그 임명권자에게 해임을 건의할 수 있다.(제35조 제2항) 따라서 공단의 이사장은 비상임이사를 임명할 수는 있으나 해임에 관한 절차가 새로 생김에 따라 임의로 해임할 수는 없게 되었다.

④ 임원의 임기는 3년으로 하되, 이를 연임할 수 있다.

임원의 임기에 관한 사항도「공운법」이 우선 적용된다. 따라서 이사장의 임기는 3년, 이사와 감사의 임기는 2년이되(제28조 제1항), 실적에 따라 1년 단위로 연임될 수 있다.(동조 제2항) 이 경우는 임원추천회의의 추천을 거칠 필요가 없다.(동조 제3항)

제5절 공단임원의 직무(제49조)

제49조(임원의 직무) ① 이사장은 공단을 대표하고 그 업무를 총괄한다.

종래 규정에서 공단(검사협회)에 관하여 이 법에서 규정되지 아니한 사항은「민법」중 재단법인에 관한 규정을 준용하도록 하고(제7조의4), 이 규정의 내용은 시행령에서 정했었다.(제7조 제1항) 그러나「민법」중 재단법인에 관한 규정에서 이사는 법인의 사무에 관하여 각자 법인을 대표하며(제59조 제1항), 이사의 대표권에 대한 제한은 이를 정관에 기재하지 아니하면 그 효력이 없다.(제41조) 따라서 법적으로 이사장이 다른 이사의 대표권을 제한하고 혼자서 공단을 대표하려면 시행령의 규정이 필요한 것이 아니고 공단의 정관에 기재해야 한다. 그러나 정관에 기재 시 공시효과가 적어 제3자가 쉽게 알 수 없으므로 이 내용을 직접 법률에서 규정하도록 하였다.

② 상임이사는 정관이 정하는 바에 따라 공단의 업무를 분장하고 이사장이 불가피한 사유로 직무를 수행할 수 없는 때에는 정관이 정하는 순위에 따라 그 직무를 대행한다.

종래의 규정은 "이사는 정관이 정하는 바에 따라 공단(검사협회)의 업무를 분장한다"고 규정하여(시행령 제7조 제2항), 상임이사와 비상임이사의 업무가 불분명했다. 따라서 이번에 이를 명확하게 하며, 이사장이 직무를 수행할 수 없을 경우 직무대행의 순위를 정관의 규정에 따르도록 하였다. 한편, 「공운법」에서는 기관장은 당해 기관의 상임이사와 성과계약을 체결하고, 그 이행실적을 평가할 수 있게 하고 있다.(제31조 제6항) 따라서 이사장이 정관이 정하는 바에 따라 공단의 업무를 상무이사에게 분장시킬 경우 양 법률의 충돌은 없어지게 된다. 또 이사장의 직무대행에 관한 「공운법」의 내용(제32조 제3항)은 이 규정의 내용과 같다.

③ 비상임이사는 이사회에 참석하여 공단의 중요사항을 결정하며, 감사는 공단의 회계 및 업무를 감사한다.

「공운법」의 주요 목적은 공공기관의 경영합리화 및 투명성 제고이다.(제1조) 이를 위하여 동 법에서는 비상임이사와 감사의 권한을 강화시켰다. 따라서 비상임이사의 직무에 관하여는 「공운법」이 우선 적용된다. 비상임이사는 필요하다고 인정하는 경우 비상임이사 2인 이상의 연서로 기관의 운영과 관련하여 특정사안에 대한 감사(監査)를 요청할 수 있다.(제22조 제2항) 또 이사는 이사회에 부쳐진 안건을 심의하고, 의결에 참여한다고 규정하고 있다.(제32조 제4항)

한편, 감사는 「공운법」에 따라 이사회에 출석하여 의견을 진술할 수 있다.(「공운법」제19조 제4항 및 이 법 제53조 제5항) 또 기관의 업무와 회계를 감사하고, 그 의견을 이사회에 제출한다.(제32조 제5항) 기관장은 감사의 임무수행에 필요한 지원을 하여야 한다.(공운법」 제19조 제6항) 한편, 「민법」상의 법인에서 감사는 임의기관이지만 이를 두기로 한 때에는 재산상황의 감사(제67조 제1호), 이사의 업무집행상황의 감사(제67조 제2호), 주무관청에 대한 보고(제67조 제4호) 등을 할 수 있다. 따라서 이러한 감사의 직무상 권한에 관하여 「공운법」은 특별히 규정하고 있지 아니하므로 행사할 수 있다고 보아야 할 것이다.

제50조(대리인의 선임) 이사장은 정관이 정하는 바에 따라 직원 중에서 공단의 업무에 관한 재판상 또는 재판 외의 행위를 할 수 있는 권한을 가진 대리인을 선임할 수 있다.

공단과 이사장과의 관계는 위임과 유사하다. 공단의 위임에 따라 이사장은 대외적으로 공단을 대표하고 그 업무를 총괄한다. 그러나 이사장이 업무를 총괄한다고 하지만 직접 공단의 모든 일을 수행할 수는 없다. 그러나 이사장이 타인을 대리인으로 선임하여 공단의 업무를 맡길 경우 복대리의 문제가 발생하게 된다. 우리 「민법」의 원칙상 복대리는 인정하지 아니하므로 대리인(이사장)이 임의로 복임권을 행사할 수 없다. 한편, 이사는 정관 또는 총회의 결의로 금지하니 아니한 사항에 한하여 타인으로 하여금 특정한 행위를 대리하게 할 수 있다.(「민법」 제62조) 그러나 이 경우에도 제반 사무에 관한 포괄적 대리권의 수여는 인정되지 않는다고 한다. 이와 같은 복임권 행사에 관한 법적 문제점을 해결하기 위하여 이번에 이사장의 복임권을 인정하는 규정을 신설하게 되었다.

제6절 공단임원의 결격사유(제51조)

제51조(임원의 결격사유) 「국가공무원법」 제33조 각 호의 어느 하나에 해당하는 자는 공단의 임원이 될 수 없다.

공단은 정부를 대신하여 이 법에 의한 각종의 업무를 행하고 있기 때문에 상당한 능력과 높은 도덕성이 필요하다고 판단된다. 그러나 공단직원은 공무원이 아닌데 공무원과 같은 정도의 수준을 요구하는 것은 무리라고 판단되었다. 따라서 적어도 공단의 임원만큼은 국가공무원으로 임용될 수 없는 자가 선임될 수 없도록 하였다. 「국가공무원법」 제33조의 각 호는 다음과 같다.

1. 금치산자 또는 한정치산자
2. 파산선고를 받은 자로서 복권되지 아니한 자
3. 금고 이상의 형을 받고 그 집행이 종료되거나 집행을 받지 아니하기로 확정된 후 5년을 경과하지 아니한 자
4. 금고 이상의 형을 받고 그 집행유예의 기간이 완료된 날로부터 2년을 경과하지 아니한 자
5. 금고 이상의 형의 선고유예를 받은 경우에 그 선고유예기간 중에 있는 자
6. 법원의 판결 또는 다른 법률에 의하여 자격이 상실 또는 정지된 자
7. 징계에 의하여 파면의 처분을 받은 때로부터 5년을 경과하지 아니한 자
8. 징계에 의하여 해임의 처분을 받은 때로부터 3년을 경과하지 아니한 자

제7절 공단임직원의 겸직제한(제52조)

제52조(임직원의 겸직제한) ① 공단의 이사장과 상임이사 및 직원은 그 직무 외에 영리를 목적으로 하는 업무에 종사할 수 없다.

이 규정은 공단의 임직원이 맡은 바 업무에 전념할 수 있도록 직무 외에 영리 업무를 금지하는 규정이다. 종래 공단의 정관에 이와 유사한 규정이 있었으나 국민의 권리를 제한할 경우 법률의 근거가 필요하다는 「헌법」의 이념에 맞추어 이번에 그 내용을 이 법에 신설하였다. 「국가공무원법」에서도 공무원의 공무 외 영리행위를 금지하고 있다.(제64조 제1항)

무엇이 "영리를 목적으로 하는 업무"인가에 대하여는 이 법에서는 명확하지 않지만 「국가공무원 복무규정」에 규정된 내용(제25조)은 참고가 될 것으로 판단된다. 이 규정에서 공무원은 다음의 업무에 종사함으로써 공무원의 직무상의 능률의 저해, 공무에 대한 부당한 영향, 국가의 이익과 상반되는 이익의 취득 또는 정부에 대한 불명예스러운 영향을 초래할 우려가 있는 경우에는 이에 종사할 수 없도록 규정하고 있다.

1. 공무원이 상업·공업·금융업 기타 영리적인 업무를 스스로 경영하여 영리를 추구함이 현저한 업무
2. 공무원이 상업·공업·금융업 기타 영리를 목적으로 하는 사기업체의 이사·감사업무를 집행하는 무한책임사원·지배인·발기인 기타의 임원이 되는 것
3. 그의 직무와 관련이 있는 타인의 기업에 투자하는 행위
4. 기타 계속적으로 재산상의 이득을 목적으로 하는 업무를 행하는 것

② 이사장과 상임이사는 국토해양부장관의 허가 없이, 직원은 이사장의 허가 없이 다른 직무에 종사하여서는 아니 된다.

공단의 임직원이 제1항의 규정에 따른 영리행위는 할 수 없지만 영리를 목적으로 하지 아니하는 업무로서 직무에 지장이 없는 업무는 허가를 얻어 종사할 수 있다. 국가공무원의 경우 본인의 직무수행에 지장을 초래하지 않을 것으로 명백하게 인식될 정도의 성격을 띤 동창회 등의 임의단체의 경우는 사전허가 여부에 관계없이 종사할 수 있으나, 공동주택의 입주자대표회의 및 자치관리기구의 대표자는 제반 공적인 업무를 수행하므로 겸직허가를 받아야 한다고 한다.[147]

제8절 공단의 이사회(제53조)

제53조(이사회) ① 대통령령이 정하는 공단의 주요 사항을 결정하기 위하여 이사회를 둔다.

「민법」에서는 법인의 이사회에 관하여 따로 규정하고 있지 않다. 그러나 대부분의 법인의 정관에서는 이사회에 관한 규정을 두어 법인의 중요한 업무를 결정하고 있다. 공단의 경우 공적인 성격이 강한 기관으로서 이사회의 설치를 자체 정관에서 규정하지 않고 직접 법률에 규정하도록 하였다.

이 규정에서 "대통령령이 정하는 공단의 주요 사항"이란 다음 각 호와

---

147) 김중양, 「한국인사행정론」, 제3판, (서울: 법문사, 1999), 307쪽.

같다.(시행령 제8조)

1. 사업계획 및 예산에 관한 사항
2. 사업보고 및 결산에 관한 사항
3. 정관의 변경에 관한 사항
4. 내부규정의 제정·개정 및 폐지에 관한 사항
5. 자금의 조달 및 잉여금의 처리에 관한 사항
6. 토지·건물 등 주요 재산의 취득 또는 처분에 관한 사항
7. 그 밖에 급여·복지 등 공단의 운영에 관한 사항

② 이사회는 이사장을 포함한 이사로 구성한다.

이 규정은 이사회의 구성에 관하여 규정하고 있다. 이사에는 당연히 비상임이사도 포함된다.

③ 이사회는 이사장이 필요하다고 인정하거나 2인 이상의 이사의 요청에 따라 이사장이 소집하며, 이사장은 그 의장이 된다.

이 규정은 이사회의 소집요건에 관하여 규정하고 있다. 이사장을 제외한 이사의 수는 총 6인이나 그중 2인의 요청에 따라서도 이사회가 열릴 수 있도록 비교적 요건이 완화되어 있다. 이사회의 의장은 이사장이 맡도록 정하였다.

④ 이사회는 재적이사 과반수의 출석과 출석이사 과반수의 찬성으로 의결한다.

이사회의 의결이 이루어지려면 이사장을 포함한 총 7인의 이사 중 4명이 참석해야 한다. 의결이 유효하려면 과반수가 찬성해야 한다. 따라서 가부동수인 경우는 과반수의 찬성이 이루어지지 아니하였으므로 부결된 것으로 보아야 할 것이다.

⑤ 감사는 이사회에 출석하여 의견을 진술할 수 있다.

이 규정은 「공운법」의 규정(제19조 제4항)과 동일하다. 감사는 이사회에 출석할 수는 있어도 이사가 아니므로 의결권을 행사할 수 없다.

⑥ 이사장은 정관이 정하는 바에 따라 이사회 회의록을 유지·보관하여야 한다.

이사회에서는 공단의 주요정책을 결정하는 기관으로서, 이사의 책임성을 강화하고 공단운영의 투명성을 강화하기 위하여 이 규정이 신설되었다. 이에 따라 이사장은 이사회 회의록을 유지·보관할 책임을 지게 된다.

제9절 공단직원의 임면(제54조)

第54조(직원의 임면) 공단의 직원은 정관이 정하는 바에 따라 이사장이 임면한다.

공단의 직원은 공단의 사무를 처리하기 위하여 채용된 사람들이다. 이들의 고용계약은 공단과 직원이 체결하여야 하나 공단은 자연인이 아니므로 직접 계약의 당사자가 될 수 없다. 이를 해결하기 위하여 이 규정에서는 직원의 임면에 관한 권한을 공단이 이사장에게 위임하고, 그 구체적인 내용은 정관이 정하는 바에 따르도록 하였다.

제10절 공단의 자금조달(제55조)

第55조(자금의 조달) 공단의 운영 및 사업에 소요되는 자금의 조달은 다음 각 호에 따른다.

1. 정부의 보조금 또는 융자금
2. 제46조의 사업 수행에 따른 수입금
3. 자산운영수익금
4. 그 밖의 부대사업 수입

이 규정에서는 공단의 자금조달에 관하여 규정하고 있다. 실제 공단의 운영비 및 사업비는 대부분 제1호 및 제2호를 통하여 조달하고 있다.

제11절 공단에 대한 국가의 지원(제56조)

第56조(경비의 보조 등) ① 국가는 공단에 대하여 제46조의 규정에 따른 사업의 수행에 필요한 경비를 예산의 범위 안에서 보조할 수 있다.

공단은 선박검사에 관하여 독점적인 지위를 가지고 있음에도 불구하고 공익성 때문에 검사수수료 등이 원가를 충분히 반영하지 못하고 있으며,[148] 그 결과 운영비의 약 절반 가까이 정부의 보조금을 받아 충당하고 있다.[149] 공단이 국가의 예산지원을 받는데 반드시 법률적 근거가 필요한 것은 아니지만 이 규정은 예산편성 및 심의과정에서 매우 유용하게 활용되고 있다. 국가는 공단을 지원하되, 예산의 범위 안에서만 보조할 수 있기 때문에 예산에 반영되지 아니하면 보조를 받을 수 없다.

② 국가는 공단의 운영을 위하여 필요한 경우에는 「국유재산법」 및 「물품관리법」의 규정에 따라 공단에 국유재산과 물품을 무상으로 대여하거나 사용·수익하게 할 수 있다.

국가의 공단지원은 예산상의 제약 때문에 항상 어려움을 겪고 있다. 이를 보완하는 수단으로서 국가는 국유재산과 물품을 무상으로 대여하거나 사용·수익을 허용하고 있다. 이 규정에 따라 공단은 국유의 건물과 토지를 무상으로 대여 받아 운영비를 절감하고 있다.

제12절 공단의 회계(제57조)

제57조(예산 및 결산 등) ① 공단의 회계연도는 정부의 회계연도에 따른다.

공단의 수입 중 정부의 보조금은 높은 비중을 포함하고 있으므로 정부 회계업무와의 관련성을 감안하여 공단의 회계연도는 정부의 회계연도를 따르도록 하였다. 「국가재정법」에 따라 국가의 회계연도는 매년 1월 1일에 시작하여 12월 31일에 종료한다.(제2조)

② 공단은 대통령령이 정하는 바에 따라 매 회계연도의 사전 운영계획과 예산에 관하여 국토해양부장관의 승인을 얻어야 한다. 승인을 얻은 사항을 변경하고자 하는 때에도 또한 같다.

---

148) 공단은 수차례에 걸쳐 선박검사수수료를 현실화하려고 하였으나 영세한 어민들의 부담증가를 감안하여 계속 억제되고 있다.

149) 2007년의 경우 공단의 전체 지출예산 약 190억원 국고보조는 약 85억원에 달하고 있다.

공단은 정부의 업무를 대행하고 있으며, 정부의 예산 등 각종 지원을 받고 있기 때문에 사업계획의 타당성, 예산의 합법적 사용에 관하여 정부의 엄격한 통제를 받고 있다. 즉, 공단은 매년 4월 30일까지 다음 연도의 사전운영계획과 예산에 해당 연도의 수지예산서를 첨부하여 제출하여 국토해양부장관의 승인을 얻어야 한다. 이미 제출된 사전운영계획과 예산을 변경하려는 경우도 그 변경 내용과 사유를 각각 기재한 서류를 국토해양부장관에게 제출하여 승인을 얻어야 한다.(시행령 제9조 제1항)

③ 공단은 매 회계연도 경과 후 3개월 이내에 결산서를 작성하여 국토해양부장관에게 제출하여 승인을 얻어야 한다.

공단은 당초 계획대로 사업계획을 달성하고 예산을 제대로 사용하였는지 결산서를 통하여 국토해양부장관의 감독을 받고 있다. 공단이 결산서를 국토해양부장관에게 제출하는 경우에는 해당 연도의 손익계산서 및 대차대조표, 해당 연도의 사전운영계획과 그 집행실적의 대비표 및 감사의 감사보고서를 첨부하여야 한다.(시행령 제9조 제2항)

제13절 공단의 지도·감독(제58조)

제58조(업무의 지도·감독) ① 국토해양부장관은 공단의 업무에 관한 사항을 지도·감독하며, 필요하다고 인정되는 때에는 공단에 대하여 그 사업에 관한 지시 또는 명령을 할 수 있다.

이 규정은 공단의 업무에 대한 국토해양부장관의 지도·감독 권한에 관한 것이다. 국토해양부장관은 공단의 일반적인 업무는 물론 개별 사업에 대하여도 지시 또는 명령을 할 수 있음을 규정하고 있다.

② 국토해양부장관은 필요하다고 인정하는 때에는 공단에 대하여 그 회계 및 재산에 관한 사항을 검사할 수 있다.

국가예산으로 보조금이 지원되는 공단은 투명하게 회계처리를 해야 한다. 이 규정은 국토해양부장관이 공단의 회계 및 재산상태 확인을 위한 불시점검을 행할 수 있도록 하는 근거 규정이다.

제14절 공단에 대한 「민법」 재단법인 규정의 준용(제59조)

제59조(「민법」의 준용) 공단에 관하여 이 법에 규정된 것을 제외하고는 「민법」 중 재단법인에 관한 규정을 준용한다.

「민법」의 규정과 중복을 피하기 위하여 공단에 관하여 이 법에 규정된 것을 제외하고는 「민법」 중 재단법인에 관한 규정을 준용하도록 하였다. 따라서 사단법인의 정관(제40조), 사원명부의 작성(제55조 제2항), 총회의 권한(제68조), 사원의 결의권(제73조) 등 사단법인에 고유한 규정은 적용되지 아니한다.

공단의 발전방안

한국어선협회에서 시작한 공단은 선박검사기술협회를 거쳐 비약적인 발전을 거듭해왔다. 예산규모도 종래에 비하여 훨씬 커지고, 직원들의 업무처리능력에 대한 외부의 평가도 훨씬 개선되었다. 또 직원들의 사기도 올라갔고, 우수한 인재의 유입도 지속되고 있다.

그러나 공단의 미래가 반드시 장밋빛만은 아니다. 어선에 대한 감척사업은 계속 되어 주 수입원은 줄어들고 있다. 이 법의 개정에 따라 2톤 미만의 선박 수만 척이 새로 검사대상에 추가되었다고 해도 어민들의 경제적인 어려움을 감안할 때 향후 원가를 상회하는 검사수수료의 인상은 매우 어려울 전망이다. 또한 공공기관의 개혁을 목표로 하고 있는 현 정부에서 공단에 대한 국고지원 증액도 쉽지 않을 것이다.

이러한 현실에서 저자는 향후 공단의 안정적 발전을 위한 수입창출 방안을 다음과 같이 제시해 본다.

첫째, 국민소득의 증가에 따라 향후 요트의 대중화가 이루어질 것으로 예상되는 바, 요트의 보급·확대를 지원해야 한다. 요트소유자는 어민에 비하여 경제력 수준이 높으므로 적정한 수수료를 받을 수 있다.

둘째, 선급업무를 개발하여 정부대행검사수수료보다 높은 수수료를 받을 수 있어야 한다.(제60조 제2항 이하에서 추가 설명) 선박소유자는 공단의 선급검사를 받음으로써 보험료가 절감될 수 있으므로 공단과 선박소유자는 윈-윈할 수 있다.

셋째, 소형선박에 대한 검사 외에 다양한 업무를 개발해야 한다. 현재 공백상태인 소형선박의 딜러 쉽업무, 공제업무의 개발, 요트의 보관·관리업무 등 소형선박에 대한 종합서비스의 제공방안도 검토할 수 있을 것이다.

제8장 검사업무의 대행 등

이 법에서 국토해양부장관은 선박의 안전을 위한 검사, 승인 등의 업무를 행하도록 규정되어 있으나 실제 많은 업무는 공단 등에 위임하여 행하고 있다. 이 장에서는 이러한 정부의 검사업무의 대행에 관한 사항을 다루고 있다. 이와 같이 대행기관이 정부업무를 대행하는 이유는 검사의 전문화를 이룩하여 검사업무의 효율성을 제고하기 위함이다. 또 정부업무를 민간에 위임함으로써 검사에 필요한 인력을 정부부문에서 덜 고용함으로써 작은 정부를 구현하는 효과도 있다. 그러나 정부업무를 민간에서 시행하면서 안전의 소홀이나 서비스 질의 저하를 방지하기 위하여 국토해양부장관은 이들 대행기관에 대하여 엄격한 지도·감독을 해야 함은 물론이다.

제1절 정부검사업무의 대행(제60조)

제60조(검사등업무의 대행) ① 국토해양부장관은 다음 각 호에 해당하는 건조검사·선박검사 및 도면의 승인 등에 관한 업무(이하 "검사등업무"라 한다)를 공단에게 대행하게 할 수 있다. 이 경우 국토해양부장관은 대통령령이 정하는 바에 따라 협정을 체결하여야 한다.

1. **제7조 제1항·제2항 및 제4항의 규정에 따른 건조검사, 건조검사증서의 교부 및 별도건조검사**
2. **제8조 제1항 및 제2항의 규정에 따른 정기검사 및 선박검사증서의 교부**
3. **제9조 제1항의 규정에 따른 중간검사**

4. 제10조 제1항 및 제3항의 규정에 따른 임시검사 및 임시변경증의 교부
5. 제11조 제1항 및 제2항의 규정에 따른 임시항해검사 및 임시항해검사증서의 교부
6. 제12조 제1항·제2항 및 제4항의 규정에 따른 국제협약검사 및 국제협약검사증서의 교부
7. 제13조 제1항 및 제2항의 규정에 따른 도면의 승인 및 승인표시
8. 제14조 제2항의 규정에 따른 선체두께의 측정
9. 제16조 제2항의 규정에 따른 선박검사증서 및 국제협약검사증서의 유효기간 연장
10. 제18조 제6항 및 제7항의 규정에 따른 선박용물건 또는 소형선박의 검정, 검정증서의 교부 및 합격을 나타내는 표시
11. 제20조 제3항 단서 및 제4항 단서의 규정에 따른 선박용물건 또는 소형선박의 확인, 확인서의 교부 및 확인을 나타내는 표시
12. 제22조 제1항 내지 제3항의 규정에 따른 예비검사, 도면의 승인 및 승인표시, 예비검사증서의 교부 및 합격을 나타내는 표시
13. 제28조 제2항 및 제3항의 규정에 따른 복원성자료의 승인
14. 제34조 제1항 및 제2항의 규정에 따른 제한하중등의 확인 및 제한하중등확인서의 교부
15. 제35조 제1항의 규정에 따른 하역설비검사기록부의 작성 및 내용기재
16. 제39조 제1항의 규정에 따른 화물적재고박지침서의 승인
17. 제42조 제1항의 규정에 따른 강화검사
18. 제43조 제1항 및 제2항의 규정에 따른 예인선항해검사 및 예인선항해검사증서의 교부

1. 정부대행의 배경

이 규정은 국토해양부장관이 시행하도록 규정된 각종 검사, 증서의 교부, 승인, 표시, 두께측정 등의 업무를 공단에게 위임할 수 있도록 하는 근거 규정이다. 이런 규정을 둔 것은 검사에 관한 국가의 행정서비스는 그대로 유지하면서 민간조직의 유연성과 활력을 적극 활용하기 위함이다. 공무원의 경우 순환보직을 통하여 수시로 보직이 바꾸기 때문에 업무의 전문성을 기르기가 매우 어렵게 되어 있다. 또 공무원 조직은 그 특성상 각종의 규제가 엄격하기 때문에 환경변화에 능동적으로 대처하기 어렵다는 약점이 있다. 그간의 경험에 비추어 공단에 의한 정부검사업무의 대행

은 성공적인 것으로 평가되고 있다.

2. 대행검사기관의 지도감독체제

세계적으로 많은 나라들은 정부의 검사조직을 가지고 있지 못하고 자국 또는 외국의 검사기관에 대행을 주고 있다. 그러나 이러한 대행검사기관(recognized organization : RO)의 수준 차가 심하여 선박의 안전에 심각한 위협이 되고 있다. 심지어 일부 RO는 제대로 사무실이나 검사인력을 갖추지 못하면서 각종 검사증서를 발급하기도 한다고 한다. 이러한 문제점을 인식한 IMO 에서는 1994년「SOLAS 협약」에 제11장을 신설하면서 각 국가가 선박검사를 위임할 경우 IMO의 지침에 적합한 RO에 대하여만 위임이 가능하도록 규정하였다.(제1규칙)[150]

IMO의 지침은 정부대행검사업무를 수행하는 RO의 최소요건으로서 RO는 자체 검사규정을 출판하고 적절히 유지하여야 한다. 또 검사서비스 제공에 필요한 지부를 설치하고 있어야 하며, 높은 전문적 윤리상태를 유지하여야 하며, ISO 9000 시리즈 이상의 품질관리체제를 갖추어야 한다.(2.1항 및 부록 1) 또 주관청과 RO는 검사대행과 관련하여 공식 협정을 체결하도록 하고 있으며, 이 협정서에는 양 당사자의 법적 권리, RO의 보고사항, 대행업무의 구체적 내용, 주관청의 지도·감독사항 등을 명확히 정하고 있다.(2.2.항 및 부록2)

이후 추가된 RO의 검사 및 증서발급에 관한 상세기준에서는 RO가 주관청을 만족시켜야 하는 상세한 요건을 정하고 있다.[151] 즉, RO는 경영기능(management functions), 기술평가(technical appraisal), 검사(survey), 자격 및 훈련(qualifications and training)에 관한 4가지 분야를 모두 만족시켜야 하며, 증서발급에 관한 요건도 상세하게 규정하고 있다.

---

150) IMO 지침의 정확한 명칭은 Guidelines for the Authorization of Organizations Acting on Behalf of the Administration (IMO Res. A.739(18))이며, 총회결의 A.789(19) 및 해상안전위원회 MSC Res. 208(81)에 의해 개정되었다.

151) 이 기준의 정확한 명칭은 IMO Resolution A.789(19) on specifications on the survey and certification functions of recognized organizations acting on behalf of the administration이다.

3. 종전의 정부대행 체제

종전에는 국토해양부장관이 공단에 대하여 우월적 지위를 가지고 포괄적으로 업무를 대행시켜 왔다. 즉, 종래의 법에서 국토해양부장관은 검사업무를 공단에 대행할 수 있도록 규정하고(제8조 제1항), 대행시키고자 할 경우 대행의 범위에 대하여 일방적으로 공단에 통지하도록 하였다.(시행령 제11조 제1항) 이러한 체제에서는 정부가 포괄적으로 공단의 모든 사항에 대해 감독할 수 있으나, 실질적으로 상세한 지도·감독은 이루어지지 못하였다. 또 공단의 입장에서 보아 정부의 지도·감독 범위가 너무 넓어 공단의 활동이 너무 제약되었다.

4. 정부대행의 위임절차

위에 언급한「SOLAS 협약」규정은 강행적으로 적용되므로 체약국인 우리나라는 그 내용을 이 규정에 수용하였다. 따라서 국토해양부장관은 대행검사를 위임할 경우 공단과 협정을 체결하도록 하였다. 즉, 검사 등 업무의 대행에 대하여 협정을 체결하려는 공단은 국토해양부령으로 정하는 협정신청서를 작성하여 국토해양부장관에게 협정체결을 신청하여야 한다.(시행령 제10조 제1항) 국토해양부장관은 공단이 검사 등 업무를 대행할 수 있는 능력이 있다고 인정할 경우 공단과 협정을 체결하도록 하였으며, 이 경우 협정의 기간은 IMO의 국제기준과 같이 5년으로 하였다.(동조 제2항) 협정을 체결한 경우 국토해양부장관은 지체 없이 그 내용을 고시하여야 한다.(동조 제4항)

5. 협정의 주요 내용

국제기준에 따라 정부대행기관의 요건 및 협정에 반드시 포함되어야 할 사항은 다음과 같다.(동조 제3항)

1. 대행검사기관이 갖추어야 할 인적·물적 요건
 가. 조직
  1) 검사의 수행, 검사기준의 개발 및 선박안전기술의 개발을 할 수 있는 전담조직을 갖출 것
  2) 우리나라 모든 해역을 담당할 수 있는 지역 사무소를 갖출 것
 나. 검사원

1) 선박검사원의 자격을 가진 자를 확보할 것
2) 선박검사원의 자질 향상을 위한 직무교육제도를 갖출 것

다. 기술개발
1) 검사기준을 개발하고 정비할 수 있는 능력을 갖출 것
2) 품질관리능력을 갖출 것

라. 손해배상책임에 대비한 보험 가입 등 제도적 장치를 마련할 것

2. 협정에 포함되어야 할 사항
가. 대행업무의 범위
나. 외국 항만당국으로부터 항만국통제로 지적된 사항의 통보
다. 검사대행과 관련된 각종 정보의 제공
1) 선박검사원의 선임 및 해임
2) 발급된 증서
3) 기술자료

라. 품질관리시스템의 운영
마. 정부 또는 정부를 대신한 제3자의 정기적인 감사 수행
바. 기밀유지
사. 선박검사원의 자격
아. 협정의 개정
자. 손해배상책임
차. 협정해지요건

② 국토해양부장관은 선박보험의 가입·유지를 위하여 선박의 등록 및 감항성에 관한 평가의 업무(이하 "선급업무(船級業務)"라 한다)를 하는 법인으로서 국토해양부장관이 지정하여 고시하는 법인(이하 "선급법인"이라 한다)에게 해당선급법인이 관리하는 명부에 등록하였거나 등록하고자 하는 선박(이하 "선급등록선박"이라 한다)에 한하여 제1항 각 호의 검사등업무를 대행하게 할 수 있다. 이 경우 국토해양부장관은 대통령령이 정하는 바에 따라 협정을 체결하여야 한다.

1. 선급법인의 현황

선급(classification)은 선박의 등급을 매겨 분류(classify)하는 것을 말한다. 선급법인(classification society) 또는 선급은 선급업무를 행하는

기관을 말한다. 원래 선급업무는 선박에 대한 보험가입을 목적으로 18세기 후반에 런던의 로이드 커피점(Lloyd's coffee house)에 모인 보험업자가 선체와 설비에 대한 독립적인 검사를 위하여 개발하였다고 한다. 1770년에는 신속한 평가를 위하여 위원회가 생겼으며, 평가결과는 로이드 등록서(Lloyd's Registered Book)에 포함되었다.152) 이러한 선박검사의 중요성은 널리 인식되어 1832년 프랑스선급(Bureau Veritas)을 시작으로 각국의 선급법인이 차례로 설립되었다. 물론 초창기 선급검사가 시행될 때 안전을 목적으로 하는 정부검사는 아직 시작되기 전이었다. 미국의 경우 증기선(steam boat)에 대한 안전검사가 시작된 것은 1938년 이었다.153) 현재 세계적으로 선급법인은 50여개에 달하지만 선박보험, 화물보험 등의 인정을 받아 보험료를 할인받을 수 있는 선급은 국제선급연합회(International Association of Classification Societies: IACS)의 정회원인 10개로서 그 현황은 다음의 표22와 같다.

<표22> 국제선급연합회 정회원 현황

명칭	약칭	소속 국가	본부 소재지	설립 연도
Lloyd's Register of Shipping	LR	U.K.	London	1760
Bureau Veritas	BV	France	Paris	1828
Registro Italiano Navale	RINA	Italy	Genoa	1861
American Bureau of Shipping	ABS	U.S.A.	Houston	1862
Det Norske Veritas	DNV	Norway	Høvik	1864
Germanischer Lloyd	GL	Germany	Hamburg	1867
日本海事協會	NK	Japan	Tokyo	1899
Russian Maritime Register of Shipping	RS	Russia	St. Petersburg	1913
China Classification Society	CCS	China	Beijing	1956
Korean Register of Shipping	KR	Korea	Daejon	1960

152) IACS, *What are Classification Societies?* http://www.eagle.org/company/Classmonograph.pdf [2008.2.18.]

153) The Steamboat Inspection Service & the History of Merchant Vessel Inspection, http://www.uscg.mil/hq/g-cp/history/Steamboat_Inspection_Service_Overview.html [2008.2.19.].

2. 선급검사와 정부검사의 비교

선박검사는 크게 선체(hull), 기관(engine), 구명・소방설비, 거주・위생설비, 항해설비 및 만재흘수선에 대한 검사로 구분할 수 있다. 이중 가장 시간과 비용이 많이 소요되는 검사는 입거(dry-docking)가 필요한 선체 및 기관에 대한 검사로서 선급은 이에 대한 검사만을 행한다. 선급이 안전・거주・위생설비 등에 대하여 검사를 행하지 아니하는 것은 이러한 설비는 보험부보와 관련이 없기 때문이다. 그러나 정부는 선박 자체의 안전은 물론 선원・여객의 편의 및 위생확보에도 책임이 있으므로 선급검사를 포함한 모든 분야에 대하여 검사를 행하고 있다.

한편, 선박소유자의 입장에서 보면 선급검사와 정부검사는 대체로 성격이 비슷한데 중복으로 받는다는 느낌을 받게 되었다. 물론 선체와 기관의 검사에 적용되는 선급의 규칙과 정부의 규칙은 다소 다르지만 그 목적은 안전의 확보라는 점에서 같다. 결국 각국 정부는 선박소유자의 편의를 위하여 선급에 등록한 선박에 대하여 선급의 규칙에 따라 검사한 사항을 정부가 검사한 것과 마찬가지로 인정하여 관련증서를 교부할 수 있도록 허용하였다.[154] 그 결과 선급에 등록된 선박에 대하여는 선급의 규칙에 의한 검사를, 선급에 등록되지 아니한 선박에 대하여는 정부의 규칙에 의한 검사를 받게 된다. 선급은 다른 선급과의 경쟁을 의식하여 새로운 기술발전을 반영하여 선박건조 시 강판이 덜 들어가면서도 안전성이 높은 새로운 규칙을 계속 개발하고 있는 반면, 정부규칙은 아직도 불필요하고 낡은 규정을 많이 가지고 있다고 한다. 그러나 우리나라를 비롯한 많은 국가들은 정부의 인력과 예산의 제한 때문에 새로운 안전기준의 도입에 많은 어려움을 겪고 있다.[155]

한편, 공단은 정부규칙에 의하여 검사를 집행하고 있다. 그러다 보니 공단이 검사한 선박은 선박보험의 가입에 어려움이 있을 뿐만 아니라 설

154) 원칙적으로 선급의 검사는 자체 규칙에 의한 선체 및 기관의 검사에 한하므로 안전설비 등 선급의 규칙이 없는 설비에 대한 검사는 정부의 규칙을 사용할 수 밖에 없다.

155) 우리나라의 「강선구조기준」을 비롯한 많은 기준들은 일본의 1970년대 안전기준을 차용하여 사용하고 있는 것으로 알려져 있다.

사 가입한다고 하더라도 높은 보험료를 내야하는 불이익을 당하고 있다.[156] 공단의 입장에서 보면 높은 검사품질관리체제를 유지하고 있음에도 불구하고 이와같은 대우는 매우 억울하다고 할 수 있다. 그러나 보험과 선급간의 연계는 그 역사가 매우 길기 때문에 조속한 개선은 쉽지 않다. 따라서 공단의 검사를 받고 있는 선주의 보호를 위하여 공단도 선급업무의 개시를 적극 추진할 필요가 있다고 판단된다. 공단에서 자체 선급규칙을 개발하여 선급업무를 행할 경우 보험에 가입하고자 하는 선박소유자는 보험료의 절감을 위하여 기꺼이 이 서비스를 택할 것이다.[157]

3. 선급과 정부대행검사

그러나 정부는 모든 선급법인의 검사를 인정하는 것이 아니고 우수하다고 인정된 선급에 한하여 인정하고 있다. 특히 외국 선급의 인정여부는 각 국가의 정책에 따라 다르지만 자국의 선급이 있는 경우는 자국의 선급에 한하고, 자국의 선급이 없는 경우는 IACS 정회원 선급을 인정하는 것이 관행이었다. 그러나 최근에는 자국의 선급이 있어도 일정 기준에 적합하면 외국의 선급도 인정하는 추세에 있다. 우리나라의 경우 아직까지 정부가 인정하는 선급은 한국선급(KR)에 한하고 있다. 그러나 선박검사업무도 서비스의 일종으로서 서비스의 품질향상 및 한국선급의 국제 경쟁력 강화를 위하여 외국선급에 대한 개방이 필요하다고 판단된다. 현행 법령에서도 외국선급을 정부대행검사기관으로 인정하는데 아무런 제약이 없다. 다만, 부록 IX의 대행협정의 내용 중 "대한민국에 주된 사무소 및 지부를 두어야 한다."는 규정(제3조 제2항)은 실질적으로 한국선급만을 정부대행검사기관으로 인정하는 것으로 해석될 수 있다. 그러나 대행협정은 법령이 아니고 정부의 정책변경에 따라 그 내용이 간단히 변경될 수 있으므로 선급개방의 큰 장애요인으로 볼 수 있다.

---

156) 선박의 보험료는 ①IACS 정회원 선급에 등록한 선박, ②기타의 선급에 등록한 선박, ③무선급의 선박 순서로 보험료가 저렴하다.

157) 한 국가에 복수의 선급기관을 가지고 있는 것은 국제적으로 보편적인 현상이다.

4. 한국선급의 발전방향

국내 선급시장의 개방은 한국선급에게 큰 충격으로 느껴질 것이다. 한국선급은 그 역사도 비교적 짧으며 선박검사원의 수, 기술수준 등 여러 가지 면에서 국제적인 선급과는 다소 차이가 있기 때문이다. 그러나 국경 없는 경쟁시대에 좁은 국내시장에 안주하고자 할 경우 미래는 없다. 장기적으로 약간의 국내시장을 외국의 선급에 내주더라도 넓은 해외시장을 개척하는 것만이 한국선급의 유일한 발전방향이라고 판단된다. 국내시장에 외국선급이 들어올 경우 한국선급은 해외시장으로 나가지 않을 수 없다. 또 우리 시장을 개방하면 외국에 대해 당당하게 시장을 개방하라고 요구할 수 있다.

현재 선급 간의 경쟁은 과거 어느 때보다도 치열하다. 이러한 경쟁에서 살아남으려면 등록선박의 톤수가 적어도 세계 5위 안에는 들어야 한다고 한다. 이에 대비하여 한국선급은 기술개발, 서비스망 확충 및 적극적인 마케팅을 통하여 등록선박을 지속적으로 늘려 나가야 한다. 참고로 한국선급의 등록선박은 2008년 3월 현재 약 3천만 톤으로서 IACS 회원 중 7위에 해당한다. 그러나 6위에 해당하는 프랑스선급(BV) 5천 8백만 톤, 5위의 독일선급(GL) 7천 2백만 톤을 고려하면 세계 5위 도약은 결코 쉽지 않은 도전이다. 한국선급의 중요성을 감안하여 필요시 연구개발사업의 지연 등 정부 차원의 적극적인 육성방안도 검토되어야 할 것이다. 아울러 개방의 충격을 줄이고 대응계획 마련을 위하여 선급시장의 개방작업은 점진적으로 이루어져야 할 것이다.

5. 정부와 한국선급간 정부대행검사에 관한 협정

이 규정에 따라 2007년 4월 5일 정부와 한국선급간에는 선박검사업무 등에 관한 협정을 체결하였다. 그러나 이 규정이 2007년 11월 4일부터 발효하기 때문에 이 협정서의 발효일도 이 날짜에 맞추었다. 협정서의 자세한 내용에 관하여는 부록 IX를 참고하면 된다.

한국선급(Korean Register of Shipping: KR)

한국선급은 1960년 당시 해무청장의 허가를 받아 사단법인으로서 설립되었다. 한국선급의 주요 업무는 선박의 보험가입을 위한 선급검사와 관련 서비스이다. 한국선급의 회원은 관련단체대표, 관련업계 대표, 학계, 해사경력자 등 60명 이상으로 구성되어 있으며, 이사는 회원 중에서 20명 이내로 구성된다.

한국선급은 외국의 선급에 비하여 비교적 늦게 출발하였지만 1988년 중국과 함께 국제선급연합회(IACS) 정회원으로 가입하였다. 또 1990년에는 해상보험계약서의 선급약관에 등재되어 한국선급에 등록한 선박에 대하여는 보험료할인의 혜택이 주어지고 있다. 아울러 한국선급은 우수한 기술인력을 활용하여 조선소와 협력하여 첨단선박기술의 개발 등 한국조선기술의 국제경쟁력강화에도 크게 기여하고 있다.

선급은 선박의 안전성을 평가하는 공적인 업무를 담당하면서 동시에 다른 선급과 검사서비스로서 경쟁을 해야 하는 상당히 어려운 상황에 놓여있다. 특히 IACS를 중심으로 선급통일규칙의 제정 작업이 본격화함에 따라 선급규칙은 통일화되고, 선급간의 서비스경쟁이 더욱 심화되고 있다. 특히 세계무역기구(WTO)의 서비스협상, 국가간 자유무역협정의(FTA)의 확대는 검사서비스에 관한 선급간의 경쟁을 심화 시키고 있다. 이런 경쟁에서 한국선급이 살아남으려면 독자적인 기술개발은 물론 서비스의 품질개선, 개도국 선급과의 제휴를 통한 등록선 확대 등 적극적인 세계화전략이 필요하다고 판단된다.

한국선급은 본부를 대전에 두고 있으며, 15개 국내지부 및 22개 해외지부를 두고 있다. 회장을 포함한 임직원의 수는 약 500명(검사원 약 390명)이며, 2008년 수입예산은 825억원을 예상하고 있다.

③ 제1항 각 호 외의 부분 후단 및 제2항 후단의 규정에 따른 협정의 기간은 5년 이내로 하며, 국토해양부령이 정하는 바에 따라 이를 연장할 수 있다.

이 규정에 따라 협정의 기간은 5년 이내로 정하였고, 실제 시행에 있어 협정의 유효기간도 5년으로 하였다.(시행령 제10조 제2항) 검사대행에 관한 협정기간을 연장하려는 공단 또는 선급법인은 협정기간의 종료일 전 90일까지 협정신청서 및 관련서류를 국토해양부장관에게 제출하여야 한다. 다만, 종전의 협정체결 당시와 달라진 내용이 없거나 국토해양부장관의 승인을 받은 사항에 관하여는 서류제출을 생략할 수 있다.(시행규칙 제84조)

④ 제1항 및 제2항의 규정에 따라 공단 및 선급법인이 검사등업무의 대행을 하는 때에는 대행과 관련된 자체검사규정을 제정하여 국토해양부장관의 승인을 얻어야 한다.

자체검사규정은 RO 지정의 최소 필수요건이며, 정부의 RO 지도·감독을 위한 중요한 수단이다. 정부로서는 RO의 지도·감독시 검사가 자체검사규정에 따라 집행되었는지의 여부만 확인하면 되기 때문이다. 따라서 공단 및 선급법인이 검사 등 업무를 대행하고자 할 경우 자체검사규정을 제정하여 국토해양부장관의 승인을 얻도록 하였다.

제2절 대행업무의 차질에 따른 조치(제61조)

제61조(대행업무의 차질에 따른 조치) 국토해양부장관은 공단 및 선급법인이 제60조 제1항 및 제2항의 규정에 따른 검사등업무의 대행을 함에 있어 차질이 발생하거나 발생할 우려가 있다고 인정되는 때에는 국토해양부장관이 직접 이를 수행하거나 국토해양부장관이 지정하는 자로 하여금 대행하게 할 수 있다.

근로자의 단체행동권 등 근로자의 근로3권은 「헌법」에 의하여 보장되고 있다.(제33조 제1항) 따라서 공단이나 선급법인의 근로자들은 단체교섭이 결렬될 경우 관련 법률에 따라 합법적으로 파업·태업 등의 쟁의행위를 할 수 있다. 2006년의 경우 실제 이루어지지는 않았으나 한국선급의 근로자들은 파업을 하겠다고 공언한 바도 있었다. 만일 공단이나 선급법인의 검사원들이 파업을 하게 되면 정부가 위임한 선박검사업무도 중단될 수 있다. 이 경우 정부로서는 매우 난처한 입장에 처하게 된다. 「헌법」에 의하여 보장된 근로자의 쟁의행위 권리를 무시할 수도 없고 국민의 생명과 재산보호를 목적으로 하는 선박안전검사업무도 소홀히 할 수 없기 때문이다.

이러한 문제를 해결하기 위하여 이 법의 시안에서는 정부대행 검사업무에 대하여는 쟁의행위를 할 수 없도록 규정하였다. 그러나 노동부 등 관련부처에서 정부대행업무라고 하더라도 쟁의행위금지는 헌법상의 권리를 제한하는 문제이므로 반대하였다. 실제 우리나라에서 쟁의행위가 금지되는 근로자는 공무원, 사립학교 교원, 방위산업체의 근로자 등으로 매우 제한되어 있으며,158) 정부의 대행업무에 대하여 쟁의행위를 제한하는 다른 입법례는 찾기 어려웠다. 따라서 대안으로서 이 규정은 검사업무의 차질에 대처하기 위하여 국토해양부장관(내부 위임을 통하여 정부의 선박검사관)이 직접 검사를 수행하거나, 쟁의행위가 발생하지 아니한 공단·선급법인·외국의 선급 등 국토해양부장관이 지정한 자로 하여금 대행할 수 있도록 하였다.

그러나 이러한 규정에 불구하고 선급이 실제 파업 등의 쟁의행위를 하는 것은 자멸행위가 될 수 있다. 선급업무는 국제적으로 선급간의 경쟁이 치열하고 신용을 바탕으로 하는 업무이기 때문에 만일 검사차질이 발생할 경우 선박소유자들은 노사관계가 안정된 다른 선급으로 탈급할 가능성이 매우 높기 때문이다. 따라서 선급의 임직원은 국제적으로 선급의 성격을 명확히 인식하고 노사관계의 안정을 위하여 지속적으로 노력하여야 할 것이다.

제3절 대행검사기관에 대한 지도·감독(제62조)

제62조(대행업무에 관한 감독) ① 국토해양부장관은 공단 및 선급법인이 제60조 제1항 각 호 외의 부분 후단 및 제2항 후단의 규정에 따른 협정에 위반한 때에는 해당업무의 대행을 취소하거나 정지할 수 있다.

---

158) 선원의 경우「선원법」제27조의 규정에 따라 쟁의행위가 제한되고 있는 바, 이러한 현행 제도는 상당한 헌법상의 문제를 안고 있다고 보인다. 자세한 내용은 박영선, "선원의 쟁의행위제한에 대한 비판적 검토,"「해사법연구」, 제19권 제2호(2007.9.), 43-75쪽 참조.

공단 및 선급법인은 국토해양부장관과 검사업무 대행에 관한 협정을 체결하였으면 협정의 당사자로서 성실하게 협정의 내용을 수행하여야 한다. 그러나 공단 또는 선급법인이 이를 위반할 경우 여러 가지 법률적 문제가 발생하게 된다. 우선 이 규정의 내용과 같이 국토해양부장관은 협정을 위반한 공단 또는 선급법인에 대하여 업무의 대행을 취소하거나 정지할 수 있다. 또 협정위반으로 국가에 손해가 발생한 경우는 손해배상 등의 책임을 물을 수도 있다.

② 제1항의 규정에 따른 대행의 취소나 정지의 요건에 관하여 필요한 사항은 대통령령으로 정한다.

공단 또는 선급법인의 협정위반 시 업무정지기간은 최대 6개월로 정하고 있다.(시행령 제11조 제1항) 또 대행취소 및 업무정지 처분의 구체적인 기준은 다음의 표23과 같다.(시행규칙 제85조 제1항 및 별표33)

<표23> 공단 및 선급법인의 대행취소 및 업무정지 처분기준

위반행위	해당 법조문	처분내용
1. 거짓 그 밖의 부정한 방법으로 협정을 체결한 경우	영 제11조 제1항	대행취소
2. 영 제10조 제3항에 따른 요건에 미달하게 된 경우	영 제11조 제1항	업무정지 6개월
3. 영 제10조 제3항에 따른 협정사항을 위반한 경우	영 제11조 제1항	업무정지 3개월
4. 법 제75조에 따른 보고·자료제출 등 명령을 거부한 경우	영 제11조 제1항	업무정지 2개월

국토해양부장관은 위반행위의 동기, 내용 및 횟수 등을 고려하여 제1항에 따른 업무정지기간을 2분의 1의 범위에서 가중하거나 감경할 수 있으며, 이 경우 가중한 기간을 합산한 기간은 6개월을 초과할 수 없다.(동조 제2항) 또 국토해양부장관은 대행취소 또는 업무정지 처분을 한 경우에는 지체 없이 그 사실을 고시하여야 한다.(동조 제3항) 이와 같은 사실의 고시는 관련자들에게 업무정지나 취소가 발생했다는 사실을 공시하는 효과가 있는 한편, 해당 공단이나 선급법인에게는 신뢰도 추락을 방지하

기 위한 억제력으로 작용할 수 있을 것이다.

제4절 두께측정업무의 대행(제63조)

제63조(선체두께 측정의 대행) ① 국토해양부장관은 제14조 제2항의 규정에 따른 선체두께 측정을 국토해양부장관이 정하여 고시하는 지정기준에 적합한 두께측정업체로서 국토해양부장관이 정하여 고시하는 자(이하 "두께측정대행업체"라 한다)로 하여금 대행하게 할 수 있다. 다만, 해외수역에서의 장기간 항해·조업 등 부득이한 사유로 인하여 국내에서 선체두께를 측정할 수 없는 경우에는 국토해양부령이 정하는 바에 따라 외국의 두께측정업체로 하여금 측정하게 할 수 있다.

이 규정은 두께측정업무를 두께측정업체에게 대행하도록 하는 근거규정이다. 선체철판의 두께측정은 그간은 별도의 법적 근거 없이 공단·선급법인이 임의로 행해 왔었으나 이를 명확하게 정하였다. 따라서 선박검사기관은 직접 두께측정업무를 행할 수 없고 국토해양부장관이 정하여 고시하는 두께측정업체의 보고서를 바탕으로 철판의 상태를 평가하게 된다. 물론 두께측정업체의 선정은 선박검사의 준비의무가 있는 선박소유자가 할 수 있으나 국토해양부장관이 정하여 고시하는 두께측정업체 중에서 선정할 수 있다. 이와 같이 두께측정업체를 법적 근거를 가진 대행업체로 지정하는 이유는 그간 영세성을 탈피하지 못했던 두께측정업체가 향후 선박소유자로부터 독립적 지위를 확보하고 자체 품질관리를 향상시키고자 함이다. 향후 두께측정업체의 지정요건으로서 ISO 9000 이상의 품질관리체제 등의 요건을 포함시키는 것이 바람직하다고 판단된다.

이 규정의 단서에서 "해외수역에서의"는 의미상 혼란의 우려가 있으므로 삭제가 바람직하다.(법 제9조4항에 대한 설명 참조) 또 단서의 "국토해양부령이 정하는 바"란 공단 또는 선급법인이 인정하는 외국의 두께측정업체에 의한 두께측정을 말한다.(시행규칙 제86조 제1항) 공단 또는 선급법인이 외국의 두께측정업체를 인정하려는 경우에는 국토해양부장관과 사전에 협의를 하여야 한다.(동조 제2항) 이 경우 "협의"는 "합의"나 "승인"이 아니기 때문에 국토해양부장관에게 협의할 내용을 통보하고 협의하기만 하면 된다. 이 때 국토해양부장관도 공단이나 선급법인의 협의요청을 거부할 수 없다. 국토해양부장관에게 특정한 권한을 주어 검사대행기관에게 합의 등의 의무를 부과하고자 한다면 이 법에서 명시적인 규정을 두어야 하기 때문이다. 협의를 통하여 국토해양부장관은 의견을 제시할 수 있지만 그 의견이 강행력을 가지는 것은 아니기 때문에 검사대행기관은 이를 수용하거나 거부할 수 있다.

② 제1항의 규정에 따른 두께측정대행업체의 대행 및 대행취소 등에 관한 사항은 대통령령으로 정하고, 두께측정대행업체의 지도·감독 등에 관하여 필요한 사항은 국토해양부령으로 정한다.

이 규정에 따라 두께측정대행업체가 다음 제1호부터 3호에 해당하는 경우는 업무대행을 취소하여야 하고, 제4호부터 제6호에 해당하는 경우는 6개월의 범위에서 그 업무를 정지시킬 수 있다.(시행령 제12조 제1항)

1. 거짓 그 밖의 부정한 방법으로 대행지정을 받은 경우
2. 거짓 그 밖의 부정한 방법으로 선체두께를 측정한 경우
3. 대행지정을 받은 자가 그 사업을 폐업한 경우
4. 법 제63조 제1항에 따라 국토해양부장관이 고시한 지정기준에 미달하게 된 경우
5. 정당한 사유 없이 계속하여 1년 이상 선체두께 측정 업무를 하지 아니한 경우
6. 법 제75조 제1항에 따른 보고·자료제출명령을 따르지 아니한 경우

이 규정에 따른 두께측정대행업체의 대행취소 및 업무정지 처분의 기준은 다음의 표24와 같다.(시행규칙 제87조 제1항)

<표24> 두께측정대행업체의 대행취소 및 업무정지 처분의 기준

위반행위	해당 법조문	처분내용
1. 거짓 그 밖의 부정한 방법으로 대행지정을 받은 경우	영 제12조 제1항제1호	대행취소
2. 거짓 그 밖의 부정한 방법으로 선체두께를 측정한 경우	영 제12조 제1항제2호	대행취소

3. 대행지정을 받은 자가 그 사업을 폐업한 경우	영 제12조 제1항제3호	대행취소
4. 법 제63조 제1항에 따라 국토해양부장관이 고시한 지정기준에 미달하게 된 경우	영 제12조 제1항제4호	업무정지 6개월
5. 정당한 사유 없이 계속하여 1년 이상 선체두께 측정 업무를 하지 아니한 경우	영 제12조 제1항제5호	업무정지 3개월
6. 법 제75조 제1항에 따른 보고·자료제출명령을 따르지 아니한 경우	영 제12조 제1항제6호	업무정지 2개월

행정처분 시 국토해양부장관은 위반행위의 동기, 내용 및 횟수 등을 고려하여 업무정지기간을 2분의 1의 범위에서 가중하거나 감경할 수 있으며, 이 경우 가중한 기간을 합산한 기간은 6개월을 초과할 수 없다.(동조 제2항) 국토해양부장관은 제1항과 제2항에 따라 취소 또는 업무정지 처분을 한 경우에는 지체 없이 그 사실을 고시하여야 한다.(동조 제3항)

제5절 컨테이너검정업무의 대행(제64조)

제64조(컨테이너검정 등의 대행) ① 국토해양부장관은 다음 각 호에 해당하는 업무를 국토해양부장관이 정하여 고시하는 지정기준에 적합한 자로서 국토해양부장관이 정하여 고시하는 대행기관(이하 "컨테이너검정등대행기관"이라 한다)으로 하여금 대행하게 할 수 있다.

1. 제23조 제4항의 규정에 따른 컨테이너검정

2. 제23조 제5항의 규정에 따른 컨테이너형식승인판의 확인표시

이 규정은 컨테이너검정 및 컨테이너형식승인판의 확인표시의 대행에 필요한 근거규정이다. 현재 국토해양부장관의 지정을 받은 컨테이너검정 등 대행기관으로는 한국선급이 있다.

② 제1항의 규정에 따른 컨테이너검정등대행기관의 대행 및 대행의 취소 등에 관한 사항은 대통령령으로 정하고, 컨테이너검정등대행기관의 지도·감독 등에 관하여 필요한 사항은 국토해양부령으로 정한다.

이 규정은 컨테이너검정등대행기관의 지도·감독에 관한 사항으로서

제63조 제2항의 규정과 매우 유사하다. 따라서 대행의 취소, 정지 및 처분의 내용에 관하여 자세한 설명을 생략한다.

제6절 위험물검사업무의 대행(제65조)

제65조(위험물 관련 검사·승인의 대행) ① 국토해양부장관은 제41조 제2항의 규정에 따른 위험물의 적재·운송 및 저장 등에 관한 검사 및 승인에 대한 업무를 국토해양부장관이 정하여 고시하는 지정기준에 적합한 자로서 국토해양부장관이 정하여 고시하는 대행기관(이하 "위험물검사등대행기관"이라 한다)으로 하여금 대행하게 할 수 있다.

이 규정은 제41조 제2항의 규정에 따라 위험물의 적재·운송 및 저장 등에 관한 검사 및 승인에 대한 업무의 대행에 필요한 근거규정이다. 현재 위험물에 대한 검사를 대행하고 있는 곳은 재단법인 한국해사위험물검사원으로서 주로 위험물의 적재검사 및 컨테이너 수납검사를 행하고 있다. 한국해사위험물검사원의 설립에 필요한 재원은 검정업체들이 1회사당 500만원씩 출연하였다고 한다.

한편, 위험물 및 위험물 용기·포장의 대행업무에 대하여 이 법은 다소 애매하게 규정되어 있다. 우선 위험물 검사를 행하는 법인의 자격에 대하여는 법에서 명확하게 규정하고 있지 않다. 그러나 국토해양부령인 「위험물규칙」에서 지정검사기관은 영리를 목적으로 하지 아니하는 법인이어야 한다는 제한을 두고 있으며, 용기·포장검사를 할 수 있는 기관은 「국가표준기본법」 제23조의 규정에 따라 인정받은 시험·검사기관으로 제한하고 있다.(제208조 제1항) 이와 같이 법률에 근거를 두지 아니하고 시행규칙에서 임의로 제한하는 것은 헌법적으로 다소 문제가 있다. 또한 이러한 제한규정 및 위험물검사의 대행기관 지정절차를 법률에 아무런 위임규정도 없이 별도의 시행규칙인 「위험물규칙」에 규정함은 법률적 근거에 의문이 있다. 또한 일반 국민은 이러한 규정이 있다는 사실을 전혀 알 수가 없다. 조속한 보완이 필요하다고 판단된다.

② 제1항의 규정에 따른 위험물검사등대행기관의 대행 및 대행의 취소 등에 관한 사항은 대통령령으로 정하고, 위험물검사등대행기관의 지도·감독 등에 관하여 필요한 사항은 국토해양부령으로 정한다.

이 규정은 위험물검사등대행기관의 지도·감독에 관한 사항으로서 제63조 제2항 및 제64조 제2항의 규정과 매우 유사하므로 자세한 설명을 생략한다. 한편, 「위험물규칙」에서는 이 시행규칙과 별도로 위험물검사등대행기관의 지정고시 및 검사대행실적보고(제209조), 변경사항 등에 대한 인가(제210조), 검사원의 자격(제21조)을 규정하고 있는 바, 해당 규정을 이 시행규칙으로 옮기는 등 조속한 보완이 필요하다고 판단된다.

제7절 외국검사의 인정(제66조)

제66조(외국정부등이 행한 검사의 인정) ① 외국선박의 해당소속 국가에서 시행 중인 선박안전과 관련되는 법령의 내용이 이 법의 기준과 동등하거나 그 이상에 해당하는 때에는 해당 외국정부 또는 그 외국정부가 지정한 대행기관(이하 "외국정부등"이라 한다)이 행한 해당외국선박에 대한 검사등업무는 이 법에 따른 검사등업무로 본다.

이 규정은 외국에 등록되어 운항하는 선박이 도입될 경우 선박검사의 처리에 관한 사항을 정하고 있다. 즉, 외국에서 우리나라의 검사와 동등이상의 검사를 받은 경우는 우리나라에서 다시 동일한 검사를 받지 않아도 된다. 그러나 평소 안전관리가 미흡하여 이 법의 기준과 동등이상의 수준에 미달한다고 판단될 경우는 이 법에 의한 검사를 다시 받아야 한다. 외국의 기준이 이 법과 동등이상인지의 여부는 국토해양부장관이 결정하며, 선박의 안전관리상태, 해당국가의 법령, 안전관리체제 등을 종합적으로 검토하게 된다.

특히 이 규정에서는 외국정부가 직접 행한 검사는 물론 그 외국정부가 지정한 대행기관이 행한 검사까지 인정하고 있음에 유의할 필요가 있다. 대부분의 나라들은 자체 검사조직을 보유하고 있지 아니하기 때문에 IACS 정회원 선급 등 외국의 검사기관에 검사업무의 대행을 주는 것이 일반적이다. 외국선박의 도입으로 한국선급으로 선급의 변경이 이루어지는 경우 기존 검사의 인정여부는 한국선급의 자체규칙에 따른다. 통상 선급간의 규칙은 대부분 유사하므로 인정에 따른 큰 문제는 없는 것으로 알려져 있다.

② 제1항의 규정에 따라 외국정부등이 검사등업무를 행하고 교부한 증서는 이 법에 따라 교부한 증서와 동일한 효력을 가진 것으로 본다. 다만, 이 법에 따라 교부한 증서의 효력을 인정하지 아니하는 국가의 외국정부등이 발행한 증서에 대하여는 그러하지 아니하다.

「SOLAS 협약」 등 안전에 관련된 국제협약의 중요한 목적 중의 하나는 통일적인 협약의 내용에 따라 행한 협약당사국의 검사를 다른 협약당사국이 이를 인정하는 것이다.(부속서 제1장 제13규칙) 따라서 체약당사국의 검사를 받아 교부된 증서를 보유하고 있을 경우 다른 체약당사국에서는 동일한 검사를 다시 받을 필요가 없다. 그러나 상호주의 원칙에 따라 우리나라가 교부한 증서를 인정하지 아니하는 국가에 대하여는 우리나라도 해당 국가가 교부한 증서를 인정하지 아니하도록 하였다.

제8절 대행검사기관의 배상책임(제67조)

제67조(대행검사기관의 배상책임) ① 국가는 공단, 선급법인, 컨테이너검정등대행기관 및 위험물검사등대행기관(이하 "대행검사기관"이라 한다)이 해당 대행업무를 수행함에 있어 위법하게 타인에게 손해를 입힌 때에는 그 손해를 배상하여야 한다.

「국가배상법」에서 "공무원이 그 직무를 집행함에 당하여 고의 또는 과실로 법령에 위반하여 타인에게 손해를 가한 때 그 공무원이 소속된 국가는 그 손해를 배상하여야 한다"고 규정하고 있다.(제2조 제1항) 따라서 공무원의 직무상 불법행위로 피해를 입은 자는 해당 공무원에 대하여 손해배상을 청구할 필요 없이 배상능력이 충분한 국가를 상대로 손해배상을 청구할 수 있다. 여기서 공무원이라 함은 기능적 의미의 공무원을 의미하며, 따라서 공무원 신분을 가진 자 뿐만 아니라 널리 공무를 위탁받아 그에 종사하는 모든 자를 포함한다.[159] 판례는 통장, 소집중인 향토예비군, 시 청소운전사, 지방자치단체에 근무하는 청원경찰, 교통할아버지 등을 공무원의 범위에 포함시키고 있다. 따라서 선박검사에 관한 정부의 업무를 위탁받아 행하는 대행검사기관도 공무원의 범위에 포함될 수 있

159) 정하중, 「행정법개론」 (서울: 법문사, 2007), 525-6쪽.

을 것이며, 이 규정은 이를 명확하게 규정하고 있다.

이와 같이 대행검사기관의 불법행위 책임에 대하여 국가배상책임을 규정하는 이유는 대행검사기관의 경영상의 안전을 보장하기 위함이다. 대행검사기관은 정부의 업무를 대행함으로써 업무의 전문성을 도모하는 한편, 작은 정부의 구현에도 기여하고 있다. 공단의 경우는 그 운영비의 상당부분을 국가예산으로 지원하고 있기도 하다. 이러한 대행검사기관이 거액의 손해배상으로 경영상에 어려움이 발생하면 결국 국고의 지원이 불가피하다. 또 손해배상에 대비하여 대행검사기관이 거액의 보험에 가입할 경우 대행검사의 사회적 비용이 상승하게 된다. 결국 이러한 점들을 종합적으로 고려하여 대행검사기관의 보호를 위한 이 규정을 신설하게 되었다. 이때 유의할 점은 국가는 대행검사기관의 불법행위에 대한 손해배상책임은 부담하지만 계약상의 책임에 대하여는 보상하지 않는다는 점이다. 따라서 대행검사기관과 계약으로 인하여 손해를 입은 자는 대행검사기관에 대하여 직접 손해배상을 청구하여야 한다.

대행검사기관의 불법행위에 대하여 국가가 책임을 지는 것은 대륙법(civil law)이나 영미법(common law)체제를 불문하고 보편적인 현상이다.[160] 대행검사기관은 기국정부를 대신하여 기국정부의 지시에 따라 검사를 하고 증서를 교부하기 때문에 그 과정에서 과실이나 부주의가 발생하여 제3자의 손해가 발생하면 기국정부가 책임을 져야 한다. 우리「민법」에서도 대리인이 그 권한 내에서 본인을 위한 것임을 표시한 의사표시는 직접 본인에게 대하여 효력이 생긴다고 규정하여(제114조), 대리행위에서 발생하는 권리·의무가 곧 바로 본인에게 귀속한다.

② 국가는 제1항의 규정에 따른 손해배상에 있어 대행검사기관에 고의 또는 중대한 과실이 있는 경우에는 해당 대행검사기관에 구상할 수 있다.

이 규정은 「국가배상법」의 규정(제2조 제2항)과 같이 국가의 구상권

160) para. 6.2 이하, Juan L. Pulido, "The EU LAW on Classification Societies: Scope and Liability Issues," Journal of Maritime Law and Commerce, Oct. 1, 2005.

에 대하여 규정하고 있다. 대행검사기관에 고의 또는 중과실이 있을 경우 국가의 구상권 행사에 따라 결국 배상책임은 대행검사기관에 돌아간다. 그러나 경미한 과실의 경우 국가는 구상권을 행사할 수 없다. 이와 같이 경과실의 경우 구상권을 인정하지 않는 것은 대행검사기관 임직원의 사기저하 및 사무정체를 방지하기 위한 정책적 고려에 따른 것이다.[161] 구상권 행사에 너무 신경을 쓰면 적극적인 업무수행이 곤란해지기 때문이다.

통상적으로 대행검사기관이 고의로 불법행위를 저지른 경우는 거의 없으므로 국가의 구상권 행사 가능여부는 대행검사기관의 과실이 중대한 과실인지 경미한 과실인지를 밝히는 것에 달려있다. 판례는 당해 공무원의 직무내용 등 제반사정을 참작하여 손해의 공평한 분담이라는 견지에서 신의칙상 상당하다고 인정되는 한도 내에서만 구상권을 행사할 수 있다고 하여 제반사정을 종합적으로 검토하여 결정하도록 하고 있다.[162]

③ 제2항의 규정에 따른 대행검사기관에 대한 구상은 대통령령이 정하는 금액을 한도로 한다.

이 규정은 대행검사기관에 대한 국가의 구상권을 제한하여 대행검사기관을 보호하기 위하여 신설되었다. 대행검사기관은 경과실일 경우 면책이 되지만 중과실의 경우 정부의 구상권 행사에 따라 큰 경제적 어려움에 처할 수 있다. 특히 대형선박에 손해가 발생할 경우라도 구상금액을 제한하게 되면 대행검사기관은 안전하게 보호받을 수 있다. 대통령령이 정하는 한도금액으로 선급법인은 50억원, 공단, 컨테이너검정 등 대행기관, 위험물검사 등 대행기관 각각 3억원으로 하였다.(시행령 제15조) 그러나 이러한 한도액도 막상 구상할 경우 대행검사기관으로서는 큰 부담이 될 수 있기 때문에 대행검사에 관한 협정에는 구상금액에 해당하는 금액만큼 보험을 들도록 하고 있다.

한편, 유럽의 경우 재산손실, 부상 또는 사망에 따른 손해가 대행검사기관의 악의적인 행위(wilful act)나 부작위(omission) 또는 중대한 과실

161) 정하중 전게서, 546쪽.
162) 대판 1991.5.10., 91다6764.

(gross negligence)에 의하여 발생하였다는 것이 법으로 확정된 경우 기국정부는 제한 없이 배상한 전액에 대하여 구상권을 행사할 수 있다.163) 부상 또는 사망에 따른 손해가 대행검사기관의 과실(any negligence), 무모한 행위 또는 부작위(reckless act or omission)에 의하여 발생한 경우는 기국정부는 400만 유로(약 600만 미국 달러)의 한도에서 구상권을 행사할 수 있다.164) 또 단순한 재산상의 손해가 대행검사기관의 과실, 모모한 행위 또는 부작위에 의하여 발생한 경우 기국정부는 200만 유로의 한도에서 구상권을 행사할 수 있다.165)

선박을 검사할 경우 검사원은 권고하거나 결함을 발견하는데 상당한 주의(due care)를 기울여야 하며, 결함이 발견되면 선박소유자에게 통보하여야 한다.166) 여기에서 상당한 주의라 함은 해상검사에 관행을 확립된 기준, 즉, 실제 관습적이고 일상적인 기준을 따르는 것을 말한다.167) 이러한 주의의무위반으로 인하여 손해가 발생하면 선급은 손해배상책임이 발생하게 된다. 우리나라의 경우 선급의 손해배상책임과 관련된 판례가 없으나 외국의 경우 많은 판례가 있다. 널리 알려진 선댄서(Sundancer)호 사건에서 선급의 책임은 부인되었으나, 미국의 해피스트라이프와 졸리 스프라이트(The Happy Sprite and The Jolly Sprite) 사건, 프랑스의 엘로디 2호(Elodie II)사건, 벨기에의 스페로(The Spero) 사건에서는 선급의 책임이 인정되었다.168) 프레스티지(Prestige)호 사건 후 스페인정부는 부실검사를 이유로 미국선급(ABS)에 대하여 7억불의 손해배상청구를 한 바도 있다.

한편, 「상법」의 규정에 따라 선박소유자는 청구원인의 여하에 불구하

163) Article 6(b)i, 2001/105 EC Directive.

164) Article 6(b)ii, 2001/105 EC Directive.

165) Article 6(b)iii, 2001/105 EC Directive.

166) Hale Container Line, Inc. v. Houston Sea Packing Co., Inc., 137 F.3d 1455 (11th Cir. 1998)

167) Krohnert v. Yacht Systems Hawaii, Inc., 4 Hawaii App. 190, 664 P.2d 738 (1983)

168) 김인현, "선급협회의 손해배상책임과 세계해법회가 제시한 행동원칙 및 모델계약조항," 「한국선급 발전방안 연구 워크숍」, 2005. 1. 20., 7쪽.

고 자신이 책임져야 채권에 대하여 책임을 제한할 수 있다.(제769조) 이밖에도 용선자, 선장, 선원, 도선사 등 선박소유자의 사용인도 선박소유자와 동일하게 책임을 제한할 수 있다.(제774조 제1항) 그러나 선박소유자의 보조자 역할을 하며 독자적인 판단에 따라 일을 완성하는 공단, 선급, 하역회사 등의 독립계약자(independent contractor)는 선박소유자의 대리인 또는 피용인이 아니므로 선박소유자 책임제한의 이익을 향유할 수 없다.[169] 따라서 선박소유자와 선급이 연대책임을 져야 할 경우라도 선박소유자는 책임제한을 할 수 있으나 독립계약자인 선급은 책임제한을 할 수 없다. 그러나 정부를 대행하여 검사를 행하는 선급과 같은 대행검사기관의 중요성을 감안하여 국가 정책적으로 이를 두텁게 보호할 필요가 있다고 판단되어 이 규정을 신설하게 되었다. 선박소유자는 선박의 책임톤수를 기준으로 책임제한금액을 정하지만(「상법」제770조), 이 법에서는 대행검사기관별로 단일금액을 정하고 있다.

169) 김인현,「해상법」(서울 : 법문사, 2003), 101쪽.

제9장 항만국통제

제9장에서는 항만국통제의 시행에 관한 근거 규정 및 외국에서의 우리나라 선박에 대한 항만국통제에 대비한 규정을 두고 있다. 항만국통제(port State Control)란 자국의 항만에서 외국적 선박에 대하여 통제를 행하는 것을 말한다. 일반적인 국제법 교과서에서는 기항국통제라고도 한다.

전통적인 국제법 하에서 선박의 관할권은 기국이 행사해 왔으며, 항만국이나 연안국은 외국 선박에 대하여 거의 간섭하지 않았다. 그러나 1970년대 이후 안전관리가 미비한 국가의 선박에 의한 대형 해양오염사고는 종래의 태도에 큰 변화를 가져왔다. 즉, 재난에 무방비이던 연안국이나 항만국은 자구책으로서 자국의 항만에 입항한 선박의 안전기준에 대하여 통제를 가하기 시작한 것이다. 이러한 항만국통제에 관한 규정은 「유엔해양법협약」은 물론 「SOLAS 협약」 등의 각종 국제해사협약에 규정되어 있다.

제1절 항만국통제(제68조)

제68조(항만국통제) ① 국토해양부장관은 외국선박의 구조·시설 및 선원의 선박운항지식 등이 대통령령이 정하는 선박안전에 관한 국제협약에 적합한지 여부를 확인하고 그에 필요한 조치(이하 "항만국통제"라 한다)를 할 수 있다.

항만국통제에 관한 근거규정은 「유엔해양법협약」은 물론 IMO에서 제정된 많은 국제해사협약에서 발견할 수 있다. 즉, 항만국은 입항한 외국선박에 대하여 국제협약에 의한 안전기준의 준수여부를 확인할 수 있으며, 위반사항이 있을 경우 출항정지 등의 조치를 취할 수 있다는 것이다. 한편, 국제노동기구(ILO)에서 제정된「상선의 최저기준에 관한 제147호 협약」에서도 항만국통제에 관하여 규정하고 있다.(제4조) 그러나 우리나라는 이 협약을 비준하지 않았으므로 선내 근로조건과 근로환경의 문제에 대하여 항만국통제를 시행할 수 없다. 체약국이 아니면 협약에 의한 권리·의무의 주체가 될 수 없기 때문이다.

국토해양부장관이 국제협약에 관한 적합여부를 확인하는 사항은 외국선박의 구조·시설 등 하드웨어(hardware)는 물론 선원의 선박운항지식과 같은 소프트웨어(software)도 포함된다. 따라서 선원이 선박의 운항에 관한 지식이나 안전설비에 관한 작동요령을 숙지하고 있지 않으면 항만국에 의한 제재조치를 받을 수 있다. 또 9·11 사태 이후 선박보안에 관한 사항이「SOLAS 협약」에 규정되어 있으므로 보안에 취약한 선박도 항만국의 제재조치를 받을 수 있다.

항만국통제의 법적근거가 규정된 국제협약은 다음의 표25와 같다.

<표25> 항만국통제 관련 국제협약

협약명	영문명(약어)
유엔해양법협약	United Nations Convention on the Law of the Sea (UNCLOS)
국제만재흘수선협약	International Convention on Load Lines 1966, as amended, and its 1988 Protocol, (LL 66)
해상인명안전협약	International Convention for the Safety of Life at Sea, 1974, its Protocol of 1978, as amended, and the Protocol of 1988, (SOLAS 74)
해양오염방지협약	International Convention for the Prevention of Pollution from Ships, 1973, as modified by the Protocol of 1978, as amended (MARPOL 73/78)
선원의 훈련, 증명 및 당직기준에 관한 협약	International Convention on Standards of Training, Certification and Watch keeping for Seafarers 1978, as amended (STCW 78)
선박톤수측정협약	International Convention on Tonnage Measurement of Ships 1969 (TONNAGE 69);
상선의 최저기준에 관한 협약	Merchant Shipping (Minimum Standards) Convention, 1976 (ILO 147)

출처 : 박영선,「항만국통제의 구제제도에 관한 연구」, 한국해양대학교대학원 해사법학과 법학박사 학위논문, 2007.8., 18쪽.

이 규정에서 "대통령령이 정하는 선박안전에 관한 국제협약"이란 다음 각 호와 같다.(시행령 제16조 제1항) 그러나 위에서 언급한 바와 같이 다음 중 제5호의 협약은 우리나라가 협약당사국이 아니므로 엄밀한 의미에서 이에 관한 항만국통제를 시행할 수 없다. 아시아・태평양지역의 항만국통제 협의기구인 도쿄 엠오유(Tokyo MOU)에서도 이 문제가 거론되어 각 항만당국은 항만국통제 시 자국이 가입한 협약만 적용하도록 하는 종래의 방침을 재확인하였다.170) 우리나라는 국제사회의 일원으로서 국제규범을 지키는 것이 바람직한 바, 이 협약의 조속한 가입이 요망된다고 하겠다.

1. 「해상에서의 인명안전을 위한 국제협약」
2. 「만재흘수선에 관한 국제협약」
3. 「국제 해상충돌 예방규칙 협약」
4. 「선박톤수 측정에 관한 국제협약」
5. 「상선의 최저기준에 관한 국제협약」
6. 「선박으로부터의 오염방지를 위한 국제협약」
7. 「선원의 훈련・자격증명 및 당직근무에 관한 국제협약」

아・태지역 항만국통제 협의체(Tokyo MOU)

Tokyo MOU는 기준미달선의 퇴출을 위하여 지역 내 해사주관청간 협력을 강화하고 정보를 강화하기 위하여 1994년에 설립되었다. 정식 명칭은 아・태지역 항만국통제에 관한 양해각서(Memorandum of Understanding on Port State Control in the Asia-Pacific Region)이나 이 양해각서에 동참한 국가의 협의체라는 의미로도 같이 쓰이고 있다. 또 이 양해각서가 일본의 도쿄에서 체결되었기 때문에 줄여서 통상 Tokyo MOU라고 한다. 2008년 3월 현재 정식 회원은 총 18개 해사주관청(Maritime Authorities)이다. 우리나라는 설립 초기부터 이

170) Report of the Sixteenth Meeting of the Port State Control Committee in the Asia-Pacific Region, Victoria, 25-28 September 2006, para. 6.2.4 to 6.2.7.

협의체에 관여해 왔다.

Tokyo MOU는 최고의사 결정기관으로 모든 회원 주관청이 참석하는 항만국통제위원회(Tokyo MOU Committee)를 두고 있으며, 매년 1회 개최된다. 저자는 2005년부터 2007년까지 3년간 동 위원회의 의장을 담당한 바 있다. 사무국은 도쿄에 있으며, 항만국통제의 정보교환을 위한 아·태 컴퓨터정보시스템(APCIS)은 러시아의 모스코바에 있다. 다음의 그림26은 2007년 9월 홍콩에서 개최된 Tokyo MOU 개회식 장면이다.

<그림 26> 제 17차 Tokyo MOU 개회식 장면

② 국토해양부장관은 제1항의 규정에 따른 항만국통제를 하는 경우 소속 공무원으로 하여금 대한민국의 항만에 입항하거나 입항예정인 외국선박에 직접 승선하여 행하게 할 수 있다. 이 경우 당해 선박의 항해가 부당하게 지체되지 아니하도록 하여야 한다.

이 규정은 국토해양부장관이 항만국통제에 관한 권한을 소속공무원에게 위임할 수 있도록 하는 근거규정이다. 「유엔해양법협약」상 외국선박에 대한 통제권한은 공무원, 군함, 군용 항공기 등만 행사할 수 있으므로(제

224조) 공단이나 선급에게 위임하여 집행할 수 없다. 또 항만국통제의 절차는 IMO의 결의서 등 국제적으로 인정된 절차에 따라야 한다.

항만국통제는 기국의 관할권과 항만국의 관할권이 충돌하는 현장에서 일하기 때문에 기술적·법적 지식을 보유하고 필요한 자격을 갖춘 항만국통제관(port State control officer)에 의하여 이루어져야 한다. 만일 항만국통제관의 전문성이 다소 부족한 경우 관련분야 전문가의 지원을 받을 수 있다. 이 경우 전문가는 항만국통제가 행해지는 항만이나 해당 선박과 상업적 이해관계가 있어서는 아니 되며, 대행검사기관의 소속이어서는 아니 된다.(IMO의 항만국통제절차에 관한 결의서 para. 2.4.3) 항만국통제관은 항만국통제를 행할 경우 항만국으로부터 권한이 위임되었다는 내용이 기재되고 항만국이 발행한 신분증을 항시 소지하고, 필요시 이를 제시하여야 한다.(동 결의서 para. 2.4.4)

항만국통제를 시행하는 항만국통제관은 선박이 부당하게 지체되거나 출항정지 되지 않도록 가능한 한 노력을 다해야 한다. 항만국통제관은 결함이 시정될 때까지 출항을 정지시키거나 결함이 완전히 시정되지 않았어도 출항을 허용할 것인가에 관하여 예정된 항해의 상태 등을 고려하여 전문적 판단(professional judgement)을 내려야 한다. 부당하게 지체되거나 출항정지된 선박의 소유자는 이의신청, 행정심판, 행정소송을 통하여 출항정지처분의 취소를 구하거나, 국가를 상대로 손해배상을 청구할 수 있다.[171)]

승선점검은 항만국통제관의 안전 및 업무의 효율성을 위하여 2인 1조로 행하는 것이 원칙이다. 업무수행 중 1명에게 긴급상황이 발생하더라도 다른 1명이 신속하게 외부와 연락을 취할 수 있으며, 1명이 선박승무원과 대담을 하면서 다른 1명은 서류를 작성하면 점검시간을 현저히 단축시킬 수 있다. 그러나 시정명령 사항의 확인 등 간단한 업무에 대하여는 1인 혼자서 업무를 행할 수 있다. 승선점검 시간은 특별히 규정된 것이 없으나 항만국통제를 받는 선원의 휴식시간을 고려하여 가급적 공휴일이

171) 항만국통제의 구제제도의 자세한 내용에 관하여는 박영선, 전게논문 참조.

아닌 날로서 주간에 행하는 것이 원칙이다.[172] 그러나 시정명령에 따른 시정조치가 완료되었을 경우 항만국통제관은 선박의 불필요한 지연이 발생하지 않도록 지체 없이 확인점검을 통하여 선박의 출항을 허용하여야 한다.

③ 국토해양부장관은 제1항의 규정에 따른 항만국통제의 결과 외국선박의 구조·설비 및 선원의 선박운항지식 등이 제1항의 규정에 따른 국제협약의 기준에 미달되는 것으로 인정되는 때에는 해당선박에 대하여 수리 등 필요한 시정조치를 명할 수 있다.

국제협약의 각종 안전기준에 미달하는 선박을 기준미달선(substandard vessel)이라고 한다. 선박이 기준미달선인지의 판정에는 항만국통제관의 전문적인 판단이 필요하다. 일반적으로 선체, 기관, 설비 또는 운항 상 안전이 현저하게 관련협약 기준에 미달하거나 선원이 안전배승서류(safe manning document)와 적합하지 않은 경우 해당 선박은 기준미달로 인정될 수 있다.(IMO 결의서 para. 3.1.1) 기준미달선의 근거가 될 수 있는 경우는 다음과 같다.(IMO 결의서 para. 4.1.1)

1. 협약에서 요구하는 중요 설비나 장치가 없는 경우
2. 중요 장치나 설비가 협약에서 정하는 기준에 맞지 않는 경우
3. 정비를 제대로 하지 않아 선박이나 그 설비가 현저하게 악화된 경우
4. 선원들이 운항에 관하여 익숙하지 못하거나 필요한 절차를 인지하지 못하는 경우
5. 충분한 선원을 태우지 않거나 선원들에게 제대로 증서발급이 되지 않은 경우

선박의 결함을 발견하였으나 출항을 정지할 정도로 심각한 것이 아닐 경우에 국토해양부장관(항만국통제관)은 출항정지명령을 내리지 아니하고 조건을 달아 해당 결함을 시정하도록 하는 명령을 내릴 수 있다. 실무상 결함 시정명령의 종류로는 출항 전 수리, 다음 항구에서의 수리, 14일 이

---

172) 상게 논문, 51쪽.

내 수리, 선급의 조건에 따른 시정 등이 있다. 이 밖에도 항만국통제관은 선박에 대하여 임시수리의 지시, 기국정부와의 협의, 보증서의 발급, 경고문의 철회, 설비의 임시대체사용 등의 명령을 내릴 수 있다.

국토해양부장관은 이 규정에 의한 시정조치명령 또는 제4항의 규정에 의한 출항정지명령을 하려는 경우 해당 선박의 선장에게 항만국통제점검보고서를 발급하여야 한다. 이 경우 해당 서류에는 제5항에 따른 이의신청에 대한 안내문이 포함되어야 한다.(시행령 제17조 제1항)

④ 국토해양부장관은 제1항의 규정에 따른 항만국통제 결과 선박의 구조·설비 및 선원의 선박운항지식 등과 관련된 결함으로 인하여 당해 선박 및 승선자에게 현저한 위험을 초래할 우려가 있다고 판단되는 때에는 출항정지를 명할 수 있다.

항만국통제의 결과 선박이 기준미달선으로 확인될 경우 승선자의 안전이나 해양환경에 위협이 된다는 명백한 근거가 있을 경우 국토해양부장관(항만국통제관)은 해당 선박에 대하여 출항정지를 명할 수 있다. 이러한 항만국통제관의 출항정지처분은 처벌이라기보다는 강행력 행사로 볼 수 있다.[173] IMO의 항만국통제 절차에서 출항정지는 "선박이나 선원의 상태가 관련협약에 현저하게 적합하지 않을 경우 선박·선원·환경에 대한 위험을 주지 않도록 선박이 출항을 할 수 없도록 하기 위하여 항만국통제관에 의하여 행해지는 간섭활동(intervention action)"으로 정의하고 있다.[174] 출항정지명령이 내려지면 도선(pilot) 및 예선(tug boat) 서비스의 제공 등 선박의 출항에 필요한 모든 절차가 중단되므로 실질적으로 선박은 출항할 수 없다.[175]

출항정지를 명하고자 할 경우 국토해양부장관은 항만국통제점검보고서

---

173) In a sense, these consequences can be viewed as coercive rather than punitive..., Captain Ambrose Rajadurai, "*Regulation of Shipping: the Vital Role of Port State Control,*" (2004) 18 MLAANZ Journal.

174) para. 1.6.3, Procedures for Port State Control, IMO Res. A. 787(19)

175) 1998년에 2건, 1999년에 1건의 출항정지 중 도주사건이 보고되었다. 박영선, 전게 논문 137쪽.

를 발급하여야 한다.(시행령 제17조 제1항) 그러나 이 서식은 아태지역 항만국통제위원회의 공통서식 Form A와 동일한 것으로서 시정명령의 경우에도 사용되는 서식이다. 따라서 출항정지를 명할 경우 그에 관한 내용이 명시된 별도의 서식마련이 바람직하다고 판단된다. 출항정지를 명한 경우 국토해양부장관은 그 사실을 해당 선박이 등록된 국가의 정부 또는 영사에게 알려야 한다.(동조 제2항)

선박이 출항할 수 없다는 점에서 이 법에 의한 출항정지와 「민사집행법」에 의한 가압류(arrest)는 비슷하지만 출항하기 위한 조건에는 차이가 있다. 출항정지된 선박을 출항시키려면 신속하게 지적된 결함을 시정하여 항만국통제관의 확인을 받아야 하지만 가압류된 선박(arrested ship)을 출항시키려면 법원에 재정보증서(financial guarantee)를 제출하여야 한다.

⑤ 외국선박의 소유자는 제3항 및 제4항에 따른 시정조치명령 또는 출항정지명령에 불복하는 경우에는 해당 명령을 받은 날부터 90일 이내에 그 불복사유를 기재하여 국토해양부장관에게 이의신청을 할 수 있다.

이의신청이란 위법·부당한 행정작용으로 인해 권리가 침해된 자가 처분청에 대하여 그러한 행위의 취소를 구하는 절차를 말한다.[176] 이 규정에 따라 이의신청을 하려는 자는 그 사유 및 이를 증명하는 서류를 갖추어 국토해양부장관에게 제출하여야 한다.(시행령 제17조 제3항)

⑥ 제5항의 규정에 따라 이의신청을 받은 국토해양부장관은 소속 공무원으로 하여금 당해 시정조치명령 또는 출항정지명령의 위법·부당 여부를 직접 조사하게 하고 그 결과를 신청인에게 60일 이내에 통보하여야 한다. 다만, 부득이한 사정이 있는 때에는 30일 이내의 범위에서 통보시한을 연장할 수 있다.

국토해양부장관은 이의신청을 받은 경우 해당 선박의 선장·선박소유자·선급법인 또는 선박이 등록된 국가 등에 필요한 자료를 요청하거나 관계 전문가의 의견을 들을 수 있다.(시행령 제17조 제4항) 검토 결과 이

176) 홍정선, 「행정법특강」, 제5판, (서울: 박영사, 2006), 546쪽.

의신청이 타당하다고 인정되는 경우 국토해양부장관은 지체 없이 해당 시정조치명령 또는 출항정지명령을 철회하여야 한다.(동조 제5항) 이의신청이 부당하다고 인정되는 경우는 그 이유를 적시하여 이의신청자에게 서면으로 통보하여야 할 것이다.

이 규정에서 항만국통제에 관하여 이의신청을 받은 국토해양부장관은 소속공무원으로 하여금 그 내용을 직접 조사하여 그 결과를 신청인에게 통보하도록 하고 있다. 한편, 항만국통제에 관한 국토해양부장관의 권한은 지방해양청장에게 위임되어 있다.(시행령 제21조 제1항제9호) 따라서 이의신청에 따라 지방해양청의 다른 공무원이 조사한다고 해도 이해상충(conflict of interest) 문제가 불생하게 된다. 즉, 자신이 처분한 사항에 대하여 자신이 조사하고 시정한다는 것은 공정성이 훼손될 소지가 높기 때문이다. 특히 직원 수도 적고, 더욱이 항만국통제에 관한 전문지식을 가진 직원이 매우 적은 지방해양청에서 이미 시행한 처분을 부정할 정도의 공정한 조사를 기대하기는 매우 어려워 보인다. 따라서 의의신청에 있을 경우 이에 관한 공정한 조사를 행하고 필요한 판단을 내릴 수 있는 항만국통제위원회 등 합의제 행정기관 형태의 전담기구를 마련하는 것이 바람직하다. 계선조직이 아닌 합의제 행정기관으로 두는 것은 다양한 전문가를 활용할 수 있으며, 기존의 행정처분으로부터 보다 독립적인 위치를 갖도록 하기 위함이다.

또 이 규정에서는 이의신청에 대하여 60일(90일까지 연장 가능) 이내에 통보하도록 하고 있다. 그러나 해운은 매우 자본집약적 산업이기 때문에 선박운항은 분초를 다투는 매우 바쁜 산업이다. 따라서 60일과 같이 매우 긴 조사기간은 이 규정을 사문화시킬 소지가 높다. 선박소유자로서는 60일을 기다려 행정처분의 시비를 가리는 것보다는 필요한 조치를 끝내고 바로 출항하는 것이 이익이기 때문이다. 따라서 이의신청에 관한 처리기간은 2주 이내로 끝마치는 것이 바람직하다.[177] 공무원의 입장이 아

177) 저자의 전게논문에서는 30일의 처리기간을 주장하였으나(115쪽), 최근 교통 및 통신기술의 발달에 따라 이 기간도 선박소유자에게는 너무 길다고 판단되어 입장을 바꾸어 2주를 주장하게 되었다.

닌 선박소유자의 입장에서 신속한 처리는 당연한 것이고, 항만국통제 업무의 성격에 미루어 보아 출항정지 등의 타당성 검토에 긴 시간이 소요되는 경우는 거의 없기 때문이다.

⑦ 시정조치명령 또는 출항정지명령에 대하여 불복이 있는 자는 제5항 및 제6항의 규정에 따른 이의신청의 절차를 거치지 아니하고는 행정소송을 제기할 수 없다. 다만, 「행정소송법」 제18조 제2항 및 제3항의 규정에 해당되는 경우에는 그러하지 아니하다.

이 규정에 따라 시정조치명령 등의 행정처분에 불복이 있는 자가 행정소송을 제기하고자 할 경우는 반드시 이의신청 절차를 거쳐야 한다. 이와 같이 이의신청절차를 필수적 절차로 규정한 것은 행정청 스스로 자신의 처분에 대해 판단할 기회를 주기 위해서이다. 이의신청이 받아들여지면 많은 시간, 비용, 노력이 소요되는 소송을 제기할 필요가 없어지게 된다.

이의신청에 대한 재결에 대하여 불복이 있는 경우 별다른 제한이 없으면 바로 행정소송을 제기할 수 있다. 그러나 이 규정과 같이 소송 전 재검사 등의 절차를 거치도록 의무화된 경우는 행정소송을 제기해도 요건미달로 각하될 수밖에 없다. 특히 「행정소송법」(제18조 제1항)에서 말하는 행정심판은 이의신청도 포괄하는 개념으로 새겨야 하는 바,[178] 이의신청 결과에 불복할 경우 별도의 행정심판을 다시 청구할 수는 없다. 이 규정에서 항만국통제에 관한 이의신청의 절차를 거치면 바로 행정소송을 제기할 수 있다는 규정은 이의신청 후 그 결과에 불복이 있을 경우 행정심판을 청구할 수 없다는 것을 명확히 하는 규정으로 해석될 수 있을 것이다.

그러나 항만국통제와 관련되어 선박소유자가 행정소송을 청구할 경우 경제적 실익이 있을 것인가 하는 것은 의문이다. 항만국통제와 관련된 명령에 대하여 선박소유자가 청구할 수 있는 행정소송은 취소소송(「행정소송법」 제2조 제1항 제1호)으로서 위법한 명령의 취소 또는 변경을 요청할 수 있다. 그러나 선박소유자는 항만국통제관의 명령이 위법해 보인다고 하더라도 그 명령을 거부하기는 쉽지 않다. 소송에 반드시 이긴다는

178) 홍정선, 전게서, 547쪽.

보장도 없을 뿐만 아니라 소송이 끝날 때까지 선박을 계속 항만에서 머물게 할 경우 막대한 비용이 소요되기 때문이다. 행정소송은 1994년 「행정소송법」의 개정에 따라 제1심부터 시작되기 때문에 대법원의 확정판결까지는 막대한 쟁송비용과 시간지연이 발생할 수 있다. 또 선박이 항만국 통제관의 명령에 따라 선박의 수리를 완료하거나 출항정지명령이 해제되면 처분 등의 취소를 구할 법률적 이익이 있는 자가 없어져 소를 제기할 수 없다.(「행정소송법」 제12조 제1문) 따라서 소송이 제기되더라도 각하될 수밖에 없다.

이러한 문제점을 해소하기 위한 제도로서 최근 관심을 끌고 있는 제도가 대체적 분쟁해결제도(Alternative Dispute Resolution)이다.[179] 대체적 분쟁해결수단으로는 알선, 조정, 중재 외에도 해결회의(settlement conference), 사건평가(case evaluation), 약식심리(mini-trial), 약식 배심원심리((summary jury trial), 조기 중립인평가(early neutral evaluation) 등이 있다.[180] 대체적 분쟁해결제도는 분쟁의 자율적, 종국적인 해결을 도모할 수 있을 뿐만 아니라 법원과 행정청의 업무경감을 가져올 수 있다. 또 원고는 막대한 쟁송비용과 시간지연 및 소송으로 인한 이미지 손상을 예방할 수 있다. 아울러 행정사건에 대한 대체적 분쟁해결제도는 참여행정이라는 행정의 패러다임 변화를 가져올 수 있다.

그러나 우리의 행정법은 독일의 행정법을 계수했기 때문에 독일의 전통적인 국가 권위주의적 행정법을 모방하여 행정에 대한 사법적 통제와 국민의 권리구제에 소홀하였던 것이 사실이다. 민주주의와 법치주의의 역사가 앞선 미국은 행정에 대한 통제단계를 넘어 행정이 공익과 사익을 조절하는 역할이라는 관점에서 이해하고 있다.[181] 미국은 연방법원에서

179) 대체적 분쟁해결제도는 재판이 아닌 방식에 의한 해결이라는 의미로 재판외 분쟁해결이라고도 한다.

180) 김유환, "행정사건에 대한 재판외분쟁해결제도," 「법학논집」, 이화여자대학교 법학연구소(2001),
http://cat2.riss4u.net/search/re_a_download.jsp?p_control_no=30010503&p_image_yn=1&p_image_format=003
[2008.2.27].

181) 조민정, 「미국 연방 ADR제도에 관한 연구」, 이화여자대학교 대학원 석사학

의 적용을 위한 「대체적 분쟁해결법(Alternative Dispute Resolution Act of 1998)」을 제정하였고, 연방행정청을 위한 「행정분쟁 해결법(Administrative Dispute Resolution Act)」도 제정하였다. ADR은 분쟁을 가능한 한 합의적, 협력적으로 해결함으로써 재판과 법에 의한 권위주의적 해결을 지양하고 당사자 간의 대화의 장을 마련하여 유연한 분쟁해결을 가능하게 한다. 그러나 다수의 학자들은 「헌법」에서 파생된 행정법의 일반원리 중의 하나인 법치행정을 근거로 행정사건에 ADR을 적용하는 것에 부정적이다. 즉, 행정청의 처분 등은 사적 자치가 인정되는 사법행위와 달라 사인과 합의에 의한 처분을 할 수 없다고 한다.[182] 그러나 이러한 주장은 변화하는 행정법의 역할에 비추어 적절하지 않다는 반론도 있다.[183] 또 중재절차에 관한 한계와 기준이 준수된다면 공법사건에 대한 중재제도가 문제될 것은 없다는 주장도 있다.[184]

선박소유자가 이의신청을 한 경우 중재를 통하여 분쟁을 해결하도록 하는 방안도 고려할 수 있을 것이다. 이 제도는 영국에서 채용하고 있는 방법으로서 중재에 의하여 항만국통제관의 명령이 적절했는지를 판단하게 된다. 이 경우 중재는 임의적 절차로 하여 추후 사법심사가 가능하도록 하여야 하며, 만일 당사자가 중재판정에 승복할 경우는 확정판결과 같은 효력을 부여할 수 있을 것이다. 다만, 제3자의 권익보호를 위하여 당사자 간의 분쟁해결에 불구하고 문제되는 사안에 대한 제소권 등의 쟁송수단을 잃지 않도록 해야 한다. 즉, 당사자 간의 분쟁해결은 민사소송에서의 소송상 화해와 달리 당사자 사이에서만 더 이상 합의와 모순되는 주장을 할 수 없는 것으로 이해하여야 한다.[185] 다만, 당사자 간의 합의도 강행법규에 위반하여 위법하면 그 합의는 무효라고 하여야 할 것이다.

중재판정에서 중재인은 항만국통제관의 명령의 타당성에 대하여 조사하고, 필요시 명령을 변경하거나 취소할 수 있다. 또 항만국통제관의 명

위논문(2005), 125쪽.

182) 김남진·김연태, 「행정법 I」 (서울: 법문사, 2004), 731쪽.

183) 조민정, 앞의 논문.

184) 김유환, 앞의 논문.

185) 위의 논문.

령이 부당할 경우 지방해양청장에게 행정상의 손해배상을 명할 수도 있을 것이다. 중재인은 선박운항에 대한 지식 및 법적 지식을 갖춘 자로서 구체적인 자격은 대통령령 등 하위규정에서 정할 수 있다. 이와 같은 중재에 대하여 불복이 있는 자는 행정소송을 통하여 다시 법적 판단을 받을 수 있게 된다.

한편, 「행정소송법」 제18조 제2항은 처분 등을 대상으로 한 취소소송에서 행정심판의 재결을 거치지 아니하면 행정소송을 제기할 수 없도록 규정된 법률에도 불구하고 행정심판을 제기한 후에 재결을 거치지 않아도 되는 경우를 규정하고 있다. 그 구체적인 경우는 다음과 같다.

1. 행정심판청구가 있은 날로부터 60일이 지나도 재결이 없는 때
2. 처분의 집행 또는 절차의 속행으로 생길 중대한 손해를 예방하여야 할 긴급한 필요가 있는 때
3. 법령의 규정에 의한 행정심판기관이 의결 또는 재결을 하지 못할 사유가 있는 때
4. 그 밖의 정당한 사유가 있는 때

「행정소송법」 제18조 제3항은 행정심판 자체를 제기하지 않고 직접 제소할 수 있는 경우를 규정하고 있는 바, 그 내용은 다음과 같다.

1. 동종사건에 관하여 이미 행정심판의 기각재결이 있은 때
2. 서로 내용상 관련되는 처분 또는 같은 목적을 위하여 단계적으로 진행되는 처분 중 어느 하나가 이미 행정심판의 재결을 거친 때
3. 행정청이 사실심의 변론종결 후 소송의 대상인 처분을 변경하여 당해 변경된 처분에 관하여 소를 제기하는 때
4. 처분을 행한 행정청이 행정심판을 거칠 필요가 없다고 잘못 알린 때

⑧ 제3항 내지 제7항의 규정에 따른 외국선박에 대한 조치 및 이의신청 등에 관하여 필요한 사항은 대통령령으로 정한다.

이 규정은 항만국통제의 각종 절차에 관한 위임규정으로서 이미 위에서 설명한 바 있다.

제2절 외국에서의 항만국통제

제69조(외국의 항만국통제 등) ① 선박소유자는 외국 항만당국의 항만국통제에 의하여 선박의 결함이 지적되지 아니하도록 관련되는 국제협약 규정을 준수하여야 한다.

이 규정은 외국선박에 대한 우리나라의 항만국통제 시행에 관한 사항이 아니고, 우리나라 선박이 외국에서 시행하는 항만국통제에 대비하기 위한 사항이다. 항만국통제는 세계적으로 널리 시행되고 있으며, 각국은 통제의 효율성을 높이기 위하여 기준미달선박의 색출을 위한 여러 기법을 활용하고 있다. 가장 널리 사용되는 방법은 항만국통제에 의하여 출항이 자주 정지되는 선박, 소속회사, 소속국가, 소속 선급에 대한 요주의목록(black list)을 만들어 집중적인 점검을 행하는 것이다. 집중점검을 받게 되면 세밀한 검사를 받게 되기 때문에 출항정지의 확률이 높아짐은 물론 점검으로 인한 선박지연 등 많은 불이익이 발생하게 된다.

다음의 그림 27은 아태지역 항만국통제위원회(Tokyo MOU)의 2006년도 평균 출항정지율보다 높은 국가의 현황이다.

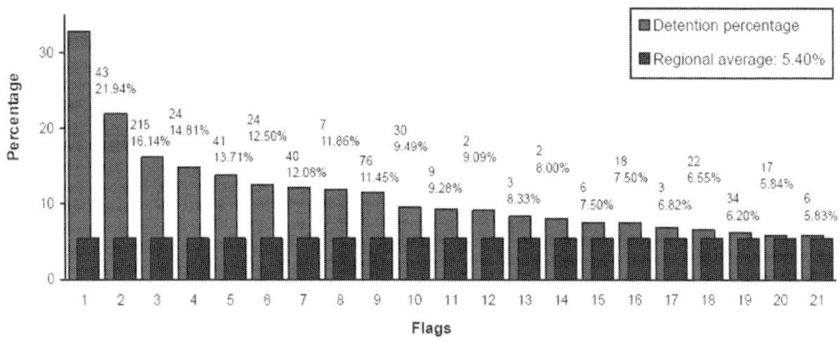

Flags:
1. Georgia 2. Indonesia 3. Cambodia 4. Mongolia
5. Korea, Dem. People's Rep. 6. Tuvalu 7. Viet Nam 8. Turkey
9. Belize 10. Thailand 11. Taiwan, China 12. Sierra Leone
13. Myanmar 14. Israel 15. Cayman Islands (UK) 16. Malaysia
17. Dominica 18. Saint Vincent and the Grenadines 19. Cyprus 20. Greece
21. India

출처: Tokyo MOU, Annual Report on Port State Control in the Asia-Pacific Region 2006, p. 14.

<그림 27> 평균 출항정지율보다 높은 국가의 현황

따라서 한국선박이 외국에서 출항정지 처분을 받게 되면 출항지연으로 선박소유자가 손해를 입는 것은 물론 한국선박 전체의 출항정지율이 높아지게 된다. 한국선박의 출항정지율이 나빠지면 한국선박소유자 모두가 피해를 입게 된다. 따라서 이 규정은 선박소유자로 하여금 외국에서 항만국통제로 인한 결함지적이 되지 않도록 국제협약의 규정을 준수하도록 의무화하고 있다.

이 규정에 위반하여 외국의 항만국통제로 인하여 출항 정지되면 해당 선박소유자에게는 200만원 이하의 과태료에 처한다.(법 제89조 제1항 제27호) 따라서 출항 전에 시정을 하도록 하는 명령이나 다음의 입항항구에서 결함을 시정하도록 하는 명령을 받은 경우는 과태료의 처분대상이 되지 아니한다. 참고로 우리나라 선박이 외국에서 출항 정지되면 해당 지역별 항만국통제위원회 전산망, 에쿠아시스 정보체제(Equasis)[186] 등에 그 내용이 기록되기 때문에 속이기는 매우 어렵다.

② 국토해양부장관은 외국 항만당국의 항만국통제에 의하여 출항정지 처분을 받은 대한민국 선박이 국내에 입항할 경우 국토해양부령이 정하는 바에 따라 관련되는 선박의 구조·설비 등에 대하여 점검(이하 "특별점검"이라 한다)을 할 수 있다. 다만, 외국정부에서 확인을 요청하는 경우 등 필요한 경우에는 외국에서 특별점검을 할 수 있다.

이 규정은 외국의 PSC에 의하여 출항정지된 선박에 대하여 특별점검을 할 수 있도록 하는 규정이다. 현재 국제항해를 할 수 있는 선박은 「해상교통안전법」에 따라 선박안전관리체제를 수립하고 시행하여야 한다.(제10조 제1항) 선박안전관리체제에는 선박소유자의 책임과 권한에 관한 사항, 안전관리책임자의 선임과 그 임무에 관한 사항, 선박의 정비에 관한 사항, 안전관리체제에 대한 선박소유자의 확인·검토 및 평가에 관한 사항 등이 포함된다.(동조 제3항)

만일 외국에서 항만국통제에 의하여 선박이 출항정지 처분을 받았다면

186) Equasis는 세계 주요 선진해운국이 설립한 데이터베이스시스템으로서 PSC 정보를 비롯한 선박에 관한 각종을 정보를 무료로 제공하고 있다. http://www.equasis.org/EquasisWeb/public/HomePage [2008.4.18.].

선박의 감항성 등에 문제가 발생한 것이며, 결국은 이러한 문제를 예방하지 못한 선박의 안전관리체제에 문제가 발생한 것이다. 이러한 선박이 항해를 계속하는 것은 역시 위험한 일이 될 수 있기 때문에 특별점검을 통하여 위험요소가 제거되었는지를 확인할 필요가 있다. 그러나 한국선박이 외국의 항구에 정박 중 우리나라 정부가 특별점검을 할 경우 관할권 충돌의 문제가 발생할 우려가 있어 특별점검은 국내의 항구로 제한하여 시행할 수 있도록 하였다.

한편, 항구를 비롯한 영해 내에서는 연안국의 배타적 관할권이 행사되기 때문에 외국의 영해 내에서 우리나라의 공무원이 선박검사를 시행할 경우 해당 국가와 관할권 충돌을 일으킬 소지가 있다. 그러나 외국정부가 우리 정부의 확인을 요청할 경우는 관할권의 문제가 해소되었다고 보아야 할 것이다.

③ 국토해양부장관은 다음 각 호의 대한민국 선박에 대하여 외국항만에 출항정지를 예방하기 위한 조치가 필요하다고 인정되는 경우 국토해양부령이 정하는 바에 따라 관련되는 선박의 구조·설비 등에 대하여 특별점검을 할 수 있다.

1. 선령이 15년을 초과하는 산적화물선·위험물운반선

2. 그 밖에 국토해양부령이 정하는 선박

제2항의 규정은 이미 외국에서 항만국통제에 따라 출항정지된 한국선박에 대한 조치에 관하여 정하고 있으나 이 규정은 아직 출항 정지되지는 않았으나 예방적 차원에서 사전에 특별점검을 할 수 있도록 하고 있다. 그러나 점검업무의 효율성을 높이기 위하여 선령이 높은 선박, 사고발생 시 피해가 큰 선박에 한하여 예방적인 점검을 할 수 있도록 하고 있다. 지난 2000년을 전후로 우리나라의 항만국통제 출항정지율은 매우 높았다. 이때 이 규정의 내용과 유사하게 국내 입항한 한국선박에 대하여 엄격한 점검을 실시하여 출항정지율을 현저히 낮춘 바도 있다.

사후조치이건 예방조치이건 특별점검을 하려는 경우에는 그 점검대상 선박 및 점검시기 등을 선박소유자에게 알려야 한다.(시행규칙 제91조 제1항) 실무적으로는 해당 선박의 소유자로부터 동 선박의 국내입항 일정을 통보받은 후 점검계획을 안내하고 있다. 이 규정 제2호의 "국토해양부령으로 정하는 선박"이라 함은 다음의 선박을 말한다.(시행규칙 제91조 제2항)

1. 최근 3년 이내에 외국 항만당국의 항만국통제로 인하여 출항이 정지된 선박
2. 최근 3년간 외국 항만당국의 항만국통제로 인하여 소속 선박의 출항정지율이 대한민국 선박의 평균 출항정지율을 초과하는 선박소유자의 선박
3. 그 밖에 외국 항만당국의 항만국통제로 인하여 출항정지율이 특별히 높은 선박 등 국토해양부장관이 정하여 고시하는 선박

④ 국토해양부장관은 제2항 및 제3항의 규정에 따른 특별점검의 결과 선박의 안전확보를 위하여 필요하다고 인정되는 경우에는 해당선박의 소유자에 대하여 국토해양부령이 정하는 바에 따라 항해정지명령 또는 시정·보완 명령을 할 수 있다.

특별점검의 결과 선박과 선박에 승선한 사람의 안전에 심각한 위협이 있다고 판단될 경우 국토해양부장관은 항해정지명령 또는 시정·보완 명령을 하여야 한다. 이 경우 선박소유자에게는 항해정지명령서 또는 시정·보완명령서를 서면으로 교부하여야 한다.(시행규칙 제91조 제3항)

제3절 선박출항정지 정보의 공표

제70조(공표) 국토해양부장관은 외국 항만당국의 항만국통제로 인하여 출항정지명령을 받은 대한민국 선박에 대하여는 대통령령이 정하는 바에 따라 당해 선박의 선박명·총톤수, 출항정지 사실 등을 공표할 수 있다.

공표란 행정법상의 의무위반 또는 의무불이행이 있는 경우 그 의무위반자의 명단과 그 의무 또는 불이행한 사실을 공중이 알 수 있도록 공표하는 것을 말한다.[187] 공표제도는 정보화 사회에서 여론의 압력을 통하여 의무이행을 확보하는 성질을 가지고 있다. 또 공표제도는 의무이행확

보에 있어 신속하고 비용이 저렴하며, 국민의 알 권리의 실현에도 기여할 수 있다. 이러한 공표는 행정의 실효성확보의 수단으로서 비권력적 사실행위이지 의사표시를 요소로 하는 법적 행위는 아니다. 그러나 공표의 내용이 법적 의무를 부과하는 경우처럼 처분의 성질을 가지고 있을 경우에는 항고소송의 대상이 될 수 있다.[188)]

이 법에서 선박에 대한 공표제도를 도입한 것은 미국을 비롯한 많은 국가들이 집중점검을 위한 표적요소(target factor)의 결정에 있어 결함지적이 많은 국가를 중요한 요소로 활용하고 있기 때문이다. 따라서 선박의 안전관리를 소홀히 할 경우 그 피해는 당해 선박소유자의 선박에만 그치지 아니하고 대한민국 선박 전체에 미칠 수 있기 때문에 선박소유자의 철저한 안전관리를 담보하기 위한 수단으로서 공표제도가 도입되었다.

공표대상자의 정보가 공표될 경우 개인의 인격권, 프라이버시권 등이 침해되기 때문에 공표제도에는 당연히 법적 근거가 필요하다고 한다.[189)] 또 공표대상자의 보호를 위해 공표의 가능성에 대해 규정하는 법률은 공표대상자의 보호를 위하여 공표의 대상뿐만 아니라 공표의 절차와 방법 등에 관한 주요 사항도 동시에 규정하여야 한다.[190)] 선박의 경우 인격권, 프라이버시권 등이 있다고는 보기 어렵지만 개인처럼 개별성을 확인할 수 있는 선명, 선적항 등의 정보를 가지고 있으며, 선박의 명칭을 통하여 선박소유자를 알 수 있는 경우가 많기 때문에 선박소유자의 보호를 위한 소명기회 부여 등의 절차는 필요할 것으로 판단된다.

한편, 공표는 처분이 아니라 비권력적 사실행위이므로 구제수단으로서 행정상 쟁송의 대상이 될 수 없다.[191)] 그러나 만일 공표가 위법한 것이

---

187) 홍정선, 전게서, 442쪽.
188) 상게서.
189) 김남진, 박균성, 류지태, 홍정선 등의 입장이며, 법적 근거가 필요 없다는 소극설을 주장하는 사람은 찾을 수 없다. 다만, 판례는 소극설을 취하고 있다. 대판 2003.2.28. 2002두6170.
190) 「지방세법」 제69조에서는 공표에 앞서 지방세정보공개심의위원회의 심의, 공개대상자의 소명기회 부여 등의 절차를 규정하고 있다.
191) 홍정선, 전게서, 444쪽.

라면 손해배상 청구의 문제가 발생한다. 공표가 비권력적 사실행위이지만 「국가배상법」 제2조의 직무행위에 해당되므로 국가는 그 손해를 배상하여야 한다. 손해배상과는 별도로 공표의 상대방은 결과제거청구권[192]의 한 내용으로서 정정공고를 구할 수도 있다.[193] 공법상 결과제거청구권을 인정하는 견해는 그 근거를 ①법치행정의 원리, 기본권규정, ②「헌법」 제11조(모든 국민은 법 앞에 평등) 등 ③「민법」 ④「행정소송법」상 관련청구의 이송 및 병합에 관한 규정(제10조) 등을 들고 있다. 이와 같이 법적 근거가 다소 애매한 상태에서는 혼란을 피하기 위하여 이 법에서 정정공고에 관한 사항을 명문으로 규정하는 방안이 바람직하다.

외국의 항만당국으로부터 출항정지명령을 받은 사실을 확인한 경우 국토해양부장관은 선박명, 총톤수, 선박소유자의 성명 등 출항정지에 관한 정보를 해양수산부의 게시판(인터넷 홈페이지를 포함한다) 또는 일간신문 등에 3개월의 범위에서 공표하거나 다음 각 호의 단체에 배포할 수 있다.(시행령 제18조 제1항) 이 경우 공표 대상자에 대한 부당한 침해가 없도록 하여야 한다.(동조 제3항) 여기서 "부당한 침해"라 함은 공표로 인하여 선박소유자 등의 권리가 부당하게 침해되는 것을 의미한다고 보아야 할 것이다.

1. 공단, 선급법인, 두께측정대행업체, 컨테이너검정등대행기관 및 위험물검사등대행기관
2. 「한국해운조합법」에 따른 한국해운조합 또는 「민법」 제32조에 따라 설립된 한국선주협회
3. 「선주상호보험조합법」에 따른 한국선주상호보험조합 또는 「민법」 제32조에 따라 설립된 손해보험협회

---

192) 결과제거청구권은 위법한 공법작용으로 인하여 자기의 권리가 침해되고 또한 그러한 사실관계가 계속되는 경우에 행정주체에 대하여 침해의 해소를 요구할 수 있는 권리를 말한다. 전게서, 534쪽.
193) 전게서, 445쪽.

제10장 특별검사 등

제10장에서는 특별검사와 재검사에 관하여 규정하고 있다. 특별검사는 대형 해양사고가 발생하거나 유사한 사고가 잇달아 발생하여 국민들의 불안이 커질 경우 선박안전시스템의 점검을 위하여 행하는 검사이며 재검사는 선박이 검사에 불합격한 경우 이에 불복하는 선박소유자가 다시 받는 검사를 말한다. 과거에 비하여 선박 자체의 안전성이 향상되고 검사행정의 투명성제고로 특별검사와 재검사가 집행된 경우는 거의 없다. 그러나 예외적인 사태를 완전히 배제할 수는 없으므로 이러한 규정들은 계속 존속이 필요하다고 판단된다.

제1절 특별검사(제71조)

제71조(특별검사) ① 국토해양부장관은 선박안전과 관련하여 대형 해양사고가 발생한 경우 또는 유사사고가 지속적으로 발생한 경우에는 국토해양부령이 정하는 바에 따라 관련되는 선박의 구조·설비 등에 대하여 검사(이하 "특별검사"라 한다)를 할 수 있다.

대형 해양사고가 발생하거나 또는 유사사고가 지속적으로 발생할 경우 일반 국민들은 매우 불안해 할 소지가 높다. 특히 해양사고는 안전관리상의 과실이 중첩될 경우에만 발생하는데 해양사고가 연달아 발생한다는 것은 단순한 관련자의 문제라기보다는 선박안전관리체제에 큰 문제가 있을 소지가 높기 때문이다. 이럴 경우 국민의 생명과 안전을 보장하여야 할 정부로서는 선박의 구조·설비 등에 대한 특별검사를 통하여 안전관리체제를 개선할 의무가 있다. 이 규정은 이러한 정부의 의무이행에 필요한 근거규정이다.

이 규정은 1980년대 초 노후선박에 의한 각종 해양사고가 연달아 발생함에 따라 선박시설의 결함 등으로 인한 사고를 예방하기 위하여 1982년에 신설되었다.(제5조 제1항 제4호) 이 규정은 1990년을 전후하여 동남아를 운항하는 원목선의 침몰사고가 계속 발생하던 때 활용되었으며, 선박시설이 미비한 선박에 대하여는 출항정지 등 강력한 제재조치가 이루어 졌다. 이후 원목선에 대한 안전상의 시설투자가 대폭 이루어져 현재까지 대형 해양사고는 거의 발생하지 않고 있다.

국토해양부장관은 대형 해양사고 또는 유사사고의 지속적 발생 등으로 선박의 구조·설비 등이 법 제26조에 따른 선박시설기준에 적합하지 아니하다고 인정되는 경우 그 선박을 특별검사 대상으로 공고하고, 특별검사를 시행하여야 한다.(시행규칙 제92조 제1항) 이 경우 공고에는 검사대상 선박의 범위, 검사사항, 검사기간, 검사준비사항 등이 포함되어 있어야 한다.(동조 제2항) 특별검사의 대상이 된 선박소유자는 국토해양부장관에게 선박검사신청서를 제출하여야 한다.(동조 제3항)

② 국토해양부장관은 제1항의 규정에 따른 특별검사를 하고자 하는 경우에는 대상 선박의 범위, 선박소유자의 준비사항 등 필요한 사항을 30일 전에 공고하고, 해당선박소유자에게 직접 통보하여야 한다.

이 규정은 특별검사를 시행하고자 할 경우 선박소유자에 대한 통보수단으로서 공고와 직접 통보를 규정하고 있다. 선박소유자의 주소를 알 경우에는 통보로 족하지만 선박소유자의 주소를 모를 경우는 공시송달의 방법에 의할 수밖에 없다. 「민법」에서는 상대방의 소재를 모르는 경우 「민사소송법」이 정하는 게시·공고 등의 공시송달을 인정하고 있다.(제113조) 공시송달에 의한 의사표시는 게시한 날로부터 2주가 경과한 때 상대방에게 도달한 것으로 본다.(「민사소송법」 제196조 제1항)

③ 국토해양부장관은 제1항의 규정에 따른 특별검사의 결과 선박의 안전확보를 위하여 필요하다고 인정되는 경우에는 선박의 소유자에 대하여

대통령령이 정하는 바에 따라 항해정지명령 또는 시정·보완명령을 할 수 있다.

특별검사의 결과 선박과 선박에 승선한 사람의 안전에 심각한 위협이 있다고 판단될 경우 국토해양부장관은 항해정지명령 또는 시정·보완 명령을 하여야 한다. 이 경우 선박소유자에게는 항해정지명령서 또는 시정·보완명령서를 서면으로 교부하여야 한다.(시행규칙 제92조 제4항)

④ 제15조 제1항 및 제16조 제3항의 규정은 제1항의 규정에 따라 특별검사를 받은 선박에 대하여 이를 준용한다. 이 경우 제15조 제1항 중 "선박검사" 및 제16조 제3항 중 "중간검사 및 임시검사"는 각각 "특별검사"로 본다.

제15조 제1항은 검사 후 상태유지, 제16조 제3항은 검사에 불합격한 선박의 선박검사증서 및 국제협약검사증서의 효력정지에 관한 규정이다. 따라서 특별검사를 받은 선박도 검사 후 검사받은 상태를 유지해야 하며, 검사에 불합격된 경우 검사에 합격할 때까지 관련 증서의 효력이 정지된다.

제2절 재검사(제72조)

제72조(재검사 등) ① 제60조 제1항·제2항(제61조의 규정에 따라 국토해양부장관이 직접 수행하거나 국토해양부장관으로부터 지정받은 자가 대행하는 경우를 포함한다), 제63조 제1항, 제64조 제1항 및 제65조 제1항의 규정에 따라 대행검사기관으로부터 검사·검정 및 확인을 받은 자가 그 결과에 대한 불복이 있는 때에는 그 결과에 관한 통지를 받은 날부터 90일 이내에 그 사유를 갖추어 국토해양부장관에게 재검사·재검정 및 재확인을 신청할 수 있다.

행정청의 처분에 불복이 있는 자는 「행정심판법」에 따라 그 처분의 취소하는 심판이나 그 처분의 효력유무, 존재여부에 관한 무효등확인심판을 청구할 수 있다.(제3조 제1항 및 제4조) 행정청에는 법령에 의하여 행정권한의 위탁을 받은 공공단체도 포함된다.(제2조 제2항) 따라서 국토해양부장관 또는 대행검사기관이 시행한 검사·검정 및 확인에 불합격한 자로서 이러한 불합격처분에 불복이 있는 자는 불합격처분의 취소 등을 요구하는 행정심판을 청구할 수 있다. 이 경우 검사 등을 국토해양부장관이 직접 행하거나, 지방해양청에 위임하여 행하거나, 대행검사기관에 위탁하여 행하거나 재결청은 결국 국토해양부장관이 된다.(제5조 제1항 및 제2항) 행정심판의 절차는 준사법적 절차에 따라 진행되며, 재결청은 재결을 통하여 판단을 내리게 된다.

그러나 선박검사 등은 고도의 전문적이고 기술적인 사항으로서 단순히 일반적인 「행정심판법」에 따라 처분의 적합여부를 판단하는 것은 바람직하지 않다고 판단된다. 따라서 이 법에서는 「행정심판법」의 예외로서 전문적이고 기술적인 행정청의 판단을 다시 한 번 받을 수 있도록 하는 규정을 두게 되었다. 따라서 그 절차는 준사법적 절차를 따르지 아니하고 당초 불합격 판정이 내려졌던 검사와 동일한 절차가 적용된다. 이 규정 중의 "90일"은 당초 "30일"이었으나 국민의 권리구제 기회를 더 많이 주기 위하여 연장되었다.

그러나 재검사 등의 제도가 얼마나 실익이 있는지는 의문이다. 우선 재검사 등을 신청하려면 당초 검사받은 상태를 그대로 유지하여야 하고, 다시 재검사 등을 집행하려면 그 과정에서 시간이 많이 소요된다. 또 재검사 등을 받아 꼭 합격하리라는 보장도 없으며, 이러한 절차를 통하여 검사관(원)의 전문성에 도전하다는 인상을 주기도 쉽다. 더욱이 행정의 투명화에 따라 검사과정의 부조리도 해소되어 검사 등에 대한 합격의 판단기준은 거의 전적으로 검사관(원)의 전문지식에 의존하고 있는 것이 현실이기도 하다. 따라서 현실적으로 재검사 등을 받는 것보다는 불합격에 따른 지적사항을 보완하여 다시 검사를 받는 것이 문제를 빨리 해결할 수 있다. 그간 재검사가 시행된 경우는 전혀 없는 것으로 저자는 알고 있다.

② 제1항의 규정에 따라 재검사·재검정 및 재확인의 신청을 받은 국토해양부장관은 소속공무원으로 하여금 재검사 등을 직접 행하게 하고 그 결과를 신청인에게 60일 이내에 통보하여야 한다. 다만, 부득이한 사정이 있는 때에는 30일 이내의 범위에서 통보시한을 연장할 수 있다.

이 규정에 따라 재검사·재검정 및 재확인을 신청하려는 자는 재검사

(재검정, 재확인)신청서에 그 사유서를 첨부하여 관할 지방해양청장에게 제출하여야 한다.(시행규칙 제93조 제1항) 지방해양청장은 신청을 검토하여 그 신청이 이유 없다고 인정하거나 신청인이 법 제15조 제2항에 따른 허가를 받지 아니하고 관계 부분의 원상을 변경한 경우에는 재검사·재검정 및 재확인을 아니 할 수 있다.(동조 제2항) 그러나 신청이 이유 있다고 인정하는 경우에는 소속 공무원을 현장에 파견하여 재검사·재검정 및 재확인과 필요한 조치를 하도록 하여야 한다.(동조 제3항) 재검사 등의 결과는 신청인으로부터 신청을 받은 날로부터 60일 이내에 서면으로 통보하여야 한다.

③ 대행검사기관의 검사·검정 및 확인에 대하여 불복이 있는 자는 제1항 및 제2항의 규정에 따른 재검사·재검정 및 재확인의 절차를 거치지 아니하고는 행정소송을 제기할 수 없다. 다만,「행정소송법」 제18조 제2항 및 제3항의 규정에 해당되는 경우에는 그러하지 아니하다.

이 규정은 제68조 제7항과 마찬가지로 행정처분에 불복이 있는 자가 행정소송을 제기하고자 할 경우는 반드시 이의신청 절차를 거치도록 하고 있다. 이와 같이 재검사 등의 절차를 필수적 절차로 규정한 것은 행정청 스스로 자신의 처분에 대해 판단할 기회를 주기 위해서이다. 재검사 등의 절차를 거쳐 불복에 관한 문제가 해결되면 굳이 행정소송을 제기할 필요가 없어지게 된다.

이의신청에 대한 재결에 대하여 불복이 있는 경우 별다른 제한이 없으면 바로 행정소송을 제기할 수 있다. 그러나 이 규정과 같이 소송 전 재검사 등의 절차를 거치도록 의무화된 경우는 행정소송을 제기해도 요건미달로 각하될 수밖에 없다. 특히「행정소송법」(제18조 제1항)에서 말하는 행정심판은 이 법에 따른 재검사 등도 포괄하는 개념으로 새겨야 될 것으로 판단되는 바, 재검사 등의 결과에 불복할 경우 별도의 행정심판을 다시 청구할 수는 없다고 판단된다. 이 규정에서 재검사 등의 절차를 거치면 바로 행정소송을 제기할 수 있다는 규정은 재검사 이후 행정심판을 청구할 수 없다는 것을 명확히 하는 규정으로 해석될 수 있을 것이다.

재검사 등의 불합격과 관련, 선박소유자의 행정소송 청구에 실익이 있는지는 의문이다. 불합격처분에 대하여 선박소유자가 청구할 수 있는 행정소송은 취소소송(「행정소송법」 제2조 제1항 제1호)으로서 위법한 명령의 취소 또는 변경을 요청할 수 있다. 그러나 선박소유자는 재검사 처분이 위법해 보인다고 바로 소송을 청구하는 데에는 상당한 부담이 따른다. 소송에 반드시 이긴다는 보장도 없을 뿐만 아니라 소송이 끝날 때까지 선박의 운항을 중단할 경우 막대한 손실이 발생하기 때문이다. 또 선박이 운항을 위하여 선박의 수리를 완료하여 검사에 합격하면 처분 등의 취소를 구할 법률적 이익이 있는 자가 없어져 소를 제기할 수 없게 된다.(「행정소송법」 제12조 제1문) 또한 선박소유자 입장에서 선박검사 등은 지속적으로 이루어지기 때문에 선박검사관(원)과 좋은 관계를 유지하는 것이 바람직한데 소송을 통하여 대립할 이유는 별로 없기 때문이다.[194)]

194) 소송이 보편화된 영미법 국가와 달리 우리나라에서 소송을 제기하는 것은 당사자간에 심각한 대립을 가져올 소지가 높다고 하겠다.

제11장 보 칙

제11장에서는 이 법의 시행을 위한 각종 보충적인 규정을 두고 있다. 이에 따라 선박결함의 신고(제74조), 선박소유자 등에 대한 보고·자료의 제출명령(제75조), 선박검사관과 선박검사원의 자격(제76조 및 제77조), 불이익처분 전 청문의 시행(제78조), 각종 수수료(제80조)에 관하여 규정하고 있다.

제1절 선급법인의 선박검사(제73조)

제73조(선급법인의 선박검사) 선급등록선박은 국토해양부령이 정하는 선박시설 및 만재흘수선에 한하여 이 법에 따른 선박검사를 받아 이에 합격한 것으로 본다.

종래의 법에서 선박검사는 선박의 감항성에 관한 검사와 안전설비로, 검사기관은 공단과 선급법인으로 각각 구분하고 있었다. 이에 따라 공단은 정부를 대행하여 선급에 등록되지 아니한 선박의 감항성 및 안전설비에 대하여 이 법에 따른 각종 규정을 적용하여 검사를 행하였다.(제8조 제1항) 한편, 선급은 선급에 등록(등록 예정의 것을 포함한다)된 선박에 대하여 감항성에 관하여는 선급의 규칙에 의하여 검사한 것을 정부가 행한 것으로 보았으며(제8조의2), 안전설비에 관하여는 선급의 규칙이 없으므로 정부의 규칙으로 선급이 검사를 대행하도록 하였다.(제8조 제2항) 이와 같이 선급의 규칙에 따라 입급선박에 행한 검사를 정부가 행한 것으로 보는 이유는 선급의 규칙이 정부의 규칙과 다소 차이가 있었기 때문이었다.

그러나 이번의 법 개정을 통하여 국토해양부장관은 선급법인에게 선급등록선박에 한하여 감항성과 안전설비를 구분하지 않고 모든 검사업무를 대행할 수 있도록 허용하고 있다.(법 제60조 제2항) 따라서 선박의 감항성에 관한 선급의 검사 시 어떤 규칙을 적용할 것인가 하는 의문이 생긴다. 원칙적으로 별도의 정함이 없으면 선급이 정부업무를 대행할 경우 적용할 규정은 정부가 직접 검사를 했을 경우 적용하였을 규정, 즉 정부규칙을 사용해야 한다. 그러나 선급이 자체규칙을 적용하지 않고 다소 낡은 정부규칙을 적용할 경우 다른 선급과의 업무제휴에 역시 문제가 발생할 소지가 있다. 결국 이러한 법적 문제를 해결하기 위하여 '선급으로부터 선급의 규칙에 따라 감항성에 관한 검사를 받아 합격한 선박은 국토해양부장관이 행하는 검사를 받아 합격한 것으로 본다'는 내용의 규정이 필요하다. 그러나 법제처의 심사과정에서 이러한 점을 잘 이해하지 못하여 삭제하였다가 차관회의를 앞두고 다시 살린 것이 이 규정이다. 다시 살리는 과정에서 관련규정인 법 제60조 제2항과 떨어져 보칙에 위치하게 되었다.[195] 따라서 이 규정에서 "국토해양부령이 정하는 선박시설"이란 선박의 감항성에 관련된 선박시설로서 제4조 제1호부터 제7호까지 및 제13호부터 제15호까지의 규정에 따른 설비를 말한다.(시행규칙 제94조) 바꾸어 말하면 구명설비, 소방설비, 거주설비, 위생설비, 항해설비를 제외한 설비를 말한다. 이러한 구명설비 등에 대하여는 정부규칙을 그대로 적용하기 때문에 "... 본다"라는 규정을 적용할 필요가 없다.

제2절 선박결함신고(제74조)

제74조(결함신고에 따른 확인 등) ① 누구든지 선박의 감항성 및 안전설비의 결함을 발견한 때에는 국토해양부령이 정하는 바에 따라 그 내용을 국토해양부장관에게 신고할 수 있다.

195) 법률의 규정은 다른 관련규정을 빈번하게 인용하기 때문에 규정의 중간에서 일부 조항을 추가하거나 삭제하면 전면적인 재검토 및 심의자료의 수정인쇄를 위하여 시간이 많이 걸리게 된다. 보칙과 같이 법률의 뒤쪽에 새로운 규정을 추가할 경우 작업시간이 현저히 줄어들게 된다.

선박은 복합구조물로서 선박의 안전성은 정기적인 검사를 통하여 확인할 수 있지만 시간의 경과됨에 따라 점차 악화된다. 그러다가 다시 정기적인 검사시기가 돌아오면 대폭적인 수리를 통하여 다시 선박의 안전성을 높이게 된다. 그러나 사고나 취급부주의로 인하여 선박의 설비 등이 충분히 성능을 발휘하지 못할 경우가 있다. 이런 사실을 알게 되면 선박소유자는 운항을 중단하고 즉시 필요한 보완조치를 취해야 하지만 경제적 손실이 크기 때문에 선박소유자는 이를 은폐할 유혹을 받을 소지가 있다. 이러한 문제를 해결하는 방법 중의 하나는 선박소유자가 아닌 제3자로 하여금 선박결함을 신고하도록 하는 것이다. 따라서 종래의 법에서는 제정 당시부터 승무원에 의한 결함신고제도를 두고 있었다.[196] 즉, 선원의 수가 20인 이상인 경우는 그 2분의 1, 그 이외의 선박은 10인 이상이 선박에 중대한 결함이 있다는 내용을 해운관청에 서면으로 신고하도록 하였다. 그러나 이 규정은 거의 활용되지 못하다가 1999년「선박안전법」개정시 "실효성이 없으므로" 폐지되었다.

해당 규정이 실효성이 없었던 가장 큰 이유로는 선주에 고용된 선원이 자신이 근무하는 선박의 결함사항을 신고하기는 거의 불가능하기 때문이다. 신고자의 신원에 대한 비밀이 유지되지 아니하는 제도적 미비상태에서 선원이 결함을 신고하려면 그 선박에서의 고용관계를 포기할 각오를 해야 한다. 또 최소 10명이라는 신고 요건은 모든 선원의 수가 7-8명에 불과한 소형선박의 경우는 물리적으로 불가능하기도 하다. 더욱이 서면으로 신고요건을 강화한 것도 과연 해운관청에서 신고를 받으려고 만든 제도인가 의심스러울 정도이다. 따라서 이렇게 엉성한 제도가 실효성이 있기를 기대하는 것은 애당초 무리였다고 판단된다.

따라서 이번의 개정 시에는 이러한 신고요건을 대폭 완화하였다. 따라서 선원은 물론, 여객, 하역인부, 도선사, 대리점 직원 등 선박의 결함을

196) 제13조 (선박승무원의 신고) 선원20인 미만의 선박에 있어서는 그 2분의 1 이상, 기타 선박에 있어서는 선원 10인 이상이 각령의 정하는 바에 의하여 당해선박의 감항성 또는 거주설비, 위생설비 기타 인명의 안전에 관한 설비에 있어서 중대한 결함이 있다는 취지를 신고한 경우에는 해운관청은 그 사실을 조사하고 필요하다고 인정할 때에는 전조 제2항의 처분을 하여야 한다

발견한 사람은 누구든지 신고할 수 있도록 하였다. 거짓으로 선박의 결함 신고를 한 자에 대하여는 500만원 이하의 벌금에 처한다.(법 제85조 제4호)

한편, 결함신고를 촉진하기 위하여 중대결함 신고자에게 보상금을 지급하자는 의견도 제시되었으나 신고가 남용될 우려가 있다는 지적에 따라 반영되지 아니하였다. 신고는 선박결함신고서를 제출하여야 하며, 긴급한 경우에는 전화 등을 통하여 구두로 신고할 수 있다.(시행규칙 제95조 제1항) 급속한 통신기술 발전에 따라 향후 인터넷이나 팩스 등의 다양한 신고수단을 추가로 허용하는 것이 바람직하다.

② 국토해양부장관은 제1항의 규정에 따라 신고를 받은 때에는 국토해양부령이 정하는 바에 따라 소속 공무원으로 하여금 지체 없이 그 사실을 확인하게 하여야 한다.

결함 신고를 하더라도 담당자에 의한 신고묵살을 방지하기 위하여 지방해양청장은 선박의 결함신고를 받으면 그 신고내용을 선박결함신고기록부에 기재하고 그 사실을 확인하여야 한다.(시행규칙 제95조 제2항)

③ 국토해양부장관은 제2항의 규정에 따른 확인 결과 결함의 내용이 중대하여 해당선박을 항해에 계속하여 사용하는 것이 당해 선박 및 승선자에게 위험을 초래할 우려가 있다고 인정되는 경우에는 국토해양부령이 정하는 바에 따라 해당결함이 시정될 때까지 출항정지를 명할 수 있다.

이 규정에서는 신고된 결함의 확인 결과 선박의 안전에 심각한 위협이 될 경우 해당 선박의 출항정지를 명할 수 있도록 규정하고 있다. 지방해양청장이 출항정지를 명하려는 경우에는 해당 선박의 선박소유자에게 출항정지명령서를 발급하여야 한다.(시행규칙 제95조 제4항) 그러나 결함이 중대하여 출항하면 선박 및 승선자에게 위험을 초래할 우려가 있다고 인정되는 경우 지방해양청장은 당연히 당해 선박의 출항을 정지하여야 한다. 따라서 이 규정 마지막 부분의 "출항정지를 명할 수 있다"는 "출항정지를 명하여야 한다"로 새겨야 할 것이다.

④ 누구든지 제1항의 규정에 따라 신고한 자의 인적사항 또는 신고자임을 알 수 있는 사실을 다른 사람에게 알려주거나 공개 또는 보도하여서는 아니 된다.

신고제도의 효율적인 운영을 위하여 신고한 자의 정보가 공개되어서는 아니 된다. 따라서 지방해양청장은 선박의 결함신고를 한 자의 신원과 관련된 내용은 선박결함신고자명부에 적어 「보안업무규정 시행규칙」 제7조 제3항에 따른 대외비로 관리하여야 한다.(시행규칙 제95조 제3항) 대외비는 비밀은 아니지만 비밀에 준하여 보관 및 관리된다. 한편, 이 규정을 위반한 자에 대하여는 1년 이하의 징역 또는 1천만원 이하의 벌금에 처하고(제83조 제9호), 이를 위반한 공무원은 직무상의 의무위반으로 징계처분을 추가로 받을 수 있다.(「국가공무원법」 제78조 제1항제2호)

제3절 행정조사(제75조)

제75조(보고·자료제출명령 등) ① 국토해양부장관은 다음 각 호의 어느 하나에 해당하는 경우에는 선박소유자, 제18조 제1항의 규정에 따른 형식승인을 받은 자, 제18조 제3항의 규정에 따른 지정시험기관, 제20조 제1항의 규정에 따른 우수사업장의 지정을 받은 자, 제23조 제1항의 규정에 따른 컨테이너형식승인을 받은 자, 제24조 제1항 후단의 규정에 따른 안전점검사업자, 공단, 선급법인, 두께측정대행업체, 컨테이너검정등대행기관, 위험물검사등대행기관(이하 이 조에서 "선박소유자등"이라 한다)에 대하여 필요한 보고를 명하거나 자료를 제출하게 할 수 있다.

1. 제18조 제8항, 제20조 제5항, 제23조 제7항, 제24조 제3항, 제63조 제2항, 제64조 제2항 및 제65조 제2항의 규정에 따른 지도·감독과 관련하여 필요한 경우
2. 선박의 감항성과 인명안전을 위한 시설 및 항해상의 위험방지 조치와 관련하여 필요한 경우
3. 제60조 제1항 및 제2항의 규정에 따른 감독과 관련하여 필요한 경우

이 규정은 국토해양부장관이 선박소유자 등으로부터 보고 및 자료제출을 요청할 수 있도록 하는 근거 규정이다. 종래의 법에서는 국토해양부장관은 필요하다고 인정되는 때에 관계공무원으로 하여금 선박 또는 사무

실·사업장 기타 필요한 장소에 출입하여 검사·확인하거나 질문하게 할 수 있었다.(제12조 제1항)197)

그러나 이와 같이 공무원에 의한 불시의 출입검사는 기업 경영자에게 지나친 부담이 된다는 지적에 따라 행정조사의 투명성 및 예측가능성을 확보하기 위하여 김명주의원의 대표발의로 2006년 3월 24일 이 규정의 내용과 같이 개정되었다. 따라서 선박소유자 등의 보고 및 자료제출 요건 등을 정하고 행정조사 실시 전 국토해양부장관은 조사일시·조사내용 등을 피조사자에게 사전에 통보하도록 하였다. 정당한 사유 없이 이 규정에 따른 보고 또는 자료제출을 하지 아니한 자에 대하여는 200만원 이하의 과태료에 처한다.(법 제89조 제1항제28호)

② 국토해양부장관은 제1항의 규정에 따른 보고내용 및 제출된 자료의 내용을 검토한 결과 제1항 각 호의 목적달성이 어렵다고 인정되는 때에는 소속 공무원으로 하여금 직접 해당 선박 또는 사업장에 출입하여 장부·서류 및 시설을 조사하게 할 수 있다.

관련 공무원은 종래와 달리 임의로 선박 등에 출입하여 조사하는 것이 아니고, 제출된 자료의 내용 등을 검토하여 현장 확인이 꼭 필요한 경우에 한하여 조사할 수 있다. 공무원의 조사를 저지할 경우에는 공무집행방해죄가 적용되어 5년 이하의 징역 또는 1천만 원 이하의 벌금에 처한다. (「형법」제136조 제2항)

③ 국토해양부장관은 제2항의 규정에 따른 조사를 하는 경우에는 조사 7일 전까지 조사자, 조사 일시·이유 및 내용 등이 포함된 조사계획을 선박소유자등에게 통보하여야 한다. 다만, 선박의 항해일정 등에 따라 긴급을 요하거나 사전통보를 하는 경우 증거인멸 등으로 인하여 제1항 각 호의 목적달성이 어렵다고 인정되는 경우에는 그러하지 아니하다.

국토해양부장관은 조사를 하는 경우라도 임의로 하는 것이 아니고 사

---

197) 이와 같이 공무원이 사업장 등에 대하여 신분증만 가지고 출입검사를 할 수 있는 것은 공무원에게 넓은 재량권을 인정하는 대륙법제의 특징이며, 영미법 국가의 경우 출입검사를 하려면 반드시 법관이 발급한 영장이 있어야 하기 때문에 이러한 문제가 발생하지 아니한다.

전에 통보한 후에 행할 수 있다. 그러나 긴급을 요할 경우에는 사전 통보할 필요 없이 바로 선박 등을 조사할 수 있다.

④ 제2항의 규정에 따른 조사를 하는 공무원은 그 권한을 표시하는 증표를 지니고 이를 관계인에게 내보여야 하며, 해당 선박 또는 사업장에 출입 시 성명・출입시간・출입목적 등이 표시된 문서를 관계인에게 주어야 한다.

이 규정은 출입조사의 절차를 규정하고 있다. 즉, 조사를 할 경우 관계인에게 자신의 신분증을 보여주는 한편, 출입자의 성명, 시간, 출입목적 등이 표시된 문서를 제공하도록 하여 담당 공무원의 임의출입조사를 방지하고 있다. 특히 제3항과 달리 긴급 시에 관한 단서가 없으므로 긴급 시라도 출입정보에 관한 문서는 반드시 관계자에게 제공하여야 할 것이다.

⑤ 국토해양부장관은 제2항의 규정에 따라 선박 또는 사업장을 조사한 결과 이 법 또는 이 법에 따른 명령을 위반한 사실이 있다고 인정되는 때에는 해당 선박 또는 사업장에 대하여 대통령령이 정하는 바에 따라 항해정지명령 또는 수리・보완과 관련된 처분을 할 수 있다.

이 규정은 조사 결과 선박의 안전에 심각한 위협이 될 경우 해당 선박의 출항정지를 명할 수 있도록 규정하고 있다. 국토해양부장관(지방해양청장)이 항해정지명령 또는 수리・보완과 관련된 처분을 하려는 경우 서면으로 항해정지명령서 또는 시정・보완명령서를 발급하여야 한다.(시행령 제20조) 참고로 시행규칙 별지 제90호의 서식 시정・보완명령서의 비고 항에는 항해정지명령서의 비고 항과 동일하게 "시정・보완 사유가 해소되면 바로 출항할 수 있으니 사유가 해소되면 즉시 해당 선박검사관에게 연락하여 주시기 바랍니다"로 기재되어 있어 마치 시정・보완을 하지 않으면 출항할 수 없는 것으로 오해될 소지가 있다. 그러나 그렇게 해석할 경우에는 시정・보완명령서와 항해정지명령서를 굳이 구분하여 규정할 필요가 없어지게 된다. 따라서 시정・보완명령서의 비고 항은 "시정・보완이 완료되면 확인을 위하여 해당 선박검사관에게 연락하여 주시기 바랍니다"로 바꾸는 것이 바람직하다.

⑥ 제5항의 규정에 따라 항해정지명령 등을 한 경우에는 그 사유가 해소되는 즉시 이를 해제하여야 한다.

선박소유자가 적절한 보완조치를 하여 선박의 감항성이 회복되었다는 것이 확인되면 지방해양청장은 지체 없이 출항정지명령을 해제하여야 한다. 해제의 방식에 대하여는 규정되어 있지 않지만 선박이 바로 운항을 재개할 수 있도록 선박검사관이 확인을 한 현장에서 구두통보도 가능하다고 판단된다. 이 경우 해제 후 임검보고서의 작성 등 관련된 행정적 문서작성이 필요할 것이다. 임검보고서에는 현장의 확인 내용 및 항해정지명령의 해제에 관한 내용이 기재될 수 있다. 행해정지명령의 사유가 해소되었음에도 불구하고 즉시 지방해양청장이 이를 해제하지 않아 선박의 운항이 지체되면 선박소유자는 이로 인하여 발생한 손해에 대하여 국가배상을 청구할 수도 있다.

한편, 시정·보완명령의 경우 적절한 기한 내에 시정·보완이 이루어졌는지 확인만 하면 되므로 시정·보완에 따른 시정·보완명령을 해제할 필요는 없다. 물론 이 경우에도 임검보고서의 작성 등 행정적 문서처리는 필요할 것이다. 만일 기한 내에 시정·보완이 이루어지지 아니한 경우는 제5항의 규정에 따라 항해정지명령을 내리면 된다. 따라서 이 규정의 "항해정지명령 등을 한 경우"는 "항해정지명령을 한 경우"로 새겨야 한다.

제4절 선박검사관(제76조)

제76조(선박검사관) 국토해양부장관은 필요한 경우 소속 공무원 중에서 국토해양부령이 정하는 자격을 갖춘 자를 선박검사관으로 임명하여 다음 각 호에 해당하는 업무를 수행하게 할 수 있다.

1. 건조검사, 정기검사, 중간검사, 임시검사, 임시항해검사, 국제협약검사, 제41조 제2항의 규정에 따른 위험물 적재방법의 적합 여부에 대한 검사, 강화검사, 예인선항해검사, 특별점검, 특별검사 및 제72조 제2항의 규정에 따른 재검사·재검정·재확인에 관한 업무

2. 제18조 제6항의 규정에 따른 선박용물건 또는 소형선박의 검정, 제20조 제3항 단서의 규정에 따른 선박용물건 또는 소형선박의 확인, 제23조 제4항의 규정에 따른 컨테이너검정에 관한 업무

3. 제61조의 규정에 따른 대행업무의 차질에 따른 직접 수행에 관한 업무
4. 제68조의 규정에 따른 항만국통제에 관한 업무
5. 제74조 제2항의 규정에 따른 결함신고 사실의 확인에 관한 업무
6. 제75조 제2항의 규정에 따른 선박 또는 사업장의 출입·조사에 관한 업무

선박검사 등의 업무는 고도의 전문성이 필요하기 때문에 이를 수행할 수 있는 충분한 전문지식과 경험이 필요하다. 전문지식으로는 선박의 안전과 관련된 기술적인 지식은 물론 항만국통제와 관련된 국제법 등 법적 지식도 필요하다. 따라서 이 법에서는 선박검사 등의 업무를 아무나 수행할 수 있는 것이 아니고 국토해양부령으로 정하는 일정한 자격을 갖춘 자를 선박검사관으로 임명하여 업무를 수행할 수 있도록 하고 있다. 자격이 없는 자가 검사 등의 업무를 수행함에 따라 제3자의 손해가 발생하게 되면 국가의 불법행위 책임문제가 발생할 수 있다. 특히 외국의 선박검사와 관련된 판례에서 보듯이 선박검사관의 안전에 대한 판단이 전문적인 판단(professional judgement)으로 존중되기 위해서는 선박검사관의 자격요건을 엄격히 정할 필요가 있으며, 임명된 선박검사관에 대하여 최신의 기술과 안전정보를 지속적으로 교육할 필요가 있다.

선박검사관(이하 "검사관"이라 한다)은 전공에 따라 선체검사관 및 기관검사관의 2종으로 구분하며, 각각의 검사관의 자격은 다음 각 호와 같다.(시행규칙 제 97조 제1항) 종래에는「선박검사관의 자격에 관한 규칙」이라는 별도의 시행규칙을 두고 있었으나 이번 법 개정 작업이 이를 시행규칙에 직접 포함시켰다. 한편, IMO의「항만국통제절차(Procedures for Port State Control)」는 항만국통제관(PSCO)이 선박의 선장, 기관장 등 선박의 책임 있는 선원과 영어로 의사소통이 가능하도록 규정하고 있으며(para. 2.5.2), 선박의 운항요건(operational requirement)을 검사하는 항만국통제관은 선장이나 기관장으로 승선한 경험이 있어야 한다.(para. 2.5.5)고 규정하고 있다. 현재 이러한 사항은 검사관의 자격기준에 아직 반영되어 있지 아니한 바, 향후 관련 규정 개정 시 이를 반영해야 할 것이다. 또 국토해양부에서 이 업무를 담당할 공무원을 채용할 경우 검사관의 자격을 요구하고 있으므로 공직에 뜻을 두고 있는 사람은 이 자격기준에 유의할 필요가 있다.

1. 선체검사관

가. 대학의 항해 관련 학과를 졸업하고 3급항해사의 해기사면허를 취득한 자로서 관련 분야에서 2년 이상 근무한 경력(승선경력을 산정함에 있어서 유급휴가기간을 포함한다)이 있는 자

나. 대학이나 해양·수산계 전문대학을 졸업하고 2급항해사(한정면허의 경우에는 상선에 한정된 면허를 말한다) 이상의 해기사면허를 취득한 자

다. 대학이나 전문대학을 졸업한 자로서 다음의 어느 하나에 해당하는 자

1) 「국가기술자격법」에 따른 조선기술사의 자격을 취득한 자

2) 「국가기술자격법」에 따른 조선기사의 자격을 취득하고 관련 분야에서 3년 이상 근무한 경력이 있는 자

3) 「국가기술자격법」에 따른 조선산업기사의 자격을 취득하고 관련 분야에서 6년 이상 근무한 경력이 있는 자

2. 기관검사관

가. 대학의 기관 관련 학과를 졸업하고 3급기관사의 해기사면허를 취득한 자로서 관련 분야에서 2년 이상 근무한 경력이 있는 자

나. 대학이나 해양·수산계 전문대학을 졸업하고 2급기관사 이상의 해기사면허를 취득한 자

다. 대학 또는 전문대학을 졸업한 자로서 다음의 어느 하나에 해당하는 자

1) 「국가기술자격법」에 따른 기계제작기술사, 산업기계설비기술사 또는 조선기술사의 자격을 취득한 자

2) 「국가기술자격법」에 따른 일반기계기사의 자격을 취득하고 관련 분야에서 3년 이상 근무한 경력이 있는 자

선박검사관은 7급 이상의 해양수산부 소속 공무원 중 위의 자격을 가진 자 중에서 국토해양부장관이 임명한다.(시행규칙 제97조 제2항) 임명된 선체검사관은 선박의 선체와 이에 부수되는 선박시설 및 선박용물건

을, 기관검사관은 선박의 기관과 이에 부수되는 선박시설 및 선박용물건의 검사를 담당한다.(동조 제3항) 그러나 선박검사관이 1년 이상(소형선박이 아닌 선박의 경우는 3년)의 경력을 가진 경우 선체검사관은 기관검사관의 업무를, 기관검사관은 선체검사관의 업무를 할 수 있다. 다만, 여객선 및 특수선은 타 분야의 검사업무를 행할 수 없으며, 외국선박에 대한 항만국통제의 경우는 경력이 없이도 타 분야의 검사업무를 행할 수 있다.(동조 제4항) 그러나 외국선박에 대한 항만국통제의 경우 항만국통제관이 충분한 경력도 없고, 전문분야가 아닌 사항을 검사할 경우 항만국통제관의 전문적 판단에 대한 분쟁의 소지가 생길 수 있는 바, 적절한 개선방안이 필요하다. 외국의 경우 항만국통제업무는 경험이 풍부한 선체검사관과 기관검사관이 2인 1조로 수행하는 것이 일반적이다.

선박검사관으로 임명되어 업무를 하는 검사관은 국토해양부장관이 시행하는 5일 이상의 신규 검사관 교육을 이수하여야 하며, 새로운 전문지식과 기술의 습득을 위하여 2년마다 5일 이상의 재교육을 이수하여야 한다.(동조 제5항) 또 항만국통제에 관한 업무를 수행하는 검사관은 국토해양부장관이 별도로 정하는 기준을 충족하여야 한다.(동조 제6항) 이와 같은 규정은 이번에 신설된 사항으로서 항만국통제와 관련된 국가배상 사건이 발생할 경우 우리나라의 항만국통제관이 적절히 훈련되었음을 입증하기 위하여 마련되었다.

제5절 선박검사원(제77조)

제77조(선박검사원) ① 제60조 제1항 및 제2항의 규정에 따라 대행업무를 행하는 공단 및 선급법인은 해당 대행업무를 직접 수행하는 자로서 선박검사원을 둘 수 있다. 이 경우 선박검사원의 자격은 선박검사관의 자격을 준용한다.

이 규정은 국토해양부장관의 검사업무 등을 대행하는 공단 및 선급법인의 선박검사원에 관하여 규정하고 있다. 종래에는 「선박검사원자격 등에 관한 규칙」으로 역시 별도의 국토해양부령으로 정하다가 이번에 시행규칙에 통합되었다. 동 규칙에서는 선박검사관의 분류방법과 달리 선박검사원의 종류를 선체검사원, 기관검사원, 전문검사원의 3종으로 분류하였었다.(제2조) 또 선박검사원의 자격도 선박검사관의 자격과 다르며, 심지어 공단의 검사원과 선급법인의 검사원의 자격도 달랐다.(제3조) 그러나 정부업무를 대행하는 선박검사원의 자격이 선박검사관의 자격과 차이가 있다는 것은 대행업무의 통일적 적용에 문제가 발생할 수 있기 때문에 이번 기회에 단서의 규정과 같이 선박검사원의 자격은 선박검사관의 자격으로 준용하도록 하여 실질적으로 선박검사를 하는 자의 자격기준은 모두 통일되었다.

한편, 선급법인이 외국에서 다른 선급법인 검사원 등에게 대행검사를 위탁할 경우 그 검사원의 자격이 선박검사원의 자격에 미달하는 경우가 있을 수 있다. 이럴 경우 무자격자에 의한 검사가 이루어지게 되고, 결국 검사 자체의 유효성이 문제가 될 수 있다. 따라서 선급법인이 외국에서 대행검사를 위탁할 경우는 해당 검사원이 정부의 선박검사관과 동등 이상의 자격을 가지고 있는지 반드시 확인해야 할 것이다.

② 국토해양부장관은 선박검사원이 그 직무를 행함에 있어 이 법 또는 이 법에 따른 명령을 위반한 때에는 공단 또는 선급법인에 대하여 그 해임을 요청하거나 1년 이내의 기간을 정하여 직무를 정지하도록 요청할 수 있다.

이 규정은 종래의 「선박검사원자격 등에 관한 규칙」에 있던 규정이다.(제8조 제1항) 특히 이 규정은 선박검사원이 이 법의 규정을 위반하여 임의로 선박검사를 행하거나 불합격될 선박을 합격시키는 경우에 해당 선박검사원에 대한 제재수단으로 활용되고 있다. 그러나 이 규정은 선박검사원에 대한 불이익 처분 규정이면서도 법률적인 근거가 없이 임의로 시행규칙에 규정되어 있었다. 따라서 이번 기회에 법률적인 근거를 갖출 수 있도록 이 법에서 직접 규정하도록 하였다.

한편, 국토해양부장관은 선박검사원이 이 법에 따른 명령을 위반할 경우 그 위반의 경중을 불문하고 임의로 해임 등의 징계를 요청할 수 있는 바, 이는 입법론적으로 다소 문제가 있다고 보인다. 이와 같이 국토해양부장관의 재량권이 너무 넓으면 재량권의 남용 소지가 있으며, 징계대상인 선박검사원으로는 징계의 정도에 대한 예측가능성이 없기 때문이다. 따라서 문장의 적절한 위치에 "국토해양부령이 정하는 바에 따라"라는 문구를 삽입하고, 국토해양부령에서 위반행위의 경중에 따라 적절한 징계의 수준을 정하는 것이 바람직하다.

③ 공단 또는 선급법인은 제2항의 규정에 따른 해임 또는 직무정지의 요청을 받은 때에는 지체 없이 당해 선박검사원에 대하여 조치를 하고 그 결과를 국토해양부장관에게 보고하여야 한다.

이 규정은 종래의 「선박검사원자격 등에 관한 규칙」에 있던 규정으로서(제8조 제2항), 이번에 법률에서 직접 정하게 되었다. 국토해양부장관의 요청에 대하여 공단 또는 선급법인은 이를 거부할 수 없고, 만일 이를 거부할 경우 정부검사의 대행지정이 취소될 수 있다.

제6절 청문(제78조)

제78조(청문) 국토해양부장관은 이 법에 따라 지정받은 사업장이나 대행검사기관 등의 업무를 정지하거나 지정을 취소하고자 하는 경우, 형식승인을 받은 선박용물건·소형선박 및 컨테이너에 대하여 형식승인의 효력을 정지하거나 취소하고자 하는 경우 또는 선박검사원에 대한 직무정지의 요청 등을 하고자 하는 경우에는 국토해양부령이 정하는 바에 따라 청문을 실시하여야 한다.

청문이라 함은 행정청이 어떠한 처분을 하기에 앞서 당사자 등의 의견을 직접 듣고 증거를 조사하는 절차를 말한다.(「행정절차법」 제2조 제5호) 이 규정은 청문을 실시하여야 한다는 규정만 있을 뿐 구체적인 절차는 규정되어 있지 않다. 한편, 「행정절차법」은 행정절차에 관한 일반법으로서 다른 법률에 특별한 규정이 없는 한 「행정절차법」이 정하는 바에 따르도록 규정하고 있다.(제3조 제1항) 따라서 이 규정과 같이 해당 당사자에게 불이익처분을 할 경우는 「행정절차법」 에 따라 사전통지(제21조 제1항), 의견청취(제22조 제1항), 청문(제28조 내지 제37조) 등의 절차를 반드시 따라야 한다. 청문절차를 결여한 처분은 위법한 처분으로서 취소사유에 해당한다.198)

第7절 조사 및 연구(제79조)

第79조(조사 및 연구) 국토해양부장관은 선박의 감항성 및 인명안전의 확보와 선박안전과 관련한 국제협약에 관한 효과적인 업무수행을 위하여 필요한 조사 및 연구를 할 수 있다.

선박의 안전확보에 관한 연구개발(R&D)의 중요성은 아무리 강조해도 지나치지 아니할 것이다. 그러나 우리나라의 경우 이 분야에 대한 연구개발은 예산상의 제약 때문에 제대로 이루어지 못하고 있다. 특히 이 분야의 연구는 사업의 이익과 직결되는 것도 아니고 토목사업처럼 그 성과가 눈에 띄는 사업이 아니다 보니 예산사업의 우선순위에서 계속 밀리고 있는 것이 현실이다. 이러한 실정을 개선해보기 위하여 이 규정은 1997년 12월에 신설되었다. 그러나 이 규정의 신설에도 불구하고 실질적인 개선은 거의 이루어지지 않고 있다.

선박안전에 관한 연구개발비의 부족은 당장에 관련규정의 미비로 나타나고 있다. 과거에 정보의 속도가 느린 시절 우리나라 선박안전기준은 일본의 규정을 번역하여 거의 무비판적으로 국내법으로 수용하였다. 그러다 보니 왜 그렇게 규정하는지의 이유도 모르면서 수용한 사항도 많았다. 그러나 최근에는 기술변화의 속도가 빠르다 보니 일본의 규정을 기다려 베낄 시간적 여유가 없게 되었다. 세계 최고의 조선산업을 보유한 국가로서 국제협약의 변화는 물론 최신의 기술변화를 신속히 적용해야 하는 경우가 계속 증가하기 때문이다. 그렇다고 그 수도 제한되고, 전문성도 부족하며, 순환보직에 의하여 직책이 수시로 바뀌는 공무원이 관련규정을 빈틈없이 정비해 나가는 일도 쉽지 않다. 특히 대형선박의 경우는 국제협약의 기준을 바로 적용한다고 해도 국내에 운항하는 소형선박에 대한 기준을 새로 만드는 일은 담당자가 그럭저럭 창작해 낼 수 있는 사항이 아니다. 선박에 기술적인 결함이 있을 경우 대형사고가 초래될 수 있기 때문이다. 국제적인 조선강국으로서의 지위를 계속 유지해 나가기 위하여 선

198) 2004.7.8., 2002두8350. 특히 이 판례에서는 행정청이 당사자와 협약을 체결하면서 청문의 실시 등 의견청취절차를 배제하는 조항을 두었는데도 청문을 결여한 불이익처분이 위법한 처분이라고 판시하였다.

박안전에 관한 연구개발사업은 반드시 확대되어야 하겠다.

제8절 수수료(제80조)

제80조(수수료) ① 다음 각 호의 어느 하나에 해당하는 자는 국토해양부령이 정하는 바에 따라 국토해양부장관에게 수수료를 납부하여야 한다. 다만, 대행검사기관이 이 법에 따른 검사·확인·검정 및 승인 등의 업무를 대행하는 경우에는 해당대행검사기관이 정하는 수수료를 당해 기관에게 납부하여야 한다.

1. 건조검사, 선박검사, 별도건조검사 또는 국제협약검사를 신청하는 자
2. 제13조 제1항의 규정에 따른 도면의 승인을 신청하는 자
3. 제15조 제2항의 규정에 따른 변경허가를 신청하는 자
4. 제18조 제1항 및 제4항의 규정에 따른 형식승인 또는 그 변경승인을 신청하는 자
5. 제18조 제6항의 규정에 따른 선박용물건 또는 소형선박의 검정을 신청하는 자
6. 제20조 제1항의 규정에 따른 우수사업장의 지정을 신청하는 자
7. 제20조 제3항 단서의 규정에 따른 확인을 신청하는 자
8. 제22조 제1항의 규정에 따른 예비검사를 신청하는 자
9. 제22조 제2항의 규정에 따른 도면의 승인을 신청하는 자
10. 제23조 제1항 및 제3항의 규정에 따른 컨테이너형식승인 또는 그 변경승인을 신청하는 자
11. 제23조 제4항의 규정에 따른 컨테이너검정을 신청하는 자
12. 제24조 제1항의 규정에 따른 안전점검방법의 승인을 신청하는 자
13. 제28조 제2항의 규정에 따른 복원성자료의 승인을 신청하는 자
14. 제34조 제1항의 규정에 따른 제한하중등의 확인을 신청하는 자
15. 제39조 제1항의 규정에 따른 화물적재고박지침서의 승인을 신청하는 자
16. 제41조 제2항의 규정에 따른 위험물의 적합 여부에 관한 검사 또는 승인을 신청하는 자
17. 강화검사 또는 예인선항해검사를 신청하는 자
18. 제7조 제2항, 제8조 제2항, 제10조 제3항, 제11조 제2항, 제12조 제2항·제4항, 제18조 제7항, 제20조 제4항, 제22조 제3항, 제23조 제4항 후단, 제34조 제2항 및 제43조 제2항의 규정에 따른 증서 등의 교부 또는 재교부를 신청하는 자

국민에게 수수료 납부이라는 불이익한 처분을 하도록 하려면 반드시 법적 근거를 가져야 한다. 따라서 이 규정은 정부 또는 대행검사기관으로부터 검사 등의 서비스를 받을 경우 사전에 수수료를 납부하도록 규정하고 있다. 국가 또는 대행검사기관이 받는 수수료의 결정에 관하여 주무부장관은 「물가안정에 관한 법률」에 따라 기획재정부장관과 미리 협의하여야 한다.(제4조 제2항)

② 공단 및 선급법인이 제60조 제1항 및 제2항의 규정에 따라 선체두께를 측정하는 경우 또는 제63조의 규정에 따라 두께측정대행업체가 선체두께를 측정하는 경우에는 국토해양부령이 정하는 바에 따라 두께측정업무에 따른 수수료를 받을 수 있다.

이 규정은 두께측정업무에 대한 수수료 징수의 근거규정으로서, 그 구체적인 내용은 시행규칙으로 정하도록 하고 있으나 아직은 제대로 정해지지 않았다. 관련규정이 정비되기 전까지는 당사자 간의 합의에 의해 수수료를 받을 수 있을 것이다.

③ 대행검사기관 또는 두께측정대행업체가 제1항 단서 및 제2항의 규정에 따라 수수료를 징수하는 경우에는 그 기준을 정하여 국토해양부장관의 승인을 얻어야 한다. 승인을 얻은 사항을 변경하고자 하는 때에도 또한 같다.

이 규정에서는 두께측정에 관한 수수료의 기준을 정하거나 변경하고자 할 경우 국토해양부장관의 승인을 받도록 하고 있다. 이 경우에도 주무부장관은 기획재정부 장관과 수수료에 관하여 미리 협의해야 한다.

④ 대행검사기관 또는 두께측정대행업체가 제1항 단서 및 제2항의 규정에 따라 수수료를 징수하는 경우 그 수입은 대행검사기관 또는 두께측정대행업체의 수입으로 한다.

이 규정은 징수된 두께 측정수수료의 처분에 관한 사항으로서, 수수료는 두께측정을 행한 대행검사기관 또는 두께측정대행업체의 수입으로 하고 있다.

⑤ 국토해양부장관은 제68조의 규정에 따른 항만국통제 결과 결함이 발견되어 동조 제3항 및 제4항의 규정에 따라 시정조치명령 또는 출항정지명령을 받은 선박에 대하여 국토해양부령이 정하는 바에 따라 그 결함의 시정 여부 확인 등에 필요한 수수료를 징수할 수 있다.

이 규정은 항만국통제에 따라 시정조치 또는 출항정지명령을 받은 선박의 확인을 위하여 추가의 점검을 할 경우에는 수수료를 받도록 하는 규정이다. 대부분의 국가들은 처음의 임검은 무료이고, 결함이 지적된 선박의 확인점검에는 수수료를 징수하고 있다. 우리나라도 종래에는 확인점검도 무료로 시행하다가 외국의 예에 따라 이번에 유료로 전환하였다.

결함의 확인에 필요한 수수료는 근무시간 내인 경우 30만원, 근무시간 외인 경우는 50%를 할증하여 45만원이다. 이러한 수수료는 사무실 출발부터 확인을 마치고 다시 사무실로 돌아온 시간 4시간까지를 기본으로 적용하고, 4시간을 초과할 경우는 시간 당 5만원을 할증한다.(시행규칙 제99조 및 별표 37)

한편, 항만국통제관의 외국선박 임검을 위한 출장여비는 만성적인 부족현상을 겪고 있는 바, 확인점검 수수료를 출장여비로 활용하는 방안도 적극 검토할 필요가 있다고 하겠다.

⑥ 제69조 제2항 단서의 규정에 따라 외국에서 특별점검을 하는 경우 국토해양부장관은 항공료 등 필요한 실비의 수수료를 징수할 수 있다.

제 69조 제2항 단서의 규정에 따라 외국의 항만국통제와 관련하여 외국정부의 확인요청이 있을 경우 우리나라 선박검사관은 외국에서 특별점검을 할 수 있다. 이러한 특별점검은 당해 선박의 조기 출항을 시키기 위한 것이므로 이에 소요되는 비용은 수익자 부담원칙에 따라 당해 선박소유자가 부담하여야 한다.

당해 선박소유자가 부담하여야 할 수수료는 특별점검을 위하여 발생한 항공료, 숙박비, 식비 및 현지 교통비 등을 포함한다.(시행규칙 제100조 제1항) 이러한 비용의 구체적인 금액에 관하여는 「공무원여비규정」을 준용하되, 「공무원여비규정」의 지급기준을 초과하여 지출된 숙박비는 실비를 적용한다.(동조 제2항) 이와 같이 숙박비에 대하여 실비를 적용할 수 있도록 하는 것은「공무원여비규정」에 규정된 숙박비가 너무 적어 실제 이를 초과하는 경우가 많기 때문이다. 또 이러한 수수료의 징수 및 관리는「정부보관금에 관한 법률」에 따른「정부보관금 취급규칙」을 준용한다.(동조 제3항) 따라서 선박소유자가 납부한 금액은「국가재정법」에 의한 세입, 세출 등의 복잡한 절차를 취할 필요 없이 여비 등의 비용에 탄력적으로 활용할 수 있다.

제9절 권한의 위임(제81조)

제81조(권한의 위임 등) ① 이 법에 따른 국토해양부장관의 권한은 그 일부를 대통령령이 정하는 바에 따라 지방해양항만청장(지방해양항만청장 소속하에 두는 해양사무소의 장을 포함한다. 이하 같다) 또는 특별시장・광역시장・도지사・특별자치도지사(이하 "시・도지사"라 한다)에게 위임할 수 있다.

국토해양부장관은 이 법에 규정된 권한을 직접 행할 수 없으므로 불가피하게 하부 조직이나 지방자치단체에 위임하여 행해야 한다. 이 규정은 이러한 권한의 위임에 관한 법적 근거로서, 위임할 수 있는 업무의 구체적인 내용은 대통령령에서 정하고 있다. 이에 따라 국토해양부장관은 다음 각 호의 업무에 관한 권한을 관할 구역에 따라 지방해양청장(지방해양청장 소속 해양사무소의 장을 포함한다)에게 위임한다.(시행령 제21조 제1항) 위임에서 제외된 업무는 당연히 국토해양부장관이 직접 행하게 된다.[199] 국토해양부장관은 지방해양청장과 소속 해양수산사무소장에게 한꺼번에 권한을 위임하였으므로 해양수산사무소장은 다시 지방해양청장으로부터 권한의 재위임을 받을 필요가 없다.

1. 법 제11조 제1항에 따른 임시항해검사[국내의 조선소에서 건조된 외국선박(국내의 조선소에서 건조된 후 외국에서 등록하였거나 외국에서 등록할 예정인 선박을 말한다)이 시운전을 하려는 경우로 한정한다]

199) 물론 내부적 위임전결규정을 통하여 대부분의 업무는 국토해양부의 조직에서 처리하게 된다.

2. 법 제15조 제2항에 따른 변경허가
3. 법 제18조 제1항 및 제4항에 따른 형식승인 및 그 변경승인
4. 법 제19조 제1항에 따른 형식승인의 취소 또는 그 정지처분
5. 법 제20조 제1항·제2항 및 제5항에 따른 우수사업장의 지정, 자체검사기준 등의 승인과 그 변경승인 및 지도·감독
6. 법 제21조 제1항에 따른 우수사업장의 지정취소 또는 그 정지처분
7. 법 제23조 제1항·제3항 및 제6항에 따른 컨테이너형식승인과 그 변경승인 및 컨테이너형식승인의 취소 또는 정지처분
8. 법 제25조 제3항부터 제5항까지의 규정에 따른 컨테이너 안전에 필요한 조치, 비용청구 및 비용충당
9. 법 제68조에 따른 항만국통제
10. 법 제72조 제1항 및 제2항에 따른 재검사·재검정 및 재확인. 다만, 법 제76조에 따른 선박검사관이 행하는 업무를 제외한다.
11. 법 제74조 제2항 및 제3항에 따른 사실 확인 및 출항정지명령
12. 법 제75조 제1항에 따른 보고·자료제출명령
13. 법 제75조 제2항에 따른 출입·조사
14. 법 제75조 제3항에 따른 조사계획의 통보
15. 법 제75조 제5항에 따른 항해정지명령 또는 수리·보완과 관련된 처분
16. 법 제80조 제1항 각 호 외의 부분 본문 및 제5항에 따른 수수료의 징수
17. 법 제89조 제3항부터 제6항까지의 규정에 따른 과태료의 부과·징수. 다만, 제2항(정당한 사유 없이 선박위치발신장치를 작동하지 아니한 선박의 선장)에 따른 과태료의 부과·징수를 제외한다.

또한 국토해양부장관은 이 규정에 따라 어선의 선박소유자에 대하여 법 제89조 제3항부터 제6항까지의 규정에 따른 과태료의 부과·징수에 관하여 특별시장·광역시장·도지사 또는 특별자치도지사에게 위임한다.

(시행령 제21조 제2항) 어선의 경우 지방자치단체에 등록하고 있기 때문에 업무상 편의를 위하여 과태료의 부과·징수에 관한 권한행사도 지방자치단체에서 행하도록 하고 있다.

② 시·도지사는 제1항의 규정에 따라 위임받은 권한의 일부를 국토해양부장관의 승인을 얻어 시장·군수 또는 구청장(자치구의 구청장을 말한다)에게 재위임할 수 있다.

시·도지사도 어선의 소유자에 대한 과태료의 부과·징수업무를 직접 행하기 어려우므로 이 규정은 실제 어선의 등록이 이루어지는 시장·군수 또는 구청장에게 재위임을 할 수 있도록 하고 있다. 다만, 권한을 재위임하고자 하는 시·도지사는 사전에 국토해양부장관의 승인을 얻어야 한다. 이와 같이 승인을 얻도록 한 취지는 이러한 권한이 실제 어느 곳에서 집행되는지 확인하고 지도·감독의 편의를 도모하기 위해서 이다.

제10절 벌칙적용의 공무원 의제(제82조)

제82조(벌칙 적용에 있어서의 공무원 의제) 제60조 제1항·제2항, 제64조 제1항 또는 제65조 제1항의 규정에 따른 대행검사기관의 임원 및 직원은「형법」 제129조 내지 제132조의 적용에 있어 공무원으로 본다.

선박검사 등을 행하는 대행검사기관의 임직원은 공무원이 행하는 경우와 동등 이상으로 업무를 공정하게 행해야 한다. 그러나「형법」에 규정된 수뢰죄·사전수뢰죄(제129조), 제3자 뇌물제공죄(제130조), 수뢰후 부정처사죄·사후수뢰죄(제131조), 알선수뢰죄(제132조)는 공무원의 신분을 가진 자에만 적용되고 대행검사기관의 임직원에 대하여는 적용될 수 없다. 이 규정에서는 뇌물수수 문제가 발생한 경우 대행검사기관의 임직원은 공무원으로 의제함으로써 공무원과 동일한 처벌을 받도록 하고 있다.

제12장 벌 칙

제12장은 이 법의 마지막 장으로서 벌칙에 관하여 규정하고 있다. 벌칙규정은 그 의무자들에게 심리적 압박을 가하여 법의 실효성 확보에 중요한 역할을 하고 있다. 특히 이법에서는 많은 새로운 의무를 부과하면서 이에 따른 많은 처벌규정도 두고 있다. 이 법은 행정법으로서 질서위반에 따른 전과자 양산을 막기 위하여 위반자에 대하여는 행정형벌보다는 행정질서벌인 과태료 부과가 바람직하다고 판단된다. 그러나 법무부와의 협의 과정에서 다른 법률에 규정된 형벌규정과의 형평성 확보의 차원에서 아직도 많은 행정형벌규정을 두게 되어 아쉬움이 크다.

제1절 벌칙(제83조)

제83조(벌칙) 다음 각 호의 어느 하나에 해당하는 자는 1년 이하의 징역 또는 1천만 원 이하의 벌금에 처한다.

1. 제7조의 규정을 위반하여 건조검사를 받지 아니한 자
2. 거짓 그 밖의 부정한 방법으로 제7조 내지 제12조의 규정에 따른 건조검사·선박검사 또는 국제협약검사를 받은 자
3. 거짓 그 밖의 부정한 방법으로 제18조 제1항·제4항·제6항의 규정에 따른 형식승인, 그 변경승인 및 검정을 받은 자
4. 거짓 그 밖의 부정한 방법으로 제20조 제1항의 규정에 따른 우수사업장의 지정을 받은 자
5. 거짓 그 밖의 부정한 방법으로 제22조 제1항의 규정에 따른 예비검사를 받은 자

6. 거짓 그 밖의 부정한 방법으로 제23조 제1항·제3항·제4항의 규정에 따른 컨테이너형식승인, 그 변경승인 및 검정을 받은 자
7. 거짓 그 밖의 부정한 방법으로 제42조 제1항의 규정에 따른 강화검사를 받은 자
8. 거짓 그 밖의 부정한 방법으로 제43조 제1항의 규정에 따른 예인선항해검사를 받은 자
9. 제74조 제4항의 규정을 위반하여 다른 사람에게 알려주거나 공개 또는 보도한 자

이 규정은 이 법에 의한 벌칙 중 가장 강력한 것들이다. 주로 거짓이나 부정한 방법으로 검사 등을 받은 자에 대하여 처벌하게 된다. 우리나라 「형법」에서는 "본법 총칙은 타 법령에 정한 죄에 적용한다. 단 그 법령에 특별한 규정이 있는 때에는 예외로 한다"고 규정하여(제8조) 형벌적용에 관한 「형법」의 일반원칙은 이 법의 벌칙적용에도 적용된다. 한편, 「형법」에서는 "정상의 주의를 태만함으로 인하여 죄의 성립요소인 사실을 인식하지 못한 행위는 법률에 특별한 규정이 있는 경우에 한하여 처벌한다"고 규정하여(제14조) 고의에 의한 행위만을 처벌하고 과실에 의한 행위에 대하여는 법률에 특별한 규정이 있는 경우에만 처벌할 수 있다. 따라서 위의 규정에는 과실로 인한 경우에도 처벌한다는 규정이 없으므로 고의로 이 법을 위반한 경우만 처벌할 수 있다.

발생된 결과에 대하여 고의인지 과실인지를 가리는 것은 결코 쉬운 문제가 아니다. 영미법 국가의 경우 배심원(jury)이 상식에 의하여 결정하는데 반하여 우리나라는 많은 학설이 있어 판단이 쉽지 않다. 예컨대 만재흘수선을 확인하지 않고 화물을 적재하여 사고가 발생한 경우 선장은 과실이라고 주장하고, 검사는 미필적 고의라는 주장이 있을 수도 있다. 미필적 고의는 범죄사실이 발생할 가능성을 인식하고 또 이를 인용하는 것을 말하며, 고의로서 처벌된다. 미필적 고의의 예로는 좁은 골목길을 과속으로 달리면 사고의 위험이 있을 수 있는데 이것을 알면서도 과속으로 주행을 하는 행위를 들 수 있다. 결국 법원의 판결에 따라 고의와 과실의 여부가 가려지겠지만 결과를 예측하기 어렵다는 현실은 여전히 남는다.

이 규정에서 정하고 있는 질서위반 행위에 대한 형벌의 적용은 절차도 번거롭고 전과자를 양산하게 되는 단점이 있다. 이번의 법 개정 시에 이러한 위반행위에 대해 적용할 벌칙을 종래에 비하여 현저히 낮추고, 대부분을 행정질서벌인 과태료로 전환하려고 하였으나 다른 법률에서 규정하고 있는 형벌과의 균형을 유지해야 한다는 법무부의 주장에 따라 현행과 같이 규정되게 되었다.[200] 참고로 우리와 유사한 법체제를 가지고 있는 일본의 경우 「선박안전법」 위반에 따른 벌칙으로서 징역형은 없고, 가장 강력한 처벌이 30만엔 이하의 벌금이다.(일본 「선박안전법시행규칙」 제67조)[201]

제2절 벌칙(제84조)

제84조(벌칙) ① 선박소유자, 선장 또는 선박직원이 다음 각 호의 어느 하나에 해당하는 행위를 하는 때에는 1년 이하의 징역 또는 1천만원 이하의 벌금에 처한다.

1. 제8조 제2항의 규정에 따른 선박검사증서에 기재된 항해구역을 넘어서 선박을 항해에 사용한 때

2. 제8조 제2항의 규정에 따른 선박검사증서에 기재된 최대승선인원을 초과하여 승선자를 탑승한 채 선박을 항해에 사용한 때

3. 제8조 제2항의 규정에 따른 선박검사증서에 기재된 만재흘수선의 지정된 위치를 위반하여 선박을 항해에 사용한 때

4. 제15조 제2항의 규정을 위반하여 국토해양부장관의 허가를 받지 아니하고 선박의 길이・너비・깊이 또는 선박의 용도를 변경한 때

5. 제17조 제1항의 규정을 위반하여 선박검사증서등을 소지하지 아니하거나 그 효력이 정지된 선박검사증서등을 소지하고 선박을 항해에 사용한 때

6. 제17조 제2항의 규정을 위반하여 선박검사증서등에 기재된 항해와 관련한 조건을 위반하여 선박을 항해에 사용한 때

7. 제23조 제8항의 규정을 위반하여 컨터이너형식승인판이 부착되지 아

---

200) 법률 개정작업을 진행할 경우 형벌에 대하여는 주무부처인 법무부와 협의를 해야 한다.

201) 우리나라도 이 법의 제정 이후 상당기간 위반자에 대하여 벌금만 부과하였으나 1982년의 법 개정을 통하여 징역형이 추가되고 벌금액수도 대폭 증가하였다. 당시 전두환 정부에서 모든 행정형벌을 강화한 것으로 추정된다.

니한 컨테이너를 선박에 적재한 때

8. 제27조 제1항의 규정을 위반하여 만재흘수선의 표시를 은폐·변경 또는 말소한 때

9. 제27조 제2항의 규정을 위반하여 만재흘수선을 초과하여 여객 또는 화물을 운송한 때

10. 제29조 제3항의 규정을 위반하여 무선설비를 갖추지 아니하고 선박을 항해에 사용한 때

이 규정은 두 번째로 강력한 처벌인 1년 이하의 징역 또는 1천만원 이하의 벌금형을 정하고 있다. 이러한 위반행위는 단순한 착오나 주의태만 등의 과실로 인하여 발생할 소지도 높은 바, 위반자는 고의가 아니라는 점을 잘 입증해야 처벌을 면할 수 있다.[202]

② 선장이 선박소유자의 업무에 관하여 제1항의 위반행위를 한 때에는 선장을 벌하는 외에 선박소유자에 대하여도 동항의 벌금형에 처한다.

이 규정은 소위 '양벌규정'으로서, 양벌규정은 법인의 대표자나 법인 또는 개인의 대리인·사용인 및 기타의 종업원이 법인 또는 개인의 업무에 관하여 위법행위를 한 때에 행위자를 처벌하는 외에 그 법인 또는 개인도 처벌하는 규정을 말한다.[203] 이 규정은 제5공화국 당시인 1982년 4월 1일 종래의 법이 개정되면서 함께 도입되었다.(제18조 제2항) 당시 이 법의 개정사유 중의 하나는 "벌칙규정을 현실에 맞도록 조정"하기 위하여라고 하나 그 구체적 이유는 명확하지 않다. 생각건대 이러한 처벌규정은 선박소유자가 선장의 지도·감독에 보다 많은 관심을 두게 할 목적으로 도입된 것으로 추정한다.

③ 선장 외에 선박승무원이 제1항의 위반행위를 한 때에는 해당선박승무원을 벌하는 외에 선장에 대하여도 동항의 벌금형에 처한다. 다만, 선장이 해당 선박승무원에 대하여 관리·감독 의무를 해태하지 아니한 경우에는 그러하지 아니하다.

---

202) 일반인들은 고의로 인한 위반행위에 대해서만 처벌할 수 있다는 형법총칙의 규정을 몰라 위반사실이 적발되면 처벌을 당연시 하는 경향이 있어 보인다.

203) 네이버백과사전, http://100.naver.com/100.nhn?docid=109254 [2008.3.3.].

이 규정은 단서규정을 제외하고는 종래의 법에 규정되어 있던 규정과 동일한 내용이다.(제18조 제3항) 그러나 선박 내에서 선장이 모든 일을 행할 수는 없으므로 선장은 많은 업무를 선박승무원에 위임하여 행하고 있다. 그러나 종래의 규정에서는 선박승무원이 선장의 지시를 어기고 위반행위를 했을 경우라도 선장이 함께 벌금형을 받아야만 하였다. 이와 같은 체제는 선장에게 너무 가혹하므로 선장이 적절한 관리·감독을 행하였음에도 불구하고 해당 선박승무원이 위반행위를 한 경우에는 처벌하지 아니하도록 단서를 추가하였다. 따라서 선장으로서는 선박승무원에게 수시로 법령의 철저한 준수를 지시하고, 그에 관한 선박승무원의 서명을 받아 두거나 항해일지에 기록하는 등 증거를 준비한다면 만일의 사태 시 자신의 책임을 면할 수 있을 것이다.

④ 선박소유자의 대리인(선박소유자가 법인인 경우 대표자를 포함한다)·사용인 그 밖의 종업원(선박승무원을 제외한다)이 선박소유자의 업무에 관하여 제1항의 위반행위를 한 때에는 그 대리인·사용인 그 밖의 종업원에 대하여 동항의 벌칙을 적용한다. 이 경우 해당선박소유자에 대하여는 동항의 벌금형에 처한다.

이 규정도 선박소유자가 법인인 경우 법인의 대표자도 대리인으로 추가하는 것을 제외하고는 종래의 법에 포함되어 있던 것과 거의 유사한 내용이다.(제18조 제4항) 따라서 선박소유자의 업무를 대리하는 자가 위반행위를 한 경우 해당 행위를 한 자에게는 선박소유자에게 적용되는 벌칙이 적용되며, 선박소유자에게는 해당 처벌조항의 벌금형이 처해 진다.

제3절 벌칙(제85조)

제85조(벌칙) 다음 각 호의 어느 하나에 해당하는 자는 500만원 이하의 벌금에 처한다.

1. 거짓 그 밖의 부정한 방법으로 제41조 제2항의 규정에 따른 위험물의 적재·운송 또는 저장방법의 적합 여부에 관한 검사를 받거나 승인을 얻은 자

2. 제69조 제4항의 규정에 따른 명령에 따르지 아니한 자

3. 제71조 제3항의 규정에 따른 명령에 따르지 아니한 자

4. 거짓으로 제74조 제1항의 규정에 따른 선박의 결함신고를 한 자
5. 제74조 제3항의 규정에 따른 출항정지명령에 따르지 아니한 자
6. 제75조 제1항의 규정을 위반하여 거짓의 보고를 하거나 거짓의 자료를 제출한 자
7. 정당한 사유 없이 제75조 제2항의 규정에 따른 공무원의 출입을 거부·방해 또는 기피한 자
8. 제75조 제5항의 규정에 따른 처분에 따르지 아니한 자

이 규정에서는 징역형이 없이 500만원 이하의 벌금형만 가능한 위반행위를 열거하고 있다. 벌금도 형벌의 일종으로서 재산형의 일종이다. 벌금은 판결이 확정된 날로부터 30일 내에 납입하여야 하며(「형법」 69조 제1항), 벌금을 납입하지 않는 자에 대하여는 1일 이상 3년 이하의 기간동안 노역장에 유치하여 작업을 시킬 수 있다.(제69조 제2항)

제4절 벌칙(제86조)

제86조(벌칙) 다음 각 호의 어느 하나에 해당하는 자는 200만원 이하의 벌금에 처한다.

1. 제28조 제1항의 규정을 위반하여 복원성을 유지하지 아니하고 선박을 항해에 사용한 자
2. 제43조 제1항의 규정을 위반하여 예인선항해검사를 받지 아니하고 부선 및 구조물 등을 예인한 자
3. 제44조의 규정을 위반하여 고인화성 연료유·윤활유 등을 선박에서 사용한 자

이 규정에서는 비교적 경미한 위반행위에 대한 벌금형을 정하고 있다. 제 2호의 경우 예인선항해검사를 받지 아니한 자와 예인한 자의 불일치가 문제될 수 있다. 문언적으로 해석하면 예인선항해검사를 받지 아니한 자는 선박소유자이고, 부선 및 구조물을 예인한 자는 선장이 되므로 선주선장만이 이 규정에 의한 처벌대상이 될 수 있을 것이다.

제5절 벌칙적용의 예외(제87조)

제87조(벌칙 적용의 예외) 이 법과 이 법에 따른 명령을 위반한 선박소유자에게 적용할 벌칙은 선박소유자가 국가 또는 지방자치단체인 때에는 이를 적용하지 아니한다.

이 규정은 1961년 이 법의 제정당시부터 포함되어 있던 규정이다. 처벌의 주체인 국가가 스스로를 처벌한다는 점에서 국가에 대한 처벌은 바람직하지 않다고 판단된다. 그러나 국가가 아니고 공법인의 일종인 지방자치단체의 위반행위에 대하여는 처벌에 별 문제가 없다고 판단된다. 특히 법인처벌의 근거가 되는 제84조 제2항 및 제4항에서는 처벌이 가능함을 명확히 규정하고 있기도 하다. 그러나 오랜 기간 동안 실질적으로 국가가 직접 담당해 왔던 지방자치단체의 공익적인 성격을 고려하여 이 규정에서는 벌칙적용의 예외를 인정하고 있다. 이에 따라 지방자치단체가 선박소유자로서 이 법을 위반할 경우 벌금형을 적용받지는 않으나 지방자치단체장은 정치적인 책임을 지게 될 수 있다.

제6절 벌칙의 적용(제88조)

제88조(벌칙의 적용) 벌칙의 적용에 있어 이 법 중 선박소유자에 관한 규정은 선박공유의 경우에 선박관리인을 임명하였을 때에는 이를 선박관리인에게, 선박임대차의 경우에는 이를 선박차용인에게, 용선(傭船)의 경우에는 실질적으로 선박의 관리·운항을 담당하는 자에게 각각 적용하고, 선장에 관한 규정은 선장을 대신하여 그 직무를 행하는 자에게 이를 적용한다.

제84조의 규정에서는 위반행위를 한 선박소유자 또는 선장에 대한 벌칙을 규정하고 있다. 이 경우 원칙적으로 위반자가 선박소유자 또는 선장등과 같은 특정한 신분이 아니면 이 규정은 적용될 수 없다.[204] 그러나 실무에 있어 선박소유자는 선박을 소유할 뿐 실제 운항은 선박관리인이나 나용선자가 담당하는 경우도 매우 많다. 이 경우 선박소유자의 지배권이 선장 등에게 미치지 아니함에도 불구하고 위반에 대하여 선박소유자를 처

---

204) 범죄구성요건상 특정한 신분관계를 필요로 하는 범죄를 신분범이라고 한다.

벌함은 불합리하다. 또 선장의 대리인이 한 위반행위에 대하여 처벌을 하지 못해도 불합리하다. 이러한 신분범의 문제를 해결하기 위하여 이 규정은 선박소유자에 대한 벌칙은 실질적으로 선박의 관리·운항을 담당하는 자에게 적용하도록 하고, 선장의 직무를 대행하는 자가 범한 위반행위에 대하여는 선장에 적용되는 벌칙과 동일한 벌칙을 적용하도록 하고 있다.

제7절 과태료(제89조)

제89조(과태료) ① 다음 각 호의 어느 하나에 해당하는 자는 200만원 이하의 과태료에 처한다.

1. 정당한 사유 없이 선박검사를 받지 아니한 자
2. 제13조 제4항의 규정을 위반하여 승인된 도면을 선박에 비치하지 아니한 자
3. 제15조 제1항의 규정을 위반하여 선박의 구조배치·기관·설비 등을 변경한 자
4. 제18조 제5항의 규정에 따른 형식승인시험 또는 변경승인시험에 합격한 선박용물건을 보관하지 아니한 자
5. 제24조 제1항의 규정을 위반하여 컨테이너의 안전점검을 실시하지 아니한 자
6. 제25조 제1항의 규정을 위반하여 컨테이너의 안전점검을 실시하지 아니하고 컨테이너를 사용한 자
7. 제28조 제2항의 규정을 위반하여 복원성자료를 선장에게 제공하지 아니한 자
8. 제31조의 규정을 위반하여 선장의 전문적인 판단을 방해하거나 간섭한 자
9. 제32조의 규정을 위반하여 항해용 간행물을 선박에 비치하지 아니한 자
10. 제33조 제1항의 규정을 위반하여 조타실의 시야를 확보하지 아니한 자
11. 제33조 제2항의 규정을 위반하여 조타실과 조타기가 설치된 장소 사이에 통신장치를 설치하지 아니한 자
12. 제34조 제3항의 규정을 위반하여 제한하중등의 표시를 하지 아니한 자
13. 제34조 제4항의 규정을 위반하여 제한하중등의 사항을 위반하여 하역시설을 사용한 자
14. 제35조 제2항의 규정을 위반하여 하역설비검사기록부 등의 서류를

선내에 비치하지 아니한 자
15. 제36조 제1항의 규정을 위반하여 화물에 관한 정보를 선장에게 제공하지 아니한 자
16. 제37조의 규정을 위반하여 유독성가스 또는 산소의 농도를 측정할 수 있는 기기 및 이에 관한 사용설명서를 선장에게 제공하지 아니한 자
17. 제38조의 규정을 위반하여 안전조치를 취하지 아니한 자
18. 제39조 제2항의 규정을 위반하여 승인을 얻은 내용에 따르지 아니하고 화물을 적재 또는 고박한 자
19. 제39조 제3항의 규정을 위반하여 안전조치를 취하지 아니한 자
20. 제39조 제4항의 규정을 위반하여 컨테이너형식승인판에 표시된 최대총중량을 초과하여 화물을 수납·적재한 자
21. 제40조 제1항의 규정을 위반하여 선박의 복원성·화물의 성질 및 적재방법에 관한 정보를 선장에게 제공하지 아니한 자
22. 제40조 제2항의 규정을 위반하여 안전조치를 취하지 아니한 자
23. 제41조 제1항의 규정을 위반하여 위험물을 적재·운송 또는 저장한 자
24. 정당한 사유 없이 제41조 제2항의 규정에 따른 위험물의 적재·운송 또는 저장방법의 적합 여부에 관한 검사 또는 승인을 받지 아니한 자
25. 정당한 사유 없이 제42조 제1항의 규정에 따른 강화검사를 받지 아니한 자
26. 제43조 제3항의 규정을 위반하여 예인선항해검사증서를 예인선에 비치하지 아니한 자
27. 제66조 제1항의 규정을 위반하여 외국 항만당국의 항만국통제로 인하여 출항정지된 대한민국 선박의 소유자
28. 정당한 사유 없이 제75조 제1항의 규정에 따른 보고 또는 자료제출을 하지 아니한 자

이 규정은 단순한 업무해태행위에 대하여 과태료를 부과하도록 규정하고 있다. 과태료는 행정상의 질서유지를 위하여 위반자에게 과하는 벌과금을 말한다. 과태료를 처벌내용으로 하는 행정질서벌은 형벌이 아니므로 형법총칙이 적용되지 아니한다. 따라서 이러한 행정질서벌에 대하여는 통칙적인 절차규정이 없고, 개별 법률의 규정에 따라 부과 된다. 과태료와 같은 행정질서벌은 행정질서유지를 위하여 행정법규위반이라는 객관적 사실에 대하여 과하는 제재이므로 반드시 현실적인 행위자가 아니라도

법령상 책임자로 규정된 자에게 부과되고, 또한 특별한 규정이 없는 한 원칙적으로 위반자의 고의·과실을 요하지 아니한다.[205]

행정질서벌과 행정형벌은 그 절차가 다르지만 다 같은 행정벌이므로 동일한 행정범에 대하여 일사부재리의 원칙 및 이중처벌금지의 원칙에 따라 양자를 병과할 수 없다는 것이 지배적인 학설이다.[206] 그러나 판례는 "과태료는 행정법상의 질서벌에 불과하므로 과태료처분을 받고 이를 납부한 일이 있더라도 그 후에 형사처벌을 한다고 해서 일사부재리의 원칙에 어긋난다고 할 수 없다"고 하여 반대입장을 취하고 있다.[207] 그러나 행정질서 위반에 대한 벌칙을 형벌과 과태료로 각각 분리하여 규정하고 있으며, 형벌남용에 따른 문제점을 개선하기 위하여 형벌을 과태료로 전환하고 있는 현재 이를 병과할 수 있다는 견해는 시대적 흐름과 맞지 않는다고 판단된다.

② 정당한 사유 없이 제30조 제1항의 규정에 따른 선박위치발신장치를 작동하지 아니한 선박의 선장은 1백만원 이하의 과태료에 처한다.

이 규정은 선박위치발신장치의 비치 및 작동에 관한 규정이 2006년 3월 24일 종래의 법에 신설되면서 신설된 처벌규정이다. 이번에 전부개정을 하면서 다른 과태료와 함께 200만원 이하로 통일하여 규정하는 방안도 검토하였으나 아직 개정된 지가 얼마 안 된 점을 감안하여 그대로 두게 되었다.

③ 제1항 및 제2항의 규정에 따른 과태료는 대통령령이 정하는 바에 따라 국토해양부장관이 부과·징수한다.

이 규정은 과태료 부과권한이 국토해양부장관에게 있음을 밝히고 있으며, 그 구체적인 내용은 대통령령으로 위임하고 있다. 그러나 이러한 권한은 이 법 제81조 및 시행령 제21조 제1항 및 제2항에 따라 비어선의 경우 지방해양청장(선박위치발신장치 미작동의 경우 제외), 어선의 경우

205) 대판 1994.8.26., 94누6949.
206) 정하중, 전게서, 484쪽.
207) 대판 1989.6.13., 88도1983.

시·도지사에게 위임되어 있다. 이에 따라 과태료는 행정관청에서 부과·징수하되, 제4항의 규정에 따라 당사자가 이의를 제기하면 「비송사건절차법」에 따른 법원의 과태료 부과절차로 넘어가게 된다.

국토해양부장관은 과태료를 부과하는 경우 해당 위반행위를 조사·확인한 후 위반사실, 과태료 금액, 이의 제기 방법 및 이의 제기 기간 등을 서면으로 자세히 밝혀 과태료를 낼 것을 과태료 처분 대상자에게 통지하여야 한다.(시행령 제22조 제1항) 이 때 국토해양부장관은 10일 이상의 기간을 정하여 과태료처분 대상자에게 의견 제출의 기회를 주어야 한다. 지정된 날까지 과태료처분 대상자가 의견을 제출하지 아니한 경우에는 의견이 없는 것으로 본다.(동조 제2항) 또 국토해양부장관이 과태료의 금액을 정할 때에는 해당 위반행위의 동기와 그 결과 등을 고려하되, 그 부과기준은 다음의 표26과 같다.(동조 제3항)

<표26> 위반행위별 과태료의 부과기준

위반행위	관련법조문	금액
1. 정당한 사유 없이 선박검사를 받지 아니한 경우 가. 10일 이내의 기간이 지난 경우 나. 10일을 초과한 경우에는 5만원 외에 매 1일 초과 시마다	제89조 제1항제1호	5만원 1만원
2. 법 제13조 제 항을 위반하여 승인된 도면을 선박에 갖추어 두지 아니한 경우	제89조 제1항 제2호	50만원
3. 법 제15조 제1항을 위반하여 선박의 구조배치·기관·설비 등을 변경한 경우	제89조 제1항제3호	200만원
4. 법 제18조 제5항에 따른 형식승인시험 또는 변경승인시험에 합격한 선박용물건을 보관하지 아니한 경우	제89조 제1항제4호	50만원
5. 법 제24조 제1항을 위반하여 컨테이너의 안전점검을 실시하지 아니한 경우	제89조 제1항제5호	100만원
6. 법 제25조 제1항을 위반하여 컨테이너의 안전점검을 실시하지 아니하고 컨테이너를 사용한 경우	제89조 제1항제6호	30만원

7. 법 제28조 제2항을 위반하여 복원성에 대한 자료를 선장에게 제공하지 아니한 경우	제89조 제1항제7호	100만원
8. 법 제31조를 위반하여 선장의 전문적인 판단을 방해하거나 간섭한 경우	제89조 제1항제8호	100만원
9. 법 제32조를 위반하여 항해용 간행물을 선박에 갖추어 두지 아니한 경우	제89조 제1항제9호	30만원
10. 법 제33조 제1항을 위반하여 조타실의 시야를 확보하지 아니한 경우	제89조 제1항제10호	50만원
11. 법 제33조 제2항을 위반하여 조타실과 조타기가 설치된 장소 사이에 통신장치를 설치하지 아니한 경우	제89조 제1항제11호	30만원
12. 법 제34조 제3항을 위반하여 제한하중등의 표시를 하지 아니한 경우	제89조 제1항제12호	20만원
13. 법 제34조 제4항을 위반하여 제한하중등의 사항을 위반하여 하역설비를 사용한 경우	제89조 제1항제13호	20만원
14. 법 제35조 제2항을 위반하여 하역설비검사기록부 등의 서류를 선내에 갖추어 두지 아니한 경우	제89조 제1항제14호	10만원
15. 법 제36조 제1항을 위반하여 화물에 관한 정보를 선장에게 제공하지 아니한 경우	제89조 제1항제15호	30만원
16. 법 제37조를 위반하여 유독성가스 또는 산소의 농도를 측정할 수 있는 기기 및 이에 관한 사용설명서를 선장에게 제공하지 아니한 경우	제89조 제1항제16호	30만원
17. 법 제38조를 위반하여 안전조치를 취하지 아니한 경우	제89조 제1항제17호	30만원
18. 법 제39조 제2항을 위반하여 승인을 받은 내용에 따르지 아니하고 화물을 적재 또는 고박한 경우	제89조 제1항제18호	30만원
19. 법 제39조 제3항을 위반하여 안전조치를 취하지 아니한 경우	제89조 제1항제19호	30만원
20. 법 제39조 제4항을 위반하여 컨테이너 형식승인판에 표시된 최대총중량을 초과하여 화물을 수납·적재한 경우	제89조 제1항제20호	20만원

21. 법 제40조 제1항을 위반하여 선박의 복원성·화물의 성질 및 적재방법에 관한 정보를 선장에게 제공하지 아니한 경우	제89조 제1항제21호	30만원
22. 법 제40조 제2항을 위반하여 안전조치를 취하지 아니한 경우	제89조 제1항제22호	30만원
23. 법 제41조 제1항을 위반하여 위험물을 적재·운송 또는 저장한 경우	제89조 제1항제23호	20만원
24. 정당한 사유 없이 법 제41조 제2항에 따른 위험물의 적재·운송 또는 저장방법의 적합여부에 관한 검사 또는 승인을 받지 아니한 경우	제89조 제1항제24호	200만원
25. 정당한 사유 없이 법 제42조 제1항에 따른 강화검사를 받지 아니한 경우	제89조 제1항제25호	100만원
26. 법 제43조 제3항을 위반하여 예인선항해검사증서를 예인선에 갖추어 두지 아니한 경우	제89조 제1항제26호	50만원
27. 법 제69조 제1항을 위반하여 대한민국 선박이 외국 항만당국의 항만국통제로 인하여 출항정지된 경우	제89조 제1항제27호	200만원
28. 정당한 사유 없이 법 제75조 제1항에 따른 보고 또는 자료제출을 하지 아니한 경우	제89조 제1항제28호	50만원
29. 정당한 사유 없이 선박의 선장이 법 제30조 제1항에 따른 선박위치발신장치를 작동하지 아니한 경우	제89조 제2항	50만원

※비 고

1. 국토해양부장관은 해당 위반행위의 정도 및 횟수 등을 고려하여 위 표에서 정한 금액의 2분의 1의 범위에서 이를 가중하거나 감경할 수 있다. 다만, 가중하여 부과하는 경우에도 과태료의 총액은 법 제89조 제1항에 따른 금액을 초과할 수 없다.
2. 제1호에도 불구하고 위 표 제1호에 따라 부과할 수 있는 과태료의 최고한도는 30만원으로 한다.

과태료의 징수절차에 관하여는 「국고금관리법 시행규칙」을 준용한다. 이 경우 납입고지서에는 이의 제기 방법 및 이의 제기 기간 등을 함께 적어야 한다.(시행규칙 제101조)

④ 제3항의 규정에 따른 과태료 처분에 불복이 있는 자는 그 처분의 고지를 받은 날부터 30일 이내에 국토해양부장관에게 이의를 제기할 수 있다.

이 규정은 과태료 처분에 대하여 불복이 있는 자의 이의제기에 관한 규정으로서 종래의 규정(제24조의2 제3항)과 동일하다.

⑤ 제3항의 규정에 따라 과태료 처분을 받은 자가 제4항의 규정에 따라 이의를 제기한 때에는 국토해양부장관은 지체 없이 관할법원에 그 사실을 통보하여야 하며, 그 통보를 받은 관할법원은 「비송사건절차법」에 따른 과태료의 재판을 한다.

과태료 처분을 받은 자가 이의를 제기할 경우 국토해양부장관은 이 사실을 관할법원에 통보함으로써 과태료의 부과·징수 업무가 종결되고, 법원이 「비송사건절차법」에 따라 직접 과태료를 결정하여 부과하게 된다. 비송사건은 민사소송과 함께 법원의 관할에 속하는 민사사건의 하나이다. 민사소송절차와 달리 비송절차는 분쟁을 전제로 하여 법원이 재판으로 시비를 가리는 것이 아니라 실질적으로 법률관계를 둘러싼 행정절차라고 할 수 있다.[208] 따라서 법관은 법과 구체적인 사정 사이에서 판단을 내려주게 된다. 광의의 비송사건은 국가가 사법질서의 유지를 위하여 사권의 발생·보존·변경·실행·소멸 등에 관하여 후견적 임무를 수행하는 사건을 말하며, 협의의 비송사건은 「비송사건절차법」에 따라 처리되는 사건을 말한다. 이에는 민사비송으로 법인, 신탁, 재판상대위, 공탁, 감정, 법인등기 등이 있고, 상사비송으로 회사의 경매, 사채, 회사의 청산, 상업등기 등이 있다. 또 과태료사건과 가사소송사건도 비송사건에 속한다.

과태료사건은 「비송사건절차법」의 맨 뒤 부분인 부칙에 규정되어 있다. 과태료사건의 관할법원은 과태료에 처할 자의 주소지의 지방법원으로 한다.(제247조) 과태료의 재판은 이유를 붙인 결정으로써 하여야 한다.(제248조 제1항) 법원은 재판을 하기 전에 당사자의 진술을 들은 후 국가를 대표하는 검사의 의견을 구하여야 한다.(동조 제2항) 당사자와 검사는 과태료의 재판에 대하여 즉시항고를 할 수 있다. 이 경우 항고는 집행정지

208) 호문혁, 「민사소송법」, 제5판, (서울: 법문사, 2006), 59쪽.

의 효력이 있다.(동조 제3항)

법원은 상당하다고 인정할 때에는 당사자의 진술을 듣지 아니하고 약식으로 과태료의 재판을 할 수 있다.(제250조 제1항) 당사자와 검사는 제1항의 재판의 고지를 받은 날부터 1주일 내에 이의의 신청을 할 수 있으며(동조 제2항), 이 경우 약식재판은 그 효력을 잃는다.(동조 제3항) 이의신청이 있는 때에는 법원은 당사자의 진술을 듣고 다시 재판하여야 한다.(동조 제4항)

⑥ 제4항의 규정에 따른 기간 이내에 이의를 제기하지 아니하고 과태료를 납부하지 아니한 때에는 국세체납처분의 예에 따라 이를 징수한다.

과태료부과 대상자가 이의도 제기하지 않고, 과태료도 납부하지 아니하면 국토해양부장관은 국세체납처분의 예에 따라 강제징수에 나서게 된다. 국세체납처분이란 「국세징수법」에 의거한 국세의 강제집행절차를 말한다. 체납처분절차의 내용으로는 국세가 납기까지 완납되지 아니하면 독촉과 최고를 행하고(제23조), 납세의무자가 이를 이행하지 아니하면 체납자의 재산을 압류한다.(제24조) 압류물건은 통화를 제외하고는 원칙적으로 공매에 의하여 매각한다.(제61조) 매각대금은 국세・가산금・체납처분비 및 기타의 채권에 배분하고 잔여가 있으면 체납자에게 지급한다.(제81조)

제13장
부 칙<제8221호, 2007.1.3>

부칙에서는 이 법의 시행과 관련하여 시행날짜, 제도변경에 따른 경과규정, 다른 법률의 개정사항 등을 정하고 있다. 특히 2007년 1월의 전부개정의 경우 전면적인 개정이 이루어지다 보니 경과규정의 양도 많게 되었다. 특히 새 법의 시행에 따른 법적 충격을 완화하기 위하여 상당한 기간 이 법 규정의 적용을 유예하는 내용이 많다.

제1절 시행일(부칙 제1조)

제1조 (시행일) 이 법은 공포 후 10개월이 경과한 날부터 시행한다. 다만, 제7장의 개정규정은 이 법 공포 후 3개월이 경과한 날부터 시행한다.

이 법의 개정법은 2007년 1월 3일 관보에 게재됨으로써 공포되었다. 그러나 법률은 법률 자체로만 시행될 수 있는 것이 아니고 시행령, 시행규칙 등의 하부규정이 정비되어야 원활하게 운영될 수 있다. 예컨대 선박검사를 신청하기 위한 선박검사신청서의 서식, 검사의 준비사항 등 시행규칙에서 정할 사항이 제대로 준비되지 않으면 시행상의 큰 혼란이 올 수 있다. 따라서 이러한 시행상의 준비를 위하여 공포한 날로부터 10개월이 경과한 2008년 11월 4일부터 시행하도록 하였다.[209] 시행령도 2007년 9월 28일에 공포되어 동년 11월 4일부터 시행되었으나, 시행규

---

209) 「민법」에 의한 기간계산의 경우 첫날은 산입하지 않으므로(제157조 본문) 시행일은 2007년 11월 3일이 아닌 11월 4일이 된다.

칙은 작업이 지연되어 공포되던 2007년 11월 23일부터 시행되었다.

한편, 제7장의 공단에 관한 사항은 민원인들에 관한 문제가 없을뿐더러 준비에 별다른 어려움이 없기 때문에 공포 후 3개월이 경과한 2007년 4월 4일부터 시행되도록 하였다.

제2절 추가적용선박에 대한 경과규정(부칙 제2조)

제2조 (추가적용선박에 대한 적용례 등) ① 제3조 제1항의 개정규정에 따라 새로이 이 법의 적용대상이 되는 총톤수 2톤 미만의 선박, 총톤수 5톤 미만의 선박으로서 추진기관을 설치하지 아니한 선박, 총톤수 5톤 미만의 범선 및 부유식해상구조물(이하 이 조에서 "추가적용선박"이라 한다)은 2008년 10월 1일 이후 건조되는 선박부터 이를 적용한다.

이 법 제3조 제1항의 개정규정에 따라 실질적으로 모든 선박이 이 법의 적용대상이 되었다. 따라서 그간 검사를 받지 아니하던 선박도 새로이 검사를 받아야만 한다. 그러나 이러한 급격한 변화는 그간 선박의 검사를 받지 아니할 것으로 생각하여 각종의 계획을 세워 왔던 국민들에게는 상당히 큰 충격이 될 수 있다. 이러한 점을 감안하여 이 법의 시행일은 2007년 11월 4일이지만 추가적용선박에 대하여는 약 11개월이 지난 2008년 10월 1일 이후 적용하도록 하였다. 물론 형식승인, 컨테이너검정 등 선박과 직접적인 관련이 없는 규정은 2007년 11월 4일부터 적용된다.

② 제1항의 규정에 불구하고 2008년 10월 1일 전에 건조되었거나 건조에 착수된 추가적용선박에 대하여는 다음 각 호의 기준에 의한 날부터 이를 적용한다.

1. 길이 7미터 이상 : 2009년 4월 1일

2. 길이 6미터 이상 7미터 미만 : 2010년 4월 1일

3. 길이 6미터 미만 : 2011년 4월 1일

제1항의 규정에 따라 2008년 10월 1일부터 추가적용선박에 대한 검사를 실시할 경우 한꺼번에 많은 선박이 몰려 큰 혼란이 야기될 수 있다. 특히 2톤 미만의 선박의 경우 등록선박이 5만 척 이상이고, 이는 기존에 검사를 받던 4만여 척 보다 많다. 따라서 이 규정과 같이 선박의 길이에

따라 각각의 적용시기를 달리 하였다. 참고로 경과규정에 의하여 적용시기가 유예되는 선박이라고 하여도 선박소유자가 검사를 원할 경우는 스스로 법적 보호를 포기한 것이기 때문에 검사를 받을 수 있다.

2006년 12월 말 기준으로 추가적용선박의 현황 및 이 규정에 의한 적용시기는 다음의 표27과 같이 요약할 수 있다.

<표27> 추가적용선박 현황 및 적용시기

선박의 길이	대상 척수	적용시기
7미터 이상	21,487	2009년 4월 1일
6미터 이상 7미터 미만	20,906	2010년 4월 1일
6미터 미만	12,655	2011년 4월 1일

③ 제2항의 각 호의 규정에 따른 추가적용선박은 제7조 제1항의 개정규정에 따른 건조검사는 이를 받은 것으로 본다.

추가적용선박은 그간 별다른 제한 없이 운항해 왔으며, 새로이 건조검사를 받으려면 여러 가지 문제가 발생할 수 있다. 이러한 점을 감안하여 추가적용선박에 대하여는 건조검사를 받은 것으로 간주하였다. 따라서 이러한 선박은 영구적으로 다시 건조검사를 받을 필요가 없다.

제3절 조타실의 시야확보에 관한 경과규정(부칙 제3조)

제3조 (조타실의 시야확보에 관한 적용례) 제33조 제1항의 개정규정은 이 법 시행 후 건조계약을 체결하는 선박부터 적용한다.

선박이 일단 건조되면 수정하기 어렵기 때문에 조타실의 시야확보는 선박의 설계단계에서부터 검토되어야 한다. 따라서 이 법 제33조 제1항의 개정규정은 이 법 시행 후 건조계약의 체결하는 선박부터 적용하도록 하였다. 따라서 이 법 시행 전 건조계약을 체결한 선박은 조타실의 시야확보에 관한 규정이 적용되지 아니한다.

제4절 하역설비에 대한 경과규정(부칙 제4조)

제4조 (하역설비의 검사대상에 관한 적용례) 이 법 시행당시 종전의 규정에 따라 하역장치 및 하역장구에 대한 제한하중 등의 지정이 면제되었던 선박은 이 법 시행 후 최초로 정기검사 또는 제1종 중간검사를 받는 분부터 제34조 제1항의 개정규정을 적용한다.

종래 시행규칙에 규정되었던 하역설비에 관한 규정이 이 법 34조 제1항에 규정되면서 그간 면제되던 선박으로서 새로 적용대상이 되는 선박은 이 법 시행 후 최초의 정기검사 또는 제1종 중간검사부터 적용하도록 하였다. 이와 같이 검사를 받는 시기부터 적용하도록 하는 것은 선박소유자의 편의를 도모하기 위해서 이다.

제5절 유독성가스 농도측정기에 대한 경과규정(부칙 제5조)

제5조 (유독성가스 농도측정기의 제공 등에 관한 적용례) 제37조 및 제42조의 개정규정은 이 법 시행 후 최초로 정기검사 또는 제1종 중간검사를 받는 분부터 적용한다.

이 법 제37조의 유독성가스 농도측정기의 제공 및 제 42조의 강화검사사항도 이 법 시행 후 최초의 정기검사 또는 제1종 중간검사부터 적용하도록 하였다.

제6절 일반적인 경과조치(부칙 제6조)

제6조 (일반적 경과조치) 이 법 시행당시 종전의 규정에 따라 행정기관이 행한 처분 그 밖의 행위 또는 행정기관에 대한 각종 신청 그 밖의 행위는 그에 해당하는 이 법에 따른 행정기관의 행위 또는 행정기관에 대한 행위로 본다.

이 법이 개정되었다고 하여 종전의 규정에 의한 각종의 처분, 행위, 신청 등을 이 법에 따라 다시 하도록 한다면 낭비적 요소가 크다. 따라서 이 규정에서는 이러한 처분 등을 이 법에 의한 것으로 봄으로써 다시 할 필요가 없도록 하였다.

제7절 외국선박에 대한 경과조치(부칙 제7조)

제7조 (외국선박에 관한 경과조치) 이 법 시행당시 종전의 규정에 따라 한국선박을 소유할 수 있는 자가 차용한 선박으로서 이 법 시행지와 그 밖의 지역 간의 항행에 종사하는 외국선박은 제3조 제2항의 개정규정에 불구하고 이 법 시행 후 3년이 경과한 날까지 종전의 규정에 따른다.

선박의 용선은 전반적으로 장기적인 경제전망에 근거하여 이루어지는 것이 보통이다. 그러나 갑자기 이 법의 개정에 따라 추가로 이 법에 의한 검사를 받아야 한다면 상당한 지장이 초래될 수지가 있다. 따라서 종전의 규정에 따라 내항운송사업을 위하여 용선한 외국선박에 대하여는 이 규정으로 3년의 경과규정을 주고 있다.

제8절 건조검사에 대한 경과조치(부칙 제8조)

제8조 (건조검사 등에 관한 경과조치) ① 이 법 시행당시 종전의 규정에 따라 제조검사를 받은 경우에는 이 법에 따른 건조검사를 받은 것으로 본다.

이 규정은 종전의 규정에 따라 받은 제조검사를 이 법에 의한 건조검사로 인정하고 있다. 이번 개정 시 종전의 제조검사를 건조검사로 명칭을 변경했기 때문에 당연하다고 하겠다.

② 이 법 시행당시 종전의 규정에 따라 선박의 설계도서에 대한 심사를 받은 경우에는 이 법에 의한 도면의 승인을 얻은 것으로 본다.

종전의 규정에 따라 제조검사를 받으면서 선박의 설계도서에 대한 심사를 받은 경우 이 법에 의한 도면승인을 받은 것으로 본다. 따라서 각종 검사를 받을 경우 종래의 심사받은 도면을 검사기관에 제출할 수 있다.

③ 이 법 시행당시 종전의 규정에 따라 선박의 검사를 받은 경우에는 이 법에 따른 선박검사 및 국제항해검사를 받은 것으로 본다.

이 규정에 따라 종전의 규정에 의한 선박검사는 이 법에 의한 선박검사 및 국제항해검사를 받은 것으로 인정된다. 따라서 새로 검사를 받을 필요 없이 종래에 검사주기에 따라 검사를 받을 수 있다.

④ 이 법 시행당시 종전의 규정에 따라 우수사업장의 인정을 받은 경우에는 이 법에 따른 우수사업장의 지정을 받은 것으로 본다.

종래 우수사업장으로 인정된 사업장의 경우 이 규정에 따라 이 법에 따른 우수사업장으로 지정된 것으로 본다.

제9절 컨테이너에 대한 경과조치(부칙 제9조)

제9조 (컨테이너에 관한 경과조치) 이 법 시행당시 형식승인을 얻지 아니하고 선박의 화물운송에 사용되는 컨테이너는 제23조 제8항의 개정규정에 불구하고 2011년 12월 31일 까지는 국제항해에 취항하지 아니하는 선박에 한하여 적재할 수 있다.

이 법 제23조 제8항에서는 컨테이너의 형식승인을 의무화하고 있다. 그러나 이 법 시행 당시 형식승인을 얻지 아니하고 사용되던 컨테이너에 대하여는 2011년 말까지 국내항해만 하는 선박에서는 사용할 수 있다. 국제항해에 사용되는 컨테이너는 국제협약에 따라 사용이 금지되므로 굳이 경과규정을 둘 필요가 없다.

제10절 만재흘수선에 대한 경과조치(부칙 제10조)

제10조 (만재흘수선 표시에 관한 경과조치) 이 법 시행당시 종전의 규정에 따라 만재흘수선 표시가 면제된 선박은 제27조의 개정규정에 불구하고 종전의 규정에 따른다. 다만, 해당선박의 길이·너비·깊이의 변경이 있는 경우에는 그러하지 아니하다.

이번의 법 개정을 통하여 길이 24미터 미만의 선박도 만재흘수선의 표시대상이 되었다. 그러나 이 법 시행당시의 선박은 이 규정에 따라 의무가 영구히 면제되므로 굳이 만재흘수선을 표시하지 않아도 된다. 그러나 선박의 주요 사항인 길이·너비·깊이를 변경하는 대공사를 하는 선박에 대하여는 개조선박으로 보아 경과규정을 인정하지 아니한다.[210] 따라서

---

210) 길이·너비·깊이 모두를 개조해야 개조선박이 되는 것이 아니라 이중 어느

개조공사가 이후에는 만재흘수선을 표시해야 한다.

제11절 복원성에 대한 경과조치(부칙 제11조)

제11조 (복원성의 유지 등에 관한 경과조치) ① 이 법 시행당시 종전의 규정에 따라 복원성의 유지를 하는 것이 면제된 선박은 제28조의 개정규정에 불구하고 종전의 규정에 의한다. 다만, 해당선박의 길이·너비·깊이의 변경이 있는 경우에는 그러하지 아니하다.

법 개정을 통하여 새로 복원성을 유지할 의무가 생긴 기존의 선박에 대하여는 이 규정에 따라 복원성을 유지할 의무가 면제된다. 그러나 주요개조를 한 선박에 대하여는 복원성에 관한 경과규정이 인정되지 아니한다.

② 이 법 시행당시 종전의 규정에 따라 선박소유자가 선장에게 제공한 복원성자료는 제28조 제2항의 개정규정에 따라 제공한 것으로 본다.

종전의 규정에 따라 선박소유자에게 제공한 복원성자료를 법 제28조 제2항의 개정규정에 따라 국토해양부장관의 승인을 받게 할 경우 너무 번거롭다. 따라서 이 규정에서는 기존의 복원성자료를 이 법에 의한 복원성자료로 인정하고 있다.

제12절 하역설비의 확인에 관한 경과조치(부칙 제12조)

제12조 (하역설비의 확인에 관한 경과조치) 이 법 시행당시 종전의 규정에 따라 하역장치 및 하역장구에 대한 제한하중 등의 지정을 받은 경우에는 이 법에 따른 하역설비의 확인을 받은 것으로 본다.

이 규정에서는 종래의 「선박안전법시행규칙」에 따라 제한하중 등의 지정을 받은 것을 이 법에 따른 확인을 받은 것으로 인정하고 있다.

제13절 공단에 대한 경과조치(부칙 제13조)

제13조 (공단에 대한 경과조치) ① 이 법 시행당시 종전의 규정에 따른

한 가지를 변경해도 개조선박이 된다.

선박검사기술협회는 제45조의 개정규정에 따라 설립한 선박안전기술공단으로 본다.

이번의 법 개정을 통하여 종래의 선박검사기술협회는 선박안전기술공단으로 명칭을 변경하였다. 이 규정에 따라 공단은 별도의 설립절차 없이 선박검사기술협회를 승계할 수 있다.

② 이 법 시행당시 종전의 규정에 따라 임명된 선박검사기술협회의 이사장 • 이사 및 감사는 종전의 규정에 따라 임기가 끝날 때까지 각각 이 법에 따라 임명된 공단의 이사장 • 이사 및 감사로 본다.

이 규정은 종래의 임원에 대한 경과규정으로서, 이에 따라 선박검사기술협회의 임원은 새로 임명절차를 밟을 필요 없이 공단의 임원으로 승계된다.

③ 이 법 시행당시 선박검사기술협회가 행한 행위 또는 그 밖의 법률관계에 있어서는 이를 선박안전기술공단이 한 것으로 본다.

역시 이 규정에 따라 종래의 선박검사기술협회가 행한 행위가 공단의 행위로 승계된다.

④ 이 법 시행당시 선박검사기술협회의 재산과 권리 • 의무는 공단의 설립과 동시에 공단이 이를 포괄하여 승계한다. 이 경우 공단이 승계한 재산의 가액은 승계 당시의 장부 가액으로 한다.

이 규정은 선박검사기술협회의 재산 및 권리 • 의무에 대한 공단의 포괄승계규정이다. 재산에 대하여도 이 규정 단서에 의해 자산재평가를 할 필요 없이 승계당시 장부가액으로 본다.

⑤ 이 법 시행당시 등기부 및 그 밖의 공부상의 선박검사기술협회의 명의는 선박안전기술공단의 명의로 본다.

이 규정에 따라 등기부를 비롯한 각종 공부상의 명칭을 선박검사기술협회에서 선박안전기술공단으로 변경할 수 있게 되었다.

⑥ 이 법 시행 당시 다른 법령에서 선박검사기술협회를 인용하고 있는 경우에는 그에 갈음하여 선박안전기술공단을 인용한 것으로 본다.

이 법 시행당시 각종 법령에서 인용하고 있는 선박검사기술협회는 아직 선박안전기술공단으로 변경되지 아니하였다. 따라서 혼란을 방지하기 위하여 설사 각종 법령상에서 선박검사기술협회를 인용하더라도 이 규정에 따라 선박안전기술공단을 인용한 것으로 보도록 하였다.

제14절 검사업무대행에 관한 경과조치(부칙 제14조)

제14조 (검사등업무의 대행에 관한 경과조치) 이 법 시행당시 종전의 규정에 따라 공단 및 선급법인이 대행하고 있는 검사등업무에 대하여는 제60조 제1항 각 호 외의 부분 후단 및 제2항 후단의 개정규정에 따른 협정을 체결하기 전까지 그 효력을 가진다.

종래 대행검사기관과 협정체결이 없이 검사등업무를 대행하고 있던 현실을 반영하여 현행의 검사대행체제는 이 법에 따른 협정이 체결될 때까지는 효력을 지니도록 하였다. 한편, 이 법의 시행 전 협정을 체결한 경우 원칙적으로 그 협정의 효력은 없다고 판단된다. 그러나 협정의 시행일을 이 법의 시행일로 잡을 경우 그 협정은 일종의 예약으로서, 당사자의 합의가 있고 법에서 금지하지 않는 한 유효하다고 판단된다.

제15절 벌칙적용에 관한 경과조치(부칙 제15조)

제15조 (벌칙에 관한 경과조치) 이 법 시행 전의 행위에 대한 벌칙의 적용에 있어서는 종전의 규정에 의한다.

「헌법」제13조 제1항과「형법」제1조 제1항에서 “모든 국민은 행위 시의 법률에 의하여 범죄를 구성하지 아니하는 행위로 소추되지 아니한다”고 규정하여「형법」의 행위시법주의를 명백히 하고 있다. 이러한「형법」의 총칙은 다른 법률의 벌칙에도 적용된다.(제8조) 따라서 범죄행위 이후 처벌규정이 바뀌어도 범죄 당시의 벌칙을 적용해야 한다. 이 규정은 이러한「형법」의 원칙에 따라 이 법 시행 전 행위에 대해 종래의 처벌규정을 적용하도록 하고 있다. 다만, 법률 변경에 의해 신법의 형이 구법보다 경한 때는 신법을 적용해야 하므로(「형법」제1조 제2항) 유의할 필요가 있다.

第16절 다른 법률의 개정(부칙 第16조)

第16조 (다른 법률의 개정) ① 기상법 일부를 다음과 같이 개정한다. 제9조 제1항제1호중 "「선박안전법」 제4조"를 "「선박안전법」 제29조"로 한다.

(이하 생략)

이 규정은 다른 법률에서 종전의 「선박안전법」의 규정을 인용한 경우 이 법에 의한 조항으로 바꾸기 위한 사항을 열거하고 있다. 법률의 내용상 변화가 아니고, 인용조항이나 법률의 명칭만 바뀐 경우에는 이 법의 부칙으로 다른 법률의 내용을 개정할 수 있다. 물론 내용상의 변화가 생길 경우는 부칙에 의한 개정이 허용되지 아니하므로 의견수렴, 공청회, 관계부처 협의 등의 모든 법률개정에 필요한 모든 절차를 거쳐야 한다. 이와 같은 부칙에 의한 타 법률의 개정사항은 중요한 내용이 아니므로 구체적인 설명은 생략한다.

참 고 문 헌

1. 동양서

가. 단행본

강동수.「항만국통제론」, 부산: 효성출판사, 1998.

김동인.「선원법」, 서울: 법률문화원, 2004.

김성수.「일반행정법」, 제2판, 서울 : 법문사, 2004.

김인현.「선원의 법적 책임과 보호」, 부산 : 효성출판사, 2001.

김인현.「해상법」, 서울 : 법문사, 2003.

김인현.「해상법연구」, 서울 : 삼우사, 2002.

김준호.「민법강의」, 신정5판, 서울 : 박영사, 2006.

김중양.「한국인사행정론」, 제3판, 서울 : 법문사, 1999.

김철수.「한국헌법」, 서울 : 법원사, 2003.

김철수.「헌법학개론」, 제19전정신판, 서울 : 박영사, 2007.

김후영 · 이재진.「한눈 감고 이해되는 민법총칙」, 서울 : 한올출판사, 2005.

박경현,「선박법규해설」, 서울 : 한국해사문제연구소, 1985.

박영선.「항만국통제의 구제제도에 관한 연구」, 한국해양대학교 대학원 박사학위 청구논문, 2007.8.

박영선.「IMO 업무해설」, 부산 : 해인출판사. 1996.

박영선.「감항능력주의의무에 관한 고찰」, 경희대학교 국제법무대학원 석사

학위논문, 2004.2.

선박검사기술협회 · (사)한국선급. 「선박행정의 변천사」. 2003.

소재선. 「신민법총칙(I)」, 서울 : 동림사, 2002.

有馬光孝 외 2. 「船舶安全法の解說」, 3訂版, 東京: 成山堂書店, 2003

이병육. 「국가배상법과 공무원개인책임」, 충북대학교 법무대학원 법학석사 학위논문, 2003.2.

이영란. 「한국형법학-총론강의」, 개정판, 서울 : 숙명여대출판국, 2003.

이윤철. 「국제해사협약」, 부산 : 다솜출판사, 2007.

이윤철. 「신해사법규」, 부산 : 다솜출판사, 2007.

이재상. 「형법총론」, 제5판, 서울 : 박영사, 2003.

정성화. 「벌금형제도의 문제점과 개선방안에 관한 연구」, 연세대학교 행정대학원 석사학위논문, 2001.

정하중. 「행정법개론」, 서울 : 법문사, 2007.

최승환. 「국제경제법」, 제2판, 서울 : 법영사, 2002.

최종화. 「국제해양법강의」, 부산 : 태화출판사, 1998.

코리아쉬핑가제트. 「해운·물류용어 대사전」, 서울, 1996.

한국선급협회. 「한국선급협회 20년사」1982.

한국전기통신공사. 「범세계해상조난안전제도에 관한 연구」, 1989.

한승수. 「신경제정책론」. 서울 : 주식회사 두산동아. 1996.

해양수산부. 「어선해양사고방지 종합대책」, 2005.3.

해양수산부. 「항만국통제(PSC) 20년사」, 2007.

허영. 「한국헌법론」, 제3판, 서울 : 박영사, 2003.

호문혁. 「민사소송법」, 제5판, 서울 : 법문사, 2006.

홍정선. 「행정법특강」, 제5판, 서울 : 박영사, 2006.

나. 논문

박영선, “선박의 완공시점에 관한 소고,” 「해양한국」, 1990년 8월.

박영선, “해양오염방지법 처벌규정의 문제점에 대한 고찰,” 한국해사법학회, 제19권 제1호. 2007.

이용우, “행정사건에 대한 ADR의 적용에 관한 법이론적 고찰” 중재학회 vol. 13. No.2, 2004.

정금천. “양벌규정의 기능과 한계,” 법학논총 Vol. 18, 청주대학교법학연구, 2001.

최석윤·양진영, “해양환경 관련 형법규정 연구,” 「해사법연구」 제18권 제1호, 2006.

2. 서양서

가. 단행본

Chorly & Giles. Shipping Law, 6th ed. London: Issac Pitman and Sons, 1970.

Churchill, R. R. and A. V. Lowe, The Law of the Sea, 3rd. ed., (Manchester: Manchester University Press, 1999)

Glahn, Gerhard von. Law Among Nations: An Introduction to Public International Law, Allyn & Bacon : Boston, 1996.

Johnson, Lindy S. Coastal State Regulation of International Shipping, Oceana Publications, Inc. : Dobbs Ferry, NY, 2004.

OECD. Competitive Advantages Obtained by Some Shipowners as a result of Non-observance of Applicable International Rules and Standards, 1996.

OECD. Cost Savings from Non-compliance with International

Environmental Regulations in the Maritime Sector, 2002.

OECD. The Removal of Insurance from Substandard Shipping, Maritime Transport Committee, June 2004.

US Government Printing Office. Oversight of the US Role in the International Maritime Organization. Hearing before the Subcommittee on Coast Guard and Maritime Transportation of the Committee on Transportation and Infrastructure, House of Representatives, 105th Congress, 2nd Session, June 25, 1998.

USCG. Martime Safety Manual, Vol. II: Material Inspection. May 2000.

Özçayır, Z. Oya. Port State Control, 2nd Ed., London : Informa Professional, 2004.

나. 논문

Blanck Jr., John Isaac. "Reflections on the Negotiation of the Maritime Labor Convention 2006 at the International Labor Organization," 31 Tul. Mar. L.J. 35, Winter 2006.

Brouwer, Andrew and Judith Kumin, "Interception and Asylum: When Migration Control and Human Rights Collide", Refuge, vol. 21, No. 4. 2003.

Cacciaguidi-Fahy, Sophie. "THE Law of the Sea and Human Right", Panóptica, Vitória, ano 1, n. 9, jul. ago. 2007.

Feld, Francine. The Tampa Case: Seeking Refuge in Domestic Law, Australian Journal of Human Rights, 2002. 11.

Fowler, Connie. Karsten Klepsuik, John Howard and the Tampa Crisis: Good Luck or Good Management? Nordic Note, Vol 7 2003.

Heiser, Anthony. Border Protection; UNCLOS and the M.V. Tampa Incident 2001, Australian and New Zealand Maritime Law Journal, 2002, vol. 16.

Marshall, Matthew. “Port State Detentions - What Message for Insurers?,” Address Delivered to the Insurance Institute of London, 12 January 1998.

Rajadurai, Ambrose. "Regulation of Shipping: the Vital Role of Port State Control," (2004) 18 MLAANZ Journal.

Zachariadis P., Psaraftis, H.N., Kontovas C.. “Risk Based Rulemarking & Design - Proceed with Caution”, RINA conference on Developments in Classification and International Regulations, London, January 2007.

부록

<부록 목록>

I.선박검사법

朕이 船舶檢査法을 裁可ᄒᆞ야 玆에 頒布케ᄒᆞ노라[211]

御名 御璽

隆熙四年三月十二日

內閣總理大臣 李完用

度支部大臣 高永喜

農商工部大臣 趙重應

法律 第二號

船舶檢査法

第一條 韓國船舶은左[212]에揭ᄒᆞᆫ者ᄅᆞᆯ除ᄒᆞᆫ外本法에依ᄒᆞ야檢査ᄅᆞᆯ受ᄒᆞᆷ이可ᄒᆞᆷ

一, 航行의用에共치아니ᄒᆞᄂᆞᆫ船舶

二, 總噸數二十噸未滿又ᄂᆞᆫ積石數二百石未滿의帆船

三, 端舟其他櫓櫂ᄲᅮᆫ으로써運轉ᄒᆞ거나又ᄂᆞᆫ主로ᄒᆞ야櫓櫂로써運轉ᄒᆞᄂᆞᆫ舟

四, 平水航路만航行ᄒᆞᄂᆞᆫ帆船

前項에在ᄒᆞ야平水航路라ᄒᆞᆷ은河川, 港內及別로히指定하ᄂᆞᆫ區域內의航路ᄅᆞᆯ謂ᄒᆞᆷ

第二條 船舶의檢査ᄂᆞᆫ船舶을韓國船舶으로ᄒᆞ야처음으로航海의用에供코져ᄒᆞᄂᆞᆫ時, 航行의期間滿了ᄒᆞᆫ時及航行期間內特히必要가有ᄒᆞᆯ時ᄂᆞᆫ船舶所有者又ᄂᆞᆫ船長의申請의依ᄒᆞ야此ᄅᆞᆯ行ᄒᆞᆷ

政府에서檢査ᄒᆞᆯ必要가有ᄒᆞᆷ으로認ᄒᆞᆫ時ᄂᆞᆫ前項의申請을待치안코此ᄅᆞᆯ行ᄒᆞᆷ

---

211) 관보 제4626호, 융희4년 3월 14일(월요일), 59-61쪽. 저자는 이 법을 원문 그대로 다시 옮긴 것이다.

212) 당시 관보는 위에서 아래로, 오른쪽에서 왼쪽으로 읽는 형식이기 때문에 실제 방향과 다소 차이가 발생하고 있다.

第三條 船舶의檢査는稅官所在地及特히指定힌處所에서稅官이此를行홈

第四條 稅官은船舶所有者又는船長의申請이有힌時에相當힌事由가有홈으로認힌境遇에限ᄒᆞ야 前條의處所以外에서檢査를行홈을得홈

前項의境遇에在ᄒᆞ야船舶檢査申請者는檢査官吏의出張에要ᄒᆞ는成規의旅費를納付홈이可홈

第五條 船舶檢査의結果航行에適當홈으로認힌時는檢査官吏는航路定限, 旅客定員, 汽壓制限 及航行期間을定ᄒᆞ고稅官으로붓터船舶檢査證書를交付홈이可홈

航行期間內라도船舶檢査官吏가船舶이航行에不適當홈으로認힌時或은船舶檢査證書에記載힌事項에適合치아니홈으로認힌時는稅官은其船舶檢査證書를返還케ᄒᆞ거나或은其記載事項을變更홈을得홈

第六條 船長은正當힌事由가有힌境遇를除힌外前條의船舶檢査證書를所有홈이아니면其船舶을 航行의用에供홈을得치못홈

檢査를受힌船舶의所有者又는船長이船舶檢査證書를受ᄒᆞ기前에船舶의航行의用에供코져ᄒᆞ는時는檢査官吏는其請求에依ᄒᆞ야假證書를交付ᄒᆞ야此를許可홈을得홈

第七條船舶檢査官吏가檢査를結了힌時는船舶檢査手帖及安全辮[213]鍵을封緘ᄒᆞ야此를船長에게交付홈이可홈

船舶檢査手帖의封緘은檢査官吏의外此를開홈을得치못홈

安全辮鍵의封緘은正當힌事由가有힌境遇外此를開홈을得치못홈

第八條 船舶의檢査에對ᄒᆞ야不服이有힌時는其所有者又는船長은事由를疏明

---

213) 원문은 글자의 가운데 변으로 오이 과(瓜)를 사용하고 있으나 표준 한자에서 지원하고 있지 않아 가운데 변으로 실 사(糸)를 사용한 한자를 사용하였다.

ᄒᆞ야當該稅關長을經由ᄒᆞ야度支部大臣에게再檢查ᄅᆞᆯ申請ᄒᆞᆷ을得ᄒᆞᆷ此境遇에在ᄒᆞ야ᄂᆞᆫ再檢查決定前에船舶의原狀을變更ᄒᆞᆷ을得치못ᄒᆞᆷ

第九條　船舶檢查證書又ᄂᆞᆫ假證書에記載ᄒᆞᆫ航路定限或은港長으로붓터事由ᄅᆞᆯ具ᄒᆞ야稅官에申請ᄒᆞ고認可ᄅᆞᆯ受ᄒᆞᆷ이可ᄒᆞᆷ

稅官은前項의事由가正當ᄒᆞ고且其船舶은回航에正當ᄒᆞᆫ者로認ᄒᆞᆫ時ᄂᆞᆫ回航認可證書ᄅᆞᆯ交付ᄒᆞᆷ이可ᄒᆞᆷ

第十條　船長은船舶檢查證書, 假證書又ᄂᆞᆫ回航認可證書ᄅᆞᆯ船內最易見處所에揭置ᄒᆞᆷ이可ᄒᆞᆷ

第十一條　船舶檢查證書, 假證書, 回航認可證書又ᄂᆞᆫ船舶檢查手帖을滅失又ᄂᆞᆫ紛失ᄒᆞᆫ時ᄂᆞᆫ船長은遲滯업시其事由ᄅᆞᆯ具ᄒᆞ야稅官에申請ᄒᆞ고其再交付ᄅᆞᆯ受ᄒᆞᆷ이可ᄒᆞᆷ

第十二條　船舶檢查證書又ᄂᆞᆫ假證書에記載ᄒᆞᆫ事項에變更을生ᄒᆞᆫ時又ᄂᆞᆫ毁損ᄒᆞᆫ時ᄂᆞᆫ船長은遲滯업시稅官에其煥書ᄅᆞᆯ申請ᄒᆞᆷ이可ᄒᆞᆷ

第十三條　船舶檢查官吏ᄂᆞᆫ何時든지船舶에臨檢ᄒᆞ되若特히檢查ᄅᆞᆯ行ᄒᆞᆯ必要가有ᄒᆞᆷ으로認ᄒᆞᆫ時ᄂᆞᆫ其航行의停止ᄅᆞᆯ命ᄒᆞᆷ을得ᄒᆞᆷ

第十四條　船舶의航行期間內에在ᄒᆞ야左에揭ᄒᆞᆫ事故가有ᄒᆞᆫ時ᄂᆞᆫ船長은直히其事由ᄅᆞᆯ具ᄒᆞ야稅官에報告ᄒᆞᆷ이可ᄒᆞᆷ

一, 船舶을入渠又ᄂᆞᆫ上架코져ᄒᆞᄂᆞᆫ時

二, 船體或은機關의要部又ᄂᆞᆫ重要되ᄂᆞᆫ屬具에損傷을生ᄒᆞᆫ時又ᄂᆞᆫ此ᄅᆞᆯ修理變更코져ᄒᆞᄂᆞᆫ時

三, 汽機혹은汽鑵을取放코져ᄒᆞᄂᆞᆫ時又ᄂᆞᆫ螺線軸을拔出코져ᄒᆞᄂᆞᆫ時

第十五條 船舶檢查證書, 假證書, 又ᄂᆞᆫ回航認可證書의 交付, 書煥又ᄂᆞᆫ再交

付를受코져ᄒᆞᄂᆞᆫ者ᄂᆞᆫ 汽船에在ᄒᆞ야ᄂᆞᆫ2圜, 帆船에在ᄒᆞ야ᄂᆞᆫ1圜의手數料를納付ᄒᆞᆷ이可ᄒᆞᆷ

船舶檢査手帖의再交付를受코져ᄒᆞᄂᆞᆫ者ᄂᆞᆫ汽船에在ᄒᆞ야ᄂᆞᆫ5圜, 帆船에在ᄒᆞ야ᄂᆞᆫ3圜의手數料를納付ᄒᆞᆷ이可ᄒᆞᆷ

前二項의規定은官有船舶에ᄂᆞᆫ此를適用치아니ᄒᆞᆷ

第十六條 船舶檢査官吏ᄂᆞᆫ船舶의所有者, 又ᄂᆞᆫ船舶職員에對ᄒᆞ야檢査에關ᄒᆞ야必要되ᄂᆞᆫ命令을行ᄒᆞᆷ을得ᄒᆞᆷ

第十七條 左의境遇에在ᄒᆞ야ᄂᆞᆫ船長을三十圜以上三百圜以下의罰金에處ᄒᆞᆷ

一, 正當ᄒᆞᆫ事由업시船舶檢査證書又ᄂᆞᆫ假證書를受有치안코船舶을航行의用에供ᄒᆞᆫ時

二, 船舶檢査證書又ᄂᆞᆫ假證書에記載ᄒᆞᆫ航路定限, 旅客定員, 航行期間或은汽壓制限을超過ᄒᆞ야船舶의航行의用에供ᄒᆞᆫ時但回航認可證書에遵據ᄒᆞᆫ境遇ᄂᆞᆫ此限에在치아니ᄒᆞᆷ

三, 第十三條의臨檢을抗拒ᄒᆞ거나或은航行停止의命令에違背ᄒᆞᆫ時

四, 第八條에違反ᄒᆞ야船舶의原狀을變更ᄒᆞᆫ時

船舶所有者로셔前項第四號에該當ᄒᆞᆫ時其罰은前項과同ᄒᆞᆷ

前項의規定은法人에在ᄒᆞ야ᄂᆞᆫ其所爲를行ᄒᆞᆫ代表者에게此를適用ᄒᆞᆷ

第十八條 左의境遇에在ᄒᆞ야ᄂᆞᆫ船長을二十五圜以下의罰金에處ᄒᆞᆷ

一, 第五條第二項에基ᄒᆞᆫ命令을抗拒ᄒᆞᆫ時

二, 第七條第二項의規定에違反ᄒᆞ야船舶檢査手帖의封緘을開ᄒᆞ거나或은正當ᄒᆞᆫ事由업시安全辮鍵의封緘을開ᄒᆞᆫ者가有ᄒᆞᆫ時

三, 第十條의規定에違反ᄒᆞᆫ時

四, 第十一條의規定의違反ᄒᆞ야船舶檢査證書, 假證書, 回航認可證書, 或은船舶檢査手帖의再交付를申請아니ᄒᆞ거나又ᄂᆞᆫ第十二條의規定에違反ᄒᆞ야船

船檢査證書又ᄂᆞᆫ假證書의換書ᄅᆞᆯ申請하지아니ᄒᆞᄂᆞᆫ時

五, 第十四條의規定에依ᄒᆞᆫ報告의義務ᄅᆞᆯ怠ᄒᆞᆫ時

第十六條의規定에基ᄒᆞᆫ命令에違背ᄒᆞᆫ者의罰도亦前項과同ᄒᆞᆷ

第十九條 詐僞의所爲로써船舶檢査證書, 假證書 或은回航認可證書ᄅᆞᆯ受ᄒᆞᆫ者ᄂᆞᆫ三十圜以上三百圜以下의罰金에處ᄒᆞᆷ

前項의規定은法人에在ᄒᆞ야ᄂᆞᆫ其所爲ᄅᆞᆯ行ᄒᆞᆫ代表者에게此ᄅᆞᆯ適用ᄒᆞᆷ

第二十條 本法中船長에게適用ᄒᆞᆷ이可ᄒᆞᆫ者ᄂᆞᆫ船長을代ᄒᆞ야其職務ᄅᆞᆯ行ᄒᆞᄂᆞᆫ者에게도亦此ᄅᆞᆯ適用ᄒᆞᆷ

第二十一條 本法施行에關ᄒᆞᄂᆞᆫ必要되ᄂᆞᆫ規定은度支部大臣이此ᄅᆞᆯ定ᄒᆞᆷ

附則

本法은隆熙四年四月一日븟터施行ᄒᆞᆷ

本法施行의際에現在ᄒᆞᆫ船舶의所有者又ᄂᆞᆫ船長은本法施行日로븟터六箇月以內에其船舶의檢査ᄅᆞᆯ申請ᄒᆞᆷ이可ᄒᆞᆷ

II. 만재흘수선 지정관련 자료

A. 만재흘수선의 종류별로 적용되는 대역 또는 구역, 계절기간 또는 기간 및 이에 대응하는 건현

만재흘수선의 종류	적용되는 대역 또는 구역	적용되는 기간	건현
하기만재흘수선	하기대역	연중	하기 건현
	북대서양동기계절대역 I 북대서양동기계절대역 II 북대서양동기계절구역 북태평양동기계절구역 남부동기계절대역 계절열대구역 및 선박길이가 100미터 이하인 선박에 적용되는 동기계절구역	하기	
동기만재흘수선	북대서양동기계절대역 II(서경 15도의 자오선과 서경 50도의 자오선에 의하여 둘러싸인 해면은 제외한다), 북대서양동기계절구역, 북태평양동기계절대역, 남부동기계절대역 및 선박길이가 100미터 이하인 선박에 적용하는 동기계절구역	동기	동기 건현
동기북대서양만재흘수선	북대서양동기계절대역 I 및 북대서양동기계절대역 II(서경 15도의 자오선과 서경 50도의 자오선에 의하여 둘러싸인 해면으로 한정한다)	동기	동기 북대 서양 건현
열대만재흘수선	열대대역	연중	열대 건현
	계절열대구역	열대	
하기담수만재흘수선	하기 만재흘수선란에 적혀 있는 대역 또는 구역에서 비중이 1.000인 수면	하기 만재흘수선란에 따른 기간	하기 담수 건현
열대담수만재흘수선	열대 만재흘수선란에 적혀 있는 대역 또는 구역에서 비중이 1.000인 수면	열대 만재흘수선란에 따른 기간	열대 담수 건현

B. 만재흘수선 대역 또는 구역에 적용되는 해면 및 계절기간

명칭	해 면	계절기간
1. 북대서양 동기계절대역 Ⅰ	그린란드의 해안으로부터 북위 45도까지의 서경 50도의 자오선, 거기에서 서경 15도까지의 북위 45도의 위도선, 거기에서 북위 60도까지의 서경 15도의 자오선, 거기에서 그리니치자오선까지의 북위 60도의 위도선 및 거기에서 북쪽으로 그리니치자오선에 따라 둘러싸인 해면	동기 : 10.16 ~ 4. 15 하기 : 4.16 ~ 10.15
2. 북대서양 동기계절대역 Ⅱ	미합중국 해안으로부터 북위 40도까지의 서경 68도30분의 자오선, 거기에서 북위 36도 서경 73도의 점까지의 항정선, 거기에서 서경 25도까지의 북위 36도의 위도선 및 거기부터 토리나나갑까지의 항정선에 따라 둘러싸인 해면, 북대서양 동기계절대역Ⅰ, 북대서양 동기계절구역 및 스카케라크해협의 스코를 통하는 위도선에 의하여 한정되는 발틱해를 제외한 해면	동기 : 11.1 ~ 3.31 하기 : 4.1 ~ 10.31
3. 북대서양 동기계절구역	미합중국 해안으로부터 북위 40도까지의 서경 68도30분의 자오선, 거기에서 캐나다 해안과 서경 61도의 자오선과의 교점 중 최남단까지의 항정선 및 캐나다와 미합중국의 동안에 따라 둘러싸인 해면	1. 선박길이 100미터 초과 동기 : 12.16 ~ 2.15 하기 : 2.16 ~ 12.15 2. 선박길이 100미터 이하 동기 : 11.1 ~ 3.31 하기 : 4.1 ~ 10.31
4. 북태평양 동기계절대역	러시아 동안에서 사할린의 서안까지의 북위 50도의 위도선, 거기에 쿠릴리온 최남단까지의 사할린의 서안, 거기에서 홋카이도 와카나이까지의 항정선, 거기에서 동경 145도까지의 홋카이도의 동안 및 남안, 거기에서 북위 35도까지의 동경 145도의 자오선, 거기에서 서경 150도까지 북위 35도의 위도선 및 거	동기 : 10.16 ~ 4.15 하기 : 4.16 ~ 10.15

	기에서 알래스카 돌섬의 최남단까지의 항정선을 남쪽 한계로 하는 해면	
5. 남부 동기계 절대역	미대륙 동안의 트레스푼타스갑으로부터 남위 34도 서경 50도의 점까지의 항정선, 거기에서 동경 17도까지의 남위 34도의 위도선, 거기에서 남위 35도10분 동경 20도의 점까지의 항정선, 거기에서 남위 34도 동경 28도의 점까지의 항정선, 거기에서 남위 35도30분 동경 118도의 점까지의 항정선, 거기에서 타스마니아의 북서안의 그림갑까지의 항정선, 거기에서 타스마니아 북안 및 동안을 따라 브라니도의 최남단까지, 거기에서 스튜어트섬의 블랙록포인트까지의 항정선, 거기에서 남위 47도 동경 170도의 점까지의 항정선, 거기에서 남위 33도 서경 79도의 점까지의 남위 33도의 위도선, 거기에서 남위 41도 서경 75도의 점까지의 항정선, 거기에서 남위 41도47분 서경 73도53분의 칠로에섬의 푼타코로나 등대까지의 항정선, 거기에서 칠로에섬의 북안, 동안 및 남안을 따라 남위 43도20분, 서경 74도20분의 점까지 및 거기에서 서경 74도20분으로부터 동쪽으로 칠로에수로의 내부대역을 포함하여 남위 45도45분의 위도선까지의 서경 74도20분의 경도선을 북쪽 한계로 하는 해면	동기 : 4.16 ~ 10.15 하기 : 10.16 ~ 4.15
6. 열대 대역	가. 미대륙 동안으로부터 서경 60도까지의 북위 13도의 위도선, 거기에서 북위 10도 서경 58도의 점까지의 항정선, 거기에서 서경 20도까지의 북위 10도의 위도선, 거기에서 북위 30도까지의 서경 20도의 자오선 및 거기에서 아프리카 서안까지의 북위 30도의 위도선, 아프리카 동안으로부터 동경 70도까지의 북위 8도의 위도선, 거기에서 북위 13도까지의 동경 70도의 자오선, 거기에서 인도 서안까지의 북위 13도의 위도선, 거기	

	에서 인도 남안을 돌아 인도 동안의 북위 10도30분까지, 거기에서 북위 9도 동경 82도의 점까지의 항정선, 거기에서 북위 8도까지의 동경 82도의 자오선, 거기에서 말레이시아 서안까지의 북위 8도의 위도선, 거기에서 북위 10도의 베트남 동안까지의 아세아대륙의 동남 해안, 거기에서 동경 145도까지의 북위 10도의 위도선, 거기에서 북위 13도까지의 동경 145도의 자오선 및 거기에서 미대륙 서안까지의 북위 13도의 위도선을 북쪽 한계로 하고, 브라질 산토스항으로부터 서경 40도의 자오선과 남회귀선과의 교점까지의 항정선, 거기에서 아프리카 서안까지의 남회귀선과 아프리카의 동안으로부터 마다가스카르 서안까지의 남위 20도의 위도선, 거기에서 동경 50도까지의 마다가스카르 서안 및 북안, 거기에서 남위 10도까지의 동경 50도의 자오선, 거기에서 동경 98도까지의 남위 10도의 위도선, 거기에서 호주의 포트다윈까지 항정선, 거기에서 동쪽으로 웨셀갑까지의 호주 및 웨셀섬의 해안, 거기에서 요크갑의 서측까지의 남위 11도의 위도선, 요크갑의 동측에서 서경 150도까지의 남위 11도의 위도선, 거기에서 남위 26도 서경 75도의 점까지의 항정선, 거기에서 남위 32도47분, 서경 72도의 점까지의 항정선 및 거기에서 남미주 서안까지의 남위 32도47분의 위도선을 남쪽 한계로 하는 해면 나. 포트 사이드부터 동경 45도의 자오선까지의 수에즈운하, 홍해 및 아덴만 다. 동경 59도의 자오선까지의 페르시아만 라. 호주 동안의 그레이트베리아리프까지의 남위 22도의 위도선, 거기에서 남위 11도까지의 그레이트배리어리프에 따라 둘러 싸인	

	해면. 이 구역의 북방 한계는 열대대역의 남방 한계로 한다.	
7. 계절열대구역	가. 다음 선에 따라 둘러싸인 북대서양. 북은 유카탄의 카토체갑으로부터 쿠바의 산안토니오갑까지의 항정선, 거기에서 북위 20도까지의 쿠바의 북안 및 거기서 서경 20도까지의 북위 20도의 위도선 서는 미대륙의 해안 남 및 동은 열대대역의 북쪽 한계	열대 : 11.1 ~ 7.15 하기 : 7.16 ~ 10.31
	나. 다음 선에 따라 둘러싸인 아라비아해 서는 아프리카의 해안, 아덴만의 동경 45도의 자오선, 남아라비아의 해안 및 오만만의 동경 59도의 자오선 북 및 동은 파키스탄 및 인도의 해안 남은 열대대역의 북쪽 한계	열대 : 9.1 ~ 5.31 하기 : 6.1 ~ 8.31
	다. 열대대역의 북쪽 한계 이북의 벵갈만	열대 : 12.1 ~ 4.30 하기 : 5.1 ~ 11.30
	라. 다음 선에 따라 둘러싸인 남인도양 북 및 서는 열대대역의 남쪽한계 및 마다가스카르의 동안 남은 남위 20도의 위도선 동은 남위 20도 동경 50도의 점에서 남위 15도 동경 51도30분의 점까지의 항정선 및 거기에서 남위 10도까지의 동경 51도30분의 자오선	열대 : 4.1 ~ 11.30 하기 : 12.1 ~ 3.31
	마. 다음 선에 따라 둘러싸인 남인도양 북은 열대대역의 남쪽 한계 동은 호주의 해안 남은 동경 51도30분에서 동경 114도까지의 남위 15도의 위도선 및 거기에서 호주의 해안까지의 동경 114도의 자오선 서는 동경 51도30분의 자오선	열대 : 5.1 ~ 11.30 하기 : 12.1 ~ 4.30

	바. 다음 선에 따라 둘러싸인 지나해 서 및 북은 북위 10도부터 홍콩까지의 베트남 및 중국의 해안 동은 홍콩으로부터 수알항(루손섬)까지의 항정선과 북위 10도까지의 루손, 사마르 및 레이테 제도의 서안 남은 북위 10도의 위도선	열대 : 1.21 ~ 4.30 하기 : 5.1 ~ 1.20
	사. 다음 선에 따라 둘러싸인 북태평양 북은 북위 25도의 위도선 서는 동경 160도의 자오선 남은 북위 13도의 위도선 동은 서경 130도의 자오선	열대 : 4.1 ~ 10.31 하기 : 11.1 ~ 3.31
	아. 다음 선에 따라 둘러싸인 북태평양 북 및 동은 미대륙의 서안 서는 미대륙 해안에서 북위 33도까지의 서경 123도의 자오선 및 북위 33도 서경 123도의 점에서 북위 13도 서경 105도의 점까지의 항정선 남은 북위 13도의 위도선	열대 : 3.1 ~ 6.30 11.1 ~ 11.30 하기 : 7.1 ~ 10.31 12.1~ 2.28(29)
	자. 남위 11도 이남의 카펜테리아만	열대 : 4.1 ~ 11.30 하기 : 12.1 ~ 3.31
	차. 다음 선에 따라 둘러싸인 남태평양 북 및 동은 열대대역의 남쪽 한계 남은 호주의 동안에서 동경 154도에 이르는 남위 24도의 위도선, 거기에서 남회귀선까지의 동경 154도의 자오선 및 거기에서 서경 150도까지의 남회귀선, 거기에서 남위 20도까지의 서경 150도의 자오선 및 거기에서 열대대역의 남쪽 한계와의 교점까지의 남위 20도의 위도선 서는 열대대역에 포함된 그레이트배리어리프 내측의 구역의 한계선 및 호주의 동안	열대 : 4.1 ~ 11.30 하기 : 12.1 ~ 3.31
8. 선박	가. 다음의 선에 의하여 둘러 싸인 해면	동기 : 11.1 ~ 3.31

길이가 100미터 이하인 선박에 적용되는 동기계절구역	북 및 서는 미합중국의 동안 동은 미합중국 해안으로부터 북위 40도까지의 서경 68도30분의 자오선 및 거기에서 북위 36도 서경 73도의 점까지의 항정선 남은 북위 36도의 위도선	하기 : 4.1 ~ 10.31
	나. 스카게락 해협의 스카우를 통하는 위도선에 따라 둘러싸인 발틱해	동기 : 11.1 ~ 3.31 하기 : 4.1 ~ 10.31
	다. 북위 44도 이북의 흑해	동기 : 12.1 ~ 2.28(29) 하기 : 3.1~ 11.30
	라. 다음 선에 따라 둘러싸인 지중해 북 및 서는 프랑스 및 스페인의 해안 및 스페인의 해안으로부터 북위 40도까지의 동경 3도의 자오선 남은 동경 3도에서 사르디니아 서안까지의 북위 40도의 위도선 동은 북위 40도부터 동경 9도까지의 사르디니아 서안 및 북안, 거기에서 코르시카 남안까지의 동경 9도의 자오선, 거기에서 동경 9도까지의 코르시카의 서안 및 북안, 거기에서 사시에갑까지의 항정선	동기 : 12.16 ~ 3.15 하기 : 3.16 ~ 12.15
	마. 북위 50도의 위도선과 한국 동안의 북위 38도의 점으로부터 홋카이도 서안의 북위 43도12분의 점까지의 항정선에 따라 둘러싸인 동해	동기 : 12.1~ 2.28(29) 하기 : 3.1 ~ 11.30
9. 하기대역	제1호부터 제8호까지에 따른 해면(선박 길이가 100미터를 넘는 선박은 제1호부터 제7호까지에 따른 해면은 제외한다)이 아닌 해면	

비 고 :

1. 셔틀랜드 제도는 북대서양 동기계절대역I 과 북대서양 동기계절대역II와의 한계선상에 있는 것으로 본다.
2. 호치민, 아덴 및 버베라는 열대대역과 계절열대구역과의 한계선상에 있는 것으로 본다.
3. 발파라이소 및 산토스는 열대대역과 하기대역과의 한계선상에 있는 것으로 본다.

4. 홍콩 및 수알은 계절열대구역과 하기대역과의 한계선상에 있는 것으로 본다.
5. 대역 또는 구역의 한계선상에 있는 항은 각각의 경우에 따라 선박이 해당 항을 도착할 때까지 항해한 대역이나 구역 또는 해당 항을 출항한 후 항해하려는 대역 또는 구역에 있는 것으로 본다.

Ⅲ. 항해구역도214)

A. 평수구역

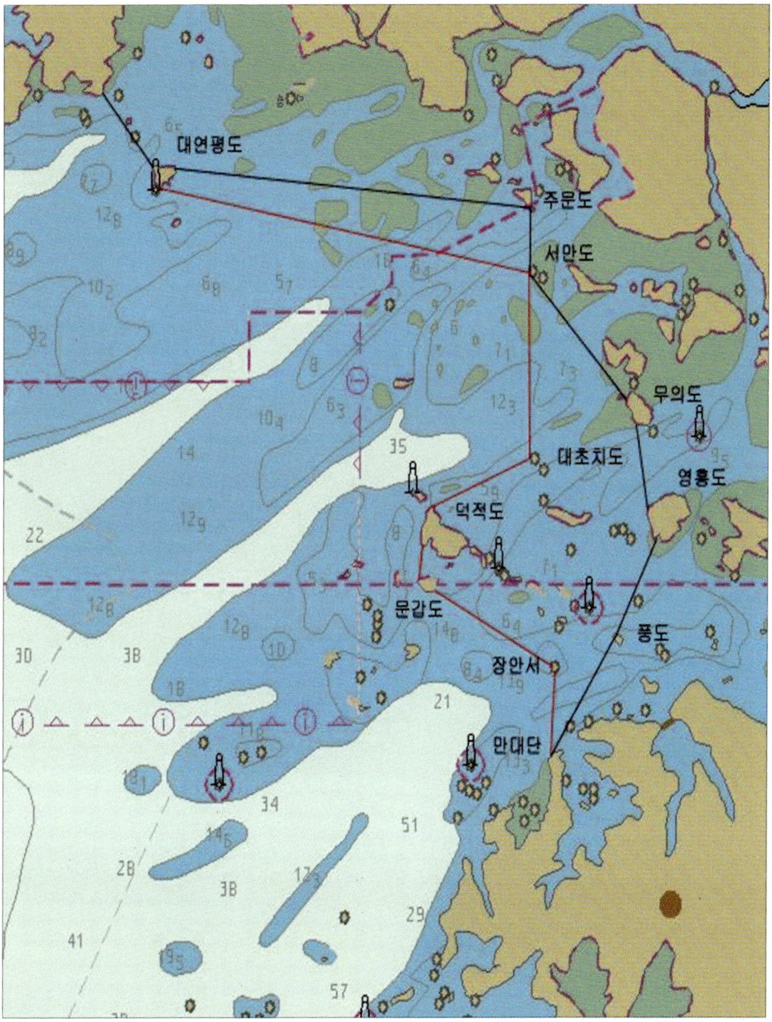

<그림 28> 평수구역 제4구

214) 그림에 표기된 적색 선은 현재의 경계선이고, 흑색 선은 개정 전의 경계선이다.

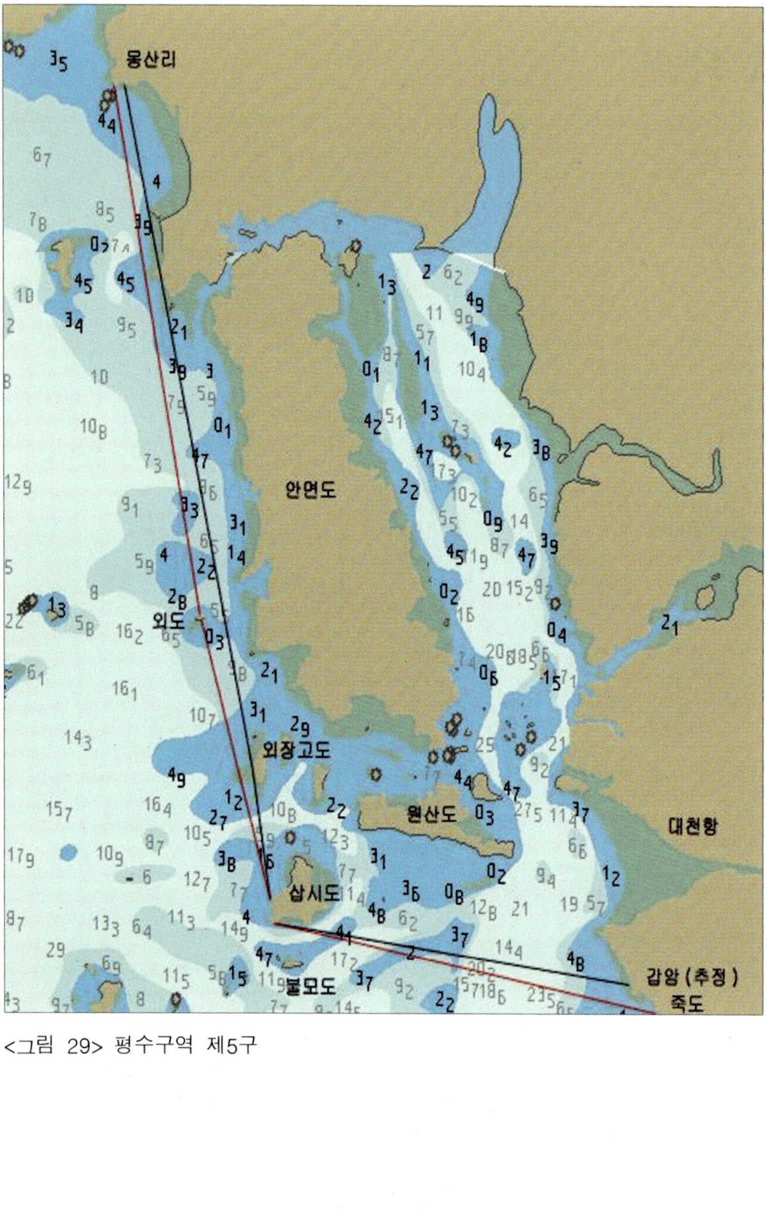

<그림 29> 평수구역 제5구

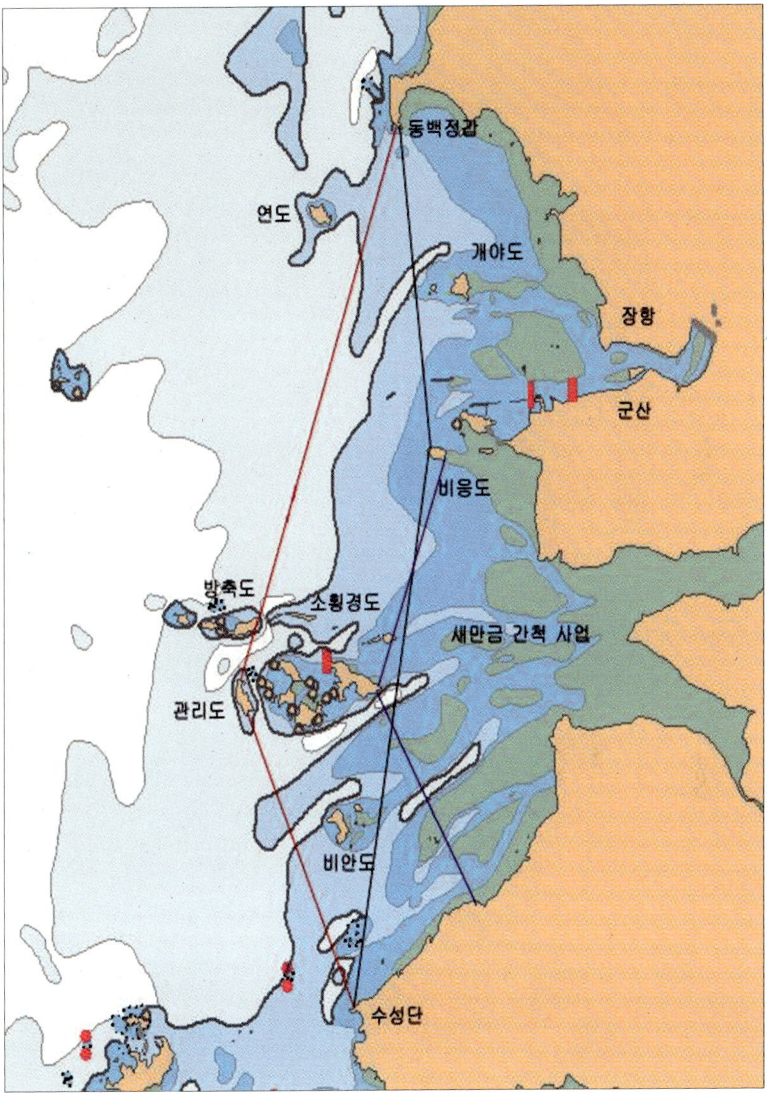

<그림 30> 평수구역 第6구

<그림 31> 평수구역 제7구

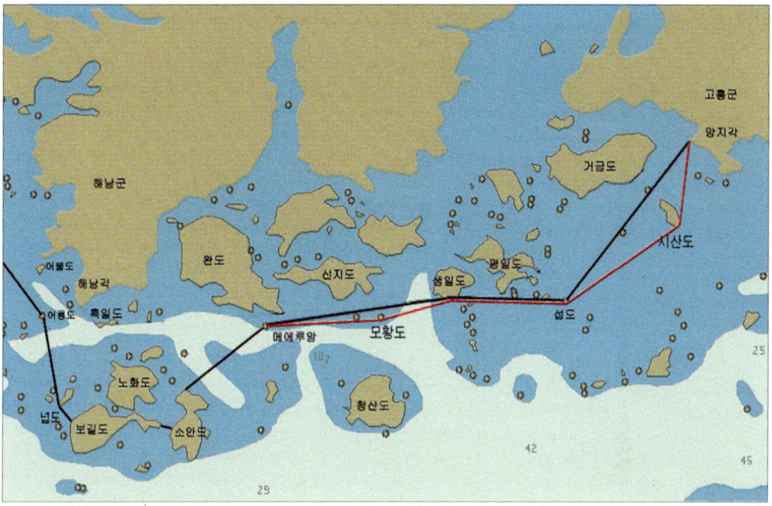

<그림 32> 평수구역 제8구

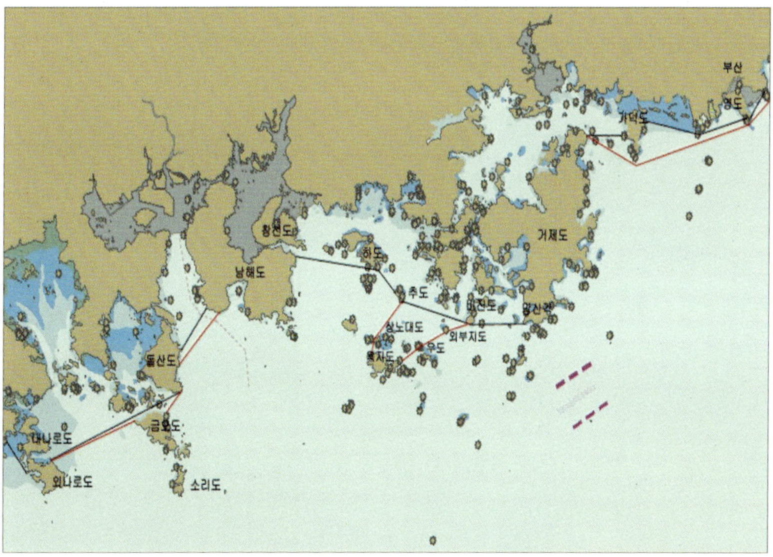

<그림 33> 평수구역 제9구

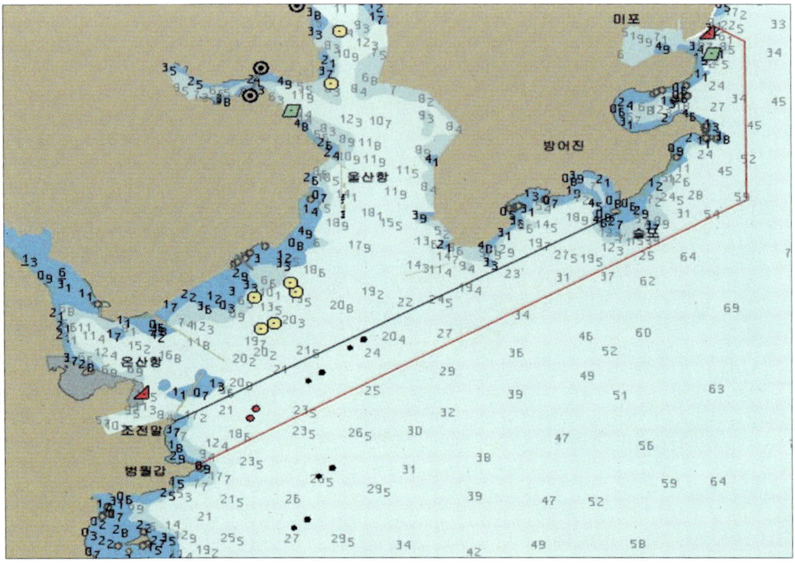

<그림 34> 평수구역 제10구

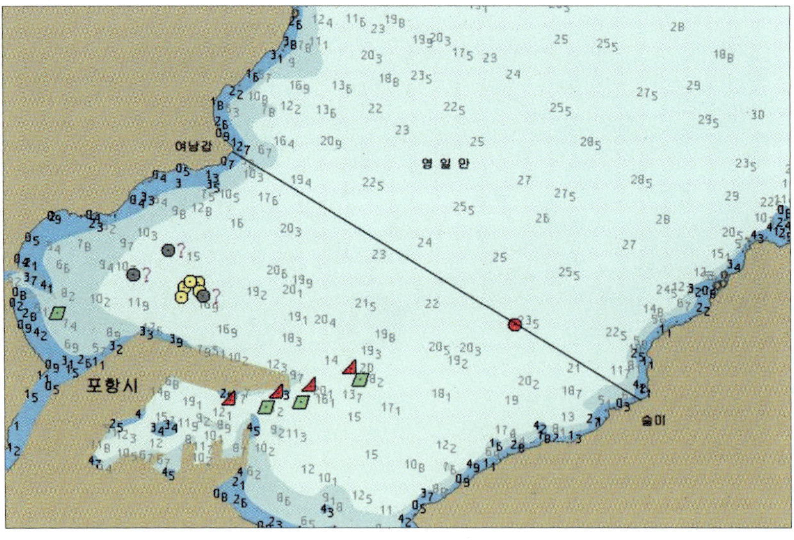

<그림 35> 평수구역 제11구(변화 없음)

B. 연해구역

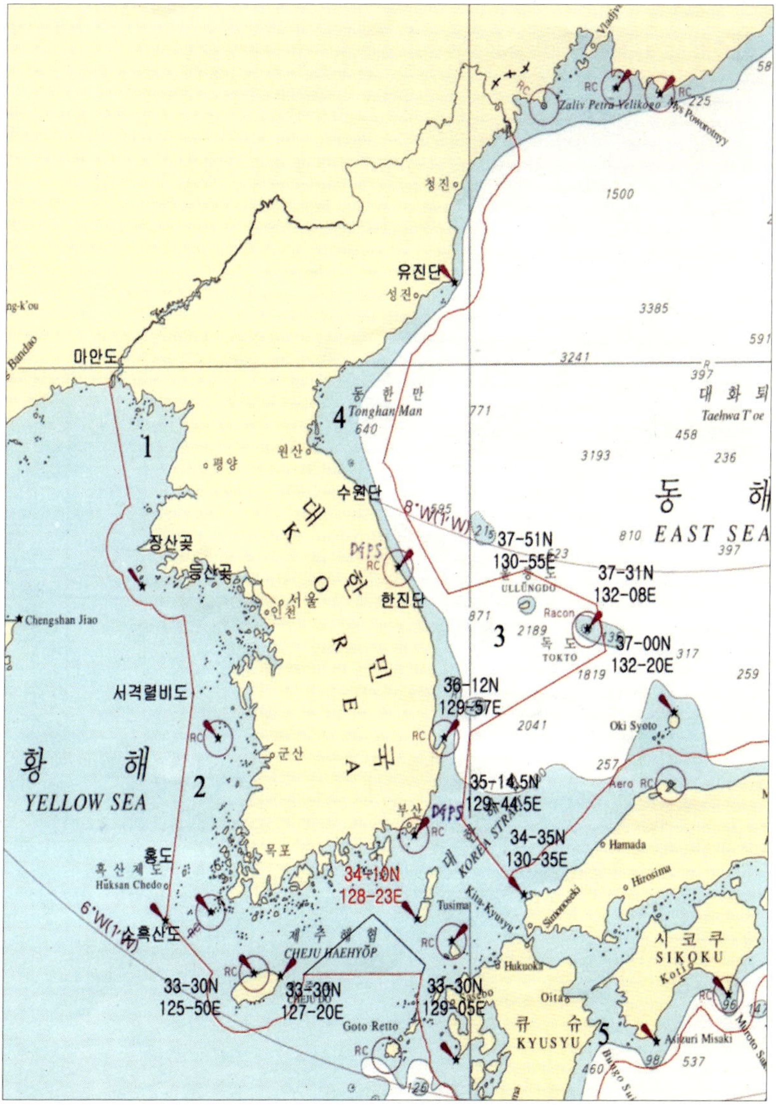

<그림 36> 연해구역

C. 근해구역

<그림 37> 근해구역

IV. 선박검사 준비사항

A. 건조검사 및 별도건조검사 준비사항

1. 선체에 관한 준비

가. 선체 내외부의 적당한 장소에 안전한 발판을 설치할 것.

나. 재료시험(별도건조검사는 제외한다), 비파괴검사(국토해양부장관이 부득이하다고 인정하는 경우에는 길이 24미터 미만의 선박에 대하여는 생략할 수 있다. 이하 제2호의 비파괴검사의 준비에 관하여 같다.), 압력시험 및 하중시험의 준비를 할 것.

2. 기관에 관한 준비

재료시험(별도건조검사는 제외한다), 비파괴검사, 용접시공시험, 평형시험, 압력시험, 효력시험, 축기시험, 도기시험 및 육상 시운전의 준비를 할 것.

3. 배수설비에 관한 준비

재료시험(별도건조검사는 제외한다), 압력시험 및 효력시험의 준비를 할 것.

4. 조타·계선 및 양묘설비에 관한 준비

재료시험(별도건조검사는 제외한다), 압력시험 및 효력시험의 준비를 할 것.

5. 전기설비에 관한 준비

재료시험(별도건조검사는 제외한다), 방수시험, 방폭시험, 완성시험, 절연저항시험 및 효력시험의 준비를 할 것.

B. 정기검사 준비사항

1. 선체에 관한 준비

가. 입거(入渠) 또는 상가(上架)를 할 것. 다만, 다음의 경우에는 그러하지 아니하다.

1) 선박길이 24미터 미만인 목선 및 특수재질선박과 선박길이 12미터 미만인 강선을 거선(擧船)한 경우[215]

2) 입거 또는 상가의 시설이 없는 호수·하천·항내에서만 운항하는 선박길이 24미터 미만인 선박의 선저를 검사할 수 있도록 수면 밖으로 끌어올린 경우

나. 타를 들어 올리거나 빼낼 것.

다. 선체에 붙어있는 해초·조개류 등을 깨끗이 떼어낼 것.

라. 목선의 선체 외판에 덧붙인 선체보호용 포판의 일부를 떼어낼 것.

마. 선체 내부에 있는 화물 및 고형밸러스트를 떼어낼 것.

바. 선체 내부의 선체에 고착되지 아니하는 물품을 정리할 것.

사. 탱크의 맨홀을 열어 놓고 내용물 및 위험성가스를 배출할 것.

아. 화물구획의 내장판의 일부를 떼어낼 것.

자. 갑판피복 및 선저 시멘트의 일부를 떼어낼 것.

차. 강제선체 주요부의 녹을 떨어내고 두께를 측정할 수 있도록 할 것.

카. 선체 내외부의 적당한 장소에 안전한 발판을 설치할 것.

타. 재료시험의 준비를 할 것(처음으로 검사를 받는 경우로 한정한다.)

파. 비파괴검사의 준비를 할 것(국토해양부장관이 부득이하다고 인정하는 경우에는 선박길이 24미터 미만의 선박에 대하여는 생략할 수 있다. 이하 제2호아목 및 제7호라목의 비파괴검사의 준비에 관하여 같다.)

하. 압력시험 및 하중시험의 준비를 할 것.

거. 수밀문·방화문 등 폐쇄장치 효력시험의 준비를 할 것.

---

215) 거선이란 선박의 물에 잠긴 부분을 확인할 수 있도록 크레인 등을 이용하여 공중으로 들어올리는 것을 말한다.

너. 유조선·산적화물선 또는 위험물산적운송선의 경우에는 다음의 준비를 추가할 것.

1) 화물창, 평형수탱크, 그 밖의 밀폐구역의 위험성가스를 충분히 배출할 것.

2) 선박검사 시 부식·변형·균열 등 손상에 따른 결함이 잘 보이도록 물·녹·오물·기름잔류물 등을 제거하고 충분한 조명설비를 준비할 것.

3) 밀폐된 구역의 검사 시 안전을 확보할 수 있도록 상갑판에 연락책임자를 배치하고 선박검사관과의 통신장비를 설치할 것.

4) 다음의 서류를 선내에 갖추어 두고 선박검사관에게 제시할 것.

가) 선체요목서

나) 최종회 검사 시에 실시된 판두께 측정보고서

다) 화물창 및 평형수탱크의 주요 구조도면 및 사용기록

라) 화물창 및 평형수탱크의 도장상태에 관한 검사기록(부식방지용 도료의 종류 및 도장의 일시·방법에 관한 사항이 포함되어야 한다.)

마) 불활성가스장치의 사용범위와 탱크세정절차에 관한 서류(유조선으로 한정한다.)

바) 화물창, 평형수탱크 및 관장치의 수리기록

2. 기관에 관한 준비

가. 주기관

1) 내연기관

가) 실린더커버를 떼어내고 피스톤 및 실린더라이너를 들어낼 것.

나) 실린더커버·피스톤 및 실린더의 냉각부를 검사할 수 있도록 분해할 것.

다) 크랭크암의 개폐량을 잴 수 있도록 할 것. 다만, 고속기관에 대하여는 그러하지 아니하다.

라) 크랭크축의 베어링의 상반(上盤)과 크로스헤드핀 및 크랭크핀의 베어링을 떼어낸 후 크랭크축을 회전할 수 있도록 하고, 크랭크축과 크랭크암과의 접합부를 검사하기 곤란한 경우에는 크랭크축을 들어올려 놓을 것.

마) 배기터빈과급기 및 소기장치의 내부를 검사할 수 있도록 개방하고 작동 부분을 들어낼 것.

바) 작동에 직접 관계있는 중요한 밸브를 분해할 것.

2) 가스터빈

가) 터빈 및 압축기 차실의 상반을 떼어내고 로터를 들어 올려 놓을 것.

나) 연소기 및 열교환기의 내부를 검사할 수 있도록 분해할 것.

다) 작동에 직접 관계있는 중요한 밸브를 분해할 것.

3) 증기터빈

가) 터빈 차실의 상반을 떼어내고 로터를 들어올려 놓을 것.

나) 축, 글랜드, 추력조정베어링, 오일드레인 및 실링관을 검사할 수 있도록 분해할 것.

다) 작동에 직접 관계가 있는 중요한 밸브를 분해할 것.

나. 프로펠러축계

1) 프로펠러를 빼내고 프로펠러축을 뽑아낼 것.

2) 각 베어링의 상반 또는 커버 및 스러스트패드를 빼내고 각 축을 회전할 수 있도록 할 것.

3) 선미관 후단의 경우 축과 지면재의 틈을 잴 수 있도록 할 것.

4) 가변 피치프로펠러의 프로펠러 내부의 변절기구 또는 회전 부분을 검사할 수 있도록 분해하고 각 날개를 떼어낼 것.

5) 가변 피치프로펠러에 부속된 조정밸브 및 변절유펌프를 검사할 수 있도록 분해할 것.

6) 동력전달장치를 분해할 것.

다. 보일러 및 압력용기

1) 보일러의 내부 및 화염이 닿는 부분과 압력용기의 내부를 청소한 후 맨홀, 청소구멍 및 검사구멍의 커버를 떼어내고, 부속된 중요한 밸브 및 콕을 분해할 것.

2) 보일러의 스모크박스도어를 열어 놓을 것.

3) 보온재 등 보일러의 바깥 부분을 떼어내고 판 및 관의 두께를 잴 수 있도록 할 것.

라. 보조기관

1) 발전기 또는 선박의 추진에 관계있는 보기(補機)를 구동하는 보조기관은 가목의 준비를 할 것.

2) 1) 외의 보조기관으로서 선박의 항해에 관계있는 보기를 구동하는 보조기관은 실린더커버, 크랭크축베어링의 상반, 크랭크핀베어링, 그 밖의 주요한 베어링을 떼어낼 것.

마. 보기 및 관장치

1) 보기의 내부를 검사할 수 있도록 개방하고 작동 부분을 빼낼 것.

2) 연료유탱크, 여과기, 밸브, 콕, 그 밖의 관장치의 내부를 검사할 수 있도록 개방할 것.

바. 비품은 적당한 장소에 진열할 것.

사. 재료시험, 용접시공시험, 평형시험, 축기시험 및 육상 시운전의 준비를 할 것(처음으로 검사를 받는 경우로 한정한다.)

아. 비파괴검사의 준비를 할 것.

자. 압력시험, 효력시험 및 도기시험(safety valve popping test)의 준비를 할 것.

3. 배수설비에 관한 준비

가. 펌프의 플런저, 피스톤, 임펠러, 그 밖의 작동 부분을 빼내고, 밸브 케이싱을 분해할 것.

나. 최고 항해흘수선 이하에서 선외로 통하는 밸브 및 콕을 분해할 것.

다. 로즈박스(rose box) 및 머드박스(mud box)를 분해할 것.

라. 압력시험의 준비를 할 것.(처음으로 검사를 받는 경우로 한정한다.)

마. 효력시험의 준비를 할 것.

4. 조타, 계선 및 양묘설비에 관한 준비

가. 닻(anchor), 닻 쇠사슬(anchor chain) 또는 로프와 계선용 로프를 적당한 장소에 진열할 것.

나. 재료시험 및 압력시험의 준비를 할 것.(처음으로 검사를 받는 경우로 한정한다.)

다. 효력시험의 준비를 할 것.

5. 구명 및 소방설비에 관한 준비

가. 떼어내어 검사하여야 하는 것은 떼어내어 적당한 장소에 진열할 것.

나. 재료시험 및 압력시험의 준비를 할 것.(처음으로 검사를 받는 경우로 한정한다.)

다. 효력시험 또는 현상검사의 준비를 할 것.

6. 항해설비에 관한 준비

가. 떼어내어 검사하여야 하는 것은 떼어내어 적당한 장소에 진열할 것.

나. 효력시험의 준비를 할 것.

7. 위험물이나 그 밖의 산적화물의 적부(積付)설비에 관한 준비

가. 탱크의 맨홀을 열고, 내용물 및 위험성가스를 배출할 것.

나. 탱크 내외의 적당한 장소에 안전한 발판을 설치할 것.

다. 재료시험, 용접시공시험 및 압력시험의 준비를 할 것.(처음으로 검사를 받는 경우에 한정한다.)

라. 비파괴검사의 준비를 할 것.

마. 효력시험의 준비를 할 것.

8. 하역이나 그 밖의 작업설비에 관한 준비
가. 윈치 내부의 주요 부분을 검사할 수 있도록 분해할 것.
나. 하역장치의 하중시험의 준비를 할 것.(처음으로 검사를 받는 경우로 한정한다.)
다. 재료시험 및 압력시험의 준비를 할 것.(처음으로 검사를 받는 경우로 한정한다.)
라. 효력시험의 준비를 할 것.

9. 전기설비에 관한 준비
가. 재료시험, 방수시험, 방폭시험 및 완성시험의 준비를 할 것.(처음으로 검사를 받는 경우로 한정한다.)
나. 절연저항시험 및 효력시험의 준비를 할 것.

10. 컨테이너설비에 관한 준비
가. 재료시험 및 하중시험의 준비를 할 것.(처음으로 검사를 받는 경우로 한정한다.)
나. 현상검사의 준비를 할 것.

11. 승강설비에 관한 준비
가. 호이스트(卷上機) 내부의 주요 부분을 검사할 수 있도록 분해할 것
나. 재료시험 및 하중시험의 준비를 할 것.(처음으로 검사를 받는 경우로 한정한다.)
다. 효력시험의 준비를 할 것.

12. 복원성시험에 관한 준비(처음으로 검사를 받거나 복원성에 변경이 있

는 경우로 한정한다.)

가. 복원성시험의 장소는 바람·파랑·조류 등의 영향이 적은 곳을 택할 것.

나. 복원성시험 실시 중에 예상되는 외력에 따른 영향을 피할 수 있도록 계류 그 밖에 적절한 조치를 취할 것.

다. 선박 완성 시에 탑재할 설비나 그 밖의 물건은 선내의 정위치에 탑재할 것.

라. 선박 완성 시에 탑재하지 아니하는 설비나 그 밖의 물건으로서 복원성시험에 필요하지 아니하는 것은 선내에서 제거할 것.

마. 부득이한 사정으로 다목과 라목에 따르기 곤란한 경우에는 정위치에 탑재하지 아니하였거나 제거하지 못한 물건에 대하여 그 중량 및 탑재위치에 관한 상세한 자료를 작성할 것.

바. 선내의 모든 탱크를 비우거나 채우고, 탱크 외의 물·기름 등을 제거할 것.

사. 부득이한 사정으로 탱크를 비우거나 채우기 곤란한 경우에는 탱크 내 액체의 자유표면에 따른 영향을 정확히 산정하기 위한 자료를 작성할 것.

아. 선내의 이동하기 쉬운 탑재물은 복원성시험 실시 중에 이동하지 아니하도록 고정할 것.

자. 해당 선박의 계획트림 외에는 가급적 트림을 적게 할 것.

차. 해당 선박을 횡경사시키기에 적당한 중량의 것으로서 그 중량이 정확하게 측정된 이동중량물을 선박에 탑재할 것.

카. 횡경사각의 측정을 위하여 추를 사용하는 경우에는 가급적 추의 길이를 길게 하고, 그 동요를 적게 하기 위한 시험수조를 준비할 것.

타. 동요시험을 하는 경우에는 해당 선박의 횡요각을 가급적 크게 할 수 있는 인원이나 적당한 용구를 준비할 것.

13. 거주 및 위생설비에 관한 준비

효력시험 또는 현상검사의 준비를 할 것.

14. 만재흘수선 및 무선설비에 관한 준비

효력시험 또는 현상검사의 준비를 할 것.

15. 냉동, 냉장 및 수산물처리가공설비에 관한 준비

효력시험 또는 현상검사의 준비를 할 것.

16. 해상 시운전의 준비

C. 중간검사 준비사항

1. 제1종 중간검사

가. 선체에 관한 준비

별표 10 제1호 가목부터 라목까지, 카목(선체 외부로 한정한다), 거목 및 너목의 준비를 할 것.

나. 기관에 관한 준비

1) 주기관

가) 내연기관

(1) 실린더커버를 떼어낼 것.

(2) 크랭크암의 개폐량을 잴 수 있도록 할 것. 다만, 고속기관에 대하여는 그러하지 아니하다.

(3) 크랭크축의 베어링의 상반 및 크랭크핀베어링을 떼어낸 후 크랭크축을 회전할 수 있도록 하고, 크랭크축과 크랭크암과의 접합부를 검사하기가 곤란한 경우에는 크랭크축을 들어 올려놓을 것.

(4) 배기터빈 과급기 및 소기장치의 내부를 검사할 수 있도록 개방할 것.

나) 가스터빈 및 증기터빈은 터빈 및 압축기 차실의 상반과 로터베어링의 상반을 떼어낸 후 로터를 회전할 수 있도록 할 것.

2) 프로펠러축계

가) 프로펠러를 빼내고 프로펠러축을 뽑아낼 것.

나) 각 축 베어링의 상반 또는 커버 및 스러스트베어링을 떼어내고 각 축을 회전할 수 있도록 할 것.

다) 선미관 후단에 있어서 축과 지면재와의 틈을 잴 수 있도록 할 것.

라) 가변 피치프로펠러의 프로펠러 내부의 변절기구 또는 회전 부분을 검사할 수 있도록 분해하고, 날개를 한 장 떼어낼 것.

마) 감속장치 기어의 톱니를 검사할 수 있도록 분해할 것.

3) 보일러

가) 보일러의 내부 및 화염이 닿는 부분과 압력용기의 내부를 청소한 후 맨홀, 청소구멍 및 검사구멍의 커버를 떼어내고, 부속된 중요한 밸브 및 콕을 분해할 것.

나) 보일러의 스모크박스도어를 열어 놓을 것.

다) 보온재 등 보일러 바깥 부분의 일부를 떼어내고, 판과 관의 두께를 잴 수 있도록 할 것.

4) 발전기 또는 선박의 추진에 관계있는 보기를 구동하는 보조기관은 1)의 준비를 할 것.

5) 보기 및 관장치

가) 보기의 내부를 검사할 수 있도록 개방하고 작동 부분을 빼낼 것.

나) 연료유탱크, 여과기, 밸브, 콕, 그 밖의 관장치의 내부를 검사할 수 있도록 개방할 것.

6) 비품은 적당한 장소에 진열할 것.

7) 효력시험 및 도기시험의 준비를 할 것.

다. 배수설비에 관한 준비: 별표 10 제3호의 준비를 할 것.

라. 조타, 계선 및 양묘설비에 관한 준비

닻, 닻쇠사슬 또는 로프와 계선용 로프를 적당한 장소에 진열할 것.

마. 구명 및 소방설비에 관한 준비

1) 떼어내어 검사하여야 하는 것은 떼어내어 적당한 장소에 진열할 것.

2) 효력시험 또는 현상검사의 준비를 할 것.

바. 항해설비에 관한 준비

떼어내어 검사하여야 하는 것은 떼어내어 적당한 장소에 진열할 것.

사. 위험물의 적부설비 및 하역설비에 관한 준비

효력시험의 준비를 할 것.

아. 전기설비에 관한 준비

절연저항시험 및 효력시험의 준비를 할 것.

자. 컨테이너설비에 관한 준비

현상검사의 준비를 할 것.

차. 승강설비에 관한 준비

효력시험의 준비를 할 것.

카. 거주 및 위생설비에 관한 준비

효력시험 또는 현상검사의 준비를 할 것.

타. 만재흘수선 및 무선설비에 관한 준비

효력시험 또는 현상검사의 준비를 할 것.

파. 냉동, 냉장 및 수산물처리가공설비에 관한 준비

효력시험 또는 현상검사의 준비를 할 것.

2. 제2종 중간검사

가. 만재흘수선의 표시를 검사할 수 있도록 안전한 발판을 설치할 것.

나. 수밀문·방화문 등 폐쇄장치에 대한 효력시험의 준비를 할 것.

다. 기관, 배수설비, 조타설비, 구명 및 소방설비, 항해용구 및 위험물의 적부설비는 효력시험 또는 현상검사의 준비를 할 것.

라. 전기설비의 경우에는 절연저항시험 및 효력시험의 준비를 할 것.

마. 선령 10년을 넘는 산적화물선의 화물창의 경우에는 별표 10의 제1호너목 1) 부터 3)까지의 준비를 할 것.

바. 거주 및 위생설비에 관한 준비

현상검사의 준비를 할 것.

사. 만재흘수선 및 무선설비에 관한 준비

효력시험 또는 현상검사의 준비를 할 것.

V. 선박검사의 완화 및 면제사항

1. 검사준비사항 중 프로펠러축계의 발출검사준비의 조정은 다음에 따른다.

가. 제1종 축 : 전회의 발출검사 완료일부터 5년을 초과할 수 없다. 다만, 전회의 탐상시험방법이 자분탐상시험 또는 초음파탐상시험에 따른 방법으로 집행되지 아니한 경우에는 전회의 발출검사 완료일부터 36개월을 초과할 수 없다.

나. 제2종 축 : 전회의 발출검사 완료일부터 36개월을 초과할 수 없다. 이 경우 탐상시험방법은 자분탐상시험 또는 초음파탐상시험에 따른 방법에 따른다.

다. 직경 100밀리미터 미만의 제2종 프로펠러축계와 스테인리스강 또는 이와 동등한 비자성체재질의 프로펠러축계에 대하여는 제1호와 제2호에도 불구하고 액체탐상시험으로 할 수 있다.

라. 총톤수 5톤 미만 어선이 다음 어느 하나에 해당하는 경우에는 시행규칙 별표 10의 정기검사준비사항 중 제1호나목 및 제2호나목의 검사준비를 생략할 수 있다.

1) 타는 타베어링부의 각 베어링에 대한 마모한도 이내의 경우

2) 프로펠러축계는 선미관 후부 또는 스트럿베어링 내면 상부와 축과의 틈새가 베어링 틈새 한도 이내의 경우

2. 검사준비사항 중 기관개방검사와 관련한 시행규칙 별표 10의 정기검사준비사항에 대하여 연차적으로 검사하여 5년 주기 내에 완료되도록 하는 검사(이하 “기관계속검사”라 한다)의 방법을 선박소유자가 신청하는 경우에는 시행규칙 별표 10의 정기검사준비사항 및 별표 11의 중간검사준비사항에도 불구하고 다음의 기관계속검사 방법으로 이를 조정할 수 있다.

가. 기관계속검사(CMS: Continuous Machinery Survey) 방법

1) 일반사항

기관계속검사 방법은 여객선이 아닌 선박에 설치된 기관에 대하여 적용(비자항선의 경우에는 국토해양부장관이 특별히 승인한 것 외에는 적용하지 아니한다)하며, 반드시 정기적 검사 시에 시행할 필요는 없

고 선박소유자가 검사준비한 때에 수시로 임시검사를 시행할 수 있다. 다만, 해당 검사시기를 초과한 항목에 대한 검사는 차기 정기적 검사 시기를 초과할 수 없다.

가) 검사의 신청

기관계속검사 방법을 적용받으려는 선박소유자는 기관계속검사 수검계획서를 국토해양부장관에게 제출하여야 한다.

나) 기관계속검사 수검목록

기관계속검사를 처음으로 시행하는 경우 선박검사관(선박검사원을 포함한다. 이하 같다)은 선박소유자가 제출한 기관계속검사 수검계획서를 참조하여 기관계속검사 수검목록을 작성하고, 이후 기관계속검사를 시행한 경우 해당 항목란을 수정하여 선박소유자에게 송부한다. 선박소유자는 최근의 기관계속검사 수검목록을 본선에 보관하고 선박검사관이 요구하는 때에는 이를 제시하여야 한다.

다) 수검계획서

(1) 선박소유자는 다음 사항을 고려한 수검계획서를 작성하여 제출하여야 한다.

(가) 원칙적으로 기관계속검사 대상 전 항목이 포함되어야 함

(나) 검사의 개시 시기는 최초 정기검사 또는 정기검사의 다음 검사로 하고 다음 회의 정기검사 시기에 완료되도록 함

(다) 매년 검사하는 항목 수는 거의 균등하게 할 것

(2) 위 (1)에 정한 수검계획서는 본선의 기관보수정비계획서를 이용할 수 있다. 또 이 수검계획서는 시행과정에서 보수정비계획이 변경된 경우에는 그 일부 또는 전부를 변경할 수 있다.

2) 기관계속검사 적용대상 기관 및 검사요령

가) 기관계속검사 적용대상 기관은 다음 표와 같다. 다만, 다음의 어느 하나에 해당하는 경우 기관계속검사 적용대상에서 제외되며, 해당 정기적 검사 시에 행하여야 한다.

(1) 주기관의 크랭크 개폐량의 측정 및 거치볼트의 점검

(2) 증기관장치

(3) 각종 안전장치의 효력 및 성능시험

(4) 예비품

(5) 기관구역무인화선의 효력시험

검사항목	세부 사항
1. 주기 디젤 기관	실린더커버, 실린더라이너, 피스톤(피스톤핀 및 피스톤로드를 포함한다), 크로스헤드 (핀, 베어링 및 가이드를 포함한다), 연접봉, 크랭크 축 및 베어링, 캠축 및 구동장치, 과급기, 소기펌프 또는 블로어, 공기냉각기, 부속 중요 펌프(윤활유, 연료유, 냉각수)
2. 주기 증기 터빈	터빈 로터, 블레이드, 베어링, 케이싱, 노즐, 노즐밸브, 조종밸브
3. 보조기관	발전기(비상용은 제외한다) 및 중요 보기를 구동하는 보조기관을 주기에 준하여 검사

나) 기관계속검사 적용대상 기관의 검사방법

(1) 중요 보기가 2대 이상 설치되어 있는 경우에는 같은 간격으로 교대로 사용함을 원칙으로 하고 특히 발전기 구동 내연기관 및 빌지펌프 등은 가능한 한 정기 및 중간검사 시에 시행하도록 한다.

(2) 각 대상기관별 검사간격은 5년을 넘어서는 아니 된다.

(3) 검사한 개소에 결함이 발견되었을 때는 상세한 검사를 요구할 수 있다.

다) 기관장이 점검한 기관에 대한 확인검사

기관의 보수 및 유지상태가 양호하다고 인정되는 선박의 경우 선내 보수작업으로 항해 중에 개방하여 기관장이 점검한 기관에 대하여는 다음 조건에 만족하는 경우 기관계속검사를 위한 개방검사로 대신할 수 있다. 또한, 입항 중에 개방한 기관에 대하여도 그 항구에서 선박검사관에 의한 검사가 대단히 곤란한 경우에는 이와 같은 방법으로 취급할 수 있다.

(1) 기관장의 자격

기관장은 등록국 또는 선적국의 최상급 면허를 소지하고 있거나 기관장으로서 3년 이상 승선한 경력이 있는 자로서 같은 형태의 추진기관(주 내연기관 또는 주 터빈을 말한다)을 갖는 선박에 적어도 1년 이상 승선한 경력이 있어야 한다.

(2) 확인검사

기관장에 의하여 점검된 기관은 원칙적으로 점검일부터 5개월 이내에 선박검사관에 의하여 다음의 방법으로 확인검사를 받아야 한다.

(가) 작동상태에서 기관을 검사한다.

(나) 기관 Log book의 관련 기재사항 또는 정비기록(인정 가능한 전산기록 등을 말한다)을 조사하고 점검을 시행한 기관장의 의견을 청취한다.

(다) 기관장은 점검시기에 대하여 다음 사항을 포함한 보고서를 작성하여 선박검사관에게 제출하여야 한다.

(1) 기관장의 서명 및 면허장번호

(2) 점검 연월일 및 장소

(3) 점검 항목 및 결과

(라) 선박검사관이 기관장보고서 및 기관의 현상을 조사한 결과 개방하여 검사할 필요가 있다고 인정하는 경우에는 해당 기관에 대하여 개방검사를 요구할 수 있다.

(3) 기관장 점검의 대상기관

기관장 점검의 대상기관 및 대상제외 기관은 다음 표에 따른다. 다만, 기관장 점검 대상기관 중 주 내연기관의 각 부품 및 주 발전기 구동용 내연기관에 대하여는 기관계속검사 2순회 중 적어도 1순회 이상은 선박검사관에 의한 개방검사가 시행되어야 한다.

기관장 점검 대상 기관	기관장 점검 대상 제외 기기
1. 주 내연기관(다만, 우측란 1항 항목은 제외한다) 2. 보조 내연기관(다만, 비고란에 제시하는 조건을 만족하여야 한다)	1. 주 내연기관의 크랭크축 및 베어링, 크랭크핀 볼트 및 캠축 구동장치 2. 증기터빈(주, 보조)
※ 비고 : 보조 내연기관의 기관장 점검은 다음에 따른다. 1. 기관을 개방하고 모든 실린더, 실린더라이너, 실린더커버, 부속밸	

브, 피스톤, 피스톤링, 연접봉과 상하베어링, 피스톤핀, 캠축 구동장치, 과급기, 공기냉각기, 크랭크케이스와 도어, 기관거치 볼트, 크랭크케이스 과압 방지장치에 대하여 검사되어 있을 것 2. 모든 메인베어링의 상반부를 개방하고 하반부 메탈은 1, 2개를 들어내어 검사되어 있을 것 3. 크랭크 핀 및 저널의 균열 유무가 검사되어 있을 것. 특히 필릿부와 유공, 오일 그루브의 부근을 주의하고 필요하면 액체침투탐상법에 의한 점검을 시행할 것 4. 크랭크 암의 개폐량을 측정하고 기록되어 있을 것 5. 실린더라이너는 마모량을 측정하고 기록되어 있을 것 6. 부속의 윤활유 냉각기, 기관부착의 윤활유 펌프나 냉각수 펌프 등이 개방점검되어 있을 것 7. 안전장치의 작동이 양호하다고 확인되어 있을 것 8. 크랭크 핀볼트의 사용시간이 기록되어 있을 것

라) 기관계속검사 방법의 취소

선박소유자가 기관계속검사 방법의 취소를 요청한 경우에는 다음에 따라 취급하며, 기관계속검사가 이 방법대로 시행되지 아니할 경우에는 기관계속검사 방법의 적용을 취소할 수 있다.

(1) 다음 정기검사 이전에 그 검사 간격이 5년을 초과하는 기관계속검사 대위의관이 있는 경우에는 지난번 검사일부터 5년째의 시점 또는 그 이전에 그 기기들의 검사를 시행한다.

(2) 다음 정기검사를 할 때에는 정기검사에서 요구되는 모든 항목의 검사를 시행한다.

3) 기관계속검사 시 기관의 일련번호 부여방법

동일 기관이 2대 이상 비치된 경우의 일련번호 부여방법은 다음에 따른다.

가) 현존선의 경우 원칙적으로 각 기관의 명패(Name Plate) 번호 또는 본선에서 사용하는 번호와 통일시킨다.

나) 본선의 기관번호가 분명하지 아니하거나 신조선에서 아직도 기관의 번호배열을 정하지 아니한 경우 등에는 아래와 같은 순서로 배

열하도록 선박소유자 또는 조선소에 권유하여 이 부여 방법과 일치하도록 한다.

(1) 우현에서 좌현으로

(2) 선수에서 선미로

(3) 위에서 아래로

나. 최초 정기검사(또는 제1회 정기검사를 말한다. 이하 같다) 시의 기관계속검사 방법 적용

1) 기관계속검사는 원칙적으로 최초 정기검사 완료 후 다음 검사 시부터 시작하여 다음 회의 정기검사에서 완료하도록 되어있으나 선박소유자의 요청이 있고 또한 선박검사관이 적절하다고 인정하는 경우에는 최초 정기검사 시부터 기관계속검사를 적용할 수 있다. 이 경우 외국정부 등에서 실시한 검사사항을 고려하여 다음 검사 시에 문제가 생기지 아니하도록 유의하여 시행하고 검사보고서에는 기관계속검사 적용선박임을 반드시 명기한다. 만일 다음 검사 시에 반드시 검사를 시행하여야 할 사항이 있으면 지적사항란에 기입한다.

2) 현존선으로서 새로 기관계속검사 방법을 적용하려는 경우에는 다음의 요령에 따른다.

가) 정기검사 후 첫 번째의 중간검사 또는 그 이전의 임시검사 시기부터 기관계속검사로 전환하는 경우는 즉시 정규순환으로 바꿀 수 있다.

나) 정기검사 후 첫 번째의 중간검사와 두 번째 중간검사 사이에 전환하는 경우는 위 가)와 같이 취급한다.

다) 정기검사 후 두 번째의 중간검사 시기부터 제1종 중간검사 시기로 전환하는 경우는 다음 회의 정기검사까지에 모두 마친 후에 즉시 전환할 수 있다. 다만, 정기검사 후 제1종 중간검사 또는 그 이후에는 전환하여서는 아니 된다.

3. 검사 준비사항 중 그 일부를 면제하는 경우는 다음과 같다.

가. 제1회 정기검사를 할 때에 차용한 선박과 재등록 선박에 대하여는

별표 10의 정기검사 준비사항 중 제1호타목·제2호사목·제4호나목·제5호나목·제7호다목·제8호다목·제9호가목·제10호가목·제11호나목 및 제12호다목의 검사준비를 생략한다.

나. 규칙 제12조 제2항에 따른 정기검사를 할 때에 종전 법 제6조에 따른 제조검사를 받지 아니하는 선박에 대하여는 별표 10 정기검사 준비사항 중 제1호파목과 하목의 압력시험의 검사준비를 면제한다.

다. 규칙 제12조 제2항에 따른 정기검사에 있어서 총톤수 5톤 미만의 어선에 대하여는 선박소유자부터 입거, 상가 또는 거선시기의 연기신청이 있고 선체 내부상태 및 주기관·축계·보조기관 등의 작동상태를 검사한 결과 양호한 경우 시행규칙 별표 10 제1호가목부터 라목까지, 자목부터 카목(선체외부로 한정한다)까지, 제2호나목, 제3호나목 및 다목의 검사준비를 6개월까지 유예할 수 있다.

라. 다음의 어느 하나에 해당하는 경우에는 시행규칙 별표 10 제12호에 따른 복원성시험에 관한 준비를 생략할 수 있다.

1) 여객선을 제외한 선박으로서 같은 조선소에서 같은 내용으로 승인된 도면에 따라 건조되는 같은 형태의 후속 선박들에 대하여 경하중량 및 길이 방향의 무게중심위치(LCG) 산정을 위한 시험(이하 "경하중량산정시험"이라 한다)을 한 결과 선행 호선과의 경하중량 또는 LCG의 차이가 다음 조건을 초과하지 아니하는 경우

경하중량(LWT) 차이		길이방향 무게중심위치(LCG) 차이
선박의 길이(Lf) 50미터 이하	2.0퍼센트 LWT	0.5퍼센트 LBP
선박의 길이(Lf) 160미터 이상	1.0퍼센트 LWT	
선박의 길이가 중간인 경우 보간법에 따른다.		

2) 선박의 주요 치수의 변경 없이 선박용물건의 증설·탑재·철거 등으로 경하중량 및 중심의 위치에 영향을 미치는 개조를 하는 경우에는 경하중량 및 무게중심 위치(LCG 및 VCG)의 변화를 정확하게 계산한 경하중량산정표에서 경하중량의 증·감량이 기존 경하중량

의 2.0퍼센트 또는 2톤 중 큰 값 미만이거나, LCG의 차이가 1.0퍼센트 LBP 미만인 경우

3) 재등록, 용도변경, 도입·차용한 선박 또는 대행검사기관을 변경하려는 선박에 있어서 대행검사기관으로부터 승인받은 복원성자료가 있는 경우로서 복원성에 영향을 미치는 개조 또는 수리가 없었다고 판단되는 경우

4) 갑판에 개스킷붙이 수밀강제덮개로 폐쇄되는 작은 출입구만을 가지는 폰툰부선 또는 KG의 값이 갑판상면보다 낮다고 정확히 산출할 수 있는 폰툰부선에 있어서 KG의 값을 갑판상면까지 한 경우로서 해당 부선에 대한 복원성 규정에 적합한 경우. 이 경우 경하중량 및 LCG의 값은 경하중량산정을 하여 정하는 것으로 한다.

마. 총톤수 5톤 미만의 선박으로서 어선 및 평수구역을 항해구역으로 하는 선박(여객선은 제외한다)에 대하여는 선체 내부상태 및 주기관·축계·보조기관 등의 작동상태를 검사한 결과 양호한 경우 시행규칙 별표 11의 중간검사준비사항 중 제1호가목(별표 10의 제1호거목 및 너목은 제외한다), 나목 1) 및 2), 다목(별표 10의 제3호라목 및 마목은 제외한다) 및 라목의 검사준비를 생략할 수 있다.

바. 기관을 들어내어 전부 개방하지 아니하고는 크랭크축 등의 검사를 시행하기 곤란한 특수한 구조(고속기관 등)의 주기관 또는 보조기관에 대하여는 정비 및 작동상태의 검사와 운전시간 등을 고려한 결과 양호하다고 판단되는 경우 해당 기관에 대한 개방검사 준비를 면제할 수 있다. 이 경우 해당 기관에 대한 개방검사 준비의 면제는 시행규칙 별표 10의 정기검사준비사항에 따라 개방검사를 받은 날부터 다음의 연한을 초과하여서는 아니 된다.

1) 여객선 : 5년 또는 기관가동시간(7000시간) 중 먼저 도래하는 시간

2) 총톤수 5톤 미만 선박: 10년

3) 가목 및 나목 외의 선박: 8년

사. 검사에 불합격 처리된 선박을 6개월 이내에 재검사 신청한 경우 지난 번 검사(불합격 처리된 검사를 말한다) 시 합격된 사항에 대하여

는 해당 검사준비를 면제할 수 있다.

아. FRP선체 건조를 할 때에 사용재료, 건조방법 등이 동일한 경우에는 최초의 건조분을 제외하고는 건조 전 재료시험을 생략할 수 있으며, 소형선박과 연안어업에 종사하는 어선의 FRP선체 건조를 할 때에 건조용 몰드, 사용재료 및 건조방법 등이 동일한 경우 최초의 건조분을 제외하고는 절취재료시험의 준비를 면제한다.

자. 예비검사를 받으려는 선박용물건이 형식승인 대상품목으로서 검사신청 이전 최근 2년 동안 매년 2회 이상 형식승인시험기관의 환경시험에 합격한 경우에는 해당 선박용물건에 대한 환경시험의 준비를 면제한다.

차. 선박용물건(규칙 제4조 제8호부터 제12호까지의 것은 제외한다)의 예비검사를 할 때에 외국정부의 검사 등을 받은 것 또는 ISO 9000 시리즈의 인증을 받은 제조업체에서 생산된 부품으로서 시설기준에 적합하다고 인정되는 것에 대하여는 재료시험 및 그 부품에 대한 검사 준비를 면제할 수 있다.

카. 개조, 수리 또는 정비에 따른 예비검사를 할 때에 다음의 어느 하나에 해당하는 선박용물건에 대하여는 개방검사, 비파괴검사 및 효력시험 외의 검사준비를 면제한다.

1) 다른 선박에 사용되었던 선박용물건(예비검사의 대상범위에서 제외되는 선박용물건으로서 다른 선박에 설치되어 검사를 받아오던 것은 제외한다)

2) 선박 외의 다른 용도로 사용되던 것을 선박용으로 구조변경하여 선박에 설치하려는 다음 어느 하나에 해당하는 선박용물건

가) 총톤수 5톤 미만인 선박(여객선은 제외한다)으로서 항내만을 항해하는 선박에 설치하려는 주기관

나) 주기관을 제외한 것으로서 출력 220킬로와트(300PS) 미만인 내연기관

다) 연근해 어선에 설치하려는 것

타. 카목에도 불구하고 총톤수 5톤 미만인 연안어선(「낚시어선업법」에 따라 낚시어선업을 겸용하는 어선은 제외한다)으로서 다음의 어느 하나에 해당하는 어선에 설치되는 기관에 대하여는 연안(도서를 포함한다)으로부터 5마일 이내에서 어장관리 또는 구획어업에 종사하는 조건으로 효력시험 외의 검사준비를 면제할 수 있다.

1) 「수산업법」 제29조 제1항에 따른 어장관리선으로 지정받은 어선

2) 「수산업법」 제29조 제3항에 따른 어장관리선으로 승인받은 어선

3) 「수산업법」 제43조 제3항에 따른 구획어업에 사용하는 어선

파. 선외기 및 선내외기의 예비검사를 할 때에 동력전달장치 및 축계장치는 해당 기관의 단일조립 완성품으로 간주하며, 외국정부의 검사를 받은 것 또는 ISO9000시리즈의 인증받은 제조업체에서 생산된 것에 대하여는 효력시험외의 검사준비를 면제할 수 있다.

4. 제출서류의 일부를 조정 또는 면제하는 경우는 다음과 같다.

가. 선박검사신청 시 제출하는 선박검사증서는 선박이 항해 중이거나 부득이한 사유로 제출할 수 없는 경우 해당 검사 착수 전까지 제출할 수 있다.

나. 법 제26조에 따른 선박시설에 관한 규정 중 복원성에 있어서 특수선형선박이 아닌 선박으로서 평수구역을 항해구역으로 하는 여객선, 부선 및 선박 길이 40미터 미만 어선에 대하여는 시행규칙 별표 7의 제2호마목 2) 및 3)의 서류를, 제3호라목에 해당하는 경우의 선박 또는 개조에 따라 복원 성능이 양호하게 개선되는 선박에 대하여는 별표 7의 제2호마목 4)의 서류 제출을 면제할 수 있다.

다. 이미 승인받은 설계도면(건조 당시의 시설기준에 변경이 없는 것으로 한정한다)에 따라 동일업체에서 동일한 내용으로 선박용물건(그 부품을 포함한다)을 제조하려는 경우 또는 한국산업규격(이하 "KS규격"이라 한다)에 따른 선박용물건을 제조하려는 경우에는 제조사양서 및 시행규칙 별표 7 제4호의 서류제출을 면제한다. 이 경우 예비검사신청서 비고란에 승인받은 설계도면의 내역 또는 KS규격번호를 기재토록 한다.

라. 선박용물건의 수리(기존 설비중 그 부품을 신환하는 경우를 포함한다) 또는 정비에 따른 예비검사를 받으려는 선박용물건에 대하여는 제조사양서 및 시행규칙 별표 7 제4호의 서류제출을 면제한다. 다만, 필요하다고 인정하는 경우에는 카탈로그 등 참고자료를 요구할 수 있다.

5. 선박의 주요 치수의 변경없이 선박용물건의 증설·탑재 또는 철거 등으로 인한 중량 및 중심위치의 변화량을 정확히 산출할 수 있는 경우로서 다음 각 목의 어느 하나에 해당하는 선박의 복원성자료에 대하여는 승인하지 아니한다.

가. 여객선을 제외한 선박으로서 상갑판 상부의 증설·탑재 또는 그 하부의 철거 등으로 경하상태의 KG가 상승이 예상되는 경우로서 중량증감량이 경하중량의 0.5퍼센트 미만인 경우

나. 상갑판 하부의 증설·탑재 또는 그 상부의 철거 등으로 KG의 하강이 예상되는 경우로서 중량증감량이 경하중량의 1.5퍼센트 미만인 경우

Ⅵ. 우수사업장의 지정기준

1. 우수제조사업장의 지정기준

가. 다음의 시설을 갖출 것.

1) 선박용물건 또는 소형선박의 제조 또는 자체검사에 필요한 작업장

2) 제조에 필요한 재료・부품의 보관시설 및 제조된 선박용물건 또는 소형선박을 보관하기 위한 가공 전후의 일시보관 장소

나. 다음의 인원을 갖출 것.

1) 선박용물건 또는 소형선박의 자체검사자 1명 이상

2) 자체검사 업무의 감독을 위한 관리책임자로서 다음의 자격이 있는 자 1명 이상

가) 「국가기술자격법」에 따른 해당 분야의 산업기사 이상의 자격을 가진 자.

나) 「선박직원법」 제4조에 따른 3급 이상의 해기사면허를 받고 해당 분야의 제조경력 또는 승선경력이 3년 이상인 자.

다) 해당 분야의 제조경력 또는 자체검사경력이 5년 이상(신청일을 기준으로 하여 최근 5년 이내의 경력이 1년 이상이어야 한다)인 자로서 자체검사의 책임자로 종사한 경험이 있는 자.

라) 법 제76조에 따른 선박검사관 또는 법 제77조에 따른 선박검사원으로서의 근무경력이 1년 이상인 자.

3) 제조에 종사하는 인력

다. 제조작업을 담당하는 조직으로부터 독립된 자체검사 조직을 갖출 것.

라. 자체검사설비의 교정검사에 관한 기준을 정한 규정이 있을 것.

마. 다음의 법령 및 기록을 유지・관리하기 위한 규정이 있을 것.

1) 선박용물건 또는 소형선박의 제조 및 자체검사에 필요한 도면 및 관련 법령(국제협약을 포함한다.)

2) 제조작업 및 자체검사에 관한 기록

3) 제조설비의 관리에 관한 기록(일상점검, 정기점검, 보수・유지의 방

법, 계량관리 및 관리조직을 포함한다.)

4) 배상청구 처리 및 제품의 품질보증

바. 선박용물건 또는 소형선박의 설계 및 제조공정, 재료 및 부품, 자체검사 및 외주 등에 관한 관리기준이 있을 것.

사. 다음의 사항을 갖출 것(팽창식 구명설비를 제조하는 경우로 한정한다.)

1) 제조에 필요한 적정수준의 재료 및 교환부품의 확보

2) 사용설명서 및 정비방법과 그 변경사항에 관한 기준의 비치

3) 정비기술자에 대한 교육·훈련 제도의 설정

아. 우수제조사업장으로 인정받으려는 해당 품목에 대하여 법 제18조 제1항에 따른 형식승인을 받아 계속하여 2년 이상 검정을 받은 실적이 있을 것. 다만, 같은 품목으로서 형식을 달리하는 경우에는 그러하지 아니하다.

2. 우수정비사업장의 지정기준

가. 다음의 시설을 갖출 것. 다만, 구명뗏목의 경우에는 별표 24 제1호의 시설로 한다.

1) 선박용물건 또는 소형선박의 정비 또는 자체검사에 필요한 작업장

2) 정비에 필요한 재료·부품 및 정비된 선박용물건 또는 소형선박을 보관하기 위한 장소

나. 다음의 인원을 갖출 것.

1) 선박용물건 또는 소형선박의 자체검사자 1명 이상

2) 자체검사 업무의 감독을 위한 관리책임자로서 다음의 자격이 있는 자 1명 이상

가) 「국가기술자격법」에 따른 해당 분야의 산업기사 이상의 자격을 가진 자.

나) 「선박직원법」 제4조에 따른 3급 이상의 해기사면허를 받고 해당 분야의 제조·정비 또는 승선 경력이 3년 이상인 자.

다) 해당 분야의 제조·정비 또는 자체검사 경력이 5년 이상(신청일을 기준으로 하여 최근 5년 이내의 경력이 1년 이상이어야 한다)인 자로서 자체검사의 책임자로 종사한 경험이 있는 자.

라) 법 제76조에 따른 선박검사관 또는 법 제77조에 따른 선박검사원으로서의 근무 경력이 1년 이상인 자.

3) 다음 요건에 적합한 정비 인력(팽창식 구명설비를 정비하는 경우로 한정한다.)

가) 팽창식 구명설비의 제조사업장 또는 정비사업장에서 5년 이상 근무한 경력이 있거나 제조자가 시행하는 팽창식 구명설비의 정비에 관한 교육·훈련을 받은 자로서 국토해양부장관이 정비기술이 우수하다고 인정하는 정비기술자 2명 이상

나) 정비기술자의 지도를 받아 정비작업에 종사하는 작업원 2명 이상

다. 정비작업을 담당하는 조직으로부터 독립된 자체검사 조직을 갖출 것.

라. 자체검사 설비의 교정검사에 관한 기준을 정한 규정이 있을 것.

마. 다음의 법령 및 기록을 유지·관리하기 위한 규정이 있을 것.

1) 선박용물건 또는 소형선박의 정비 및 자체검사에 필요한 도면 및 관련 법령(국제협약을 포함한다.)

2) 정비작업 및 자체검사에 관한 기록

3) 정비설비의 관리에 관한 기록(일상점검, 정기점검, 보수·유지의 방법, 계량관리 및 관리조직을 포함한다.)

4) 배상청구 처리에 관한 기준

바. 선박용물건 또는 소형선박의 설계 및 정비공정, 재료 및 부품, 자체검사 및 외주 등에 관한 관리기준이 있을 것.

사. 우수정비사업장으로 인정받으려는 해당 품목에 대하여 법 제22조 제1항에 따른 예비검사 또는 법 제18조 제6항에 따른 검정을 계속하여 2년 이상 받은 실적이 있을 것.

Ⅶ. 팽창식구명설비의 수리 또는 정비에 따른 시설 등의 기준

1. 시설
 가. 작업장
  1) 천장의 높이는 4.5미터 이상, 면적은 60제곱미터 이상으로서 정비하려는 구명뗏목을 펼쳤을 때의 바닥면적보다 클 것.
  2) 구명뗏목을 들어 올려 고정하거나 이동할 수 있는 설비를 갖출 것.
  3) 직사광선으로부터 보호될 수 있어야 하며, 충분한 조명장치를 갖출 것.
  4) 실내온도 및 상대습도 조절장치를 갖출 것.
  5) 환기장치를 설치할 것.
 나. 수세장: 면적은 25제곱미터 이상이어야 하며, 수세시설을 갖출 것.
 다. 누설 시험장
  1) 면적은 25제곱미터 이상일 것.
  2) 바닥은 뗏목의 고무포를 손상시키지 아니하도록 덮개를 깔 것.
  3) 직사광선으로부터 보호될 수 있어야 하며, 충분한 조명장치를 갖출 것.
  4) 실내온도 및 상대습도 조절장치를 갖출 것.
  5) 환기장치를 설치할 것.
 라. 정비한 구명뗏목을 저장할 수 있는 시설(이중으로 겹쳐서 저장하는 것을 금한다.)
 마. 부품 진열장
  1) 공구·비품류 등이 흐트러지지 아니하게 정비하여 놓을 수 있도록 선반식으로 되어 있을 것.
  2) 면적은 10제곱미터 이상일 것.
 바. 사무실: 면적은 15제곱미터 이상일 것.
 사. 위험물저장소: 관계 법령에 적합한 시설을 갖출 것.

2. 인원

가. 정비기술자: 팽창식 구명설비의 제작회사 또는 정비사업장에서 3년 이상의 실무경력이 있는 자 또는 국토해양부장관이 팽창식 구명설비에 관한 정비기술이 있는 것으로 인정하는 자 2명 이상을 확보할 것.

나. 작업원: 정비기술자의 지도를 받아 정비작업에 종사하는 작업원 2명 이상을 확보할 것.

3. 기구 및 비품류

가. 점검을 위한 기구류

1) 솔 등 뗏목 수세용구

2) 용기 분해용공구

3) 가스 주입장치 분해용공구

4) 손전지 또는 회중전등

5) 바닥이음부 시험을 위한 뗏목 지지대 등

나. 정비 및 보수용기구

1) 접착가공용구: 보관용기(고무풀, 촉진제 및 용제를 포함한다.), 솔, 접시저울(칭량 1킬로그램 정도), 빠른 건조를 위한 적외선램프 또는 드라이어, 가위, 롤, 라분대[216] 등.

2) 끈 및 로프 가공용구: 실감개 · 바늘류 · 절단기

3) 봉제 가공용구: 공업용재봉틀

4) 납땜 가공용구: 납땜 인두

5) 구명쇠 및 눌림단추 가공용구: 각종 치수의 펀치 및 타구

6) 도장 및 솔 가공용구

---

216) 라분대는 송진가루를 뜻하는 일본말이라고 한다. 이와 같은 용어가 사용된 것은 일본의 규정을 번역하는 과정에서 제대로 용어순화가 이루어지지 않았기 때문으로 추정된다. 현행 일본의 규정은 개정되어 접착가공용구릐 품명을 자세히 열거하지 않고 있는 바, 이 기준도 적절히 수정할 필요가 있다고 판단된다.

7) 젖은 뗏목을 건조시키는 데에 충분한 온풍기

8) 진공펌프

다. 검사를 위한 기구

1) 누설시험을 위한 기구: 압력계(혈압계 수은주 300밀리미터 또는 수압계)·온도계·기압계(아네로이드형), 공기압축기 및 전동 송·배풍기

2) 가스용기검사를 위한 기구류: 저울(칭량 20킬로그램), 온수시험용 물탱크(용기 1개 이상의 수용이 가능한 것일 것) 및 용기내압 시험설비

3) 자동이탈장치 시험용구(팽창식 구명뗏목 또는 팽창식 구명부기의 경우로 한정한다)[하중 5킬로그램 및 하중 200킬로그램에서 시험할 수 있는 것일 것]

4) 그 밖의 습도계·10미터 줄자 등

라. 그 밖의 기구류

1) 컨테이너 개방용공구: 스패너, 지렛대 등

2) 그 밖에 특히 지정된 공구류

마. 보수용 비품 및 소모품: 보수용 각종 고무포·심·끈·밧줄류·접착제·용제·도료·인쇄잉크·교환용부품 등

4. 정비 기준: 국토해양부장관이 정하여 고시하는 팽창식구명설비의 정비기준

5. 제1호부터 제4호까지의 확인사항에 변경이 있는 때에는 이를 지방해양청장에게 보고하여야 한다.

VIII. GMDSS에 의한 해역구분 및 무선설비

해역	범위	무선설비
A1	최소한 하나의 초단파(VHF) 해안국과 무선전화통신이 가능한 범위로서 계속적으로 디지털선택호출(DSC)에 의한 경보를 이용할 수 있는 해역(범위는 당사국정부가 정함)	1. 다음 무선설비중의 하나 가. DSC를 사용하는 VHF 나. 406MHz 극궤도위성설비(위성 EPIRB로도 대체 가능) 다. DSC를 사용하는 MF(해당 설비를 갖춘 해안국의 도달거리 이내) 라. DSC를 사용하는 HF 마. INMARSAT 선박지구국
A2	최소한 하나의 중파(MF) 해안국과 무선전화통신이 가능한 범위로서 계속적으로 DSC에 의한 경보를 이용할 수 있는 해역(범위는 당사국 정부가 정함)으로서 A1해역을 제외한 해역	1. DSC를 사용하는 2,187.5 KHz 및 무선전화용 2,182 KHz로 송신 및 수신을 할 수 있는 MF 무선설비 2. 2,187.5 KHz에서 DSC의 청수를 유지할 수 있는 무선설비 3. MF 외에 조난경보를 보낼 수 있는 다음 무선설비 중의 하나 가. 406MHz 극궤도위성설비(위성 EPIRB로도 대체 가능) 나. DSC를 사용하는 HF 다. INMARSAT 4. 무선전신 또는 직접인쇄전신을 사용하여 일반무선통신을 송수신할 수 있는 다음 설비 중의 하나 가. 1,605 -4,000 KHz 또는 4,000-27,500 KHz 주파수대에서 운영되는 무선설비 나. IMMARSAT 선박지구국
A3	인마사트(IMMARSAT) 정지궤도위성의 통신범위 내에서 계속적으로 경보를 이용할 수 있는 해역으로서 A1	**<선택사항 I>** 1. IMMARSAT 선박지구국 2. DSC를 사용하는 2,187.5 KHz 및 무선전화용 2,182 KHz로 송신 및 수신을 할 수 있는 MF 무선설비

	및 A2해역을 제외한 해역	3. 2,187.5 KHz에서 DSC의 청수를 유지할 수 있는 무선설비 4. 선박 대 육상 조난경보의 송신을 개시하는 다음 수단 중의 하나 가. 406MHz 극궤도위성설비(위성 EPIRB로도 대체 가능) 나. DSC를 사용하는 HF 다. INMARSAT 정지궤도 위성업무를 경유하는 선박지구국 또는 위성 EPIRB **<선택사항 II>** 1. 1,605-4,000 KHz 및 4,000-27,500 KHz 주파수대에서 DSC, 무선전화 및 직접인쇄전신을 사용할 수 있는 MF/HF 무선설비 2. 2,187.5, 8,414.5 KHz 및 조난 및 안전 DSC 주파수 4,207.5, 6,312, 12,577, 16,804.5 KHz 중 하나에서 DSC 청수를 유지할 수 있는 설비 3. HF 외에 선박대 육상 조난경보를 개시할 수 있는 다음 수단 중의 하나 가. 406MHz 극궤도위성설비(위성 EPIRB로도 대체 가능) 나. INMARSAT 정지궤도 위성업무를 경유하는 선박지구국 또는 위성 EPIRB 4. 1,605-4,000 KHz 및 4,000-27,500 KHz 주파수대에서 무선전화 또는 직접인쇄전신을 사용하여 일반 무선통신을 할 수 있는 MF/HF 무선설비
A4	A1, A2 및 A3해역을 제외한 해역	A3해역 선택사항 II의 설비

Ⅸ. 선박검사 업무 등에 관한 대행협정서(예)

해양수산부와 (사)한국선급간

선박검사 업무 등에 관한 대행협정

이 협정은 해양수산부(이하 “주관청”이라 한다)와 대한민국 정부를 대신하여 검사와 증서 발급 업무를 대행하는 (사)한국선급(이하 “대행기관”이라 한다)간에 체결한다.

제1조(목적) 이 협정의 목적은 주관청이 대한민국 선박에 대하여 선박검사 등의 업무를 대행하게 함에 있어 검사 및 증서 발급 등에 관한 업무(이하 “대행업무”라 한다)의 범위, 일반조건 및 기타 필요한 사항을 정하는데 있다.

제2조(관련 법률) 이 협정과 관련된 법률은 다음 각 호와 같다.

1. 2007년 1월3일 공포되고 11월4일 시행되는 선박안전법
2. 2007년 1월19일 공포되고 2008년 1월20일 시행되는 해양환경관리법
3. 이 협정 체결당시 시행중인 해상교통안전법

제3조(일반조건)①이 협정에 따라 대행기관이 수행한 업무는 대한민국 법률 및 국제협약에서 규정하고 있는 제반 규정(이하 “관련규정”이라 한다)에 적합한 경우에는 주관청이 수행한 것과 동등한 것으로 간주한다.
②대행기관은 대한민국의 모든 지역에서의 업무를 원활하게 수행하기 위하여 대한민국에 주된 사무소 및 지부를 두어야 한다. 또한, 대한민국 이외의 지역에서도 업무를 수행할 수 있어야 한다.

③대행기관은 1995년 11월 23일 채택된 국제해사기구 총회 결의문 789(19) 및 동 결의문 개정사항에 따라 요구되는 대행기관의 요건을 준수하여야 한다.

④주관청은 대행기관이 발급한 증서에 대하여 취소하거나 효력을 정지할 수 있다. 다만 대행기관은 증서에 대한 취소 및 효력을 정지할 수 없다.

⑤대행기관은 선박 등에 대한 검사, 증서 발급 및 승인 등에 관한 절차 등의 규정은 주관청의 해석에 따라야 한다.

⑥대행기관은 ISO 9001 또는 동등 이상의 품질관리시스템을 유지하여야 한다.

제4조(대행업무의 범위) ①주관청이 대행기관에 위임하는 업무의 범위는 첨부된 부속서 1에 따른다.
②부속서 1에 포함되지 않은 업무에 대하여는 주관청이 정하는 바에 따른다.

제5조(적용법률과 면제 등) ①대행기관은 검사를 수행하거나 증서를 발행할 때에는 대한민국 관련 법령을 적용하여야 하며, 관련 법령이 없는 경우 주관청의 승인에 따라 국제협약의 일부규정을 적용할 수 있다.

②대행기관은 관련규정의 적용을 완화 또는 면제하고자 할 경우 반드시 주관청의 사전승인을 얻어야 한다.

제6조(통보) ①대행기관은 이 협정서에 따른 업무를 수행할 수 없는 사유가 발생할 때에는 지체 없이 주관청에 통보하여야 한다.

②대행기관은 부속서 2에서 정하고 있는 보고사항을 명시된 기간 내에 주관청에 통보하여야 한다.

③대행기관은 대한민국 선박 또는 선박소유자가 관련 규정을 위반함으로써 선박과 승선자의 안전이나 해양환경에 중대한 위험을 초래할 우려가 있다고 판단되는 경우에는 지체 없이 그 사실을 주관청에 통보하여야 한

다. 이 경우 통보내용에는 선박명, 선박소유자, 선박번호 및 중요한 위반 내용에 대한 상세한 내용이 포함되어야 한다.

④대행기관은 동 협정에 따라 증서를 발급 받은 선박이 관련규정에 위반하였음에도 선박 소유자가 적절한 조치를 취하지 아니한 경우 지체 없이 주관청에 동 사실을 통보하여야 한다.

⑤대행기관은 대한민국 선박이 외국항에서 항만국통제에 의하여 중대한 결함을 지적받은 사실을 인지한 경우에는 즉시 그 사실을 주관청에 통보하여야 한다. 이 경우 대행기관은 결함을 시정하기 위하여 주관청과 항만국에 적극 협력하여야 한다.

제7조(정보제공) ①주관청은 대행업무에 필요한 검사 관련지침을 대행기관에 제공하여야 한다.

②대행기관은 검사품질매뉴얼, 검사 등의 규칙 및 적용지침과 이후 개정된 내용 등을 주관청에 제공하여야 한다.

③대행기관은 발급한 증서나 승인에 대한 문서 사본을 품질 시스템에 따라 정해진 기간동안 보관하여야 하며 주관청의 요청이 있을 경우 그 사본을 제공하여야 한다.

④대행기관은 증서 발급 및 이서, 검사 사항, 발견된 결함의 내용, 수리 내용과 지적사항 등을 포함한 세부사항을 컴퓨터 기반의 전산데이터베이스 시스템으로 유지하여야 한다.

⑤대행기관은 주관청이 제4항에 따른 컴퓨터 기반의 전산데이터베이스 시스템에 접속이 가능하도록 필요한 조치를 하여야 한다.

제8조(검사원) ①대행기관에서 대행업무를 수행하는 자는 선박안전법 제77조 제1항의 검사원이어야 한다. 다만, 대행기관이 국제선급연합회 정회원 선급과 상호 업무협정을 체결한 경우 동 선급의 검사원이 대행기관의 검사원과 동등 이상의 자격을 갖춘 자라고 주관청이 인정하는 경우에는 예외적으로 해당 선급의 검사원이 업무를 수행할 수 있다. 이 경우 업무

수행에 따른 확인 및 증서발급 등에 대한 책임은 대행기관에 있다.

②검사 및 증서발급업무와 관련된 전문공급업자217) 등 협력업무 제공자는 대행기관이 지정한 곳이어야 한다. 다만, 주관청이 인정하는 국제선급연합회 정회원 선급과 대행기관이 상호 업무협정을 체결한 경우 동 선급에서 지정한 전문공급업자 등을 이용할 수 있다. 이 경우에도 업무 수행에 따른 확인 및 증서발급 등에 대한 책임은 대행기관에 있다.

③대행기관은 대행업무에 대한 차질을 방지하고 업무의 공백이 없도록 검사원에 대한 정기적인 교육 및 훈련을 실시하여야 한다.

제9조(대행업무 조직 등) ①대행기관은 대행업무 등을 원활하게 수행하기 위하여 정부대행검사본부를 설치하여야 한다. 이 경우, 총괄 책임자(이하 "본부장"이라 한다)는 상근임원으로 하여야 한다.

②본부장은 다음 각 호의 업무를 관장한다.

1. 대행업무의 품질관리
2. 대 고객 서비스 및 만족도 제고
3. 대행업무 전반에 대한 관리ㆍ감독
4. 주관청의 지도ㆍ감독시 식별된 부적합 사항의 개선
5. 대행업무 수행에 따른 대 정부 질의 등의 총괄
6. 임시검사 지정에 대한 사전승인 업무 등

③주관청은 본부장이 관련법령을 위반하거나 업무를 태만히 한 경우 대행기관에 해임 등의 요청을 할 수 있으며, 대행기관은 요청에 따른 조치를 하고 즉시 주관청에 보고하여야 한다.

제10조(지도ㆍ감독 등) ①주관청과 대행기관은 대행업무 품질향상 방안 등을 협의하기 위하여 년2회 이상 정례회의를 개최한다. 주관청에서는 과장급이상, 대행기관에서는 상임이사 이상의 자가 참석해야 한다.

217) 전문공급업자라 함은 두께계측업자, 수중검사업자, 비파괴업체, 무선설비/구명설비/소화설비 정비업체, 항해자료 기록기 점검업체 등을 말한다.

②주관청이 대행기관에서 수행하고 있는 업무를 확인 및 감독하고자 할 경우, 대행기관은 필요한 장소 또는 정보 등에 접근할 수 있도록 협조하여야 한다. 또한 주관청의 요청이 있을 경우에는 검사의 과정에도 참여할 수 있도록 협조하여야 한다. 이 경우 검사에 대한 책임은 대행기관에 있다.

③대행기관은 주관청의 요청이 있는 경우, 내·외부 품질감사에 참여할 수 있도록 하고, 주관청의 요청이 있는 경우에는 품질감사 결과보고서 사본을 제공하여야 한다.

④주관청은 대행업무에 대하여 년 1회 이상 감사를 실시하고 감사의 범위 등은 사전에 대행기관에 통보하여야 한다.

⑤대행기관이 다음 각호의 어느 하나에 해당하는 임시검사를 지정하고자 하는 경우에는 본부장의 사전 승인을 받아야 한다.

1. 선박검사시 구명과 소방의 설비, 거주설비, 위생설비, 항해용구, 원자력 설비, 컨테이너 설비, 승강설비, 냉동·냉장 및 수산물처리가공설비 등 선박의 종류·기능에 따라 설치되는 특수한 설비로서 주관청이 인정하는 설비에 대하여 지정하는 임시검사
2. 해양사고 발생 선박에 지정하는 임시검사
3. 지정된 검사기일의 연장을 목적으로 지정하는 임시검사(선체상가, 기관개방 등)

제11조(수수료) ①대행기관은 민원인의 요청에 따라 업무를 수행한 경우에는 대행기관에서 정하고 있는 수수료를 민원인에게 직접 청구할 수 있다.

②주관청과 대행기관은 본 협정에 의거한 업무 수행시 또는 관련 서비스 제공과 관련하여 상호간에 별도의 수수료를 부과하지 않는다.

제12조(보안유지) ①주관청과 대행기관은 본 협정에 따른 대행업무에 의해 제공되거나 취득하게 되는 비공개 자료를 포함한 각종 자료 및 정보

에 대하여 보안을 유지하여야 하며 개인정보 관련 법 준수에 노력하여야 한다.

②대행기관의 직원, 피고용인 또는 대리인은 대행업무와 관련하여 주관청으로부터 입수된 어떤 정보도 주관청의 허가 없이 다른 제3자에게 누설하여서는 아니된다.

③기밀유지 의무는 이 협정의 유효기간은 물론 협정의 해지 이후에도 지켜져야 한다. 다만, 다음의 경우에는 예외로 한다.

1. 주관청의 업무를 수행하기 전에 대행기관이 이미 인지하고 있는 정보
2. 법적으로 또는 일반적으로 공공의 영역에 속하는 정보
3. 정보의 출처가 주관청과는 관계없는 사안

제13조(책임) 대행기관은 선박안전법 제67조 제3항의 규정에 의한 구상금액에 충당하기 위한 보험을 들어야 한다.

제14조(중재 조항) 이 협정서의 해석에 대하여 주관청과 대행기관간에 법률상 다툼이 있는 경우는 대한상사 중재원의 중재에 의해 최종적으로 해결한다. 중재인에 의해 내려진 판결은 최종적인 것으로 당사자 쌍방에 대하여 구속력을 가진다.

제15조(발효 및 종료) ①이 협정서의 유효기간은 협정서를 서명한 날로부터 5년으로 한다. 다만, 선박안전법 관련 규정은 2007년 11월 4일부터, 해양환경관리법 관련 규정은 2008년 1월18일부터 효력이 발생하고, 해상교통안전법 관련 규정은 주관청과 대행기관의 당사자가 서명하는 날로부터 효력이 발생한다.

②대행기관은 협정서 기간 종료 90일전까지 5년의 범위 내에서 협정기간의 연장을 주관청에 신청할 수 있으며 주관청이 승인한 경우 효력이 연장된다.

③제1항의 유효기간에도 불구하고 당사자 중 어느 한쪽이 서면으로 협정

서를 종료한다는 내용을 상대방에게 통보한 경우 통보일로부터 90일이 경과한 날에 종료한다.

④이 협정서에 규정된 요구사항들을 만족시키지 못하였거나 위반하였을 경우에는 한 당사자는 다른 당사자에게 문서의 형태로 위반사항을 통보하여 90일 이내의 시정조치를 할 기회를 주어야 하며 만약 이를 이행하지 못하였을 경우 즉시 이 협정서는 효력이 상실된다.

⑤협정서가 해지될 경우에는 대행기관은 30일 이내에 이 협정서에 따라서 수행된 대행 검사에 관한 모든 문서와 정보를 주관청에 제출하여야 한다.

第16조(개정) 이 협정서의 개정은 주관청과 대행기관간 서면에 의하여 본문과 부속서를 개정할 수 있으며, 개정내용은 서면동의를 한 날로부터 30일이 경과한 날부터 적용된다.

이상의 증거로서 협정서 2부를 작성하여 서명하고 양 기관에 각 1부씩 보관한다.

2007. 4. 5

서울특별시 종로구 계동 140-2
해 양 수 산 부
장관 김 성 진

전 병 조

해양수산부장관의 권한을
위임받아
안전관리관 전 병 조

대전광역시 유성구 장동 23-7
(사) 한 국 선 급
회장 오 공 균

오 공 균

부 속 서 1

(2007년 00월 00일 개정)[218)]

대행업무의 범위

1. 선박안전법

1) 선박안전법 제7조 제1항·제2항 및 제4항의 규정에 따른 건조검사, 건조검사증서의 교부 및 별도건조검사

2) 선박안전법 제8조 제1항 및 제2항의 규정에 따른 정기검사 및 선박검사증서의 교부

3) 선박안전법 제9조 제1항의 규정에 따른 중간검사

4) 선박안전법 제10조 제1항 및 제3항의 규정에 따른 임시검사 및 임시변경증의 교부

5) 선박안전법 제11조 제1항 및 제2항의 규정에 따른 임시항해검사 및 임시항해검사증서의 교부(다만, 대행기관에 등록되지 않은 외국 선박은 제외한다.)

6) 선박안전법 제12조 제1항 · 제2항 및 제4항의 규정에 따른 국제협약검사 및 국제협약검사증서의 교부

7) 선박안전법 제13조 제1항 및 제2항의 규정에 따른 도면의 승인 및 승인표시

8) 선박안전법 제14조 제2항의 규정에 따른 선체두께의 측정

9) 선박안전법 제16조 제2항의 규정에 따른 선박검사증서 및 국제협약검사증서의 유효기간 연장

10) 선박안전법 제18조 제6항 및 제7항의 규정에 따른 선박용물건 또는

---

218) 부속서만 개정할 경우에 대비하여 개정 년월 기재

소형선박의 검정, 검정증서의 교부 및 합격을 나타내는 표시

11) 선박안전법 제20조 제3항 단서 및 제4항 단서의 규정에 따른 선박용물건 또는 소형선박의 확인, 확인서의 교부 및 확인을 나타내는 표시

12) 선박안전법 제22조 제1항 내지 제3항의 규정에 따른 예비검사, 도면의 승인 및 승인표시, 예비검사증서의 교부 및 합격을 나타내는 표시

13) 선박안전법 제28조 제2항 및 제3항의 규정에 따른 복원성자료의 승인

14) 선박안전법 제34조 제1항 및 제2항의 규정에 따른 제한하중등의 확인 및 제한하중등확인서의 교부

15) 선박안전법 제35조 제1항의 규정에 따른 하역설비검사기록부의 작성 및 내용기재

16) 선박안전법 제39조 제1항의 규정에 따른 화물적재고박지침서의 승인

17) 선박안전법 제42조 제1항의 규정에 따른 강화검사

18) 선박안전법 제43조 제1항 및 제2항의 규정에 따른 예인선항해검사 및 예인선항해검사증서의 교부

2. 해양환경관리법

1) 해양환경관리법 제26조 제2항의 규정에 의한 상태평가검사

2) 해양환경관리법 제27조 제3항의 규정에 따른 유해액체물질의 배출방법 및 설비에 관한 지침서의 검인

3) 해양환경관리법 제47조 제3항의 규정에 따른 유증기 배출제어장치의 검사

4) 해양환경관리법 해양오염방지선박검사 및 예비검사. 다만, 대기오염

방지설비 중 디젤기관의 질소산화물 배출방지설비에 대한 검사대행자 지정의 경우에는 환경부장관과 미리 협의를 하여야 한다.

5) 해양환경관리법 제49조 제2항의 규정에 따른 해양오염방지검사증서, 제52조 제2항의 규정에 따른 임시해양오염방지검사증서, 제53조 제2항의 규정에 따른 방오시스템검사증서, 제54조 제2항의 규정에 따른 예비검사증서 및 제55조 제1항의 규정에 따른 협약검사증서의 교부

6) 해양환경관리법 제56조 제2항의 규정에 따른 해양오염방지검사증서 및 협약검사증서의 유효기간 연장

7) 해양환경관리법 제110조 제3항 내지 제7항의 규정에 따른 성능시험 및 검정 업무

※ 밸러스트수관리시스템의 형식승인 등에 관한 잠정기준

잠정기준 제7조 제1항 및 제3항의 규정에 의한 검정·검정합격증명서의 교부 및 증인의 표시

3. 해상교통안전법

1) 해상교통안전법 제10조의 3 규정에 의한 사업장 및 선박안전경영체제의 인증심사

2) 대행기관에 등록하지 아니한 선박으로서 대한민국 외의 지역을 운항하는 선박에 대하여 해양수산부장관이 필요하다고 인정하는 경우 제1호의 업무

3) 선박 및 항만시설 보안에 관한 규정

국외에서의 선박보안심사업무 및 단기/임시증서의 교부

4. 기 타

대행기관에 등록하지 아니한 선박으로서 대한민국 외의 지역을 운항하는 선박에 대하여 해양수산부장관이 필요하다고 인정하는 경우 위 각 호의 업무

부 속 서 2

(2007년 00월 0일 개정)[219]

보고 사항

1. 수시보고

1) 등록된 선박이 대행기관에서 탈급된 때(늦어도 30일 이내)
2) 검사원의 선임·배치 또는 해임한 때(그 사실이 있는 날로부터 10일 이내)

2. 매월보고

미수검 및 과태료부과대상선박 명단을 매 익월 10일까지

3. 분기별보고(매 분기 익월 10일까지)

1) 위험물 운송용기(검정. 설계시험) 대행검사 실적
2) 미수검 및 계선선박 보고
3) 화물고박지침서의 승인 실적
4) 보안심사실적

4. 반기별보고(매 반기별 익월 10일까지)

1) 국적선 선박검사 대행실적, 선박용 물건(검정, 예비검사, 우수제조확인서)대행검사 실적
2) 인증심사업무의 대행 실적

5. 기타

1) 선명록 (발행일로부터 60일 이내)

---

219) 부속서만 개정할 경우에 대비하여 개정 년월 기재

찾아보기

선박안전법해설

2008. 5. 20 초판　　　　　　　　　정 가 30,000원

판 권 소 유

저　자　박 영 선
발행인 (재)한국해사문제연구소
　　　　이사장　박 현 규

발행처 **(재)한국해사문제연구소 출판부**
서울특별시 중구 을지로2가 163-3 보승빌딩 1002호
TEL : (02)776-9153　　FAX : (02)752-9582
http://www.komares.re.kr
E-mail : komares@chol.com

등록 : 1974. 2. 22 제2-44호